"十二五"职业教育国家规划教材 修订版

经全国职业教育教材审定委员会审定

高等职业教育路桥类专业"新形态一体化"系列教材

土力学与基础工程

U0220330

第 3 版

主 编 务新超 谭建领

参 编 田 玲 杨志刚

机械工业出版社

本书为普通高等教育"十一五"国家级规划教材、"十二五"职业教育国家规划教材的修订版，本书主要内容包括：绪论；土的物理性质及工程分类；土中水的运动规律；土体中的应力；土的压缩性及变形计算；土的抗剪强度与土坡稳定分析；挡土墙及土压力；地基承载力；天然地基上的浅基础设计；桩基础；沉井基础及地下连续墙；地基处理简介；特殊地基的处理。

本书在编写中以岩土工程领域现行的规范为依据，吸收基础工程新工艺、新技术，体现高等职业教育突出实践技能培养的教学特点。本书在各学习情境开头部分设有学习目标与要求、学习重点与难点；在各学习情境的末尾部分附有小结、思考题和习题。各学习情境配套有教、学、测数字化教学资源，内容包括教学课件、微课视频、试验原理动画、试验指导书、自测题等，形成了内容模块化、资源碎片化、任务活页化、形式多样化的立体化教材形式。

本书既可作为高等职业教育道路与桥梁工程技术、道路工程检测技术、道路养护与管理、铁道工程技术、高速铁路施工与维护、道路桥梁隧道工程技术、建筑工程技术、水利水电工程技术等相关专业的教材，也可供有关专业工程技术人员参考。

为方便教学，本书还配有电子课件及相关资源，凡使用本书作为教材的教师可登录机械工业出版社教育服务网 www.cmpedu.com 免费进行注册下载。机工社职教建筑群（教师交流 QQ 群）：221010660。咨询电话：010-88379934。

图书在版编目（CIP）数据

土力学与基础工程/务新超，谭建领主编. —3 版. —北京：机械工业出版社，2023.8（2024.8 重印）
高等职业教育路桥类专业"新形态一体化"系列教材 "十二五"职业教育国家规划教材：修订版
ISBN 978-7-111-73578-6

Ⅰ.①土… Ⅱ.①务… ②谭… Ⅲ.①土力学-高等职业教育-教材②基础（工程)-高等职业教育-教材 Ⅳ.①TU4

中国国家版本馆 CIP 数据核字（2023）第 137229 号

机械工业出版社（北京市百万庄大街 22 号　邮政编码 100037）
策划编辑：沈百琦　　　　　　责任编辑：沈百琦　陈将浪
责任校对：樊钟英　刘雅娜　　封面设计：鞠　杨
责任印制：张　博
北京建宏印刷有限公司印刷
2024 年 8 月第 3 版第 2 次印刷
184mm×260mm · 21.25 印张 · 526 千字
标准书号：ISBN 978-7-111-73578-6
定价：59.00 元

电话服务　　　　　　　　　　网络服务
客服电话：010-88361066　　机 工 官 网：www.cmpbook.com
　　　　　010-88379833　　机 工 官 博：weibo.com/cmp1952
　　　　　010-68326294　　金 书 网：www.golden-book.com
封底无防伪标均为盗版　　　　机工教育服务网：www.cmpedu.com

前　言

本书在本次修订中，贯彻落实党的二十大精神进教材、进课堂、进头脑，编写过程中考虑了道路与桥梁工程技术专业发展的需要，体现了高职高专道路与桥梁工程技术专业特色，吸收了本专业领域工程技术的相关现行规范。

从本专业高职高专培养目标、高职高专学生的特点和教学要求出发，在本书中主要体现以下特点：

（1）本书本着努力培养造就更多大师、科学家、一流领军人才和青年科技人才、卓越工程师、大国工匠、高技能人才的本心，在内容上突出基本概念和基本原理的阐述，尽量减少公式推导过程，强调计算公式的应用条件，加强工程应用内容，注重学生一线工程应用能力的培养。

（2）本书秉承制度化、规范化、程序化全面推进的思想，强调建筑工程的一切活动必须以现行规范和标准为引领，实现制度化、规范化、程序化操作，杜绝一切违章、违法、违规，本书吸收了水利、建筑、交通等行业的现行规范，如《岩土工程勘察规范》（GB 50021—2001）、《建筑地基基础设计规范》（GB 50007—2011）、《建筑抗震设计规范》（GB 50011—2010）、《土工试验方法标准》（GB/T 50123—2019）、《公路土工试验规程》（JTG 3430—2020）、《公路桥涵设计通用规范》（JTG D60—2015）、《公路桥涵地基与基础设计规范》（JTG 3363—2019）、《公路桥涵施工技术规范》（JTG/T 3650—2020）、《建筑地基处理技术规范》（JGJ 79—2012）、《建筑桩基技术规范》（JGJ 94—2008）、《公路桥梁抗震设计规范》（JTG/T 2231-01—2020）等。本书以交通运输部的部颁标准为主，对不同行业的工程技术规范进行了归纳分类，以介绍普遍适用性为主，同时兼顾不同行业的特殊性，使学生能灵活应用不同行业的规范，培养工程实践的能力。

（3）在每个学习情境的开头部分对本学习情境的内容提出了学习目标与要求，明确了相应的知识点和具体要求，便于学生学习时掌握重点。在每个学习情境的末尾部分对有关知识作了小结，设置了思考题和习题，便于学生在学习过程中进行深入思考，以利于培养学生的学习能力。

（4）教育是国之大计、党之大计。培养什么人、怎样培养人、为谁培养人是教育的根本问题。本书围绕全面提高人才培养能力这个核心点，贯彻执行《高等学校课程思政建设指导纲要》精神，每个学习情境均结合专业内容设计了素质拓展元素，并配套了相关背景材料，以利于教师结合专业开展课堂思政教学，帮助学生塑造正确的世界观、人生观、价值观。

（5）考虑专业群内不同专业的教学要求，以及学生学习能力的差异性，本书设置了不同层次的学习目标，标★的单元为选学内容，供学有余力的学生深入学习。

（6）本书遵循推进教育数字化的建设理念，配有试验原理动画、微课视频、施工动画、自测题、图片资源、试验指导书、试验规程、工程实例、工程施工录像、互动模拟试验、教学课件、电子教案、教学指导、学习指导等丰富的配套数字资源，凡使用本书作为教材的教师可登录机工教育服务网 www.cmpedu.com 下载，或拨打编辑电话 010-88379934 索取。

本书理论教学学时为 80~100 学时，学时分配建议见下表：

内　　容	学时	内　　容	学时
绪论	1	地基承载力	6
土的物理性质及工程分类	9	天然地基上的浅基础设计	8+6
土中水的运动规律	4	桩基础	8+8
土体中的应力	6	沉井基础及地下连续墙	4+2
土的压缩性及变形计算	6+2	地基处理简介	8
土的抗剪强度与土坡稳定分析	6+2	特殊地基的处理	6
挡土墙及土压力	8	合　　计	100

本书由国家"万人计划"领军人才务新超教授率领黄河水利职业技术学院岩土教学团队共同完成编写，本书由务新超、谭建领任主编，参加编写的人员还有田玲、杨志刚。

由于编者水平有限，书中不妥之处在所难免，敬请广大读者给予批评指正。

编　者

二维码资源列表

页码	二维码	页码	二维码	页码	二维码
9	土的固相	22	灌砂法检测土体压实度	42	土体的自重应力
10	筛分试验	22	土的工程分类	44	基底压力与基底附加应力
11	土中的水	30	土中的毛细水	46	附加应力计算
13	土的实测指标	32	土中的渗流问题	59	地基沉降的危害
14	土的含水率试验（酒精燃烧法）	32	达西定律	60	土的固结试验
17	土的物理状态及其判别	37	渗透力	61	土的压缩性指标
20	击实试验	38	渗透变形	66	单向分层总和法

（续）

页码	二维码	页码	二维码	页码	二维码
79	土体的强度	245	沉井动画	290	砂井预压法地基处理
84	土的强度指标的测定方法	246	沉井类型与构造	296	水泥搅拌桩复合地基
187	桩基础组成与类型	249	旱地沉井施工	297	三轴水泥搅拌桩施工
189	桩身与承台	272	地下连续墙简介	300	CFG 桩复合地基
194	单桩静载荷试验	274	地下连续墙施工工艺	317	季节性冻土地基
227	灌注桩施工流程	279	换填垫层法地基处理	325	地基土体的液化
233	钻孔灌注桩泥浆循环	283	强夯法加固地基		

目 录

绪　论

一、土的概念及特点

地球表层多由岩石和土组成。未经风化的岩石，其矿物颗粒间有较强的联结，具有较高的强度，压缩性小、透水性弱，一般为坚硬的块体。土是岩石风化的产物，是矿物颗粒的松散集合体。由于成土母岩和形成历史的不同，土体在自然界中种类繁多、分布复杂、性质各异；由于土粒之间的联结强度远小于土颗粒自身的强度，故土体常表现出散体性；由于土体之间的孔隙内存在水和空气，常受外界温度、湿度及压力的影响，所以土体具有多孔性、多样性和易变性等特点。

工程中常将土作为地基（如在房屋、水闸、码头、道路、桥梁等工程中），作为建筑材料（如在路基、土坝、堤防等工程中），或作为建筑物周围的介质环境（如在隧道、涵洞、运河以及其他地下建筑物等工程中）。因此，土与土木工程建筑有着密切的联系，土的性质对建筑物的设计与使用有着直接的影响。

二、地基与基础的概念

地基基础设计是建筑物设计的一项重要内容，设计时要考虑场地的工程地质和水文地质条件、建筑物的使用要求，以及上部结构特点和施工条件等各种因素。为了保证建筑物的安全和正常使用，并充分发挥地基的承载力，必须深入调查研究地基条件，因地制宜地确定设计方案。

地基是指直接承受建筑物荷载并受其影响的那一部分地层。未经人工处理就可以满足设计要求的地基称为天然地基。若天然地层较软弱，其承载力不能满足设计要求时，则需先经人工加固，再修建基础，这种地基称为人工地基。天然地基施工简单，经济性好，而人工地基一般比天然地基的施工更复杂，造价也更高。条件允许的情况下，应尽可能采用天然地基。

基础是建筑物的下部结构，根据基础的埋置深度不同，可分为浅基础和深基础。通常将埋置深度不超过 5m，只需普通施工就可以建造的基础称为浅基础。如果浅层土质不良，需要把基础埋置于深处的较好地层，常借助特殊的施工方法建造的基础称为深基础（如桩基础、沉井基础、地下连续墙等）。

三、土力学与基础工程的基本内容

土力学是运用力学的基本原理和土工试验技术研究土的物理性质、物理状态，以及土的应力、变形、强度和渗透等力学特性的一门学科。土力学是力学的一个分支，是地基基础设计的理论基础。土体具有多孔性，使得土体具有易变性、多样性，其物理、化学和力学性质与一般的刚性或弹性固体有所不同，需要通过专门的土工试验技术进行探讨。

土力学主要研究土的基本物理、力学法则，为地基基础和土工结构的设计计算以及不良地基的处理提供基本理论基础。本书主要内容包括：土的物理性质及工程分类、土中水的运动规律、土体中的应力、土的压缩性及变形计算、土的抗剪强度与土坡稳定分析、挡土墙及土压力、地基承载力、天然地基上的浅基础设计、桩基础、沉井基础及地下连续墙、地基处理简介、特殊地基的处理等。

从事道路工程和桥梁工程的技术人员，在工程实践中将会遇到大量与土有关的工程技术问题。

1）在道路工程中，土是修筑路堤的基本材料，同时它又支撑路堤。路堤的临界高度和边坡坡度都与土的抗剪强度指标及土体的稳定性有关。为了获得具有一定强度和良好水稳定性的路基，需要采用碾压的施工方法，而碾压土体的质量控制又以土的击实特性为依据。挡土墙设计的侧向土压力需要根据土力学的土压力理论来计算。公路等级越高，对路基沉降控制的要求就越高，解决沉降问题需要对土的压缩性以及沉降与时间的关系进行深入的研究。路基的冻胀与翻浆在我国北方地区是非常突出的问题（冻害），防治冻害需要以土力学的原理为基础。稳定土是比较经济的基层材料，它是根据土的物理、化学性质提出的土质改良的一种措施，深层搅拌水泥土桩在公路的软基处理中已得到了广泛应用。道路在车辆的重复荷载作用下，需要研究土在重复荷载作用下的变形特性，而抗震设计更需要研究土的动力特性。

2）在桥梁工程中，基础工程的造价占总造价的比重较大，经济、合理的桥梁基础设计需要依靠土力学基本理论的支持。对于超静定的大跨度桥跨结构，基础的沉降、倾斜或水平位移是引起结构过大次应力的重要因素。软土地区高速公路建设中的"桥头跳车"是影响工程正常使用的技术难题，解决这一难题的技术关键在于合理控制桥墩与路堤之间的沉降差，这一问题涉及桩基础和路堤的沉降计算与控制、填土的碾压质量控制以及软弱基础的加固处理等知识。

由于土力学与基础工程有着不可分割的内在联系，因此本书将二者合编为一。学好土力学与基础工程不仅是为学习其他专业课程打下良好的理论基础，更是为今后从事路桥专业相关技术工作，解决有关地基与基础工程技术问题奠定良好的基础。

四、基础工程设计计算的原则

地基与基础是建筑物的支撑，统称为基础工程，其勘察、设计和施工质量的好坏直接影响到建筑物的安全性、经济性和正常使用。同时，基础工程是隐蔽工程，一旦出现问题，补救十分困难。因此，基础工程在土木工程中具有十分重要的作用。

基础工程设计计算的目的是设计出安全、经济和运行可靠的地基基础方案，以保证结构物的安全和正常使用。基础工程设计计算的基本原则是：

1）基础底面的压力小于地基持力层的允许承载力，地基任一土层所受的总应力应小于该层的允许承载力。

2）地基的变形值小于结构物的允许沉降值。

3）地基及基础整体稳定应有足够保证。

4）基础本身的强度应满足要求。

地基与基础设计方案的确定主要取决于地基土层的工程性质与水文地质条件、荷载特性、上部结构的形式及使用要求，以及材料的供应和施工技术等因素。方案选择的原则是：力求使用上安全可靠，技术上简便可行，投资上经济合理。必要时应做不同方案的比较，选出其中最适宜与合理的设计和施工方案。

五、基础工程设计和施工所需的资料

地基与基础的设计方案、计算中有关参数的选用，都需要根据当地的地质条件、水文条件、上部结构形式、作用特性、材料情况及施工要求等因素全面考虑。施工方案和方法也应该结合设计要求，地形、地质条件，施工技术设备，施工季节，气候和水文等情况研究确定。无论是设计还是施工，事先都应通过详细的调查研究，充分掌握必要的实际资料。下面对桥梁基础工程所需资料及地基基础设计的基本规定做简要介绍。

桥梁的地基与基础在设计及施工之前，除了应掌握上部结构形式、跨径、荷载、墩（台）结构以及国家颁布的桥梁设计和施工技术规范外，还应注意地质、水文资料的搜集和分析，重视土质和建筑材料的调查与试验。地质、水文、地形等资料（表0-1）的内容范围可根据桥梁的工程规模、重要性及建桥地点的工程地质、水文条件的具体情况和设计阶段等因素取舍。

表 0-1　基础工程设计和施工需要的有关调查资料

资料种类		资料主要内容	资料用途
1. 桥位平面图（或桥址地形图）		（1）桥位地形 （2）桥位附近地貌、地物 （3）不良工程地质现象的分布位置 （4）桥位与两端路线平面关系 （5）桥位与河道平面关系	（1）桥位的选择、下部结构位置的研究 （2）施工现场的布置 （3）地质概况的辅助资料 （4）河岸冲刷及水流方向改变的估计 （5）墩（台）、基础防护构造物的布置
2. 桥位工程地质勘测报告及工程地质纵断面图		（1）桥位地质勘测调查资料,包括河床地层分层土（岩）类及岩性、层面标高、钻孔位置及钻孔柱状图 （2）地质、地史资料的说明 （3）不良工程地质现象及特殊地貌的调查勘测资料	（1）桥位、下部结构位置的选定 （2）地基持力层的选定 （3）墩（台）高度、结构形式的选定 （4）墩（台）、基础防护结构物的布置
3. 地基土质调查试验报告		（1）钻孔资料 （2）覆盖层及地基土（岩）层成因及分布 （3）分层土（岩）质物理、力学试验资料 （4）荷载试验报告 （5）地下水位调查	（1）分析和掌握地基的层状 （2）地基持力层及基础埋置深度的研究与确定 （3）地基各土层强度及有关计算参数的选定 （4）确定基础类型和构造 （5）计算基础沉降量
4. 河流水文调查报告		（1）桥位附近河道纵、横断面图 （2）有关流速、流量、水位等的调查资料 （3）各种冲刷深度的计算资料 （4）通航等级、漂浮物、流冰等的调查资料	（1）根据冲刷要求确定基础的埋置深度 （2）桥（墩）身水平作用力计算 （3）施工季节、施工方法的研究
5. 其他资料	地震	（1）地震记录 （2）震害调查	（1）确定抗震设计强度 （2）抗震设计方法和抗震措施的确定 （3）地基土振动液化和岸坡滑移的分析研究

3

（续）

资料种类		资料主要内容	资料用途
5. 其他资料	建筑材料	（1）当地可供应的建筑材料的种类、数量、单价、规格、质量、运距等 （2）当地工业加工能力、运输条件等资料 （3）工程用水调查	（1）下部结构采用材料种类的确定 （2）就地供应材料的计算和计划安排
	气象	（1）当地气象台有关气温变化、降水量、风向、风力等记录资料 （2）实地调查采访记录	（1）确定建筑物使用环境 （2）确定基础埋置深度 （3）风压的确定 （4）确定施工季节和施工方法
	附近桥梁的调查	（1）附近桥梁的结构形式、设计书、图样、现状 （2）地质、地基土（岩）性质 （3）河道变动、冲刷、淤积情况 （4）通行情况及墩（台）变形情况	（1）掌握架桥地点的地质、地基土情况 （2）基础埋置深度的参考 （3）河道冲刷和改道情况的参考
	施工调查资料	（1）地质、地形、气象、地下水位、地形图、地区条件以及测量控制网 （2）批准的基本建设计划、投资期限、投资指标、管理部门的批件 （3）初步设计或技术设计、已批准的总概算 （4）工程开（竣）工时间，以及与其他项目穿插施工的要求等 （5）国家及建设地区现行的有关规范、规程、规定及定额 （6）有关技术新成果和类似工程的经验资料等	（1）施工方法及施工适宜季节的确定 （2）工程用地的布置 （3）拟定工程材料、设备供应、运输方案 （4）工程动力及临时设备的规划 （5）施工临时结构的规划

六、地基基础设计的基本规定

1）公路桥涵地基与基础应进行承载力和稳定性计算，必要时还应进行沉降验算。按承载能力极限状态验算时，基础的结构设计安全等级及其结构重要性系数应按《公路桥涵设计通用规范》（JTG D60—2015）的规定采用。

2）基础设计应充分考虑施工和环境保护的要求。基础结构材料应符合相关结构设计规范的规定。公路桥涵基础的埋置深度应根据基础类型确定，并应充分考虑结构施工期和运营期地质、水文、气候及人类活动等因素的影响。

3）地基或基础的竖向承载力验算应符合下列规定：

① 采用作用的频遇组合和偶然组合，作用组合表达式中的频遇值系数和准永久值系数均应取 1.0，汽车荷载应计入冲击系数。

② 承载力特征值乘以相应的抗力系数 γ_R 后应大于相应的组合效应。

4）地基承载力抗力系数 γ_R 可按表 0-2 取值，单桩承载力抗力系数 γ_R 可按表 0-3 取值。

5）计算基础沉降时，基础底面的作用效应应采用正常使用极限状态下的准永久组合效应，考虑的永久作用不包括混凝土收缩及徐变作用、基础变位作用，可变作用仅指汽车荷载和人群荷载。

表 0-2　地基承载力抗力系数 γ_R

受荷阶段	作用组合或地基条件		f_a/kPa	γ_R
使用阶段	频遇组合	永久作用与可变作用组合	≥150	1.25
			<150	1.00
		仅计算结构重力、预加力、土的重力、土侧压力和汽车荷载、人群荷载	—	1.00
	偶然组合		≥150	1.25
			<150	1.00
	多年压实未遭破坏的非岩石旧桥基础		≥150	1.50
			<150	1.25
	岩石旧桥基础		—	1.00
施工阶段	不承受单向推力		—	1.25
	承受单向推力		—	1.50

注：表中 f_a 为修正后的地基承载力特征值。

表 0-3　单桩承载力抗力系数 γ_R

受荷阶段	作用组合或地基条件		γ_R
使用阶段	频遇组合	永久作用与可变作用组合	1.25
		仅计算结构重力、预加力、土的重力、土侧压力和汽车荷载、人群荷载	1.00
	偶然组合		1.25
施工阶段	施工荷载组合		1.25

6）基础的稳定性可按下式验算：

$$S_{bk}/\gamma_0 S_{sk} \geqslant k \tag{0-1}$$

式中　γ_0——结构重要性系数，取 $\gamma_0 = 1.0$；

S_{bk}——使基础结构稳定的作用标准值组合效应，按基本组合和偶然组合最小组合值计算；表达式中的作用分项系数、频遇值系数和准永久值系数均取 1.0；

S_{sk}——基础结构失稳的作用标准值的组合效应，按基本组合和偶然组合最大组合值计算；表达式中的作用分项系数、频遇值系数和准永久值系数均取 1.0；

k——基础结构稳定安全系数。

七、土力学与基础工程发展概况

土力学是利用力学知识和土工试验技术来研究土的强度、变形及其规律的一门学科，它是一门既古老又年轻的应用学科。古人兴建的大型水利工程、宫殿、庙宇、桥梁以及灵巧的水榭楼台，巍峨的高塔，蜿蜒万里的长城、大运河等，都为土力学的发展积累了丰富的经验，奠定了古典土力学的基础。然而，这些仅限于工程实践经验，未能形成系统的理论。土力学的系统理论始于 18 世纪兴起工业革命的欧洲，随着大量建筑物的兴建，促使人们对土体进行进一步的研究，并开始在研究经验的基础上做理论解释。经过 18、19 世纪很多学者的研究，如法国的库仑、达西，英国的朗肯等学者都为土力学的发展做出了大量的贡献，初步奠定了土力学的理论基础。1925 年，美国科学家、现代土力学奠基人太沙基归纳了前人的成就，发表了《土力学》一书，比较系统地介绍了土力学的基本内容。20 世纪 60 年代后期，由于计算机的广泛应用、计算方法的改进与试验技术的发展以及本构模型的建立等，迎来了土力学发展的新时期。现代土力学主要表现为一个模型（本构模型）、三个理论（非饱和土的固结理论、液化破坏理论和逐渐破坏理论）、四个分支（理论土力学、计算土力学、试验土力学和应用土力学）。其中，理论土力学是龙头，计算土力学是筋脉，试验土力学是基础，应用土力学是动力。未来人类的发展将面临资源与环境的挑战，有更多的岩土工程问题需要解决，我们的广大青年学生、祖国的栋梁将要肩负起历史的重任。

基础工程与其他技术学科一样，是随着人类在长期的生产实践中不断发展起来的。在世界各文明古国数千年的建筑活动中，有很多关于基础工程的工艺技术成就，但受当时社会生产力和技术条件的限制，在相当长的时期内发展缓慢，仅停留在经验积累的感性认识阶段。在 18 世纪的工业革命以后，城市建设、水利、道路建筑规模的扩大促使人们加强了对基础工程的重视与研究，对有关问题开始寻求理论上的解答。处于此阶段的土力学（土压力理论、土的渗透理论等）有局部的突破，基础工程也随着工业技术的发展而得到新的发展，如 19 世纪中叶利用气压沉箱法修建深水基础。20 世纪 20 年代，基础工程有比较系统、比较完整的专著问世，1936 年召开第一届国际土力学与基础工程会议后，土力学与基础工程作为独立的学科不断发展。20 世纪 50 年代起，随着现代科学新成就的加入，使基础工程的技术与理论有了更进一步的发展与充实，成为一门较成熟的独立的现代学科。

我国是一个具有悠久历史的文明古国，我国古代劳动人民在基础工程方面早就表现出高超的技艺和创造才能。例如，在隋朝时期修建的赵州桥，不仅在建筑结构上有独特的技艺，而且在地基基础的处理上也非常合理。该桥桥台坐落在较浅的密实粗砂土层上，沉降很小，运用现代技术反算其基底压力为 500~600kPa，这与现行的各设计规范中所采用的该土层允许承载力的数值（550kPa）很接近。

由于我国封建社会历时漫长，且百余年间遭受帝国主义侵略和压迫，再加上当时国内统治阶级的腐败，基础工程学科和其他科学技术一样长期陷于停滞状况，落后于同时代的工业发达国家。中华人民共和国成立后，在中国共产党的英明领导下，社会主义大规模的经济建设事业飞速发展，促进了各个学科在我国的迅速发展，并取得了辉煌的成就。

基础工程科学技术的发展十分迅速，一些项目采用了概率极限状态设计法，将高强度预应力混凝土应用于基础工程，基础结构向薄壁、空心、大直径发展，采用的管桩直径达 6m，沉井直径达 80m（水深 60m），并以大口径磨削机对基岩进行处理，在流速较大的深水区采用水上自升式平台进行沉桩（管柱）施工等。

基础工程发展至今在设计理论和施工技术及试验工作中还存在不少有待进一步解决的问题。随着祖国现代化建设的不断推进，大型和重型建筑结构的发展对基础工程提出了更高的要求。我国基础工程学科的技术工作可在地基的强度、变形特性的基本理论研究，各类基础形式设计理论和施工方法的研究等方面着重展开。

八、与土有关的工程问题

建筑物在外部荷载作用下，不仅要保证建筑物自身的强度和稳定性，还要求地基必须具有足够的强度和稳定性，并且不能产生过大的变形。在工程设计中，若缺乏对地基土性质的了解，或采用不规范的施工方法，往往会带来严重的后果。与土有关的工程问题常见的有以下类型：

1）地基强度不足。这类事故是因为建筑物上部荷载超过了地基承载能力而引起建筑物发生倒塌破坏。如加拿大特朗斯康谷仓的倒塌破坏，是由于地基强度不足而引起的。

2）地基变形过大。在上层荷载作用下，地基变形超出了允许值导致构筑物不能正常使用。如修建在软土地基上的高速公路的"桥头跳车"问题等。

3）土体渗透变形引起构筑物破坏。如美国 Teton 大坝由于坝基渗流发生土体管涌而造成溃坝。

此外，振动液化问题、边坡稳定问题等都是与土有关的工程问题。1964 年 6 月 16 日，日本新潟县发生 7.5 级大地震，引发了严重的土体液化问题，包括涌砂、喷水、地层下陷、建筑物沉陷与倾斜、地下室上浮、桥墩下沉等。

素质拓展——交通建设成就

我国铁路从无到有，从全国寥寥几条铁路线到现如今的密如蛛网般的便捷铁路运输网；从京张铁路的艰难修建，到青藏铁路的攻坚克难，再到现如今穿山越岭的高铁网，以及中国高铁走向世界，这其中的发展离不开数代铁路建设者的不懈努力；还有遍布全国的高速公路网，以及不断发展的城市地铁网。这些工程，突显了我们党和政府的英明决策和社会主义制度的优越性，彰显了中华民族的勤劳、智慧和伟大的民族创造力。广大土木工程建设者应该了解我国建筑发展现状，找准自身职业发展目标。

学习情境 1
土的物理性质及工程分类

学习目标与要求

1）掌握颗粒级配的概念、表达方法、评价指标和评价标准。理解土的粒组概念、划分标准及其颗粒分析方法，土中水的类型及其特点。了解土的矿物组成、特点以及土中气体对土性质的影响，土的结构性与灵敏度。

2）掌握土的各物理性质指标的概念、获取方法和相互间的关系。理解土的三相图及应用。了解各物理性质指标在工程中的应用。

3）掌握现行规范中的液限、塑限的测定方法；塑性指数、液性指数的概念及其应用；土体密实度的评价方法。理解黏性土的稠度、稠度状态及判别方法；砂土密实度的概念和评价方法。了解土的物理状态指标在工程中的应用。

4）掌握黏性土击实试验的目的、方法以及成果的应用。理解黏性土击实性的影响因素。了解黏性土击实曲线与饱和曲线的关系，以及砂性土的击实特性。

5）掌握《公路土工试验规程》（JTG 3430—2020）和《公路桥涵地基与基础设计规范》（JTG 3363—2019）对土的分类定名方法。了解《建筑地基基础设计规范》（GB 50007—2011）对土的分类方法。

6）能独立完成颗粒分析（筛分法、密度计法）试验、比重试验、含水率试验、密度试验，以及液限试验、塑限试验和击实试验等。

学习重点与难点

本学习情境重点是土的基本物理力学性质与物理状态指标的概念、表达式、获取方法，土工试验方法及其成果应用，土的工程分类。难点是物理性质指标之间的换算，有关指标在工程中的应用；物理状态指标及其应用。

单元 1 土的组成与结构

天然状态的土一般为三相土，即由固体、液体和气体三部分组成，其中固相为土颗粒，它构成土的骨架，土骨架之间的孔隙被水和气体所填充。若土中孔隙全部由气体所填充，则称为干土；若孔隙全部由水所充填，则称为饱和土；若孔隙中同时存在水和气体，则称为湿土。饱和土和干土都是二相系。

土的固相

一、土的固相

土的固相是土中最主要的组成部分，它由各种矿物成分及有机质组成。土粒的矿物成分不同、粗细不同、形状不同，土的性质也不同。

1. 土的矿物成分和土中的有机质

土的矿物成分取决于成土母岩的成分以及所经受的风化作用，通常可分为原生矿物和次生矿物两大类。

1）岩石经物理风化作用后破碎形成的矿物颗粒称为原生矿物。原生矿物在风化过程中，其化学成分并没有发生变化，它与母岩的矿物成分是相同的。常见的原生矿物有石英、长石和云母等。

2）岩石经化学风化作用所形成的矿物颗粒称为次生矿物。次生矿物的矿物成分与母岩不同。常见的次生矿物有高岭石、伊利石（水云母）和蒙脱石（微晶高岭石）三大黏土矿物。

自然界的土是岩石风化的产物，其颗粒大小变化很大，相差极为悬殊，其矿物成分不同，性质差异也很大。通常把自然界的土颗粒按照颗粒大小划分为不同的粒组，一般分为漂石或块石、卵石或碎石、砾石、砂粒、粉粒和黏粒六大粒组（表 1-1）。

表 1-1　《建筑地基基础设计规范》（GB 50007—2011）和《岩土工程勘察规范》

（GB 50021—2001）（2009 年版）对土粒组的划分标准

粒组名称	漂石(块石)粒组	卵石(碎石)粒组	砾石粒组	砂粒组	粉粒组	黏粒组
粒组范围/mm	>200	20~200	2~20	0.075~2	0.005~0.075	<0.005

土中的有机质是在土的形成过程中，动植物的残骸及其分解物质与土混掺后沉积在一起，经生物、化学作用生成的物质，其成分比较复杂，主要是植物残骸、未完全分解的泥炭和完全分解的腐殖质。当有机质含量超过 5% 时，称为有机土。有机质亲水性很强，因此有机土压缩性大、强度低。有机土不能作为堤坝工程的填筑土料，否则会影响工程的质量。

2. 土的粒组划分

颗粒的大小及其含量直接影响着土的工程性质。如颗粒较粗的卵石、砾石和砂粒等，其透水性较大，无黏性和可塑性；而颗粒很小的黏粒则透水性较小，黏性和可塑性较大。土颗粒的大小常以粒径来表示。土的粒径与土的性质之间有一定的对应关系，土的粒径相近时，土的矿物成分接近，所呈现出的物理、力学性质基本相同。因此，通常将土的性质相近的土粒划分为一组，称为粒组。把土在性质上表现出有明显差异的粒径作为划分粒组的分界粒径。

《建筑地基基础设计规范》（GB 50007—2011）和《岩土工程勘察规范》（GB 50021—2001）（2009 年版）对土粒组的划分标准见表 1-1。《公路土工试验规程》（JTG 3430—2020）对土粒组的划分标准如图 1-1 所示。

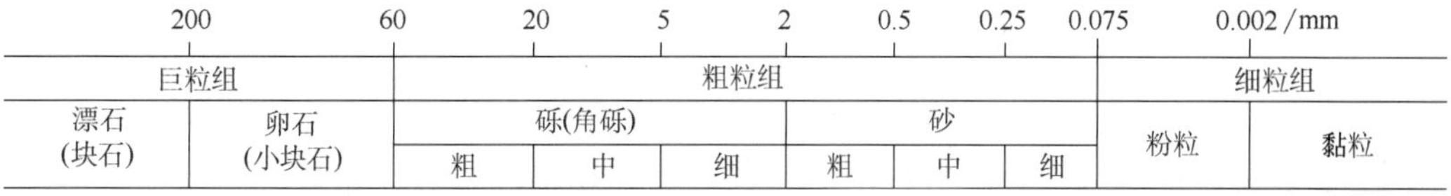

	200	60	20	5	2	0.5	0.25	0.075	0.002 /mm	

巨粒组		粗粒组							细粒组	
漂石（块石）	卵石（小块石）	砾（角砾）			砂			粉粒	黏粒
		粗	中	细	粗	中	细		

图 1-1　《公路土工试验规程》（JTG 3430—2020）对土粒组的划分标准

3. 土的颗粒级配

（1）颗粒级配与颗粒分析　土中各粒组的相对含量用各粒组占土粒总质量的百分数表示，称为土的颗粒级配。颗粒级配是通过颗粒大小分析试验来测定的。土的颗粒大小分析试

筛分试验

验，简称"颗分"试验。常用的"颗分"试验方法有筛分法和密度计法两种。

筛分法适用于粒径大于 0.075mm 的粗粒土，密度计法适用于粒径小于 0.075mm 的细粒土。筛分法是将土样用不同孔径的筛子过筛，称取留在各级筛上的土粒质量，计算各粒组的百分数。密度计法是将一定质量的风干土样倒入盛水的玻璃量筒中，将其搅拌成均匀的悬液状；再根据土颗粒的大小不同在水中沉降的速度也不同的特性，将密度计放入悬液中，测记 1min、5min、30min、120min 和 1440min 的密度计读数；然后通过公式算出不同土粒的粒径及其小于该粒径的质量百分数。

若土中粗、细粒组兼有时，可将土样过 0.075mm 的筛子，使其分为两部分，大于 0.075mm 的土样用筛分法进行分析，小于 0.075mm 的土样用密度计法进行分析。

（2）颗粒级配的评价　土的颗粒大小分析试验的成果，通常在半对数坐标系中点绘成一条曲线，该曲线称为土的颗粒级配曲线，如图 1-2 所示，图中曲线的纵坐标为小于某粒径的土的质量百分数，横坐标为用对数坐标表示的土粒粒径。因为土中的粒径通常相差悬殊，横坐标用对数坐标可以把粒径相差悬殊的粗、细粒的含量都表示出来。

土中各粒组的相对含量为小于两个分界粒径质量百分数之差。图 1-2 中的曲线对应各粒组的百分比含量分别为：砾（2~60mm）占 100 % − 86 % = 14 %；砂粒（0.075~2mm）占 54%；粉粒（0.005~0.075mm）占 22%。

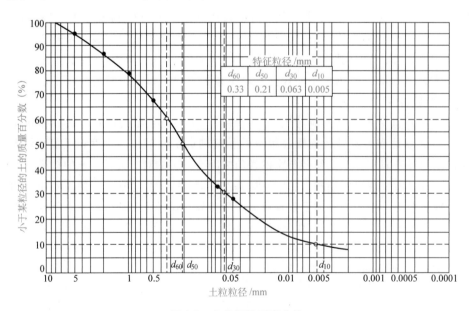

图 1-2　土的颗粒级配曲线

（3）良好级配的判别　级配良好的土，粗、细颗粒搭配较好，粗颗粒间的孔隙由细颗粒填充，易被压实到较高的密度。因而渗透性和压缩性较小，强度较大，所以颗粒级配常作

为选择筑填土料的依据。为了能定量地衡量土的颗粒级配是否良好，常用不均匀系数 C_u 和曲率系数 C_c 两个判别指标：

$$C_u = \frac{d_{60}}{d_{10}} \tag{1-1}$$

$$C_c = \frac{d_{30}^2}{d_{60} d_{10}} \tag{1-2}$$

式中　d_{60}、d_{30}、d_{10}——颗粒级配曲线上纵坐标为 60%、30%、10% 时所对应的粒径，d_{10} 称为有效粒径，d_{60} 称为控制粒径。

　　工程上常将 $C_u < 5$ 的土称为均匀土，把 $C_u \geqslant 5$ 的土称为不均匀土。曲率系数 C_c 是反映 d_{60} 与 d_{10} 之间曲线主段弯曲形状的指标。同时满足 $C_u \geqslant 5$ 和 $C_c = 1 \sim 3$ 的土称为级配良好。

二、土中的水

1. 结合水

研究表明，大多数黏土颗粒表面带有负电荷，因而围绕土粒周围形成了一定强度的电场，使孔隙中的水分子极化，这些极化后的极性水分子和水溶液中所含的阳离子（如钾、钠、钙、镁等阳离子），在电场力的作用下定向地吸附在土颗粒周围，形成一层不可自由移动的水膜，该水膜称为结合水。结合水又可根据受电场力作用的强弱分成强结合水和弱结合水。

土中的水

1）强结合水是指被强电场力紧紧地吸附在土粒表面附近的结合水膜。这部分水膜因受电场力作用较大，与土粒表面结合得十分紧密，所以分子排列密度大，其密度为 $1.2 \sim 2.4 \mathrm{g/cm^3}$；冰点很低，可达 -78℃；沸点较高，在 105℃以上才蒸发；而且很难移动，没有溶解能力，不传递静水压力，失去了普通水的基本特性，其性质接近于固体，具有很大的黏滞性、弹性和抗剪强度。

2）弱结合水是指分布在强结合水外围的结合水。这部分水膜由于距颗粒表面较远，受电场力作用较小，它与土粒表面的结合不如强结合水紧密。其密度为 $1.0 \sim 1.7 \mathrm{g/cm^3}$，冰点低于 0℃，不传递静水压力，也不能在孔隙中自由流动，只能以水膜的形式由水膜较厚处缓慢移向水膜较薄的地方，这种移动不受重力影响。弱结合水的存在对黏性土的性质影响很大，将在本学习情境单元 3 中论述。

2. 自由水

土孔隙中位于结合水以外的水称为自由水，它可分为重力水和毛细水。

1）受重力作用在土的孔隙中流动的水称为重力水，重力水处于地下水位以下。重力水与一般的水一样，可以传递静水和动水压力；具有溶解能力，可溶解土中的水溶盐，使土的强度降低，压缩性增大；可以对土颗粒产生浮托力；它还可以在水头差的作用下形成渗透水流，并对土粒产生渗透力，使土体发生渗透变形。

2）在地下水位以上的自由水称为毛细水。在工程实践中，应注意毛细水的上升可能使地基浸湿，使地下室受潮或使地基、路基产生冻胀，造成土地盐渍化等问题。此外，在一般潮湿的砂土（尤其是粉砂、细砂）中，孔隙中的水仅位于土粒接触点周围并形成互不连通的弯液面。由于水的表面张力（T）的作用，使弯液面下孔隙水中的压力小于大气压力，因而产生使土粒相互挤紧的力，这个力称为毛细压力，如图 1-3 所示。由于毛细压力的作用，砂土也会像黏性土那样具有一定的黏聚力，如在湿砂中能开挖一定深度的直立坑壁，一旦砂土处在干燥或饱和状态时，毛细现象便不存在，毛细水连接即刻消失，直立坑壁就会坍塌，故又把无黏性土粒间的这种连接作用称为"假黏聚力"。

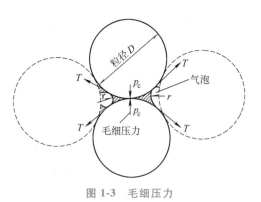

图 1-3　毛细压力

三、土中的气体

土中的气体可分为与大气连通的自由气体和以气泡形式存在的封闭气体。封闭气体可以使土的弹性增大，延长土的压缩过程，使土层不易压实。此外，封闭气体还能阻塞土内的渗流通道，使土的渗透性减小。

四、土的结构

土的结构是指土粒或粒团的排列方式及其粒间或粒团间连结的特征，它与土的矿物成分、颗粒形状和沉积条件有关。通常土的结构可分为三种基本类型：单粒结构、蜂窝结构和絮凝结构，如图 1-4 所示。

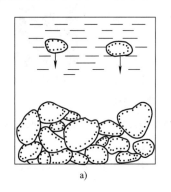
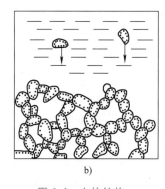
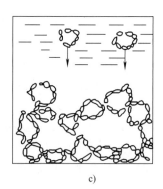

a)　　　　　　　　　b)　　　　　　　　　c)

图 1-4　土的结构

a）单粒结构　b）蜂窝结构　c）絮凝结构

1）粗粒土（如砂土和砂砾土等）由于比表面积小，在沉积过程中主要依靠自重下沉，下沉过程中的土颗粒一旦与已经沉积稳定的颗粒相接触，找到自己的平衡位置而稳定下来，就形成点与点接触的单粒结构。疏松排列的单粒结构，由于孔隙较大，在荷载作用下，土粒易发生移动，引起土体变形，土体的承载力也较低，特别是饱和状态的细砂、粉砂及匀粒粉土，受振动荷载作用后易产生液化现象。

2）较细的土粒（主要指粉粒和部分黏粒），由于土粒较细、比表面积大，粒间引力大于下沉土粒的重量，在自重作用下沉积时，碰到别的正在下沉或已经沉稳的土粒，会在粒间接触点上产生连结，逐渐形成链环状团粒，很多这样的链环状团粒连结起来就形成了孔隙较大的蜂窝结构。

3）极细小的黏土颗粒（粒径<0.002mm），能在水中长期悬浮，一般不以单粒下沉，而是聚合成絮状团粒下沉。下沉后接触到已经沉稳的絮状团粒时，由于引力作用又产生连结，最终形成孔隙很大的絮凝结构。

蜂窝结构和絮凝结构的特点都是土中孔隙较多，结构不稳定，相对于单粒结构而言，具有较大的压缩性，强度也较低。

单元 2 土的物理性质指标

土中三相物质本身的特性以及它们之间的相互作用，对土的性质有着本质的影响，但土体三相之间量的比例关系也是一个非常重要的影响因素。如对于无黏性土，密实状态时强度高，松散时强度低；而对于细粒土，含水率小时较硬，含水率大时较软。所以把土体三相之间量的比例关系称为土的物理性质指标。工程中常用土的物理性质指标作为评价土体工程性质优劣的基本指标。为了便于研究土体三相之间量的比例关系，常常理想地把土中实际交错混杂在一起的三相以图 1-5 的形式表示出来，称为土的三相简图。

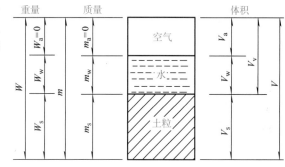

图 1-5 土的三相简图

注：W 表示重量，m 表示质量，V 表示体积。下标 "a" 表示气体，下标 "s" 表示土粒，下标 "w" 表示水，下标 "v" 表示孔隙。如 W_s、m_s、V_s 分别表示土粒重量、土粒质量和土粒体积。图中有如下关系：$m = m_s + m_w$，$V = V_s + V_w$。

一、土的物理性质指标

1. 实测指标

（1）土的质量密度 ρ 和土的重力密度 γ　单位体积天然土的总质量称为天然土的质量密度（也称天然密度），简称为土的密度，常用 ρ 表示，其表达式为

$$\rho = \frac{m}{V} = \frac{m_s + m_w}{V} \qquad (1-3)$$

土的密度一般为 $1.6 \sim 2.0\text{g/cm}^3$。三相土的密度称为湿密度，饱和状态土的密度为饱和密度。

单位土体所受的重力称为土的重力密度，简称土的重度，常用 γ 表示，其表达式为

$$\gamma = \frac{W}{V} = \rho g \qquad (1-4)$$

土的实测指标

式中　g——重力加速度，在国际单位制中常用 9.81m/s^2，为换算方便，也可近似用 $g = 10\text{m/s}^2$ 进行计算。

土的密度常用环刀法测定，具体方法见《公路土工试验规程》（JTG 3430—2020）。工程中现场测定土的密度常用灌砂法或灌水法，也有用核子密度仪和无核密度仪测定土的密度的。

（2）土粒比重 G_s ○　土粒比重是指土颗粒在 $105 \sim 110℃$ 温度下烘至恒重时的质量与同体积 4℃ 时纯水的质量之比，简称比重，土粒比重常用比重瓶法来测定，用 G_s 表示：

$$G_s = \frac{m_s}{V_s \rho_w} \qquad (1-5)$$

○ 按《力学的量和单位》（GB 3102.3—1993）规定，"比重" 一词不再采用，以 "相对密度" 替代。但《公路土工试验规程》（JTG 3430—2020）仍采用 "比重" 一词，考虑到行业习惯，本书仍采用 "比重" 一词。

式中 ρ_w——4℃时纯水的密度，常取 $\rho_w = 1g/cm^3$。

工程中有时用土粒密度的概念，土粒密度是指干土粒的质量与土粒体积的比值，用 ρ_s 表示：

$$\rho_s = \frac{m_s}{V_s} \tag{1-6}$$

土粒比重一般为 2.60~2.80，但当土中含有较多的有机质时，土粒比重会明显减少，甚至达到 2.40 以下。工程实践中，由于各类土的比重变化幅度不大，除重大建筑物及特殊情况外，可按经验数值选用。土粒比重的一般数值见表 1-2。

表 1-2　土粒比重的一般数值

土名	砂土	粉土	粉质黏土	黏土
比重	2.65~2.69	2.70~2.71	2.72~2.73	2.74~2.76

土的含水率试验（酒精燃烧法）

（3）土的含水率 w　土的含水率是指土中水的质量与土粒质量的比，以百分数表示，其表达式为

$$w = \frac{m_w}{m_s} \times 100\% \tag{1-7}$$

土的含水率常用烘干法测定，现场也可以用核子密度仪测定，有时对于无机土也可以用酒精燃烧法测定。天然土的含水率变化幅度很大，砂性土的含水率 $w = 1\% \sim 40\%$；黏性土的含水率 $w = 15\% \sim 60\%$；淤泥或泥炭的含水率可高达 $100\% \sim 300\%$。同一种土，随土的含水率增高，土变湿、变软，强度降低，压缩性增大。所以黏性土的含水率常是控制填土压实质量、确定地基承载力特征值和换算其他物理性质指标的重要指标。

2. 换算指标

（1）干密度 ρ_d 和干重度 γ_d　单位土体中土粒的质量称为土的干密度，其表达式为

$$\rho_d = \frac{m_s}{V} \tag{1-8}$$

单位体积的干土所受的重力称为干重度，其表达式为

$$\gamma_d = W_s/V = \rho_d g \tag{1-9}$$

干密度是评价土的密实程度的指标，干密度大表明土密实，干密度小表明土疏松。在填筑堤坝、路基等填方工程中，常把干密度作为填土设计和施工质量控制的指标。

（2）饱和密度 ρ_{sat} 和饱和重度 γ_{sat}　单位饱和土体的密度称为饱和密度。此时，土中的孔隙完全被水所充满，土体处于固相和液相的二相状态，其表达式为

$$\rho_{sat} = \frac{m_s + m'_w}{V} = \frac{m_s + V_v \rho_w}{V} \tag{1-10}$$

式中 m'_w——土中孔隙全部充满水时的水的质量；

ρ_w——水的密度，$\rho_w = 1g/cm^3$。

饱和重度 $\gamma_{sat} = \rho_{sat} g$。

（3）浮密度 ρ' 与浮重度 γ'　土在水下时，单位体积的有效质量称为土的浮密度，或称

为有效密度。浮密度的表达式为

$$\rho' = \frac{m_s - V_s \rho_w}{V} \qquad (1-11)$$

浮重度 $\gamma' = \rho' g$。

从上述密度的定义可知，同一种土四种密度的数值关系是：$\rho_{sat} \geqslant \rho > \rho_d > \rho'$。

（4）孔隙率 n　土体孔隙体积与总体积之比称为土的孔隙率，常用百分数表示，其表达式为

$$n = \frac{V_v}{V} \times 100\% \qquad (1-12)$$

（5）孔隙比 e　土体孔隙体积与土颗粒体积之比称为土的孔隙比，其表达式为

$$e = \frac{V_v}{V_s} \qquad (1-13)$$

土的孔隙比主要与土粒的大小及其排列的松密程度有关。一般砂土的孔隙比为 $0.4 \sim 0.8$，黏土为 $0.6 \sim 1.5$，有机质含量高的土，孔隙比甚至可高达 2.0 以上。孔隙比和孔隙率都是反映土的密实程度的指标。在计算地基沉降量和评价砂土的密实度时，常用孔隙比表示。

（6）饱和度 S_r　饱和度反映土中孔隙充满水的程度。土中水的体积与孔隙体积之比称为饱和度，其表达式为

$$S_r = \frac{V_w}{V_v} \times 100\% \qquad (1-14)$$

二、土的物理性质指标之间的换算

上述土的物理性质指标中，密度 ρ、土粒比重 G_s 和含水率 w 三个指标是通过试验测定的。在测定这三个指标后，其他各指标可根据它们的定义并利用土的三相关系导出其换算式，土的物理性质指标换算关系如图 1-6 所示。

各换算指标也可假定 $V_s = 1$ 或 $V = 1$，根据定义利用土的三相简图算出各物理量的数值，再由各指标的定义式计算。

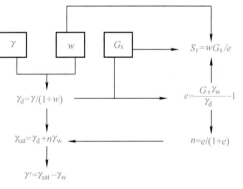

图 1-6　土的物理性质指标换算关系

注：γ_w 为 4℃ 时纯水的重度，取 9.81kN/m^3。

【例 1-1】　用体积 $V = 50 \text{cm}^3$ 的环刀切取原状土样，用天平称出土样的湿土质量为 94.00g，烘干后为 75.63g，测得土样的比重 $G_s = 2.68$。求该土的重度 γ、含水率 w、干重度 γ_d、孔隙比 e 和饱和度 S_r 各为多少。

解：$\rho = \dfrac{m}{V} = \dfrac{94.00}{50} \text{g/cm}^3 = 1.88 \text{g/cm}^3$

$\gamma = \rho g = 1.88 \times 9.81 \text{kN/m}^3 = 18.44 \text{kN/m}^3$

$w = \dfrac{m_w}{m_s} \times 100\% = \dfrac{m - m_s}{m_s} \times 100\% = \dfrac{94.00 - 75.63}{75.63} \times 100\% = 24.29\%$

$$\gamma_d = \frac{\gamma}{1+w} = \frac{18.44}{1+0.2429}kN/m^3 = 14.84kN/m^3$$

$$e = \frac{G_s\gamma_w}{\gamma_d} - 1 = \frac{2.68 \times 9.81}{14.84} - 1 = 0.772$$

$$S_r = \frac{wG_s}{e} \times 100\% = \frac{0.2429 \times 2.68}{0.772} \times 100\% = 84.32\%$$

【例 1-2】 某原状土样，经试验测得土的重度 $\gamma = 18.44kN/m^3$，天然含水率 $w = 24.29\%$，土粒的比重 $G_s = 2.68$，试利用土的三相简图求该土样的干重度 γ_d、孔隙比 e 和饱和度 S_r 等。

解：1. 求基本物理量

设 $V = 1m^3$，求图 1-5 中各相的数值。

（1）求 W、W_w、W_s

由 $\gamma = \frac{W}{V}$ 得 $\qquad\qquad W = \gamma V = 18.44 \times 1kN = 18.44kN$

又由 $w = \frac{m_w}{m_s} = \frac{m_w g}{m_s g} = \frac{W_w}{W_s}$ 得

$$W_w = wW_s = 0.2429W_s \qquad\qquad ①$$

$$W = W_s + W_w \qquad\qquad ②$$

式①代入式②得 $\qquad\qquad 18.44 = W_s + 0.2429W_s$

$$W_s = \frac{18.44}{1.2429}kN = 14.84kN$$

$$W_w = 0.2429W_s = 0.2429 \times 14.84kN = 3.60kN$$

（2）求 V_s、V_w、V_v

由 $G_s = \frac{m_s}{V_s\rho_w} = \frac{m_s g}{V_s\rho_w g} = \frac{W_s}{V_s\gamma_w}$ 得 $\quad V_s = \frac{W_s}{G_s\gamma_w} = \frac{14.84}{2.68 \times 9.81}m^3 = 0.564m^3$

又由 $\gamma_w = \rho_w g = \frac{m_w g}{V_w} = \frac{W_w}{V_w}$ 得 $\quad V_w = \frac{W_w}{\gamma_w} = \frac{3.60}{9.81}m^3 = 0.367m^3$

$$V_v = V - V_s = (1.0 - 0.564)m^3 = 0.436m^3$$

2. 求 γ_d、e、S_r

$$\gamma_d = \frac{W_s}{V} = \frac{14.84}{1}kN/m^3 = 14.84kN/m^3$$

$$e = \frac{V_v}{V_s} = \frac{0.436}{0.564} = 0.773$$

$$S_r = \frac{V_w}{V_v} \times 100\% = \frac{0.367}{0.436} \times 100\% = 84.18\%$$

单元 3 土的物理状态指标

土所表现出的干湿、软硬、疏松或紧密等特征，统称为土的物理状态。土的物理状态对土的工程性质影响较大，类别不同的土所表现出的物理状态特征也不同。如无黏性土，其力学性质主要受密实程度的影响，而黏性土则主要受含水率变化的影响。

土的物理状态及其判别

一、无黏性土的密实状态

无黏性土的密实状态对其工程性质影响很大。密实的无黏性土结构稳定、强度较高、压缩性较小，是良好的天然地基；疏松的砂土，特别是饱和的松散粉细砂，结构常处于不稳定状态，容易产生流砂，在振动荷载作用下，可能会发生液化，对建筑工程不利。无黏性土密实度判别方法如下：

（1）孔隙比判别　判别无黏性土密实度最简便的方法是用孔隙比 e。孔隙比越小，土越密实；孔隙比越大，土越疏松。但同样密实度情况下，级配均匀的无黏性土孔隙比大，而级配良好的无黏性土孔隙比小。《岩土工程勘察规范》（GB 50021—2001）（2009 年版）对粉土密实度的分类见表 1-3。

表 1-3　粉土密实度分类

密实度	密实	中密	稍密
孔隙比 e	$e<0.75$	$0.75 \leqslant e \leqslant 0.9$	$e>0.9$

（2）相对密实度判别　相对密实度 D_r 是将天然状态的孔隙比 e 与最疏松状态的孔隙比 e_{max} 和最密实状态的孔隙比 e_{min} 进行对比，作为衡量无黏性土密实度的指标，其表达式为

$$D_r = \frac{e_{max}-e}{e_{max}-e_{min}} \tag{1-15}$$

式中　e_{max}——砂土在最疏松状态时的孔隙比；测试方法：将风干的疏松土样通过长颈漏斗轻轻地倒入容器，避免重力冲击，求出土的最小干密度后，算出相应孔隙比即为 e_{max}；

e_{min}——砂土在最密实状态时的孔隙比；测试方法：将风干的疏松土样分三次装入金属容器，按规定方法振动或锤击，直至土样体积保持不变，测算其最大干密度并推算出相应孔隙比即为 e_{min}；

e——砂土在天然状态下的孔隙比。

显然，D_r 越大，土越密实。当 $D_r=0$ 时，表示土处于最疏松状态；当 $D_r=1$ 时，表示土处于最紧密状态。工程中根据相对密实度 D_r 判别密实度的标准如下：

1）$D_r>0.67$ 为密实。

2）$0.67 \geqslant D_r>0.33$ 为中密。

3）$D_r \leqslant 0.33$ 为疏松。

在水利工程中，主要用 D_r 检查压实砂土的密实度，由于路桥工程中使用较少，因此《公路桥涵地基与基础设计规范》（JTG 3363—2019）不再采用 D_r 判别密实度。而对于天然土体，较普遍的做法是采用标准贯入试验锤击数 N 来现场判定砂土的密实度。

（3）标准贯入试验判别　标准贯入试验是在现场进行的原位试验。该法是用质量为 63.5kg 的穿心锤，以 76cm 的落距将贯入器打入土中 30cm 时所需的锤击数作为判别指标，称为标准贯入锤击数 N。《岩土工程勘察规范》（GB 50021—2001）（2009 年版）中按标准

贯入锤击数 N 划分砂土密实度的标准，见表 1-4。

表 1-4　砂土密实度分类

密实度	密实	中密	稍密	松散
标准贯入锤击数 N	$N>30$	$30 \geqslant N>15$	$15 \geqslant N>10$	$N \leqslant 10$

碎石土可以根据野外鉴别方法划分为密实、中密、稍密三种密实度状态。其划分标准见相关规范。

二、黏性土的稠度

1. 黏性土的稠度状态

稠度是指黏性土在某一含水率时的稀稠程度或软硬程度。稠度还反映了土粒间的连接强度，稠度不同，土的强度及变形特性也不同。所以，稠度也可以指土对外力引起变形或破坏的抵抗能力。黏性土处在某种稠度时所呈现出的状态，称为稠度状态。

黏性土所表现出的稠度状态，是随含水率的变化而变化的。如图 1-7 所示，当土中含水率很小时，水全部为强结合水，颗粒间的结合水连结很强，呈现为坚硬的固态或半固态；随着含水率的增加，土粒周围结合水膜加厚，结合水膜中除强结合水外还有弱结合水，土处于可塑状态，此时黏性土具有可塑性；当含水率继续增加，土中除结合水外还有自由水时，土粒多被自由水隔开，土粒间的结合水连结消失，土就处于流动状态。

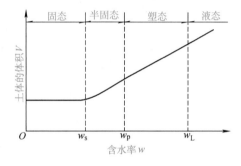

图 1-7　黏性土的稠度状态

2. 界限含水率

界限含水率是指黏性土从一个稠度状态过渡到另一个稠度状态时的分界含水率，也称为稠度界限。图 1-7 中的四种稠度状态之间有三个界限含水率，分别叫作缩限含水率 w_s（简称缩限）、塑限含水率 w_p（简称塑限）和液限含水率 w_L（简称液限）。

1）缩限 w_s 是指固态与半固态之间的界限含水率。当含水率小于 w_s 时，土体的体积不随含水率的减小而发生变化；当含水率大于 w_s 时，土体的体积随含水率的增加而变大。

2）塑限 w_p 是指半固态与可塑状态（简称塑态）之间的界限含水率，也就是可塑状态的下限，即含水率小于塑限时，黏性土不具有可塑性。

3）液限 w_L 是指可塑状态与流动状态（简称液态）之间的界限含水率，也就是黏性土可塑状态的上限含水率。

上述三种界限含水率都必须通过试验来测定。从工程性质来看，缩限在工程中不常用，塑限与液限对黏性土的工程性质影响很大。

液限和塑限的试验，常采用光电式液、塑限联合测定仪测定。该试验是将待测的土样调成三个不同含水率的均匀土膏，含水率分别为液限、略大于塑限和二者中间状态；然后用质量为 76g（或 100g）、锥角为 30° 的圆锥仪分别测出在 5s 时圆锥的下沉深度 h，在双对数坐标纸上点绘出圆锥下沉深度 h 和含水率 w 的关系曲线（图 1-8），根据锥体下沉深度查得液、塑限含水率。

《公路土工试验规程》（JTG 3430—2020）采用的液、塑限联合测定法的圆锥质量为 100g 或 76g，若采用 100g 锥做液限试验，在 h-w 曲线上查出下沉深度为 20mm 处相应的含水率为液限 w_L；若采用 76g 锥做液限试验，在 h-w 曲线上查出下沉深度为 17mm 处相应的含水率为液限 w_L。根据查出的液限，通过液限与塑限状态入土深度的关系曲线（图 1-9），查得 h_p，再由 h-w 曲线上查出入土深度为 h_p 时所对应的含水率，即为该土的塑限 w_p。h_p 也可以按照下列公式求得：

1）对于砂土：

$$h_p = 29.6 - 1.22w_L + 0.017w_L^2 - 0.0000744w_L^3$$
$$(1-16)$$

2）对于细粒土：

$$h_p = \frac{w_L}{0.524w_L - 7.606}$$
$$(1-17)$$

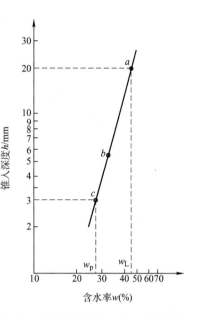

图 1-8 圆锥下沉深度（锥入深度）h 和含水率 w 的关系曲线

应当注意，液限测定标准的差别给不同系统之间数据的交流与利用带来了困难，并且基于这些指标的一系列技术标准也存在一定的差异，故不能互相通用。试验表明，76g 圆锥仪的 17mm 液限和 100g 圆锥仪的 20mm 液限均与碟式液限仪的液限相近。

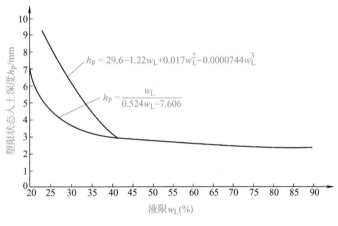

图 1-9 h_p-w_L 曲线

3. 塑性指数与液性指数

（1）塑性指数 I_p 塑性指数 I_p 是指液限与塑限的差值，其表达式为

$$I_p = w_L - w_p$$
$$(1-18)$$

塑性指数习惯上用直接去掉"%"的数值来表示，如 $w_L = 36\%$、$w_p = 16\%$，通常写为 $I_p = w_L - w_p = 36 - 16 = 20$。

塑性指数表明了黏性土处在可塑状态时含水率的变化范围。它的大小与土的黏粒含量及矿物成分有关，土的塑性指数越大，说明土中黏粒含量越多。所以，塑性指数是一个能反映黏性土性质的综合性指数，工程上普遍结合塑性指数对黏性土进行分类和评价。

（2）液性指数 I_L　土的含水率在一定程度上可以说明土的软硬程度。对同一种黏性土来说，含水率越大土体越软；但是对两种不同的黏性土来说，即使含水率相同，若它们的塑性指数各不相同，那么这两种土所处的状态就可能不同。因此，只知道土的天然含水率还不能说明土所处的稠度状态，还必须把天然含水率 w 与这种土的塑限 w_p 和液限 w_L 进行比较，才能判定天然土的稠度状态。工程中用液性指数 I_L 作为判定土的软硬程度的指标：

$$I_L = \frac{w-w_p}{w_L-w_p} = \frac{w-w_p}{I_p} \tag{1-19}$$

式中　w——土的天然含水率。

《公路桥涵地基与基础设计规范》（JTG 3363—2019）、《建筑地基基础设计规范》（GB 50007—2011）与《岩土工程勘察规范》（GB 50021—2001）（2009 年版）等相关规范根据土的液性指数 I_L 划分黏性土稠度状态的标准见表 1-5。表 1-5 中的液性指数是由锥式液限仪 10mm 沉降深度的液限求得的。

表 1-5　按土的液性指数划分黏性土稠度状态的标准

稠度状态	坚硬	硬塑	可塑	软塑	流塑
液性指数 I_L	$I_L \leq 0$	$0 < I_L \leq 0.25$	$0.25 < I_L \leq 0.75$	$0.75 < I_L \leq 1$	$I_L > 1$

值得注意的是，黏性土的塑限与液限都是将土样经搅拌后测定的，此时土的原状结构已完全破坏。由于液性指数没有考虑土的原状结构对强度的影响，因此用它评价重塑土的软硬状态比较合适，而用于评价原状土的天然稠度状态往往偏于保守。当天然含水率超过液限时，土并不表现为流动状态。这是因为保持原状结构的天然黏性土，除具有结合水连结外，还存在胶结物连结。当 $w > w_L$、$I_L > 1$ 时，结合水连结消失了，但胶结物连结仍然存在，这时土仍具有一定的强度。所以，在基础施工中，应注意保护黏土地基的原状结构，以免承载力受到损失。

单元 4　土的击实性

土的击实是指土体在一定的击实功作用下，土颗粒克服粒间阻力产生位移，颗粒重新排列，使土中的孔隙比减小，密实度增加，并具有较高的强度。但是在击实过程中，即使采用相同的击实功，对于不同种类、不同含水率的土，击实效果是不完全相同的。

一、击实试验

击实试验

击实试验的目的是用标准击实方法测定土的干密度和含水率的关系，从击实曲线上确定土的最大干密度 ρ_{dmax} 和相应的最优含水率 w_{op}，为填土的设计与施工提供重要的依据。

进行击实试验时，先将待测的土料按不同的预定含水率（土样不少于 5 个）制备成不同含水率的试样，再测出击实后试样的湿密度和含水率，然后计算出该试样的干密度。以干密度为纵坐标，含水率为横坐标，绘制干密度 ρ_d 与含水率 w 的关系曲线（土的击实曲线），图 1-10 为土的击实曲线。

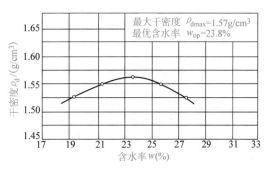

图 1-10　土的击实曲线

从击实曲线上可以看出，曲线上有一峰值，此处的干密度最大，称为最大干密度，用 ρ_{dmax} 表示；与最大干密度对应的含水率称为最优含水率，用 w_{op} 表示。这说明当击实功一定时，土料的含水率为最优含水率时，击实效果最好。

二、影响土击实性的因素

（1）土的含水率　当黏性土的含水率过低或过高时，均不易击实到较高的密度。在一定击实功下，只有当含水率达到最优含水率时，才能击实到较大的密度。黏性土的最优含水率一般接近黏性土的塑限，可近似取为 $w_{op} = w_p + 2$。

将不同含水率及所对应的土体达到饱和状态时的干密度点绘于图 1-11 中，得到饱和度 $S_r = 100\%$ 的饱和曲线。由图 1-11 可知，试验的击实曲线在峰值以右逐渐接近于饱和曲线，并且大体上与它平行，但永不相交。试验证明，一般黏性土在其最佳击实状态下（击实曲线峰点），其饱和度通常为 80% 左右。

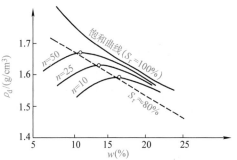

图 1-11　土的含水率、干密度和击实功关系曲线

（2）击实功　对于同一种土，击实功小，则所能达到的最大干密度也小；反之，击实功大，所能达到的最大干密度也大。而最优含水率正好相反，击实功小，则最优含水率大；而击实功大，则最优含水率小。

（3）土粒级配　图 1-12a 是五种不同土的级配曲线，图 1-12b 是它们的击实曲线。从图 1-12 可知，粗粒含量多、颗粒级配良好的土，最大干密度较大，最优含水率较小。

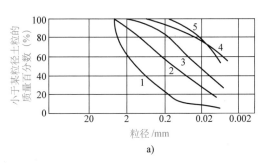

a)

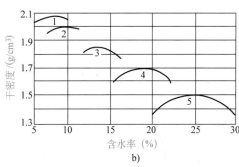

b)

图 1-12　各种土的击实曲线

1、2、3—粗粒　4、5—细粒

三、压实填土的质量控制

由于黏性填土存在着最优含水率，因此在填土施工时应将土料的含水率控制在最优含水率左右，应根据土料的性质、填筑部位、施工工艺和气候条件等因素综合考虑，一般在最优

灌砂法检测
土体压实度

含水率 w_{op} 的 $-2\% \sim +3\%$ 范围内选取。填土质量标准，工程上采用压实度 P 来控制，不同的填土部位，规范中要求的压实度也不同，具体参照有关规范。施工中填土的压实度可按式（1-20）得到，当实测压实度 P' 大于等于要求的压实度 P 时，填土质量符合要求。

$$P' = \frac{\text{压实填土实测干密度 } \rho_d}{\text{标准击实试验的最大干密度 } \rho_{dmax}} \tag{1-20}$$

单元 5　土的工程分类

土的分类有按照施工难易程度分类和对土的性状进行定性评价两种分类方式。对土的性状进行定性评价有两类方法：一类是实验室分类法，该分类法依据土的颗粒级配、塑性和有机质含量等进行分类，常在工程技术设计阶段使用；另一类是目测法，它是在现场勘察中根据经验和简易的试验，由土的干密度、含水率、手捻感觉、摇振反应和韧性等指标，对土进行简易分类。本单元主要介绍实验室分类法。

土的工程分类

目前，我国各行业使用的土名和实验室分类法并不完全统一，这是由于各行业的特点不同，工程中对土的某些工程性质的重视程度和要求并不完全相同，制定分类标准时的着眼点、侧重面也就不同，加上长期的经验和习惯，就形成了不同的分类体系，但总的分类依据均为土的颗粒组成及特征（颗粒级配）、土的塑性指标（液限、塑限和塑性指数）及土中有机

质含量。有时即使在同一行业中，不同的规范之间也存在着差异，但新修订的规范正在逐渐趋于统一，《建筑地基基础设计规范》（GB 50007—2011）、《岩土工程勘察规范》（GB 50021—2001）（2009 年版）与《公路桥涵地基与基础设计规范》（JTG 3363—2019）对各类土的分类方法和分类标准基本相同；《土的工程分类标准》（GB/T 50145—2007）与《公路土工试验规程》（JTG 3430—2020）对各类土的分类体系和分类标准基本相同。

一、《公路桥涵地基与基础设计规范》（JTG 3363—2019）分类法

《建筑地基基础设计规范》（GB 50007—2011）、《岩土工程勘察规范》（GB 50021—2001）（2009 年版）与《公路桥涵地基与基础设计规范》（JTG 3363—2019）将作为建筑地基的土（岩）分为岩石、碎石土、砂土、粉土、黏性土和人工填土六大类，另有淤泥质土、红黏土、膨胀土、黄土等特殊土。下面以《公路桥涵地基与基础设计规范》（JTG 3363—2019）为主介绍土的工程分类。

1. 岩石

岩石按饱和单轴抗压强度分为坚硬岩、较硬岩、较软岩、软岩和极软岩 5 个等级；岩石风化程度可分为未风化、微风化、中等风化、强风化、全风化 5 个等级。岩体完整程度应按饱和单轴抗压强度划分为完整、较完整、较破碎、破碎、极破碎 5 类，见表 1-6。

表 1-6　岩体完整程度分类

完整程度类别	完整	较完整	较破碎	破碎	极破碎
完整程度指数	>0.75	(0.55,0.75]	(0.35,0.55]	(0.15,0.35]	≤0.15

注：完整程度指数为岩体纵波波速与岩块纵波波速之比的平方。

2. 碎石土

粒径大于 2mm 的颗粒含量超过总质量的 50% 的土为碎石土。碎石土根据粒组含量及颗粒形状可进一步分为漂石或块石、卵石或碎石、圆砾或角砾，分类标准见表 1-7。

表 1-7　碎石土的分类标准

土的名称	颗 粒 形 状	粒 组 含 量
漂石	圆形及亚圆形为主	粒径大于 200mm 的颗粒超过总质量的 50%
块石	棱角形为主	
卵石	圆形及亚圆形为主	粒径大于 20mm 的颗粒超过总质量的 50%
碎石	棱角形为主	
圆砾	圆形及亚圆形为主	粒径大于 2mm 的颗粒超过总质量的 50%
角砾	棱角形为主	

注：分类时，应根据粒组含量由上到下以最先符合者确定。

3. 砂土

粒径大于 2mm 的颗粒含量不超过总质量的 50% 且粒径大于 0.075mm 的颗粒含量超过总质量的 50% 的土为砂土。砂土根据粒组含量可进一步分为砾砂、粗砂、中砂、细砂和粉砂，分类标准见表 1-8。

表 1-8　砂土的分类标准

土 的 名 称	粒 组 含 量
砾砂	粒径大于 2mm 的颗粒含量占总质量的 25%~50%
粗砂	粒径大于 0.5mm 的颗粒含量超过总质量的 50%
中砂	粒径大于 0.25mm 的颗粒含量超过总质量的 50%
细砂	粒径大于 0.075mm 的颗粒含量超过总质量的 85%
粉砂	粒径大于 0.075mm 的颗粒含量超过总质量的 50%

注：1. 定名时应根据颗粒级配由大到小以最先符合者确定。

2. 当砂土中粒径小于 0.075mm 的土的塑性指数大于 10 时，应以"含黏性土"定名，如含黏性土的粗砂等。

4. 粉土

粒径大于 0.075mm 的颗粒含量不超过总质量的 50% 且塑性指数 $I_p \leq 10$ 的土为粉土。

5. 黏性土

塑性指数 $I_p > 10$ 的土为黏性土。黏性土按塑性指数的大小又分为黏土（$I_p > 17$）和粉质黏土（$10 < I_p \leq 17$）。

6. 人工填土

人工填土是指由于人类活动而形成的堆积物。人工填土的物质成分较复杂，均匀性也较差，按堆积物的成分和成因可分为：

（1）素填土 素填土是由碎石土、砂土、粉土或黏性土组成的填土。

（2）杂填土 含有建筑物垃圾、工业废料及生活垃圾等杂物的填土为杂填土。

（3）冲填土 由水力冲填泥沙形成的填土为冲填土。

在工程建设中所遇到的人工填土，各地区不一样：在古城遗址地区，一般会存留有人类文化活动的遗物或古建筑的碎石、瓦砾；在山区常见的人工填土是由于平整场地而堆积、未经压实的素填土；城市建设常遇到的人工填土是由煤渣、建筑垃圾或生活垃圾堆积的杂填土，一般是不良地基，需要进行处理。

7. 特殊性土

《建筑地基基础设计规范》（GB 50007—2011）中又把淤泥和淤泥质土、红黏土、膨胀土及湿陷性黄土单独规定了分类标准。

（1）淤泥和淤泥质土 淤泥和淤泥质土是指在静水或缓慢流水环境中沉积，经生物化学作用形成的黏性土。天然含水率大于液限，天然孔隙比 $e \geq 1.5$ 的黏性土称为淤泥；天然含水率大于液限而天然孔隙比 $1 \leq e < 1.5$ 的黏性土为淤泥质土。淤泥和淤泥质土的主要特点是含水率大、强度低、压缩性高、透水性差，固结时间长。

（2）红黏土 红黏土是指碳酸盐岩系出露的岩石，经红土化作用形成的棕红色、褐黄色等颜色的高塑性黏土。其液限一般大于50%，具有上层土硬、下层土软，失水后有明显的收缩性及裂隙发育的特性。红黏土经再搬运后，仍保留其基本特征。液限 ω_L 大于 45% 的红黏土称为次红黏土。

（3）膨胀土 土中黏粒成分主要由亲水性矿物组成，同时具有显著的吸水膨胀性和失水收缩性，自由膨胀率大于或等于40%的黏性土称为膨胀土。

（4）湿陷性黄土 当土体浸水后发生沉降，其湿陷系数大于或等于 0.015 的土称为湿陷性黄土。

【例1-3】 从某土样的颗粒级配曲线上查得：大于 0.075mm 的颗粒含量为 64%，大于 2mm 的颗粒含量为 8.5%，大于 0.25mm 的颗粒含量为 38.5%，并测得该土样细粒部分的液限 $\omega_L = 38\%$，塑限 $\omega_p = 19\%$，试按照《建筑地基基础设计规范》（GB 50007—2011）对土进行分类定名。

解：因该土样大于 0.075mm 的颗粒含量为 64%>50%，而且大于 2mm 的颗粒含量为 8.5%<50%，所以该土属于砂土；因该土样大于 0.25mm 的颗粒含量为 38.5%<50%，大于 0.075mm 的颗粒含量为 64%，查表1-8，该土定名为粉砂。

【例1-4】 从某土样的颗粒级配曲线上查得：大于 0.075mm 的颗粒含量为 38%，大于 2mm 的颗粒含量为 13%，并测得该土样细粒部分的液限 $\omega_L = 46\%$，塑限 $\omega_p = 28\%$，试按照《建筑地基基础设计规范》（GB 50007—2011）对土进行分类定名。

解：因该土大于 0.075mm 的颗粒含量为 38%<50%，又因塑性指数 $I_p = 18 > 10$，故该土为黏性土；因 $I_p = 18 > 17$，所以该土定名为黏土。

二、《公路土工试验规程》（JTG 3430—2020）分类法

《土的工程分类标准》（GB/T 50145—2007）与《公路土工试验规程》（JTG 3430—2020）对各类土的分类体系和分类标准基本相同，土的总分类体系如图1-13所示。下面介

绍《公路土工试验规程》（JTG 3430—2020）分类体系。分类时应以图 1-13 为依据从上到下逐步确定土的名称。

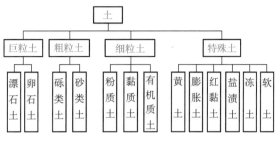

图 1-13 土的总分类体系

1. 鉴别有机质土和无机质土

有机质含量 $Q_u \geq 5\%$ 的土称为有机质土；不含或基本不含有机质的土称为无机质土。土中的有机质无固定粒径，由完全分解、部分分解、未分解的动植物残骸构成。有机质土可根据颜色、气味、纤维质来鉴别，如土样呈黑色、青黑色或暗色，有臭味，含纤维质，手触有弹性和海绵感时，一般是有机质土。

2. 鉴别巨粒土、粗粒土、细粒土

对无机质土，先根据该土样的颗粒级配曲线，确定巨粒组（$d>60$mm）的质量占总质量的百分数，当土样中巨粒组质量大于总质量的 50% 时，该土称为巨粒土；当土样中巨粒组质量为总质量的 15%~50% 时，该土称为漂（卵）石质土。

当粗粒组（60mm$\geq d>0.075$mm）质量大于总质量的 50% 时，该土称为粗粒土；当细粒组质量大于或等于总质量的 50% 时，该土称为细粒土。然后再对巨粒土、粗粒土或细粒土进一步细分。

3. 巨粒土分类定名

巨粒土分为漂（卵）石、漂（卵）石夹土和漂（卵）石质土，巨粒土的详细分类定名详见表 1-9。巨粒组质量小于或等于总质量 15% 的土，可扣除巨粒，按粗粒土或细粒土的相应规定分类定名。

表 1-9 巨粒土和含巨粒土的分类

土类	巨粒组含量		土代号	土名称
漂（卵）石	巨粒含量>75%	漂石粒含量>50%	B	漂石
		漂石粒含量≤50%	Cb	卵石
漂（卵）石夹土	50%<巨粒含量≤75%	漂石粒含量>卵石含量	BSl	漂石夹土
		漂石粒含量≤卵石含量	CbSl	卵石夹土
漂（卵）石质土	巨粒含量>15% 且≤50%	漂石粒含量>卵石含量	SlB	漂石质土
		漂石粒含量≤卵石含量	SlCb	卵石质土

4. 粗粒土分类定名

试样中巨粒组土粒质量小于或等于总质量的 15%，且巨粒组土粒与粗粒组土粒质量之和大于总质量 50% 的土称为粗粒土。粗粒土中砾粒组质量大于砂粒组质量的土称为砾类土，粗粒土中砾粒组质量小于或等于砂粒组质量的土称为砂类土。砾类土和砂类土又细分如下：

（1）砾类土分类　根据其中细粒的含量和类别以及粗粒组的级配，砾类土又分为砾、含细粒土砾和细粒土质砾。砾类土细分和定名详见表 1-10。

表 1-10　砾类土细分和定名

土类	粒组含量及级配		土代号	土名称
砾	细粒含量≤5%	级配：$C_u \geq 5$，$C_c = 1 \sim 3$	GW	级配良好的砾
		级配：不同时满足上述要求	GP	级配不良的砾
含细粒土砾	5%<细粒含量≤15%		GF	含细粒土砾
细粒土质砾	15%<细粒含量≤50%	细粒土位于塑性图 A 线或以上	GC	黏土质砾
		细粒土位于塑性图 A 线以下	GM	粉土质砾

（2）砂类土的分类　根据其中细粒的含量和类别以及粗粒组的级配，砂类土又分为砂、含细粒土砂和细粒土质砂。砂类土细分和定名详见表 1-11。

表 1-11　砂类土细分和定名

土类	粒组含量及级配		土代号	土名称
砂	细粒含量≤5%	级配：$C_u \geq 5$，$C_c = 1 \sim 3$	SW	级配良好的砂
		级配：不同时满足上述要求	SP	级配不良的砂
含细粒土砂	5%<细粒含量≤15%		SF	含细粒土砂
细粒土质砂	15%<细粒含量≤50%	细粒土位于塑性图 A 线或以上	SC	黏土质砂
		细粒土位于塑性图 A 线以下	SM	粉土质砂

5. 细粒土分类定名

细粒质量大于或等于总质量 50% 的土称为细粒土。其中，粗粒组质量小于或等于总质量的 25% 的土称为粉质土或黏质土；粗粒组质量为总质量的 25%～50%（含 50%）的土称为含粗粒的粉质土或含粗粒的黏质土；有机质含量大于 5% 的土称为有机质土；有机质含量大于或等于 10% 的土称为有机土。

（1）粉质土、黏质土的分类方法　细粒土应根据塑性图分类。塑性图是以土的液限 w_L 为横坐标、塑性指数 I_p 为纵坐标绘制的，如图 1-14 所示。塑性图中有 A、B 两条线，A 线方程式为 $I_p = 0.73(w_L - 20)$，A 线上侧为黏土，下侧为粉土；B 线方程式为 $w_L = 50\%$，$w_L < 50\%$ 为低液限，$w_L \geq 50\%$ 为高液限。这样，A、B 两条线将塑性图划分为四个区域，每个区域都标出两种土类名称的符号。应用时，根据土的 w_L 和 I_p 值可在图中得到相应的交点，再按照该点所在区域的符号由表 1-12 便可查出土的典型名称。

（2）有机质土的分类　有机质土先按表 1-12 的规定确定细粒土名称，再在相应的土代号之后加上代号 "O"，如 CHO 表示有机质高液限黏土，MLO 表示有机质低液限粉土。也可直接从塑性图中查出有机质土的定名。

（3）含粗粒的细粒土分类　含粗粒的细粒土应先按表 1-12 的规定确定细粒土名称，再按下列规定最终定名：

1）当粗粒组中砾粒组质量大于砂粒组质量时，称为含砾细粒土，应在细粒土代号后加上代号 "G"，如 CHG 表示含砾高液限黏土，MLG 表示含砾低液限粉土。

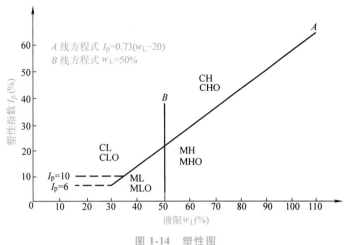

图 1-14   塑性图

表 1-12   细粒土分类

土的塑性指标在图 1-14 中的位置		土代号	土名称
塑性指数(I_p)	液限(w_L)		
$I_p \geqslant 0.73(w_L - 20)$	$w_L \geqslant 50\%$	CH（或 CHO）	高液限黏土（或有机质高液限黏土）
	$w_L < 50\%$	CL（或 CLO）	低液限黏土（或有机质低液限黏土）
$I_p < 0.73(w_L - 20)$	$w_L \geqslant 50\%$	MH（或 MHO）	高液限粉土（或有机质高液限粉土）
	$w_L < 50\%$	ML（或 MLO）	低液限粉土（或有机质低液限粉土）

2）当粗粒组中砂粒组质量大于或等于砾粒组质量时，称为含砂细粒土，应在细粒土代号后加上代号 "S"，如 CHS 表示含砂高液限黏土，MLS 表示含砂低液限粉土。

此外，自然界中还分布有许多具有特殊性质的土，如黄土、红黏土、膨胀土、冻土等。各类特殊土都有专门的规范进行表述，工程实践中遇到时，可选择相应的规范根据特殊土的工程特性进行分类。

素质拓展——实事求是的科学态度

《汉书》："修学好古，实事求是。"实事求是要求人们从实际情况出发，不夸大，不缩小，正确地对待和处理问题，探求事物的内部联系及其发展的规律性，认识事物的本质。

实事求是是马克思主义的精髓之一，是中国共产党人的思想路线之一。毛泽东同志在《改造我们的学习》中指出："'实事'就是客观存在着的一切事物，'是'就是客观事物的内部联系，既规律性，'求'就是我们去研究。"

我们在以后的工作生活中要坚持实事求是的科学态度，并认同实践是检验真理的唯一标准。在认识事物的过程中，要用实践来检验人们的认识，要善于运用科学的试验方法。土体具有多样性、复杂性、易变性等特点，研究土体的性质离不开试验。所有科学的方法都是围绕着"实事求是"这四个字展开的，试验必须实事求是，离开了实事求是的态度，即使有人掌握了最尖端的科技手段，也不可能做出科学的成果。

思 考 题

1-1 为什么要划分粒组？一般划分为哪些粒组？

1-2 为什么采用不同的颗粒分析方法？

1-3 各种类型的水对土的性质有何影响？

1-4 绘制土的三相简图有何意义？

1-5 工程中是否可以用其他指标作为土的实测指标？

1-6 某饱和黏性土的含水率为 $w = 38\%$，比重 $G_s = 2.71$，求土的孔隙比 e 和干重度 γ_d。

1-7 各物理性质指标在工程中有何作用？

1-8 用什么指标反映黏性土的黏性大小？用什么指标评价其软硬程度？

1-9 实验室对粗粒土和细粒土分类的依据是什么？

1-10 施工现场如何测定填土的压实度？

1-11 某施工单位用灌砂法测定土体压实度时，无意中将砝码混入土中称量，检测结果会对填土质量的评定带来什么影响？

1-12 压实度有何作用？如何得到压实度？

习 题

1-1 按《公路土工试验规程》（JTG 3430—2020）求出图 1-15 所示颗粒级配曲线①、曲线②所示土中各粒组的百分比含量，并分析其颗粒级配情况。

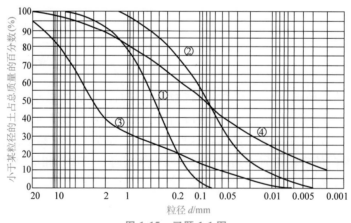

图 1-15 习题 1-1 图

1-2 使用体积为 $60 \mathrm{cm}^3$ 的环刀切取土样，测得土样质量为 120g，烘干后的质量为 100g，又经比重试验测得 $G_s = 2.70$，试求：①该土的密度 ρ、重度 γ、含水率 w 和干重度 γ_d。②在 $1\mathrm{m}^3$ 土体中，土颗粒、水与空气所占的体积和质量。

1-3 试按土的三相简图推证下列两个关系式：

（1） $S_r = \dfrac{w G_s}{e}$。

（2） $\gamma_d = \dfrac{G_s \gamma_w}{1 + e} = G_s \gamma_w (1 - n)$。

1-4　某原状土样，测出该土的 $\gamma = 17.8 \mathrm{kN/m^3}$，$w = 25\%$，$G_s = 2.65$，试计算该土的干重度 γ_d、孔隙比 e、饱和重度 γ_{sat}、浮重度 γ' 和饱和度 S_r。

1-5　某饱和土样的含水率 $w = 40\%$，饱和重度 $\gamma_{sat} = 18.3 \mathrm{kN/m^3}$，试用土的三相简图求它的孔隙比 e 和土粒的比重 G_s。

1-6　有 A、B 两种土样，测得其指标见表 1-13，试求：①哪一个土样的黏粒含量最高？②哪一个土样的孔隙比 e 最大？③哪一个土样的饱和重度 γ_{sat} 最大？④用《建筑地基基础设计规范》（GB 50007—2011）规范确定 A、B 土样的名称及状态。

1-7　根据试验测得的图 1-15 中的颗粒级配曲线④所示土的 $w_L = 31.5\%$、$w_p = 18.6\%$，试对该土进行分类定名。

1-8　某土料场土料的分类为低液限黏土 CL，含水率 $w = 21\%$，土粒比重 $G_s = 2.70$，室内标准击实试验得到的最大干重度 $\gamma_{dmax} = 18.5 \mathrm{kN/m^3}$，设计中取压实度 $= 0.97$，并要求压实后土的饱和度 $S_r \leqslant 90\%$。问碾压时土料应控制多大的含水率？土料的含水率是否适合于填筑？压实土的干密度为多少时符合质量要求？

表 1-13　习题 1-6 表

土样	$w_L(\%)$	$w_p(\%)$	$w(\%)$	G_s	$S_r(\%)$
A	30	12	45	2.70	100
B	29	16	26	2.68	100

1-9　已测得图 1-15 中曲线③所示土的细粒部分土的 $w_L = 34.3\%$、$w_p = 19.5\%$，试分别用《公路桥涵地基与基础设计规范》（JTG 3363—2019）和《建筑地基基础设计规范》（GB 50007—2011）对其进行分类定名。

1-10　根据试验测得图 1-15 中颗粒级配曲线④所示土的 $w_L = 31.5\%$、$w_p = 18.6\%$，试分别用《公路土工试验规程》（JTG 3430—2020）和《建筑地基基础设计规范》（GB 50007—2011）对该土进行分类定名。

学习情境 2
土中水的运动规律

1）掌握达西定律及其适用条件、渗透系数 k 的物理意义。理解各种土体中的渗透规律。了解渗透流速与实际流速的关系。

2）掌握渗透试验方法和适用条件。理解渗透系数的影响因素及各种土体的 k 的取值范围。了解成层土的渗透系数的计算。

3）掌握渗透力的概念和计算，渗透变形的基本形式及产生条件。理解渗透变形的判别方法及其防治措施。了解孔隙水应力与有效应力的概念。

4）能独立完成常水头、变水头试验。会测定土的渗透系数。

本学习情境重点是毛细现象对工程建设的影响，毛细水带的划分及毛细水的运动特性，达西定律表达式的物理意义及其适用条件，根据试验确定土体的渗透系数，判别渗透变形，选择恰当的处理方法。难点是渗透变形的判别和处理。

土中的毛细水

单元 1　土的毛细性

毛细水是指存在于地下水位以上，在表面张力作用下能沿着细小孔隙向上或其他方向移动的自由水。这种土中具有毛细水的现象称为土的毛细现象。毛细水的上升是引起路基冻害的因素之一；毛细水的上升会引起地下室过分潮湿；毛细水的上升还可能引起土地沼泽化和盐渍化，对建筑工程及农业经济有很大影响。

一、土层中的毛细水带

土层中由毛细水所湿润的范围称为毛细水带。毛细水带根据形成条件和分布状况可分为正常毛细水带、毛细网状水带和毛细悬挂水带，如图 2-1 所示。

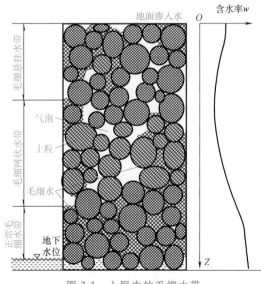

图 2-1　土层中的毛细水带

1）正常毛细水带又称为毛细饱和带，位于毛细水带的下部，与地下潜水连通。这一部分毛细水主要是由潜水面直接上升形成的，几乎充满全部的孔隙。正常毛细水带会随着地下水位的升降作相应的移动。

2）毛细网状水带位于毛细水带的中部，当地下水位急剧下降时，在较细小的毛细孔隙中，一部分毛细水来不及移动，仍残留在孔隙中；而在较粗的孔隙中因毛细水下降，孔隙中产生气泡，使毛细水呈网状分布。

3）毛细悬挂水带位于毛细网状水带的上部，由地表水渗入形成，水悬挂在土颗粒之间，它不一定与中部或下部的毛细水相连。当地表有大气降水补给时，毛细悬挂水在重力作用下移动。

上述三种毛细水带不一定同时存在，这取决于当地的水文地质条件。当地下水位很高时，可能只有正常毛细水带，而没有毛细悬挂水带和毛细网状水带；反之，当地下水位较低时，则可能同时出现三种毛细水带。

二、毛细水压力

1. 毛细水上升高度

若将一根毛细管插入水中，就可以看到水会沿着毛细管上升。水与空气的分界面存在着表面张力，毛细管管壁的分子和水分子之间有引力作用，这个引力使与管壁接触部分的水面呈向上的弯曲状。当毛细管的直径较细时，毛细管内水面的弯曲面互相连接，形成内凹的弯液面，如图 2-2 所示。毛细管内水柱的重力和管壁与水分子间的引力产生的上举力平衡。

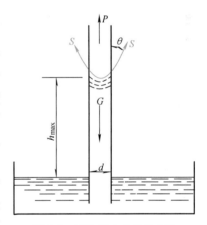

图 2-2　毛细管中水柱的上升

若毛细管内水柱上升到最大高度 h_{max}，根据平衡条件知道管壁与弯液面水分子间引力的合力 S 等于水的表面张力 σ，若 S 与管壁间的夹角为 θ，则作用在毛细水柱上的上举力 P 为

$$P = S \cdot 2\pi r \cos\theta = 2\pi r\sigma\cos\theta \tag{2-1}$$

式中　σ——水的表面张力（N/m），表 2-1 给出了不同温度时水与空气间的表面张力值；

　　　r——毛细管的半径（m）；

　　　θ——湿润角，它的大小取决于管壁材料及液体性质，对于毛细管内的水柱，可以认为 $\theta = 0°$，即认为是完全湿润的。

表 2-1　不同温度时水与空气间的表面张力 σ

温度 /℃	−5	0	5	10	15	20	30	40
表面张力 $\sigma/(\times10^{-3},\text{N/m})$	76.4	75.6	74.9	74.2	73.5	72.8	71.2	69.6

毛细管内上升水柱的重力 G 为

$$G = \gamma_w \pi r^2 h_{max} \tag{2-2}$$

式中　γ_w——水的重度。

当毛细水上升到最大高度时，毛细水柱受到的上举力和水柱重力平衡，即

$$2\pi r\sigma\cos\theta = \gamma_{w}\pi r^{2}h_{max}$$

若令 $\theta = 0$，可求得毛细水上升最大高度的计算公式为

$$h_{max} = \frac{2\sigma}{r\gamma_{w}} = \frac{4\sigma}{d\gamma_{w}} \qquad (2-3)$$

式中　d——毛细管的直径，$d = 2r$。

从式（2-3）可以看出，毛细水的上升高度与毛细管的直径成反比，毛细管直径越细时，毛细水上升高度越大。

在天然土层中直接用式（2-3）计算，有时将得到令人难以置信的结果。如直径等于 0.0005mm 的黏土颗粒，其孔隙直径约为 $d = 0.0001$mm，可以得到毛细水的上升高度 $h_{max} = 300$m。在天然土层中，毛细水上升的实际高度很少超过数米，原因是在自然条件下，土的孔隙大小不一，形状各异，延展方向不同，有时连通、有时中断，极不规则，与实验室圆柱状的毛细管根本不同；同时，水的表面张力又随水温和水溶盐含量的变化而变化。

在实践中有一些估算毛细水上升高度的经验公式，如海森经验公式为

$$h_{c} = \frac{C}{ed_{10}} \qquad (2-4)$$

式中　h_{c}——毛细水的上升高度（m）；

　　　e——土的孔隙比；

　　d_{10}——土的有效粒径（m）；

　　　C——系数，与土粒形状及表面洁净情况有关，$C = 1\times10^{-5} \sim 5\times10^{-5}\text{m}^2$。

经验认为：碎石土，无毛细作用；砂土，$h_{max} = 0.2 \sim 0.3$m；粉土，$h_{max} = 0.9 \sim 1.5$m；而黏性土的 h_{max} 不及粉土，上升速度也较慢。对于粉砂、粉土和粉质黏土等，毛细现象较显著，毛细水上升高度大，上升速度快。

2. 毛细压力

毛细压力可用图 2-3 来说明。两个球状的土粒 A 和 B，接触面上有毛细水存在，在水和空气的分界面上有弯液面产生的表面张力沿着弯液面切线方向作用，它促使两个土粒互相靠拢，在土粒的接触面上就产生一个压力 P，称为毛细压力，由毛细压力产生的土粒间的黏结力称为假黏聚力或毛细黏聚力。它随含水率的变化时有时

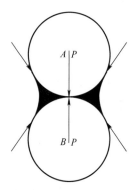

图 2-3　毛细压力示意

无，如干燥的砂土是松散的，颗粒间没有黏聚力；而在潮湿砂中有时可挖成直立的坑壁，短期内不会坍塌；但当砂土被水淹没时，表面张力消失，坑壁就会倒塌。这就是毛细黏聚力的生成与消失所造成的现象。

单元2　达西定律

土中的渗流问题

达西定律

一、达西定律的表达式及适用条件

自然界的土存在大量的孔隙，并大多相互连通，形成许多不规则通道。水透过土孔隙流动

的现象，称为渗透或渗流（图 2-4）。而土可以被水透过的性质，称为土的渗透性或透水性。

地下水的运动有层流和湍流两种形式。层流是指地下水在岩土的孔隙或微裂隙中渗流，流线互不相交；湍流是指地下水在岩土的裂隙或洞穴中流动，流线有互相交错的现象。

一般土（黏性土、粉土或砂土等）的孔隙较小，因而地下水在其中流动时的流速很小，所以渗流多属层流，且遵循达西线性渗透定律。

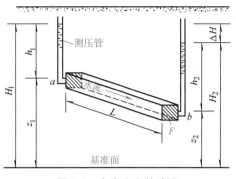

图 2-4　水在土中的渗流

如图 2-4 所示，土中 a、b 两点，测得 a 点的水头为 H_1，b 点的水头为 H_2，水自高水头的 a 点流向低水头的 b 点，水流流经长度为 L，可得水流的渗流速度为

$$v = ki = k \frac{\Delta H}{L} \tag{2-5}$$

式中　v——渗流速度（m/s），它不是地下水的实际流速，而是在单位时间内流过一个单位截面的水流量；

　　　　i——水头梯度或水力坡降，$i = (H_1 - H_2)/L = \Delta H/L$；

　　　　k——渗透系数（m/s），它是反映土的渗透性大小的一个常数。

试验证明：在砂土中水的流动符合达西定律，由图 2-5 中的 a 线可知，a 线是通过坐标原点的直线；而黏性土的渗透规律如图 2-5 中的 dbf 曲线，只有当水头梯度超过起始水头梯度后才开始发生渗流，当水头梯度 i 很小时，渗流速度 v 为零，黏性土可以近似用直线 c 表示渗透规律，只有当 $i > i_0$（起始水头梯度）时，水才开始在黏性土中渗流。黏性土的达西定律表达式为

$$v = k(i - i_0) \tag{2-6}$$

对于砾石、卵石等粗颗粒土中水的渗流，一般速度较大，会有湍流发生，这时达西定律不再适用，工程中一般采用经验公式求 v。

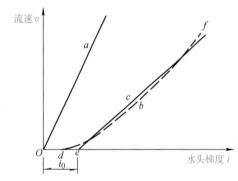

图 2-5　砂土和黏性土的渗透规律

二、渗透系数 k 的测定方法

土的渗透系数 k 反映了土的渗透性能，是土的重要力学性能指标之一，它的大小可通过试验或经验确定，试验可在实验室或现场进行。

室内测定渗透系数有常水头渗透试验和变水头渗透试验。根据达西定律，可设计常水头渗透试验如图 2-6 所示。将一个已知的水头梯度加在一个已知的土样截面面积 A 上，在整个试验过程中土样上的压力水头维持不变。试验开始时，水自上而下流经土样，待渗流稳定后，测得在时间 t 内流过土样的水量 Q，同时测得 a、b 两点测压管的水头差 ΔH。由 $Q = vAt$ 可得土样的渗透系数为

$$k = \frac{Ql}{\Delta H A t} \tag{2-7}$$

式中　l——两个测压管的间距。

测定渗透系数很小的黏性土的渗透系数时，常采用变水头渗透试验，详见有关试验规程。

渗透系数也可以在现场进行抽水试验测定。对于粗粒土或成层土，室内试验时不易取到原状土样，或者土样不能反映天然土层的层次及土颗粒排列情况。这时，由现场试验得到的渗透系数要比室内试验准确。

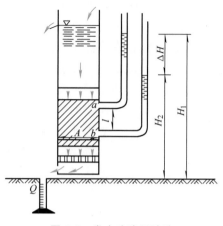

图 2-6　常水头渗透试验

进行抽水试验时，先根据当地水文地质特征（如地质构造，含水层厚度及性质，地下水流向等），在典型的地点布置一个抽水井（主井）及若干观测井，组成试验网，如图 2-7 所示。若井管下端进入不透水层，如在时间 t 内从抽水井内抽出的水量为 Q，同时在距抽水井中心半径为 r_1 及 r_2 处布置观察井，测得其水头分别为 h_1 及 h_2。假定土中任一半径处的水头梯度为常数，即 $i = \mathrm{d}h/\mathrm{d}r$，则渗透流量有

$$q = \frac{Q}{t} = kiA = k\frac{\mathrm{d}h}{\mathrm{d}r}(2\pi r h)$$

$$\frac{\mathrm{d}r}{r} = \frac{2\pi k}{q}h\,\mathrm{d}h$$

积分得

$$\ln\frac{r_2}{r_1} = \frac{\pi k}{q}(h_2^2 - h_1^2)$$

求得渗透系数为

$$k = \frac{q}{\pi}\frac{\ln\dfrac{r_2}{r_1}}{(h_2^2 - h_1^2)} \tag{2-8}$$

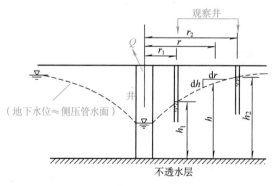

图 2-7　现场抽水试验示意

对于大量的中小型工程，渗透系数可参考有关规范、文献提供的经验表格或数据，参见表 2-2。

表 2-2　土的渗透系数参考值

土 的 类 别	渗透系数/(m/s)	土 的 类 别	渗透系数/(m/s)
黏　土	$< 5\times10^{-8}$	细　砂	$1\times10^{-5} \sim 5\times10^{-5}$
粉质黏土	$5\times10^{-8} \sim 1\times10^{-6}$	中　砂	$5\times10^{-5} \sim 2\times10^{-4}$
粉　土	$1\times10^{-6} \sim 2.5\times10^{-6}$	粗　砂	$2\times10^{-4} \sim 5\times10^{-4}$
黄　土	$2.5\times10^{-6} \sim 5\times10^{-6}$	圆　砾	$5\times10^{-4} \sim 1\times10^{-3}$
粉　砂	$5\times10^{-6} \sim 1\times10^{-5}$	卵　石	$1\times10^{-3} \sim 5\times10^{-3}$

三、成层土的渗透系数

对于成层土而言，若已知每层土的渗透系数，则成层土的渗透系数可按下述方法计算。图 2-8 所示的土层由两个土层组成，各层土的渗透系数为 k_1、k_2，厚度为 h_1、h_2。

1）考虑水平渗流时（水流方向与土层平行），如图 2-8a 所示，因为各土层的水头梯度相同，总的流量等于各土层流量之和，总的截面面积等于各土层面积之和，即

$$i = i_1+i_2$$
$$q = q_1+q_2$$
$$A = A_1+A_2$$

因此，土层水平向的平均渗透系数 k_h 为

$$k_h = \frac{q}{Ai} = \frac{q_1+q_2}{Ai} = \frac{k_1 A_1 i_1+k_2 A_2 i_2}{Ai} = \frac{k_1 h_1+k_2 h_2}{h_1+h_2} = \frac{\sum k_i h_i}{\sum h_i} \tag{2-9}$$

2）考虑竖直渗流时（水流方向与土层垂直），如图 2-8b 所示，总的流量等于每一土层的流量，总的截面面积与每层土的截面面积相同，总的水头损失等于每一层的水头损失之和，即

$$q = q_1+q_2$$
$$A = A_1+A_2$$
$$\Delta H = \Delta H_1+\Delta H_2$$

由此得土层竖向的平均渗透系数 k_v 为

$$k_v = \frac{q}{Ai} = \frac{q}{A}\frac{(h_1+h_2)}{\Delta H} = \frac{q}{A}\frac{(h_1+h_2)}{(\Delta H_1+\Delta H_2)} = \frac{\sum h_i}{\sum \dfrac{h_i}{k_i}} \tag{2-10}$$

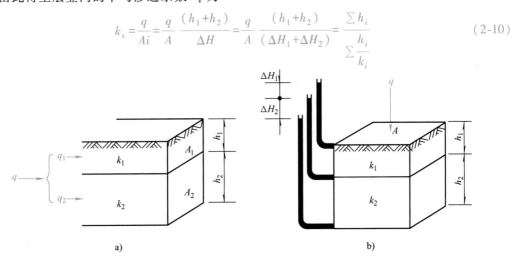

图 2-8　成层土的渗透系数

【例 2-1】 如图 2-9 所示，在现场进行抽水试验测定砂土层的渗透系数。抽水井穿过 10m 厚的砂土层进入不透水层，在距井管中心 15m 及 45m 处设置观察井。已知抽水前静止地下水位在地面下 2.35m 处，抽水后待渗流稳定时，从抽水井测得流量 $q = 5.47 \times 10^{-3} \, \text{m}^3/\text{s}$，同时从两个观察井测得水位分别下降了 1.93m 及 0.52m，求砂土层的渗透系数。

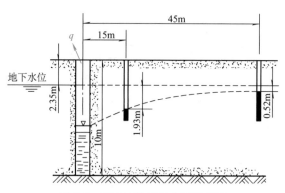

图 2-9 例 2-1 现场抽水试验示意

解：两个观察井的水头分别为

$r_1 = 15\text{m}$ 处，$h_1 = (10 - 2.35 - 1.93)\text{m} = 5.72\text{m}$

$r_2 = 45\text{m}$ 处，$h_2 = (10 - 2.35 - 0.52)\text{m} = 7.13\text{m}$

由式（2-8）求得渗透系数：

$$k = \frac{q}{\pi} \times \frac{\ln(r_2/r_1)}{h_2^2 - h_1^2} = \frac{5.47 \times 10^{-3}}{\pi} \times \frac{\ln\left(\frac{45}{15}\right)}{7.13^2 - 5.72^2} \, \text{m/s}$$

$$= 1.06 \times 10^{-4} \, \text{m/s}$$

四、影响土体渗透性的因素

影响土体渗透性的因素很多，而且也比较复杂。由于土体的各向异性，水平向渗透系数与竖向渗透系数也不同；而且土类不同，影响因素也不尽相同。影响土体渗透性的因素主要有以下几种。

1. 土的粒度成分及矿物成分

土的颗粒大小、形状和级配影响土的渗透性。土颗粒越粗、越圆、越均匀时，渗透性就越大。砂土中含有较多粉土及黏土颗粒时，其渗透性将大大降低。

土的矿物成分对于黏性土的渗透性影响较大。黏性土中含有亲水性较大的黏土矿物（如蒙脱石、伊利石）或有机质时，由于它们具有很大的膨胀性，大大降低了土的渗透性。含有大量有机质的淤泥几乎是不透水的。

2. 结合水膜的厚度

黏性土中若结合水膜厚度较大时，会阻塞土的孔隙，降低土的渗透性。例如钠黏土，由于钠离子的存在，黏土颗粒的扩散层厚度增加，透水性降低，在黏性土中加入高价离子的电解质（Al^{3+}、Fe^{3+} 等），会使土粒扩散层厚度减薄，黏土颗粒会凝聚成团粒，土的孔隙因此增大，这也使土的渗透性增大。

3. 土的结构构造

黏土颗粒的形状多是片状或针状的，有定向排列作用，在沉积过程中，是在竖向应力和水平应力不相等的条件下固结的，土体的各向异性和应力的各向异性造成了土体渗透性的各向异性。我国西北地区的黄土，具有竖直方向的大孔隙，所以竖向渗透系数要比水平向渗透系数大得多。特别是对于层状黏土，若有水平粉细砂层时，其水平向渗透系数远远大于竖向渗透系数。当有水平方向的黏土层时，其竖向渗透系数远小于水平方向的渗透系数。

4. 水的黏滞度

水在土中的渗流速度与水的密度及黏滞度有关，而这两个数值又与温度有关。水的动力黏度可随温度变化而变化，因此在进行渗透试验时，同一种土在不同温度下会得到不同的渗透系数。在天然土层中，除了靠近地表的土层外，一般土中的温度变化很小，故可忽略温度的影响；但是室内试验的温度变化较大，故应考虑它对渗透系数的影响。目前，常以水温10℃时的 k_{10} 作为标准值，在其他温度下测定的渗透系数 k_t 可按式（2-11）进行修正，即

$$k_{10} = k_t \frac{\eta_t}{\eta_{10}} \tag{2-11}$$

式中 η_t、η_{10}——t℃时及10℃时水的动力黏度（Pa·s），比值 η_t/η_{10} 与温度的关系参见表2-3。

5. 土中气体

当土孔隙中存在密闭气泡时，会阻塞水的渗流，从而降低渗透性。这种密闭气泡有时是由溶解于水中的气体分离出来形成的，故室内渗透试验有时会规定必须用不含溶解空气的蒸馏水。

表 2-3 η_t/η_{10} 与温度的关系

温度/℃	η_t/η_{10}	温度/℃	η_t/η_{10}	温度/℃	η_t/η_{10}
−10	1.988	10	1.000	22	0.735
−5	1.636	12	0.945	24	0.707
0	1.369	14	0.895	26	0.671
5	1.161	16	0.850	28	0.645
6	1.121	18	0.810	30	0.612
8	1.060	20	0.773	40	0.502

单元 3 渗透力与渗透变形

一、渗透力

水在土中渗流时，受到土颗粒的阻力作用，这个力的作用方向与水流方向是相反的。根据作用力与反作用力相等的原理，水流也必然有一个相等的力作用在土颗粒上，一般把水流作用在单位体积土体中土颗粒上的力称为动水力 G_D，也称为渗透力。渗透力的计算在工程实践中具有重要意义，如深基坑支护结构设计、防洪堤坝的抢险加固等，都要考虑渗透力的影响。

渗透力

1. 渗透力的计算

渗透力的计算通常是在土中沿水流的渗流方向，切取一个土柱体来分析，如图 2-10 所示，土柱体长度为 L，横截面面积为 A，两端点 M_1 和 M_2 的水头差

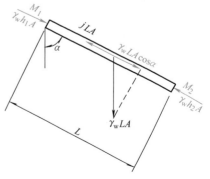

图 2-10 饱和土柱体中渗透力的计算

为（h_1-h_2）。由于地下水的渗流速度一般很小，加速度更小，所以惯性力可以忽略不计。计算渗透力时，假想所取的土柱内完全是水，并将土柱体中骨架对渗流水的阻力影响考虑进去，则作用于土柱体内水体上的力如下：

1）左端截面上的静水压力为 $\gamma_w h_1 A$，其方向与水流方向一致。

2）右端截面上的静水压力为 $\gamma_w h_2 A$，其方向与水流方向相反。

3）土柱体的重力 $\gamma_w LA$。

4）土柱体中骨架对渗流水的总阻力 jLA。其中 j 为单位体积土对渗流水的阻力，它与渗透力 G_D 大小相等，方向相反。

根据渗流方向的静力平衡条件得

$$\gamma_w h_1 A + \gamma_w LA\cos\alpha - jLA - \gamma_w h_2 A = 0$$

即

$$j = \gamma_w \frac{h_1-h_2}{L} = \gamma_w i$$

所以

$$G_D = j = \gamma_w i \tag{2-12}$$

式中　　G_D——渗透力（kN/m^3）；

$\qquad j$——渗流水受到单位体积土的阻力（kN/m^3）；

$\qquad \gamma_w$——水的重度，一般为 $9.8kN/m^3$，近似取 $10kN/m^3$；

$\qquad i$——水头梯度。

2. 渗透变形的基本形式及临界水力梯度

渗透变形

由于动力水的方向与水流方向一致，因此当水的渗流自上向下时（图2-11a 中容器内的土样，或图2-12 中河滩路堤基底土层中的 d 点），渗透力方向与土体重力方向一致，这样将增加土颗粒间的压力；若水的渗流自下而上时（图2-11b 容器内的土样，或图2-12 中的 e 点），渗透力方向与土体重力方向相反，这样将减小土颗粒间的压力。

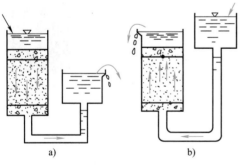

图2-11　不同渗流方向对土的影响

a）向下渗流时　b）向上渗流时

图2-12　河滩路堤下的渗流

若水的渗流方向自下而上，在图2-11b 中的 a 点，或图2-12 路堤下的 e 点取一个单位体积的土体进行分析。已知土的有效重度为 γ'，当向上的渗透力 G_D 与土的有效重度相等时，即

$$G_D = \gamma_w i = \gamma' = \gamma_{sat} - \gamma_w \tag{2-13}$$

这时土颗粒间的压力就等于零，土颗粒将处于悬浮状态而失去稳定，这种现象称为流砂现象。这时的水头梯度称为临界水头梯度 i_{cr}，可由式（2-14）得到：

$$i_{cr} = \frac{\gamma'}{\gamma_w} = \frac{\gamma_{sat}}{\gamma_w} - 1 \quad (2\text{-}14)$$

土的有效重度 γ' 一般为 $8 \sim 12 kN/m^3$，而水的重度 γ_w 一般取 $10 kN/m^3$，因此 i_{cr} 可近似地取 1。

水在砂土中渗流时，土中的一些细小颗粒在渗透力作用下，可能通过粗颗粒的孔隙被水带走，这种现象称为管涌。管涌可以发生于局部范围，但也可能逐步扩大，最后导致土体发生失稳破坏。发生管涌时的临界水头梯度 i_{cr} 与土的颗粒大小及其级配有关，不均匀系数 C_u 越大，管涌现象越容易发生。

流砂现象一般发生在土体表面的渗流溢出处，不发生于土体内部，而管涌现象既可以发生在渗流溢出处，也可以发生于土体内部。

二、渗透变形的判别方法及其防治措施

土的渗透变形或渗透破坏的基本形式有两种，即流砂和管涌。工程中若发生土的渗透破坏，往往会造成严重的甚至灾难性的后果。各种土都可能发生流砂现象，尤以细砂、粉砂及粉土等土层中较易产生流砂现象。某一土层是否会发生流砂，可根据渗流的水头梯度和土的临界水头梯度 i_{cr} 按下述原则判断：若 $i < i_{cr}$，土处于稳定状态，不会发生流砂现象；若 $i = i_{cr}$，土处于临界状态；若 $i > i_{cr}$，土处于渗透破坏状态，会发生流砂破坏。设计计算时不仅应使 $i < i_{cr}$，还需有一定的安全储备，即 i 应满足下列条件：

$$i \leqslant \frac{i_{cr}}{F_s} \quad (2\text{-}15)$$

式中　F_s——安全系数，其取值不是定值，但大多不小于 1.5；对于深开挖工程，有的研究者建议 F_s 应不小于 2.5。

发生管涌的土一般为无黏性土。其产生的必要条件之一是土中含有适量的粗颗粒和细颗粒，且粗颗粒间的孔隙通道足够大，可容纳粒径较小的颗粒在其中顺水流翻滚移动。研究结果表明，不均匀系数 $C_u < 10$ 的土，颗粒粒径相差尚不够大，一般不具备上述条件，不会发生管涌；对于 $C_u > 10$ 的土，如果粗颗粒间的孔隙被细颗粒所填满，渗流将会遇到较大阻力而难以使细颗粒移动，因而一般也不会发生管涌；反之，若粗颗粒间的孔隙中细颗粒不多，渗流遇到的阻力较小，就有可能发生管涌。这是从土的颗粒组成来分析管涌的可能性。发生管涌的另一个必要条件是水头梯度超过其临界值。

工程中将临界水头梯度 i_{cr} 除以安全系数 F_s 作为允许水头梯度 $[i]$，设计时渗流溢出处的水头梯度应满足以下要求：

$$i \leqslant [i] = \frac{i_{cr}}{F_s} \quad (2\text{-}16)$$

一些研究者提出了管涌水头梯度的允许值：颗粒级配连续的土为 $0.15 \sim 0.25$；级配不连续的土为 $0.1 \sim 0.2$。但重要工程最好通过渗透破坏试验确定。

渗透破坏的防治一般可采取两个方面的措施：一是降低土体中的水头梯度；二是在渗流

溢出处增设反滤层加盖压重或在建筑物下游设置减压井、减压沟，使渗透水流有畅通的出路。

在深基坑开挖排水时，若采用表面直接排水，坑底土将受到向上的渗透力作用，可能发生流砂现象。由于坑底土随水涌入基坑，坑底土的结构发生破坏，强度降低，轻则造成建筑物的附加沉降，重则造成坑底失稳。在基坑四周由于土颗粒流失，地面会发生凹陷，危及邻近的建筑物和地下管线，严重时会导致工程事故。采用水下深基坑或沉井排水时，若发生流砂现象，将危及施工安全，应引起特别注意。通常，施工前应做好周密的勘测工作，当基坑底面的土层是容易引起流砂现象的土质时，应避免采用表面直接排水，而采用人工降低地下水位的方法进行排水施工。

河滩路堤两侧有水位差时，在路堤内或基底土内发生渗流，水头梯度较大时，可能产生管涌现象，导致路堤坍塌破坏。为了防止发生管涌现象，一般可在路基下游边坡的水下部分设置反滤层，这样可防止路堤中的细小颗粒被管涌带走。

【例 2-2】　某基坑在细砂层中开挖，经施工抽水，待水位稳定后，实测水位情况如图 2-13 所示。据场地勘察报告显示，细砂层饱和重度 $\gamma_{sat} = 18.9kN/m^3$，$k = 4.5 \times 10^{-2} mm/s$，试求渗透水流的平均速度 v 和渗透力 G_D，并判断是否会产生流砂现象。

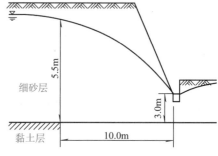

图 2-13　例 2-2 基坑开挖示意

解：$i = \dfrac{H_1 - H_2}{L} = \dfrac{5.5 - 3.0}{10} = 0.25$

$$v = ki = 4.5 \times 10^{-2} \times 0.25 \, mm/s$$
$$= 1.125 \times 10^{-2} \, mm/s$$

$$G_D = \gamma_w i = 10 \times 0.25 kN/m^3 = 2.5 kN/m^3$$

细砂层的有效重度 $\gamma' = \gamma_{sat} - \gamma_w = 18.9kN/m^3 - 10kN/m^3 = 8.9kN/m^3$

$$i_{cr} = \frac{\gamma'}{\gamma_w} = \frac{8.9}{10} = 0.89$$

$$i < [i] = i_{cr}/2.5 = 0.356$$

土处于稳定状态，不会因基坑抽水而产生流砂现象。

素质拓展——内因与外因分析渗流稳定问题

唯物辩证法认为外因是变化的条件，内因是变化的根据，外因通过内因而起作用。渗流破坏的基本形式有管涌和流砂，发生渗流破坏的原因有内因与外因。内因是土体的颗粒级配和密实程度，外因是作用在土体上的渗透水压力。渗透破坏产生的条件是作用在土体上的水头梯度 i 大于临界水头梯度 i_{cr}。临界水头梯度 i_{cr} 由土体内因所决定，实际作用的水头梯度 i 由外因所决定。防止渗透变形的措施可以从内因和外因两方面考虑，如通过改善颗粒级配、增加土体密实性、增加压重等方式提高土体抵抗渗透变形的能力，或通过降低水头差，延长渗流路径等方式减小实际作用的水头梯度。

我们在以后的工作学习中要多从内因着眼、着手、着力，找准症结就有的放矢、对症下药。只有集中精力把我们自己的事情做好，充分发挥内因的决定性作用，才是应对外部风险挑战的正确之道。

思 考 题

2-1 什么是毛细水？毛细水上升的原因是什么？毛细现象在哪些土中十分显著？

2-2 简述毛细现象对工程建设的影响。

2-3 简述毛细水带的划分，并说明各带的特点。

2-4 什么是渗透？渗透系数 k 如何测定？

2-5 影响土的渗透力的主要因素有哪些？

2-6 什么是渗透力、渗透变形、渗透破坏、临界水头梯度？

2-7 试述流砂现象和管涌现象的异同。

2-8 如何防治渗透变形？基本原理是什么？

习   题

2-1 如图 2-14 所示，在 5.0m 厚的黏土层下有厚 6.0m 的砂土层，其下为不透水层。为测定该砂土的渗透系数，打钻孔到不透水层顶面并以 $1.5×10^{-2}$ m^3/s 的速率从孔中抽水。在距抽水孔 15m 和 30m 处各打一个观测孔穿过黏土层进入砂土层，测得孔内稳定水位分别在地面以下 3.0m 和 2.5m，试求该砂土的渗透系数。

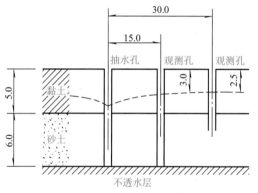

图 2-14 习题 2-1 图（尺寸单位：m）

2-2 室内做常水头渗透试验，土样截面面积为 $70cm^2$，两测压管间的土样长度为 10cm，两端作用的水头差为 7cm，在 60s 时间内测得渗透水量为 $100cm^3$，水温为 15℃，试计算渗透系数 k_{10}。

2-3 对一个原状土样进行变水头渗透试验，土样截面面积为 $30cm^2$，长度为 4cm，测压管截面面积为 $0.3cm^2$，观测开始水头为 160cm，终了水头为 150cm，经历时间为 15min，试验水温为 12.5℃，试计算渗透系数 k_{10}。

学习情境 **3**
土体中的应力

🔆 学习目标与要求

1）掌握土的自重应力的概念、计算方法及其分布形态。理解地下水对自重应力的影响。了解自重应力与地基变形的关系。

2）掌握刚性基础和柔性基础的基底压力计算方法、基底附加应力的概念及其计算。了解基底压力的分布规律及其影响因素。

3）掌握矩形基础利用综合角点法计算附加应力的方法，以及条形基础及圆形基础地基中附加应力的计算方法。理解应力的积聚和扩散现象。熟悉附加应力的分布规律。

4）能正确计算土的自重应力，并会分析地下水位变化对土体变形的影响。能运用附加应力计算方法分析计算一般建筑物的地基附加应力。会分析相邻建筑物之间的影响。

⬡ 学习重点与难点

本学习情境重点是自重应力计算，附加应力的概念和分布规律，矩形均布荷载作用下的附加应力计算，地下水位变化对地基应力的影响，相邻建筑物之间的影响等。难点是利用综合角点法计算非角点的附加应力。

单元 1　土的自重应力

一、土的自重应力及其分布形态

在建造建筑物之前，由土体本身自重引起的应力称为土的自重应力，自重应力是通过土颗粒传递的有效应力。若将地基土视为均质的半无限体，土体在自重作用下只能产生竖向应力，侧向剪应力为零。因此，在深度 z 处的土体由自身重力产生的竖向应力 σ_{cz}（即自重应力）就等于单位面积上土体的重力。

如图 3-1 所示，任意深度 z 处，取截面面积为 A 的土体为脱离体，考虑 z 方向的外力平衡，土柱重为 W，则有

土层为均质土层时（图 3-1a）：$\sigma_{cz}A = W = \gamma z A$

$$\sigma_{cz} = \gamma z \qquad (3-1)$$

土层为多层土层时（图 3-1b）：$\sigma_{cz}A = W = \gamma_1 z_1 + \gamma_2 z_2 + \cdots + \gamma_n z_n A$

$$\sigma_{cz} = \gamma_1 z_1 + \gamma_2 z_2 + \cdots + \gamma_n z_n \qquad (3-2)$$

土体的自
重应力

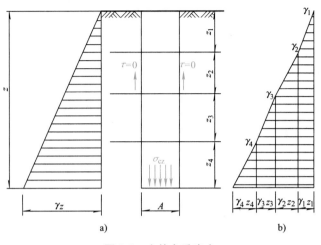

图 3-1　土的自重应力

a）均质土层　b）多层土层

由此可见，土的自重应力与土的天然重度及深度有关，自重应力随深度增加而增大，成层土中的自重应力分布曲线为折线形，重度为直线的斜率。

二、地下水对自重应力的影响

地下水位以下的土受到水的浮力作用，则水下部分土的重度应按浮重度 γ' 计算，其计算方法同多层土的情况。

在地下水位以下如果埋藏有不透水层（例如岩层或只含结合水的坚硬黏土层），由于不透水层中不存在水的浮力，所以层面及层面以下的自重应力应按上覆土层的水、土总重计算；这样，紧靠上覆层与不透水层界面处的自重应力有突变，使层面处具有两个自重应力值。

【例 3-1】　某工程地质柱状图及土的物理性质指标如图 3-2 所示，试求各土层界面处的

土层名称	土层柱状图	土层厚度/m	土的重度/(kN/m³)	地下水位	自重应力分布曲线
填　　土		0.5	$\gamma_1=15.7$		7.85kPa
		0.5	$\gamma_2=17.8$	▽	16.75kPa
粉质黏土		3.0	$\gamma_{sat}=18.1$		41.62kPa
淤　　泥		7.0	$\gamma_{sat}=16.7$		187.95kPa　89.85kPa
坚硬黏土		4.0	$\gamma_3=19.6$		266.35kPa

图 3-2　例 3-1 自重应力分布曲线

自重应力，并绘出自重应力分布曲线。

解：填土层底面　　　$\sigma_{cz} = (15.7 \times 0.5) \text{kPa} = 7.85 \text{kPa}$

地下水位处　　　　$\sigma_{cz} = (7.85 + 17.8 \times 0.5) \text{kPa} = 16.75 \text{kPa}$

粉质黏土层底面　　$\sigma_{cz} = [16.75 + (18.1 - 9.81) \times 3] \text{kPa} = 41.62 \text{kPa}$

淤泥层底面　　　　$\sigma_{cz} = [41.62 + (16.7 - 9.81) \times 7] \text{kPa} = 89.85 \text{kPa}$

坚硬黏土层顶面　　$\sigma_{cz} = [89.85 + (3 + 7) \times 9.81] \text{kPa} = 187.95 \text{kPa}$

钻孔底面　　　　　$\sigma_{cz} = (187.95 + 19.6 \times 4) \text{kPa} = 266.35 \text{kPa}$

基底压力与基底附加应力

单元 2　基底压力

一、基底压力的分布

建筑物荷载是通过基础传给地基的，在基础底面与地基接触面上产生的接触压力，通常称为基底压力。基底压力的影响因素很多，如基础的刚度、形状、尺寸、埋置深度、土的性质以及荷载大小等。在理论分析中要综合这些因素是困难的，目前在弹性理论中主要是研究不同刚度的基础与弹性半空间体表面的接触压力分布问题。

1. 柔性基础

柔性基础（如土坝、路堤及油罐薄板）的刚度很小，在垂直荷载作用下没有抵抗弯曲变形的能力，基础随着地基一起变形。因此，柔性基础的底面压力分布与作用的荷载分布形状相同，而基础底面的沉降各处不同，中央大而边缘小，如图 3-3a 所示。由土筑成的路堤，可以近似地认为路堤本身不传递剪力，那么它就相当于一种柔性基础，路堤自重引起的基底压力分布就与路堤断面形状相同，为梯形分布，如图 3-3b 所示。

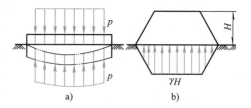

图 3-3　柔性基础基底压力的分布
a) 理想柔性基础　b) 路堤下的压力分布

2. 刚性基础

刚性基础（如块式整体基础、素混凝土基础）本身刚度较大，受荷载后基础可认为不出现挠曲变形，通常在中心荷载下，基底压力呈马鞍形分布，中间小而边缘大（图 3-4a）；当基础上的荷载增大时，基础边缘由于应力很大，土产生塑性变形，边缘应力不再增加，而使中央部分继续增大，基底压力重新分布而呈抛物线形（图 3-4b）；若作用在基础上的荷载继续增大，接近于地基的破坏荷载时，基底压力分布图形变成中部凸出的钟形（图 3-4c）。

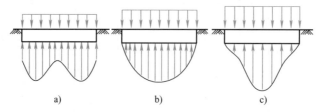

图 3-4　刚性基础基底压力分布
a) 马鞍形分布　b) 抛物线形分布　c) 钟形分布

二、基底压力的简化计算

从上述讨论可知，基底压力的分布是比较复杂的，但根据弹性理论中的圣维南原理以及从土中实际应力的测量结果得知，当作用在基础上的荷载总值一定时，基底压力分布形状只在一定深度范围内对土中的应力分布有影响。因此，在实际应用上对基底压力的分布可近似地认为是按直线规律变化的，一般基础采用材料力学公式进行简化计算。

1. 中心荷载作用时

作用在基础上的荷载合力通过基底形心时，基底压力可假定为均匀分布（图 3-5a），平均压力 p 可按式（3-3）计算：

$$p = \frac{F+G}{A} \tag{3-3}$$

式中 F——基础上的竖向力设计值（kN）；

G——基础自重设计值及其上填土重量标准值的总和（kN），一般基础可近似按 $G = \gamma_G A d$ 计算；其中：γ_G 为基础及回填土的平均重度，一般取 20kN/m^3，地下水位以下部分取浮重度；d 为基础埋深（m），一般从室外设计地面或室内外平均设计地面算起；

A——基底面积（m^2），矩形基础的基底面积 $A = l \times b$，l 和 b 分别为矩形基底的长度和宽度；对于条形基础，可沿长度方向取 1m 计算，则式（3-3）中的 F、G 代表每延米内的相应值（kN/m）。

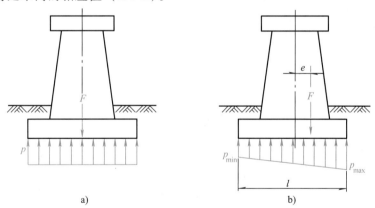

a)   b)

图 3-5 基底压力分布的简化计算

a）中心荷载 b）偏心荷载

2. 偏心荷载作用时

常见的偏心荷载作用于矩形基底的一个主轴上，设计时通常将基底长边方向定在偏心方向（图 3-5b），此时两短边边缘的最大压力 p_{max} 与最小压力 p_{min} 可按材料力学偏心受压公式计算：

$$p_{min}^{max} = \frac{F+G}{A} \pm \frac{M}{W} = \frac{F+G}{A}\left(1 \pm \frac{6e}{l}\right) \tag{3-4}$$

式中 M——作用在基底形心上的力矩设计值（kN·m），$M = (F+G)e$；

e——荷载偏心距（m）；

W——基础底面的抵抗矩（m^3），对矩形基础 $W = bl^2/6$。

由式（3-4）可知，按荷载偏心距 e 的大小，基底压力的分布可能出现下述情况：

1）当 $e < l/6$ 时，$p_{min} > 0$，基底压力呈梯形分布（图3-6a）。

2）当 $e = l/6$ 时，$p_{min} = 0$，基底压力呈三角形分布（图3-6b）。

3）当 $e > l/6$ 时，$p_{min} < 0$，即产生拉应力（图3-6c），由于基底与地基之间不能承受拉应力，此时产生拉应力部分的基底将与地基土局部脱开，基底压力重新分布。根据偏心荷载与基底反力平衡的条件，荷载合力 $F+G$ 应通过三角形反力分布图的形心（图3-6d），由此可得

$$p_{max} = \frac{2(F+G)}{3b(l/2-e)} \tag{3-5}$$

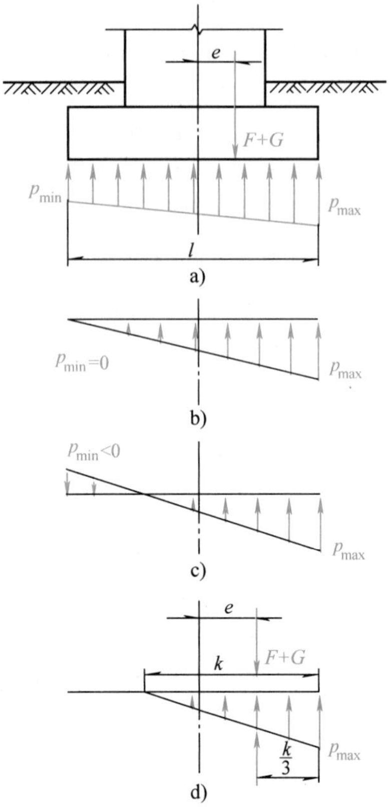

三、基底附加压力

基础一般埋置于地面以下一定深度处，该处的原有自重应力因基坑开挖而卸除，作用于基底上的平均压力减去基底处土中原有的自重应力后，才是基底新增加的附加压力 p_0。基底附加压力为

$$p_0 = p - \sigma_{cz} = p - \gamma_0 d \tag{3-6}$$

式中　σ_{cz}——基底处土的自重应力（kPa），$\sigma_{cz} = \gamma_0 d$；

　　　γ_0——基底以上天然土层的加权平均重度（kN/m^3），地下水位以下取有效重度；

　　　d——基础埋置深度（m），必须从天然地面算起，$d = h_1 + h_2 + h_3 + \cdots$。

由式（3-6）可以看出，当基础对地基的压力一定时，深埋基础可以减小基底附加压力，这种方法在工程上称为基础的补偿性设计。因此，高层建筑设计常采用箱形基础或地下室、半地下室，从而减少基础沉降。

图3-6　偏心荷载作用时基底压力分布情况

a）$e < \dfrac{l}{6}$　b）$e = \dfrac{l}{6}$　c）$e > \dfrac{l}{6}$ 时，产生拉应力　d）$e > \dfrac{l}{6}$ 时，荷载合力通过三角形反力分布图的形心

附加应力计算

单元 3　地基附加应力

一、竖向集中力作用下的地基附加应力

竖向集中力 F 作用在半无限体表面（图3-7），在半无限体内任一点 $M（x, y, z）$ 引起的应力和位移的弹性力学解，由法国工程师布辛尼斯克首先提出。竖向的压应力公式为

$$\sigma_z = \frac{3F}{2\pi} \cdot \frac{z^3}{R^5} = K \cdot \frac{F}{z^2} \tag{3-7}$$

$$K = \frac{3}{2\pi\left[\left(r/z\right)^2 + 1\right]^{5/2}} \tag{3-8}$$

式中　K——集中力作用下土中附加应力系数，可由式（3-8）计算或由表 3-1 查取；

　　　R——集中力作用点至计算点的距离，$R = \sqrt{z^2 + r^2}$；

　　　r——M 点到 O 点的水平距离。

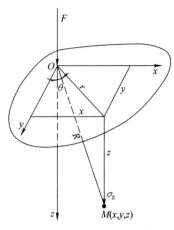

图 3-7　竖向集中力作用下的地基附加应力

表 3-1　集中力作用下土中附加应力系数 K

r/z	K	r/z	K	r/z	K	r/z	K	r/z	K
0.00	0.4775	0.50	0.2733	1.00	0.0844	1.50	0.0251	2.00	0.0085
0.05	0.4745	0.55	0.2466	1.05	0.0744	1.55	0.0224	2.20	0.0058
0.10	0.4657	0.60	0.2214	1.10	0.0658	1.60	0.0200	2.40	0.0040
0.15	0.4516	0.65	0.1978	1.15	0.0581	1.65	0.0179	2.60	0.0029
0.20	0.4329	0.70	0.1762	1.20	0.0454	1.70	0.0160	2.80	0.0021
0.25	0.4103	0.75	0.1565	1.25	0.0402	1.75	0.0144	3.00	0.0015
0.30	0.3849	0.80	0.1386	1.30	0.0357	1.80	0.0129	3.50	0.0007
0.35	0.3577	0.85	0.1226	1.35	0.0317	1.85	0.0116	4.00	0.0004
0.40	0.3294	0.90	0.1083	1.40	0.0317	1.90	0.0105	4.50	0.0002
0.45	0.3011	0.95	0.0956	1.45	0.0282	1.95	0.0095	5.00	0.0001

【例 3-2】　在地基表面作用一集中力 $F = 200\text{kN}$，试求：①$z = 2\text{m}$，水平距离 $r = 0\text{m}$、1m、2m、3m、4m、5m 处的附加应力 σ_z，并绘出分布图；②$r = 0\text{m}$ 的竖直线上 $z = 0\text{m}$、1m、2m、3m、4m、5m 处的附加应力 σ_z，并绘出分布图。

解：（1）$z = 2\text{m}$，各点的附加应力 σ_z 值见表 3-2。

表 3-2　$z = 2\text{m}$ 处各点的 σ_z 值

z/m	r/m	(r/z)	K	σ_z/kPa
2	0	0	0.4775	23.88
2	1	0.5	0.2733	13.67
2	2	1.0	0.0844	4.22
2	3	1.5	0.0251	1.26
2	4	2.0	0.0085	0.43
2	5	2.5	0.0035	0.18

（2）$r=0\mathrm{m}$，竖直线上各点的附加应力 σ_z 值见表 3-3。

表 3-3 $r=0\mathrm{m}$ 处竖直线上的 σ_z 值

z/m	r/m	(r/z)	K	σ_z/kPa
0	0	—	0	∞
1	0	0	0.4775	95.50
2	0	0	0.4775	23.88
3	0	0	0.4775	10.61
4	0	0	0.4775	5.97
5	0	0	0.4775	3.82

绘出附加应力 σ_z 分布图如图 3-8 所示。

二、矩形均布荷载作用下的地基附加应力

基础底面形状及基底荷载分布都有规律时，可由竖向集中力作用下的地基附加应力公式经积分求得地基附加应力；若基础底面形状或基底荷载分布不规则时，可用等效荷载法求出地基附加应力。

1. 矩形均布荷载作用下的角点下任意深度处的附加应力

如图 3-9 所示，矩形均布荷载作用下的角点下任意深度处的附加应力为

$$\sigma_z = K_c p_0 \tag{3-9}$$

式中　p_0——基底附加压力（kPa）；

　　　K_c——矩形均布荷载作用下的角点附加应力系数，按式（3-10）计算或由表 3-4 查取。

$$K_c = \frac{1}{2\pi}\left[\frac{mn(m^2+2n^2+1)}{(m^2+n^2)(1+n^2)\sqrt{m^2+n^2+1}}+\arctan\frac{m}{n\sqrt{m^2+n^2+1}}\right] \tag{3-10}$$

式（3-10）中的 $m=l/b$，$n=z/b$，其中 l 为长边，b 为短边。

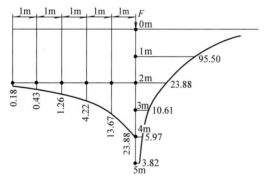

图 3-8 例 3-2 图（单位：kPa）

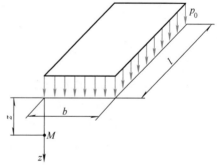

图 3-9 矩形均布荷载作用下的角点
下任意深度处的附加应力

2. 矩形均布荷载作用下的非角点下任意深度处的附加应力

在实际工程中，常常需求地基土中任意点任意深度处的附加应力，计算时通过角点 o 作辅助线将荷载平面划分为若干个小矩形，分别求角点 o 下同一深度处的附加应力，然后叠加求得最终值，这种方法称为综合角点法，常有如图 3-10 所示的几种情况。

表 3-4　矩形均布荷载作用下的角点附加应力系数 K_c

z/b	l/b											
	1.0	1.2	1.4	1.6	1.8	2.0	3.0	4.0	5.0	6.0	10.0	∞（条形基础）
0.0	0.250	0.250	0.250	0.250	0.250	0.250	0.250	0.250	0.250	0.250	0.250	0.250
0.2	0.249	0.249	0.249	0.249	0.249	0.249	0.249	0.249	0.249	0.249	0.249	0.249
0.4	0.240	0.242	0.243	0.243	0.244	0.244	0.244	0.244	0.244	0.244	0.244	0.244
0.6	0.223	0.228	0.230	0.232	0.232	0.233	0.234	0.234	0.234	0.234	0.234	0.234
0.8	0.200	0.207	0.212	0.215	0.216	0.218	0.220	0.220	0.220	0.220	0.220	0.220
1.0	0.175	0.185	0.191	0.195	0.198	0.200	0.203	0.204	0.204	0.204	0.205	0.205
1.2	0.152	0.163	0.171	0.176	0.179	0.182	0.187	0.188	0.189	0.189	0.189	0.189
1.4	0.131	0.142	0.151	0.157	0.161	0.164	0.171	0.173	0.174	0.174	0.174	0.174
1.6	0.112	0.124	0.133	0.140	0.145	0.148	0.157	0.159	0.160	0.160	0.160	0.160
1.8	0.097	0.108	0.117	0.124	0.129	0.133	0.143	0.146	0.147	0.148	0.148	0.148
2.0	0.084	0.095	0.103	0.110	0.116	0.120	0.131	0.135	0.136	0.137	0.137	0.137
2.2	0.073	0.083	0.092	0.098	0.104	0.108	0.121	0.125	0.126	0.127	0.128	0.128
2.4	0.064	0.073	0.081	0.088	0.093	0.098	0.111	0.116	0.118	0.118	0.119	0.119
2.6	0.057	0.065	0.072	0.079	0.084	0.089	0.102	0.107	0.110	0.111	0.112	0.112
2.8	0.050	0.058	0.065	0.071	0.076	0.080	0.094	0.100	0.102	0.104	0.105	0.105
3.0	0.045	0.052	0.058	0.064	0.069	0.073	0.087	0.093	0.096	0.097	0.099	0.099
3.2	0.040	0.047	0.053	0.058	0.063	0.067	0.081	0.087	0.090	0.092	0.093	0.094
3.4	0.036	0.042	0.048	0.053	0.057	0.061	0.075	0.081	0.085	0.086	0.088	0.089
3.6	0.033	0.038	0.043	0.048	0.052	0.056	0.069	0.076	0.080	0.082	0.084	0.084
3.8	0.030	0.035	0.040	0.044	0.048	0.052	0.005	0.072	0.075	0.077	0.080	0.080
4.0	0.027	0.032	0.036	0.040	0.044	0.048	0.060	0.067	0.071	0.073	0.076	0.076
4.2	0.025	0.029	0.033	0.037	0.041	0.044	0.056	0.063	0.067	0.070	0.072	0.073
4.4	0.023	0.027	0.031	0.034	0.038	0.041	0.053	0.060	0.064	0.066	0.069	0.070
4.6	0.021	0.025	0.028	0.032	0.035	0.038	0.049	0.056	0.061	0.063	0.066	0.067
4.8	0.019	0.023	0.026	0.029	0.032	0.035	0.046	0.053	0.058	0.060	0.064	0.064
5.0	0.018	0.021	0.024	0.027	0.030	0.033	0.043	0.050	0.055	0.057	0.061	0.062
6.0	0.013	0.015	0.017	0.020	0.022	0.024	0.033	0.039	0.043	0.046	0.051	0.052
7.0	0.009	0.011	0.013	0.015	0.016	0.018	0.025	0.031	0.035	0.038	0.043	0.045
8.0	0.007	0.009	0.010	0.011	0.013	0.014	0.020	0.025	0.028	0.031	0.037	0.039
9.0	0.006	0.007	0.008	0.009	0.010	0.011	0.016	0.020	0.024	0.026	0.032	0.035
10.0	0.005	0.006	0.007	0.007	0.008	0.009	0.013	0.017	0.020	0.022	0.028	0.032
12.0	0.003	0.004	0.005	0.005	0.006	0.006	0.009	0.012	0.014	0.017	0.022	0.026
14.0	0.002	0.003	0.003	0.004	0.004	0.005	0.007	0.009	0.011	0.013	0.018	0.023
16.0	0.002	0.002	0.003	0.003	0.003	0.004	0.005	0.007	0.009	0.010	0.014	0.020
18.0	0.001	0.002	0.002	0.002	0.003	0.003	0.004	0.006	0.007	0.008	0.012	0.018
20.0	0.001	0.001	0.002	0.002	0.002	0.002	0.004	0.005	0.006	0.007	0.010	0.016
25.0	0.001	0.001	0.001	0.001	0.001	0.002	0.002	0.003	0.004	0.004	0.007	0.013
30.0	0.001	0.001	0.001	0.001	0.001	0.001	0.002	0.002	0.003	0.003	0.005	0.011
35.0	0.000	0.000	0.001	0.001	0.001	0.001	0.001	0.002	0.002	0.002	0.004	0.009
40.0	0.000	0.000	0.000	0.000	0.001	0.001	0.001	0.001	0.001	0.002	0.003	0.008

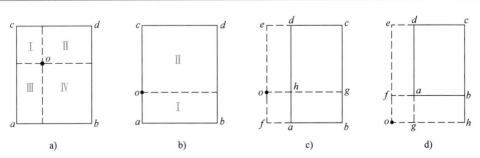

图 3-10　综合角点法计算矩形均布荷载作用下的非角点下任意深度处的附加应力

（1）o 点在荷载面内（图 3-10a）

$$\sigma_z = (K_{\mathrm{I}} + K_{\mathrm{II}} + K_{\mathrm{III}} + K_{\mathrm{IV}})p_0$$

特殊情况下，当 $K_{\mathrm{I}} = K_{\mathrm{II}} = K_{\mathrm{III}} = K_{\mathrm{IV}}$ 时，$\sigma_z = 4K_{\mathrm{I}}p_0$，此为利用综合角点法求得的均布荷载面中心点下 σ_z 的解。

（2）o 点在荷载面边缘（图 3-10b）

$$\sigma_z = (K_{\mathrm{I}} + K_{\mathrm{II}})p_0$$

（3）o 点在荷载面边缘一对平行线范围外侧（图 3-10c）

$$\sigma_z = (K_{ogce} - K_{ohde} + K_{ofbg} - K_{ofah})p_0$$

（4）o 点在荷载面边缘两对平行线范围外侧（图 3-10d）

$$\sigma_z = (K_{ohce} - K_{ogde} - K_{ohbf} + K_{ogaf})p_0$$

注意：应用综合角点法时，所有分块矩形都是长边为 l，短边为 b。

【例 3-3】　有一个矩形底面基础 $b = 4\mathrm{m}$，$l = 6\mathrm{m}$，其上作用均布荷载 $p = 100\mathrm{kPa}$，试求矩形基础外 k 点下深度 $z = 6\mathrm{m}$ 处 N 点的竖向应力 σ_z 值。

解：如图 3-11 所示，N 点的附加应力为

$$\sigma_z = \sigma_{z(\mathrm{ajki})} + \sigma_{z(\mathrm{iksd})} - \sigma_{z(\mathrm{bjkr})} - \sigma_{z(\mathrm{rksc})}$$

有关计算结果见表 3-5。

表 3-5　例 3-3 计算结果

载荷作用面	l/b	z/b	K
ajki	9/3 = 3	6/3 = 2	0.131
iksd	9/1 = 9	6/1 = 6	0.050
bjkr	3/3 = 1	6/3 = 2	0.084
rksc	3/1 = 3	6/1 = 6	0.033

$$\sigma_z = 100 \times (0.131 + 0.050 - 0.084 - 0.033)\mathrm{kPa} = 100 \times 0.064\mathrm{kPa} = 6.4\mathrm{kPa}$$

三、矩形面积上三角形分布荷载作用下的地基附加应力

如图 3-12 所示，矩形面积在三角形分布荷载作用下，零荷载角点下任意深度处的附加应力为

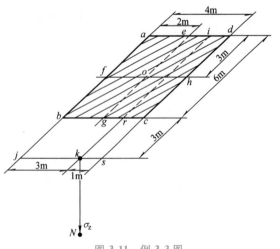

图 3-11　例 3-3 图

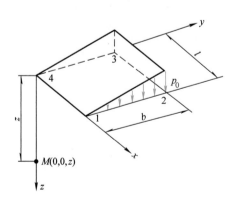

图 3-12　矩形面积上三角形分布荷载作用下的地基附加应力

$$\sigma_z = K_t p_0 \tag{3-11}$$

$$K_t = \frac{mn}{2\pi}\left[\frac{1}{\sqrt{n^2+m^2}} - \frac{m^2}{(1+m^2)\sqrt{1+m^2+n^2}}\right] \tag{3-12}$$

式中　K_t——矩形面积上三角形分布荷载作用下的附加应力系数，按式（3-12）计算或由表 3-6 查取。

最大荷载角点下任意深度处的附加应力为

$$\sigma_z = (K_c - K_t)p_0 \tag{3-13}$$

表 3-6　矩形面积上三角形分布荷载作用下的附加应力系数 K_t

z/b	l/b									
	0.2	0.6	0.8	1.0	1.6	2.0	4.0	6.0	8.0	10.0
0.0	0.0000	0.0000	0.0000	0.0000	0.0000	0.0000	0.0000	0.0000	0.0000	0.0000
0.2	0.0223	0.0296	0.0301	0.0304	0.0306	0.0306	0.0306	0.0306	0.0306	0.0306
0.6	0.0259	0.0560	0.0621	0.0654	0.0690	0.0696	0.0702	0.0702	0.0702	0.0702
1.0	0.0201	0.0508	0.0602	0.0666	0.0753	0.0774	0.0794	0.0795	0.0796	0.0796
1.2	0.0171	0.0450	0.0546	0.0615	0.0721	0.0749	0.0779	0.0782	0.0783	0.0783
1.6	0.0123	0.0339	0.0424	0.0492	0.0616	0.0656	0.0708	0.0714	0.0715	0.0715
2.0	0.0090	0.0255	0.0324	0.0384	0.0507	0.0553	0.0624	0.0634	0.0636	0.0636
2.5	0.0063	0.0183	0.0236	0.0284	0.0393	0.0440	0.0529	0.0543	0.0547	0.0548
3.0	0.0046	0.0135	0.0176	0.0214	0.0307	0.0352	0.0449	0.0469	0.0474	0.0476
5.0	0.0018	0.0054	0.0071	0.0088	0.0135	0.0161	0.0248	0.0283	0.0296	0.0301
7.0	0.0009	0.0028	0.0038	0.0047	0.0073	0.0089	0.0152	0.0186	0.0204	0.0212
10.0	0.0005	0.0014	0.0019	0.0023	0.0037	0.0046	0.0084	0.0111	0.0128	0.0139

四、圆形均布荷载作用下的地基附加应力

如图 3-13 所示，圆形均布荷载作用下的地基附加应力采用极坐标表示，原点取在分布荷载圆心 O 处，取微元面积 $dF = \rho d\varphi d\rho$，附加应力 σ_z 可以在圆面积范围内通过积分得到，见式（3-14）：

$$\sigma_z = \frac{3p_0 z^3}{2\pi}\int_0^{2\pi}\int_0^R \frac{\rho d\varphi d\rho}{(\rho^2 + r^2 - 2\rho\cos\varphi + z^2)^{5/2}} \tag{3-14}$$

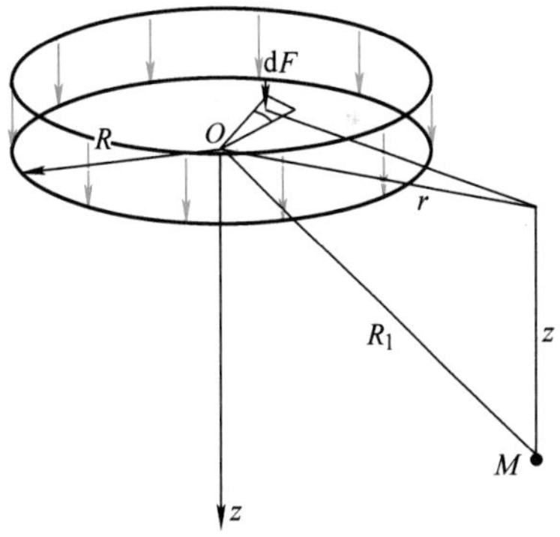

图 3-13　圆形均布荷载作用下的地基附加应力

解式（3-14）得

$$\sigma_z = K_0 p_0 \tag{3-15}$$

式中　K_0——圆形均布荷载作用下的附加应力系数，是 r/R 和 z/R 的函数，可由表 3-7 查得；

　　　R——圆形均布荷载的半径；

ρ、φ——极坐标；

　　　r——应力计算点 M 到 z 轴的水平距离。

五、条形均布荷载作用下的地基附加应力

墙下条形基础的基底压力多是宽度为 b 的条形均布荷载，且沿 y 轴无限延伸（图 3-14），

表 3-7　圆形均布荷载作用下的附加应力系数 K_0

z/R	r/R										
	0	0.2	0.4	0.6	0.8	1.0	1.2	1.4	1.6	1.8	2.0
0.0	1.000	1.000	1.000	1.000	1.000	0.500	0.000	0.000	0.000	0.000	0.000
0.2	0.998	0.991	0.987	0.970	0.890	0.468	0.077	0.015	0.005	0.002	0.001
0.4	0.949	0.943	0.920	0.860	0.712	0.435	0.181	0.065	0.026	0.012	0.006
0.6	0.864	0.852	0.813	0.733	0.591	0.400	0.224	0.113	0.056	0.029	0.016
0.8	0.756	0.742	0.699	0.619	0.504	0.366	0.237	0.142	0.083	0.048	0.029
1.0	0.646	0.633	0.593	0.525	0.434	0.332	0.235	0.157	0.102	0.065	0.042
1.2	0.547	0.535	0.502	0.447	0.377	0.300	0.226	0.162	0.113	0.078	0.053
1.4	0.461	0.452	0.425	0.383	0.329	0.270	0.212	0.161	0.118	0.086	0.062
1.6	0.390	0.383	0.362	0.330	0.288	0.243	0.197	0.156	0.120	0.090	0.068
1.8	0.332	0.327	0.311	0.285	0.254	0.218	0.182	0.148	0.118	0.092	0.072
2.0	0.285	0.280	0.268	0.248	0.224	0.196	0.167	0.140	0.114	0.092	0.074
2.2	0.246	0.242	0.233	0.218	0.198	0.176	0.153	0.131	0.109	0.090	0.074
2.4	0.214	0.211	0.203	0.192	0.176	0.159	0.140	0.122	0.104	0.087	0.073
2.6	0.187	0.185	0.179	0.170	0.158	0.144	0.129	0.113	0.098	0.084	0.071
2.8	0.165	0.163	0.159	0.151	0.141	0.130	0.118	0.105	0.092	0.080	0.069
3.0	0.146	0.145	0.141	0.135	0.127	0.118	0.108	0.097	0.087	0.077	0.067
3.4	0.117	0.116	0.114	0.110	0.105	0.098	0.091	0.084	0.076	0.068	0.061
3.8	0.096	0.095	0.093	0.091	0.087	0.083	0.078	0.073	0.067	0.061	0.055
4.2	0.079	0.079	0.078	0.076	0.073	0.070	0.067	0.063	0.059	0.054	0.050
4.6	0.067	0.067	0.066	0.064	0.063	0.060	0.058	0.055	0.052	0.048	0.045
5.0	0.057	0.057	0.056	0.055	0.054	0.052	0.050	0.048	0.046	0.043	0.041
5.5	0.048	0.048	0.047	0.046	0.045	0.044	0.043	0.041	0.039	0.038	0.036
6.0	0.040	0.040	0.040	0.039	0.039	0.038	0.037	0.036	0.034	0.033	0.031

在条形均布荷载 p_0 作用下任意深度处的附加应力为

$$\sigma_z = K_u p_0 \qquad (3-16)$$

式中　K_u——条形均布荷载作用下的附加应力系数，由 $m = z/b$、$n = x/b$ 按式（3-17）计算或由表 3-8 查取。

$$K_u = \frac{1}{\pi}\left[\arctan\frac{1-2n}{2m} + \arctan\frac{1+2n}{2m} - \frac{4m(4n^2 - 4m^2 - 1)}{(4n^2 + 4m^2 - 1)^2 + 16m^2}\right] \qquad (3-17)$$

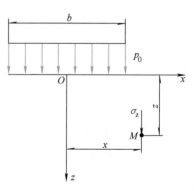

图 3-14　条形均布荷载作用下的地基附加应力

表 3-8　条形均布荷载作用下的附加应力系数 K_u

$m=z/b$	$n=x/b$					
	0	0.25	0.50	1.00	1.50	2.00
0	1.00	1.00	0.50	0	0	0
0.25	0.96	0.90	0.50	0.02	0	0
0.50	0.82	0.74	0.48	0.08	0.02	0
0.75	0.67	0.61	0.45	0.15	0.04	0.02
1.00	0.55	0.51	0.41	0.19	0.07	0.03
1.25	0.46	0.44	0.37	0.20	0.10	0.04
1.50	0.40	0.38	0.33	0.21	0.11	0.06
1.75	0.35	0.34	0.30	0.21	0.13	0.07
2.00	0.31	0.31	0.28	0.20	0.14	0.08
3.00	0.21	0.21	0.20	0.17	0.13	0.10
4.00	0.16	0.16	0.15	0.14	0.12	0.10
5.00	0.13	0.13	0.12	0.12	0.11	0.09
6.00	0.11	0.10	0.10	0.10	0.10	—

六、条形面积上三角形分布荷载作用下的地基附加应力

如图 3-15 所示，条形基础在竖直三角形分布荷载作用下，荷载最大值为 p_t。地基内任意点 M 的竖向附加应力 σ_z 仍可通过积分得到：

$$\sigma_z = K_z^t p_t \tag{3-18}$$

$$K_z^t = \frac{1}{\pi} \left\{ m \left[\arctan\left(\frac{m}{n}\right) - \arctan\left(\frac{m-1}{n}\right) \right] - \frac{n(m-1)}{n^2 + (m-1)^2} \right\} \tag{3-19}$$

式中　K_z^t——条形面积上三角形分布荷载作用下的附加应力系数，根据 $m=x/b$，$n=z/b$ 按
　　　　式（3-19）计算或由表 3-9 查取。

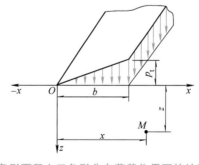

图 3-15　条形面积上三角形分布荷载作用下的地基附加应力

表 3-9　条形面积上三角形分布荷载作用下的附加应力系数 K_z^t

$n=z/b$	$m=x/b$								
	-0.5	-0.25	0.00	0.25	0.50	0.75	1.00	1.25	1.50
0.01	0.000	0.000	0.003	0.249	0.500	0.750	0.497	0.000	0.000

（续）

$n=z/b$	$m=x/b$								
	−0.5	−0.25	0.00	0.25	0.50	0.75	1.00	1.25	1.50
0.1	0.000	0.002	0.032	0.251	0.498	0.737	0.468	0.010	0.002
0.2	0.003	0.009	0.061	0.255	0.489	0.682	0.437	0.050	0.009
0.4	0.010	0.036	0.110	0.263	0.441	0.534	0.379	0.137	0.043
0.6	0.030	0.066	0.140	0.258	0.378	0.421	0.328	0.177	0.080
0.8	0.050	0.089	0.155	0.243	0.321	0.343	0.285	0.188	0.106
1.0	0.056	0.104	0.159	0.224	0.275	0.286	0.250	0.184	0.121
1.2	0.070	0.111	0.154	0.204	0.239	0.246	0.221	0.176	0.126
1.4	0.083	0.114	0.151	0.186	0.210	0.215	0.198	0.165	0.129
1.6	0.087	0.114	0.143	0.170	0.187	0.190	0.178	0.154	0.124
1.8	0.089	0.112	0.135	0.155	0.168	0.171	0.161	0.143	0.120
2.0	0.090	0.108	0.127	0.143	0.153	0.155	0.147	0.134	0.115
2.5	0.086	0.098	0.110	0.119	0.124	0.125	0.121	0.113	0.103
3.0	0.080	0.088	0.095	0.101	0.104	0.105	0.102	0.098	0.091
3.5	0.073	0.079	0.084	0.088	0.090	0.090	0.089	0.086	0.081
4.0	0.067	0.071	0.075	0.077	0.079	0.079	0.078	0.076	0.073
4.5	0.062	0.065	0.067	0.069	0.070	0.070	0.070	0.068	0.066
5.0	0.057	0.059	0.061	0.063	0.063	0.063	0.063	0.062	0.060

【例 3-4】　有一路堤如图 3-16a 所示，已知填土的重度为 $20kN/m^3$，求路堤中线上 O 点下深度为 0m 和 10m 处的竖向附加应力 σ_z。

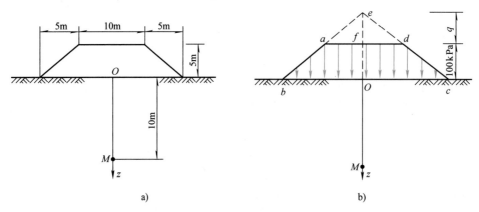

图 3-16　例 3-4 图

解：路堤填土自重产生的荷载分布为梯形，如图 3-16b 所示，其最大强度 $p=20\times5kPa=100kPa$。将梯形荷载分为两个三角形荷载之差，这样就可以用式（3-18）叠加计算附加应力。

$$\sigma_z=2[\sigma_{z(ebO)}-\sigma_{z(eaf)}]=2[K_{z1}^t(p+q)-K_{z2}^tq]$$

其中，q 为 $\triangle eaf$ 荷载的最大值，可按三角形比例关系计算得 $q=p=100kPa$。附加应力系数计算结果见表 3-10。

所以 O 点的竖向附加应力为 $\sigma_z=2\times[0.5\times(100+100)-0.5\times100]kPa=100kPa$

M 点的竖向附加应力为 $\sigma_z=2\times[0.25\times(100+100)-0.147\times100]kPa=70.6kPa$

表 3-10　例 3-4 附加应力系数计算结果

编号	荷载分布面	x/b	O 点（$z=0$m）		M 点（$z=10$m）	
			z/b	K_{zi}^t	z/b	K_{zi}^t
1	$\triangle ebO$	1	0	0.500	1	0.250
2	$\triangle eaf$	1	0	0.500	2	0.147

七、台背路基填土引起的基底附加应力

1）台背路基填土对桥台基底或桩端平面处地基作用的附加应力 p_1 按式（3-20）计算：

$$p_1 = \alpha_1 \gamma_1 H_1 \qquad (3-20)$$

2）对于埋置式桥台，台前锥体对桥台基底或桩端平面处地基前边缘作用的附加应力 p_2 按式（3-21）计算：

$$p_2 = \alpha_2 \gamma_2 H_2 \qquad (3-21)$$

式中　γ_1、γ_2——路基和锥体填土的天然重度（kN/m^3）；

p_1、p_2——由路基和锥体填土荷载引起的附加应力（kPa）；

α_1、α_2——附加应力系数，可查表 3-11；

H_1——台背路基填土高度（m）；

H_2——基底平面或桩端平面前边缘以上的锥体填土高度（m）。

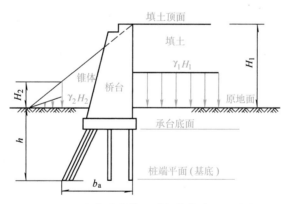

图 3-17　台背路基填土引起的基底附加应力

表 3-11　台背路基填土引起的附加应力系数

基础埋置深度 h/m	填土高度 H_1/m	台后填土附加应力系数 α_1				台前填土附加应力系数 α_2
		后边缘	基底或桩端平面处的前、后边缘间的基础长度 b_a/m			
			5	10	15	
5	5	0.44	0.07	0.01	0.0	—
	10	0.47	0.09	0.02	0.0	0.4
	20	0.48	0.11	0.04	0.01	0.5
10	5	0.33	0.13	0.05	0.02	—
	10	0.40	0.17	0.06	0.02	0.3
	20	0.45	0.19	0.08	0.03	0.4

（续）

基础埋置深度 h/m	填土高度 H_1/m	台后填土附加应力系数 α_1				台前填土附加应力系数 α_2
		后边缘	基底或桩端平面处的前、后边缘间的基础长度 b_a/m			
			5	10	15	
15	5	0.26	0.15	0.08	0.04	—
	10	0.33	0.19	0.10	0.05	0.2
	20	0.41	0.24	0.14	0.07	0.3
20	5	0.20	0.13	0.08	0.04	—
	10	0.28	0.18	0.10	0.06	0.1
	20	0.37	0.24	0.16	0.09	0.2
25	5	0.17	0.12	0.08	0.05	—
	10	0.24	0.17	0.12	0.08	0.0
	20	0.33	0.24	0.17	0.10	0.1
30	5	0.15	0.11	0.08	0.06	—
	10	0.21	0.16	0.12	0.08	0.0
	20	0.31	0.24	0.18	0.12	0.0

八、非均质和各向异性土体中的地基附加应力

地基附加应力计算一般是考虑柔性荷载和均质各向同性的土体，因此假定土中附加应力计算与土的性质无关，而实际工程中地基往往是由软硬不一的多种土层组成的，之前的假定显然是不合理的。土的变形性质无论在竖直方向还是在水平方向差异都较大，对于这样一些问题的考虑是比较复杂的，目前也未得到完全满意的解答。从一些简单情况的解答发现，由两种压缩性不同的土层构成的双层地基的应力分布与各向同性地基相比较，对地基竖向应力的影响有两种：一种情况是坚硬土层上覆盖着不厚的可压缩土层，即 $E_1<E_2$，则土中附加应力分布将发生应力集中的现象；另一种情况是软弱土层上有一层压缩模量较高的硬壳层，即 $E_1>E_2$，则土中附加应力将发生扩散现象，如图 3-18 所示。

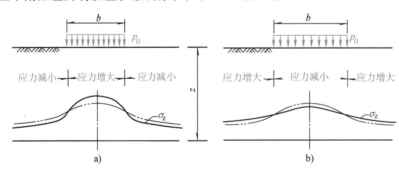

图 3-18 非均质地基对附加应力的影响
a）应力集中现象 b）应力扩散现象

双层地基中应力集中和扩散的概念十分重要，特别是在软土地区，表面有一层硬壳层，

由于应力扩散作用，基础应尽量浅埋，以减少地基的沉降，施工过程中应采取保护措施，避免地基遭受破坏。

素质拓展——量变引起质变

所谓积少成多，水滴石穿，不管是好事还是坏事，积累到一定数量后一定会发生质变，从而带来巨大的影响。古人云"合抱之木，生于毫末；九层之台，起于累土；千里之行，始于足下。""故不积跬步，无以至千里；不积小流，无以成江海。"然而"千里之堤，溃于蚁穴"，故"勿以恶小而为之，勿以善小而不为。"——这些均反映了从量变到质变的关系。

万丈高楼始于垒土，建筑物一砖一瓦的建设不断对地基施加荷载，地基中各点的附加应力随荷载的增大而增大，荷载的量变可能引起地基发生质的变化，当荷载施加到一定程度时，就可能引起地基产生过大的变形或破坏。合理、正确地确定地基附加应力是保证地基基础稳定的前提。

我们在今后的工作中要完善网格化安全管理制度，尽早发现事故隐患，尽早处理；要用法律法规、条例和操作规程这把"尺子"，全面检查、校正施工过程中的各种安全隐患；要抓重点，提前做好专项安全管理方案；要善于总结和借鉴别人的经验与教训，检查所在工地有没有类似的危险苗头和隐患并及时处理；要坚持抓早抓小、防微杜渐，防止量变到质变、小错到大错、"破纪"到"破法"。

思 考 题

3-1 什么是土的自重应力？什么是地基附加应力？

3-2 在基底总压力不变的前提下，增大基础埋置深度对地基附加应力的分布有什么影响？

3-3 在填方地段，如基础砌置在填土中，则由填土的重力引起的应力在什么条件下应当作为地基附加应力考虑？

3-4 地下水位的升降对地基附加应力的分布有何影响？

3-5 矩形均布荷载中点下与角点下的应力之间有什么关系？

3-6 刚性基础的基底压力分布有何特征？工程中如何计算中心荷载及偏心荷载作用下的基底压力？

3-7 如何计算基底附加压力？在计算中为什么要减去基底处土的自重应力？

习 题

3-1 某建筑场地的地质剖面如图 3-19 所示，试计算：①各土层分层面及地下水位界面处的自重应力，并绘制自重应力曲线。②若中砂层以下为坚硬的整体岩石，绘制其自重应力曲线。

3-2 试计算图 3-20 所示荷载下，M 点下深度 $z = 2m$ 处的附加应力。

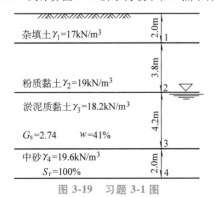

图 3-19 习题 3-1 图

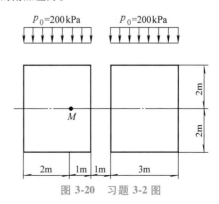

图 3-20 习题 3-2 图

3-3 某基础截面呈 T 形（图 3-21），作用在基底的附加应力 $p_0 = 150\text{kN/m}^2$。试求 A 点下 10m 深处的附加应力。

3-4 某条形基础如图 3-22 所示，作用在基础上的荷载为 250kN/m，基础宽度 $b = 2\text{m}$，基础深度范围内土的重度 $\gamma = 17.5\text{kN/m}^3$，试计算 0—3、4—7 及 5—10 剖面上各点的竖向附加应力，并绘制曲线。

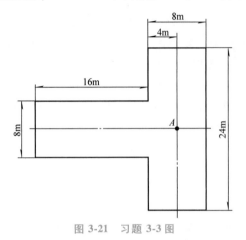

图 3-21 习题 3-3 图

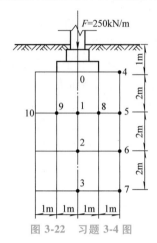

图 3-22 习题 3-4 图

3-5 如图 3-23 所示，条形分布荷载的最大荷载 $p = 150\text{kPa}$，计算 G 点下深度为 3m 处的竖向附加应力。

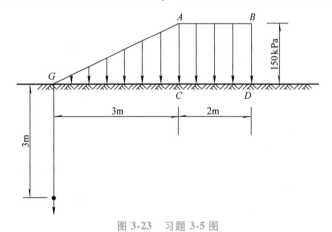

图 3-23 习题 3-5 图

学习情境 4
土的压缩性及变形计算

1）掌握土体压缩试验原理、压缩性指标及其应用。理解土体产生压缩性的原因；了解土的变形特性。

2）掌握用分层总和法计算地基变形的方法、步骤，以及计算过程中的参数取值方法。理解分层总和法的原理。了解应力历史对土体变形的影响。

3）掌握固结度的概念，单向渗透固结原理的具体应用。理解单向渗透固结的基本原理。了解初始条件和边界条件对土体固结过程的影响。

4）能独立完成快速压缩试验。会通过压缩试验获取土的压缩性指标。

学习重点与难点

本学习情境重点是土的压缩性和压缩性指标的确定，计算基础沉降的分层总和法和《建筑地基基础设计规范》（GB 50007—2011）推荐的方法，一维固结理论的具体应用。难点是分层总和法计算地基变形的具体应用，土的固结理论及其应用。

单元 1   土的压缩性

一、基本概念

土在压力作用下体积缩小的特性称为土的压缩性。土的压缩通常由三部分组成：

1）固体土颗粒被压缩。

2）土中水及封闭气体被压缩。

3）水和气体从孔隙中被挤出。

地基沉降
的危害

试验研究表明：在一般工程压力（100~600kPa）作用下，固体颗粒和水的压缩量与土的总压缩量相比非常微小，可忽略不计。所以土的压缩可看作是土中水和气体从孔隙中被挤出时，土颗粒相互移动，重新排列挤紧，从而使土中孔隙体积减小。研究土的压缩性大小及其特征的室内试验方法称为压缩试验；了解地基土变形特征的现场测试称为荷载试验。

土体压缩变形的快慢与土的渗透性有关。在荷载作用下，透水性大的饱和无黏性土，其压缩过程时间较短，建筑物施工完毕时，可认为其压缩变形已基本完成；而透水性小的饱和黏性土，其压缩过程时间较长，十几年甚至几十年后压缩变形才稳定。如意大利的比萨斜塔，始建于 1173 年，地基土至今仍在继续变形。土体在外力作用下，压缩变形随时间增长的过程，称为土的固结。对于饱和黏性土来说，土的固结问题非常重要。

二、压缩试验及压缩性指标

（一）压缩试验（固结试验）

该试验是在压缩仪（或固结仪）中完成的，如图 4-1 所示。试验时先用金属环刀切土，然后将土样连同环刀一起放入压缩仪内，土样两端分别依次为滤纸、透水石，以便土样受压

土的固结试验

后能够自由排水，透水石上面再施加垂直荷载。由于土样受到环刀、压缩仪的约束，在压缩过程中只能发生竖向变形，而不可能产生侧向变形，所以这种方法也称为侧限压缩试验。试验时，竖向压力 p 分级施加。在每级荷载作用下使土样变形至稳定，用指示表测出土样稳定后的变形量 s_i，即可按式（4-2）计算出各级荷载下的孔隙比 e_i。然后以横坐标表示压力 p，纵坐标表示孔隙比 e，可得出 $e\text{-}p$ 曲线，称为压缩曲线。

设土样的初始高度为 H_0，受压后土样的高度为 H_i，则 $H_i = H_0 - s_i$，s_i 为压力 p 作用下土样压缩至稳定的变形量。根据土的孔隙比的定义，假设土粒体积 V_s 不变，则土样孔隙体积在压缩前为 $e_0 V_s$，在压缩稳定后为 $e_i V_s$（图 4-2）。

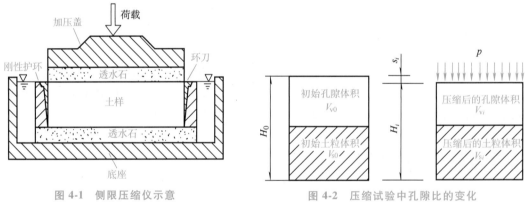

图 4-1　侧限压缩仪示意　　　　　　图 4-2　压缩试验中孔隙比的变化

为求土样压缩稳定后的孔隙比 e_i，利用受压前后土粒体积不变和土样横截面面积不变的两个条件，得

$$\frac{H_0}{1+e_0} = \frac{H_i}{1+e_i} = \frac{H_0 - s_i}{1+e_i} \tag{4-1}$$

或

$$e_i = e_0 - \frac{s_i}{H_0}(1+e_0) \tag{4-2}$$

式中　e_0——土的初始孔隙比，可由土的三个基本试验指标求得，即

$$e_0 = \frac{G_s(1+w_0)\rho_w}{\rho} - 1$$

压缩曲线可按两种方式绘制，一种方法是用普通坐标绘制的常规压力下的 $e\text{-}p$ 曲线（图 4-3a）；另一种方法是以常用对数 $\lg p$ 为横坐标，采用半对数直角坐标绘制的 $e\text{-}\lg p$ 曲线（图

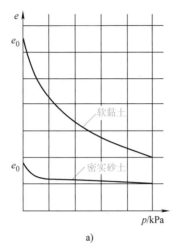

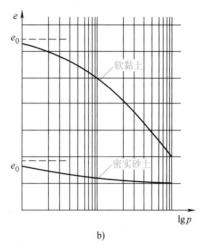

图 4-3　土的压缩曲线

a) $e\text{-}p$ 曲线　b) $e\text{-}\lg p$ 曲线

4-3b），试验时需要加到较大的荷载（1000kPa 以上）。

（二）压缩性指标

评价土体压缩性通常有如下指标：

1. 压缩系数

土的压缩性指标

如图 4-3a 所示，$e\text{-}p$ 曲线初始段较陡，而后曲线逐渐平缓，土的压缩量也随之减小，这是因为随着孔隙比减小，土的密实度增加后，土粒移动越来越困难，压缩量也就减小。不同的土类，压缩曲线的形态有别，密实砂土的 $e\text{-}p$ 曲线比较平稳，而压缩性高的软黏土的 $e\text{-}p$ 曲线较陡。因此，相应于压力 p 作用下土的压缩性可由曲线上任一点的切线斜率 α 表示

$$\alpha = -\frac{\mathrm{d}e}{\mathrm{d}p} \tag{4-3}$$

式中负号表示随着压力 p 的增加，e 逐渐减少。一般情况下，研究土体从原来的自重应力 p_1 作用到自重应力与附加应力之和 p_2 作用这一压力段的压缩性时，将土体的压缩性作为直线变化。设压力自 p_1 增至 p_2，相应的孔隙比由 e_1 减小到 e_2，则与应力增量 $\Delta p = p_2 - p_1$ 对应的孔隙比变化为 $\Delta e = e_1 - e_2$。此时，土的压缩系数 a 可表示为

$$a = \frac{\Delta e}{\Delta p} = \frac{e_1 - e_2}{p_2 - p_1} \tag{4-4}$$

式中　a——土的压缩系数（kPa^{-1} 或 MPa^{-1}）；

p_1——地基某深度处土中竖向自重应力（kPa）；

p_2——地基某深度处自重应力与附加应力之和（kPa）；

e_1——相应于 p_1 作用下压缩稳定后土的孔隙比；

e_2——相应于 p_2 作用下压缩稳定后土的孔隙比。

压缩系数是评价地基土压缩性高低的重要指标之一。从曲线上看，它不是一个常量，既与所取的起始压力 p_1 有关，也与压力变化范围 Δp 有关。在工程实践中，通常用 $p_1 = 100$kPa

增加到 $p_2 = 200\text{kPa}$ 时对应的压缩系数 a_{1-2} 来评定土的压缩性高低。当 $a_{1-2} < 0.1\text{MPa}^{-1}$ 时，为低压缩性土；$0.1\text{MPa}^{-1} \leqslant a_{1-2} < 0.5\text{MPa}^{-1}$ 时，为中压缩性土；$a_{1-2} \geqslant 0.5\text{MPa}^{-1}$ 时，为高压缩性土。

2. 压缩指数

如果采用 $e\text{-}\lg p$ 曲线，如图 4-3b 所示，其斜率 C_c 为

$$C_c = \frac{e_1 - e_2}{\lg p_2 - \lg p_1} = \frac{e_1 - e_2}{\lg\left(\dfrac{p_2}{p_1}\right)} \tag{4-5}$$

同压缩系数 a 一样，压缩指数 C_c 也能用来确定土的压缩性大小。C_c 越大，土的压缩性越高。一般认为 $C_c < 0.2$ 时，为低压缩性土；$C_c = 0.2 \sim 0.4$ 时，为中压缩性土；$C_c > 0.4$ 时，为高压缩性土。

3. 压缩模量

土体在完全侧限条件下，应力增量与相应的应变增量 $\Delta\varepsilon$ 之比称为压缩模量，用符号 E_s 表示。假设 $V_s = 1$，土样的受压面积 A 不变，在自重应力 p_1 作用下的体积为 $1 + e_1$，在自重应力与附加应力之和 p_2 作用下的体积为 $1 + e_2$，则压应变变化量为

$$\Delta\varepsilon = \frac{\Delta H}{H} = \frac{\dfrac{1+e_1}{A} - \dfrac{1+e_2}{A}}{\dfrac{1+e_1}{A}} = \frac{e_1 - e_2}{1 + e_1}$$

则

$$E_s = \frac{\Delta p}{\Delta\varepsilon} = \frac{(1+e_1)(p_1 - p_2)}{e_1 - e_2} = \frac{1 + e_1}{a} \tag{4-6}$$

式中　a——土的压缩系数（MPa^{-1}）；

　　　E_s——压缩模量（MPa）。

压缩模量 E_s 与压缩系数 a 成反比。

注：为减小沉降计算误差，《建筑地基基础设计规范》（GB 50007—2011）建议在计算地基变形时采用土的自重应力至自重应力与附加应力之和压力段的 E_s 值。

4. 土的回弹曲线及再压缩曲线

在进行室内试验过程中，当压力加到某一数值 p_i（图 4-4 中 $e\text{-}p$ 曲线的 a 点）后，逐级卸压，土样将发生回弹，土体膨胀，孔隙比增大，若测得回弹稳定后的孔隙比，则可绘制相应的孔隙比与压力的关系曲线（图 4-4 中曲线 ab），称为回弹曲线。

如图 4-4 所示，卸压后的回弹曲线 ab 并不沿压缩曲线回升，变化要平缓得多，这说明土的压缩变形在卸压后会回弹，但变形不能全部恢复，其中可恢复的部分称为弹性变形，不能恢复的部分称为塑性变形或残余变

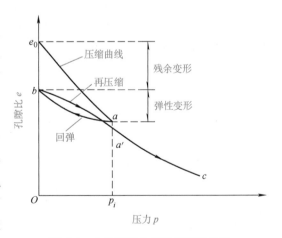

图 4-4　土的回弹曲线及再压缩曲线

形，而土的压缩变形以残余变形为主。

土的压缩性指标除可以从室内压缩试验得到外，也可通过现场原位测试得到。如在浅层土中进行静载荷试验，可得变形模量，或在现场进行旁压试验或触探试验，都可间接确定土的压缩模量。

三、应力历史对土压缩性的影响

如上所述，土体的加载与卸载（即黏性土在形成及存在过程中所经受的地质作用和应力变化）不同，对黏性土的压缩性的影响十分显著。因此，把黏性土地基按历史上曾受过的最大固结应力与现在所受的自重应力之比 OCR（称为"超固结比"）分为以下 3 种类型：

1. 正常固结土

正常固结土是指土层历史上经受的最大有效应力等于土的自重应力，即 OCR＝1。例如，土体在搬运沉积的过程中，逐渐向上堆积到目前地面的标高，并在土的自重压力作用下，达到固结状态。大多数建筑场地的土层属于正常固结土。

2. 超固结土

超固结土是指土层历史上受过的最大有效应力大于土的自重应力而固结形成的土，即OCR>1。例如，土层历史上曾经受过大于现有覆盖土重的前期固结压力，后因各种原因（包括水流冲刷、冰川作用及人类活动等）搬运走了相当厚度的沉积物，将地面降至目前标高。

3. 欠固结土

欠固结土是指土层在目前的自重应力作用下，还没有达到完全固结的程度，土层实际固结压力小于现有的土层自重压力，即 OCR<1。新近沉积的黏性土或人工填土，例如，我国黄河入海口，黄河平均每年携带的 10 多亿吨泥沙沉积下来，时间不久，在土的自重作用下还没有达到固结，这类土称为欠固结土。欠固结土固结沉降应考虑土在自重应力作用下还将继续进行的沉降。

单元 2　地基沉降量的计算

本单元主要介绍常用的几种沉降计算方法：分层总和法、《建筑地基基础设计规范》（GB 50007—2011）推荐的方法和弹性力学方法。

一、弹性理论法计算地基沉降量

（一）基本假设

本单元介绍的用弹性理论计算地基沉降是基于布辛尼斯克课题的位移解，该课题假定：地基是均质、各向同性、线弹性的半无限体；基础整个底面和地基一直保持接触。布辛尼斯克课题研究的是荷载作用于地表的情形，可以近似用来研究荷载作用面深度较小的情况。当荷载作用面深度较大时（如深基础），则应采用明德林课题的位移解进行弹性理论沉降计算。

（二）计算公式

1. 点荷载作用下的地表沉降

如图 4-5 所示，半空间表面作用一竖向集中力 F 时，半空间内任一点 $M(x, y, z)$ 的竖

向位移为 $w(x, y, z)$，则在半无限地基中，当 $z=0$ 时，地表处 $w(x, y, 0)$ 的沉降 s 为

$$s = \frac{F(1-\mu^2)}{\pi E \sqrt{x^2+y^2}} = \frac{F(1-\mu^2)}{\pi E r} \tag{4-7}$$

式中　s——竖向集中力 F 作用下地表任意点的
　　　　　　沉降；
　　　r——竖向集中力 F 作用点与地表沉降计
　　　　　　算点的距离，即 $r=\sqrt{x^2+y^2}$；
　　　E——弹性模量或变形模量；
　　　μ——地基土的泊松比。

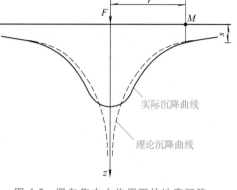

图 4-5　竖向集中力作用下的地表沉降

理论的竖向集中力作用在一点的情况在实
际上是不存在的，荷载总是作用在一定面积上的局部荷载，只有当沉降计算点离荷载作用范围的距离与荷载作用面的尺寸相比很大时，才可以用一个集中力代替局部荷载并利用式（4-7）近似计算。

2. 绝对柔性基础沉降

由于绝对柔性基础抗弯刚度趋于零，无抗弯能力，因此传至基底地基的荷载与作用于基础上的荷载分布完全一致。绝对柔性基础上作用有分布荷载 p_0 时，地基任一点的沉降可利用式（4-7）在荷载分布面积上积分求得。

当 p_0 为矩形面积上的均布荷载时，角点的沉降 s_c 为

$$s_c = \frac{(1-\mu^2)b}{\pi E}\left[m\ln\frac{1+\sqrt{m^2+1}}{m} + \ln\left(m+\sqrt{m^2+1}\right) \right] p_0 = \frac{1-\mu^2}{E}\omega_c b p_0 \tag{4-8}$$

式中　m——矩形面积的长宽比；
　　　p_0——分布荷载；
　　　b——矩形宽度；
　　　ω_c——角点沉降影响系数，是长宽比的函数，可由表 4-1 查得。

$$\omega_c = \frac{1}{\pi}\left[m\ln\frac{1+\sqrt{m^2+1}}{m} + \ln\left(m+\sqrt{m^2+1}\right) \right]$$

由于是绝对柔性基础，故可由式（4-8）利用角点法得到均布荷载作用下矩形柔性基础下地基任意点的沉降。如基础中点的沉降为

$$s_0 = 4\frac{1-\mu^2}{E}\omega_c\frac{b}{2}p_0 = \frac{1-\mu^2}{E}\omega_0 b p_0 \tag{4-9}$$

式中　ω_0——中点沉降影响系数，是长宽比的函数，由表 4-1 查得，对某一长宽比，
　　　　　　$\omega_0 = 2\omega_c$。

另外，还可得到矩形绝对柔性基础上均布荷载作用下基底面积范围内各点沉降的平均值，即基础平均沉降 s_m 为

$$s_m = \frac{\iint_A s(x,y)\,\mathrm{d}x\mathrm{d}y}{A} = \frac{1-\mu^2}{E}\omega_m b p_0 \tag{4-10}$$

式中　ω_m——平均沉降影响系数，是长宽比的函数，由表 4-1 查得，对某一长宽比，$\omega_c <$
　　　　$\omega_m < \omega_0$。

当 p_0 为圆形面积上的均布荷载时，类似可得到圆形面积圆心点、周边点及基底的平均
沉降，对应的沉降影响系数可由表 4-1 查得。

表 4-1　沉降影响系数

荷载面形状		圆形	方形	矩　　形										
l/b		—	1.0	1.5	2.0	3.0	4.0	5.0	6.0	7.0	8.0	9.0	10.0	100.0
绝对柔性基础	ω_c	0.64	0.56	0.68	0.77	0.89	0.98	1.05	1.12	1.17	2.21	1.25	1.27	2.00
	ω_0	1.00	1.12	1.36	1.53	1.78	1.96	2.10	2.23	2.33	2.42	2.49	2.53	4.00
	ω_m	0.85	0.95	1.15	1.30	1.53	1.70	1.83	1.96	2.04	2.12	2.19	2.25	3.69
绝对刚性基础	ω_r	0.79	0.88	1.08	1.22	1.44	1.61	1.72	—	—	—	—	2.12	3.40

3. 绝对刚性基础沉降

绝对刚性基础的抗弯刚度为无穷大，受弯矩作用不会发生挠曲变形，因此基础受力后，
原来为平面的基底仍保持为平面，计算沉降时，从上部结构传至基础的荷载可用合力来
表示。

1）中心荷载作用下，地基各点的沉降相等。根据这个条件，可以从理论上得到圆形基
础和矩形基础的沉降值。

圆形基础沉降为

$$s = \frac{1-\mu^2}{E} \frac{\pi}{2} p_0 d = \frac{1-\mu^2}{E} \omega_r p_0 d \qquad (4\text{-}11)$$

矩形基础沉降为

$$s = \frac{1-\mu^2}{E} \omega_r b p_0 \qquad (4\text{-}12)$$

式中　ω_r——刚性基础的沉降影响系数，是长宽比的函数，近似地可由表 4-1 查得；

　　　d——圆形基础直径。

2）偏心荷载作用下，基础要产生沉降和倾斜，沉降后基底为一个倾斜平面，基底倾斜
角可由弹性力学公式求得。

圆形基础的基底倾斜角为

$$\tan\theta = \frac{1-\mu^2}{E} \frac{6Pe}{d^3} \qquad (4\text{-}13)$$

矩形基础的基底倾斜角为

$$\tan\theta = \frac{1-\mu^2}{E} 8K \frac{Pe}{b^3} \qquad (4\text{-}14)$$

式中　θ——基底倾斜角；

　　　b——偏心方向边长；

　　　P——传至刚性基础上的合力大小；

　　　e——合力的偏心矩；

　　　K——系数，按 l/b 由图 4-6 查得。

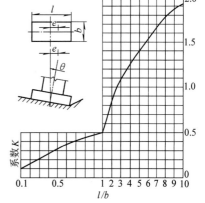

图 4-6　绝对刚性矩形基础
倾斜计算系数 K 值

单向分层
总和法

二、分层总和法

1. 基本假定

分层总和法是将地基土分为若干水平土层，分别求出各分层的应力，然后用土的应力-应变关系式求出各分层的变形量，再总和起来作为地基的最终沉降量。

分层总和法基本假定：地基变形时土不发生侧向膨胀变形（侧限）；地基土为各向同性、半无限大的均质线性变形体；地基沉降量计算按基础中心点下土柱所受的附加应力进行计算，若计算基础倾斜时，要以倾斜方向基础两端下的附加应力进行计算；地基变形是由基础底面以下一定深度（即压缩层）范围内土层的竖向变形引起的。分层总和法计算平均沉降量方法如图4-7所示。

2. 计算步骤

1）地基土的分层。为使地基沉降计算比较精确，分层厚度一般不宜大于 $0.4b$（b 为基础宽度）。另外，土的自然层面及地下水位所在水平面是必然的分层面。

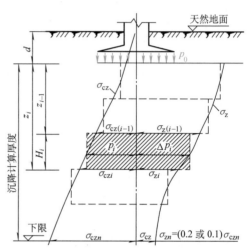

图 4-7 分层总和法计算基础最终沉降量

2）计算各分界面处的自重应力。土的自重应力应从天然地面算起，地下水位以下一般应取有效重度。

3）计算各分层界面处基底中心点下的附加应力。

4）确定地基沉降的计算深度。计算深度也称为压缩层厚度，一般取地基附加应力等于自重应力的20%（一般土）或10%（高压缩性土）深度处作为沉降计算的限值。

5）计算各分层土的压缩量 Δs_i。根据基本假设，可利用室内压缩试验成果进行计算。

$$\Delta s_i = \varepsilon_i H_i = \frac{\Delta e_i}{1+e_{1i}} H_i = \frac{e_{1i}-e_{2i}}{1+e_{1i}} H_i \qquad (4\text{-}15)$$

$$\Delta s_i = \frac{a_i(p_{2i}-p_{1i})}{1+e_{1i}} H_i \qquad (4\text{-}16)$$

$$\Delta s_i = \frac{\Delta p_i}{E_{si}} H_i \qquad (4\text{-}17)$$

式中　ε_i——第 i 分层土的平均压缩应变；

　　　H_i——第 i 分层土的厚度；

　　　e_{1i}——对应于第 i 分层土的上下层面自重应力值的平均值 $p_{1i}=\dfrac{\sigma_{cz(i-1)}+\sigma_{czi}}{2}$ 从土的压缩

　　　　　曲线上得到的孔隙比；

　　　e_{2i}——对应于第 i 分层土的自重应力平均值 p_{1i} 与上下层面附加应力值的平均值 $\Delta p_i=$

$\dfrac{\sigma_{z(i-1)} + \sigma_{zi}}{2}$ 之和 ($p_{2i} = p_{1i} + \Delta p_i$) 从土的压缩曲线上得到的孔隙比;

a_i——第 i 分层对应于 $p_{1i} \sim p_{2i}$ 段的压缩系数;

E_{si}——第 i 分层对应于 $p_{1i} \sim p_{2i}$ 段的压缩模量。

根据已知条件,具体可选用以上三式中的一个进行计算。

6)根据各分层土的竖向压缩量 Δs_i 计算基础的平均沉降量 s,有

$$s = \sum_{i=1}^{n} \Delta s_i \qquad (4\text{-}18)$$

【例 4-1】 如图 4-8 所示的墙下条形基础,基础宽度 $b = 2.0\text{m}$,传至地面的荷载为 100kN/m,基础埋置深度为 1.2m,地下水位在基底以下 0.6m,地基土层室内压缩试验成果见表 4-2,用分层总和法求基础中点的沉降量。

表 4-2 地基土层的 e-p 曲线数值

压力/kPa		0	50	100	200	300
孔隙比	黏土	0.651	0.625	0.608	0.587	0.570
	粉质黏土	0.978	0.889	0.855	0.809	0.773

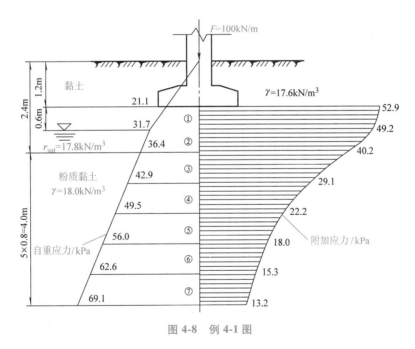

图 4-8 例 4-1 图

解:(1)地基分层。考虑分层厚度不超过 $0.4b = 0.8\text{m}$ 以及地下水位,基底以下厚 1.2m 的黏土层分成两层,层厚均为 0.6m,其下的粉质黏土层分层厚度均为 0.8m。

(2)计算自重应力。计算分层处的自重应力,地下水位以下取有效重度进行计算。计算各分层上下界面处自重应力的平均值,作为该分层受压前所受侧限竖向应力 p_{1i},各分层点的自重应力值及各分层的自重应力平均值如图 4-8 所示及见表 4-3。

(3)计算附加应力。计算基底附加应力时,计算各分层上下界面处自重应力的平均值,

作为该分层受压前所受侧限竖向应力 p_{1i}，各分层点的附加应力值及各分层的附加应力平均值如图 4-8 所示及见表 4-3。

（4）由 13.2/69.1 = 0.19（19%）<20% 可知，计算深度 5.2m 符合精度要求。

（5）计算各分层土的压缩量 Δs_i，根据各分层土的竖向压缩量 Δs_i 计算基础的平均沉降量 s，即

$$s = \sum_{i=1}^{n} \Delta s_i = (7.7 + 6.6 + 11.8 + 9.3 + 5.5 + 4.7 + 3.8)\text{mm} = 49.4\text{mm}$$

表 4-3　分层总和法计算地基最终沉降量

深度 z_i/ m	自重应力 σ_{cz}/ kPa	附加应力系数 K	附加应力 σ_z/ kPa	层号	层厚 H_0/ m	自重应力平均值/ kPa $p_{1i} = \dfrac{\sigma_{cz(i-1)} + \sigma_{czi}}{2}$	附加应力平均值/ kPa $\Delta p_i = \dfrac{\sigma_{z(i-1)} + \sigma_{zi}}{2}$	总应力平均值	受压前孔隙比 e_{1i}	受压后孔隙比 e_{2i}	分层压缩量/ mm $\Delta s_i = \dfrac{e_{1i} - e_{2i}}{1 + e_{1i}} H_i$
0	21.1	1.0	52.9	—	—	—	—	—	—	—	—
0.6	31.7	0.93	49.2	①	0.6	26.4	51.1	77.5	0.637	0.616	7.7
1.2	36.4	0.76	40.2	②	0.6	34.1	44.7	78.8	0.633	0.615	6.6
2.0	42.9	0.55	29.1	③	0.8	39.7	34.7	74.4	0.901	0.873	11.8
2.8	49.5	0.42	22.2	④	0.8	46.2	25.7	71.9	0.896	0.874	9.3
3.6	56.0	0.34	18.0	⑤	0.8	52.8	20.1	72.9	0.887	0.874	5.5
4.4	62.6	0.29	15.3	⑥	0.8	59.3	16.7	76.0	0.883	0.872	4.7
5.2	69.1	0.25	13.2	⑦	0.8	65.9	14.3	80.2	0.878	0.869	3.8

三、应力面积法计算沉降量

应力面积法是《建筑地基基础设计规范》（GB 50007—2011）、《公路桥涵地基与基础设计规范》（JTG 3363—2019）所推荐的地基沉降计算方法，是一种简化了的分层总和法。这种方法按天然土层来分层，并且引入平均附加应力系数；压缩层深度范围采用相对变形作为控制标准；引入附加应力面积概念，采用分层总和法公式计算；计算结果用经验系数予以调整。上述两个规范计算方法一样，只是平均附加应力系数选取方法不一样，前者是角点法，后者是中点法。

1. 计算原理

平均附加应力系数的概念：从基底中心点至第 i 层土底面（垂直距离为 z_i）段的附加应力曲线所围成的面积（图 4-9 中的面积 1265），可以看作是平均附加应力 $\overline{\alpha}_i p_0$ 乘以距离 z_i，即 $\overline{\alpha}_i$ 就是深度 z_i 范围内的平均附加应力系数。同理，z_{i-1} 深度范围的附加应力曲线所围成的面积（图 4-9 中的面积 1243）为 $p_0 \overline{\alpha}_{i-1} \cdot z_{i-1}$。则第 i 层土的附加应力面积（图 4-9 中阴影面积 3465）就是 $p_0(z_i \overline{\alpha}_i - z_{i-1} \overline{\alpha}_{i-1})$，由式（4-19）可得地基沉降量：

$$s_0 = \sum_{i=1}^{n} \frac{p_0}{E_{si}}(z_i \overline{\alpha}_i - z_{i-1} \overline{\alpha}_{i-1}) \tag{4-19}$$

2. 沉降计算经验系数

为使地基沉降量的计算值与实测沉降值相符合，将 s_0 修正得到地基最终沉降量，可按

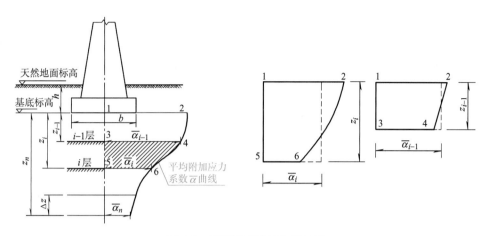

图 4-9　基础沉降计算分层示意

式（4-20）计算：

$$s = \psi_s s_0 = \psi_s \sum_{i=1}^{n} \frac{p_0}{E_{si}} (z_i \overline{\alpha}_i - z_{i-1} \overline{\alpha}_{i-1}) \tag{4-20}$$

式中　s——地基最终沉降量（mm）；

　　　s_0——按分层总和法计算出的地基沉降量（mm）；

　　　ψ_s——沉降计算经验系数，根据地区沉降观测资料及经验确定，无地区经验时可采用
　　　　　表 4-4 的数值；

　　　n——地基变形计算深度范围内所划分的土层数；

　　　p_0——对应于荷载长期效应组合时基础底面处的附加应力（kPa）；

　　　E_{si}——基础底面下第 i 层土的压缩模量（MPa），应取土的自重压力至土的自重压力与
　　　　　附加压力之和的压力段计算；

　　z_i、z_{i-1}——基础底面至第 i 层土、第 $i-1$ 层土底面的距离（m）；

　$\overline{\alpha}_i$、$\overline{\alpha}_{i-1}$——基础底面计算点至第 i 层土、第 $i-1$ 层土底面范围内的平均附加应力系数，《公
　　　　　路桥涵地基与基础设计规范》（JTG 3363—2019）中矩形基础均布荷载作用下中
　　　　　点的平均附加应力系数可按表 4-5 查用，条形基础可按 $l/b \geqslant 10$ 查用；《建筑地
　　　　　基基础设计规范》（GB 50007—2011）给出了矩形基础均布荷载作用下角点的
　　　　　平均附加应力系数表。

表 4-4　沉降计算经验系数 ψ_s 值

基底附加应力	$\overline{E}_s$/MPa				
	2.5	4.0	7.0	15.0	20.0
$p_0 \geqslant f_{ak}$	1.4	1.3	1.0	0.4	0.2
$p_0 \leqslant 0.75 f_{ak}$	1.1	1.0	0.7	0.4	0.2

注：1. f_{ak} 为地基承载力允许值。

　　2. 表中 $\overline{E}_s = \dfrac{\sum A_i}{\sum \dfrac{A_i}{E_{si}}}$，为变形计算深度范围内压缩模量的当量值；$A_i$ 为第 i 层土平均附加应力系数沿土层厚度的积

　　　分值，按 $A_i = p_0 (z_i \overline{\alpha}_i - z_{i-1} \overline{\alpha}_{i-1})$ 计算。

表 4-5 矩形基础均布荷载作用下中点的平均附加应力系数

z/b	l/b												
	1.0	1.2	1.4	1.6	1.8	2.0	2.4	2.8	3.2	3.6	4.0	5.0	≥10.0
0.0	1.000	1.000	1.000	1.000	1.000	1.000	1.000	1.000	1.000	1.000	1.000	1.000	1.000
0.1	0.997	0.998	0.998	0.998	0.998	0.998	0.998	0.998	0.998	0.998	0.998	0.998	0.998
0.2	0.987	0.990	0.991	0.992	0.992	0.992	0.993	0.993	0.993	0.993	0.993	0.993	0.993
0.3	0.967	0.973	0.976	0.978	0.979	0.979	0.980	0.980	0.981	0.981	0.981	0.981	0.981
0.4	0.936	0.947	0.953	0.956	0.958	0.965	0.961	0.962	0.962	0.963	0.963	0.963	0.963
0.5	0.900	0.915	0.924	0.929	0.933	0.935	0.937	0.939	0.939	0.940	0.940	0.940	0.940
0.6	0.858	0.878	0.890	0.898	0.903	0.906	0.910	0.912	0.913	0.914	0.914	0.915	0.915
0.7	0.816	0.840	0.855	0.865	0.871	0.876	0.881	0.884	0.885	0.886	0.887	0.887	0.888
0.8	0.775	0.801	0.819	0.831	0.839	0.844	0.851	0.855	0.857	0.858	0.859	0.860	0.860
0.9	0.735	0.764	0.784	0.797	0.806	0.813	0.821	0.826	0.829	0.830	0.831	0.830	0.836
1.0	0.698	0.728	0.749	0.764	0.775	0.783	0.792	0.798	0.801	0.803	0.804	0.806	0.807
1.1	0.663	0.694	0.717	0.733	0.744	0.753	0.764	0.771	0.775	0.777	0.779	0.780	0.782
1.2	0.631	0.663	0.686	0.703	0.715	0.725	0.737	0.744	0.749	0.752	0.754	0.756	0.758
1.3	0.601	0.633	0.657	0.674	0.688	0.698	0.711	0.719	0.725	0.728	0.730	0.733	0.735
1.4	0.573	0.605	0.629	0.648	0.661	0.672	0.687	0.496	0.701	0.705	0.708	0.711	0.714
1.5	0.548	0.580	0.604	0.622	0.637	0.648	0.664	0.673	0.697	0.683	0.486	0.690	0.693
1.6	0.524	0.556	0.580	0.599	0.613	0.625	0.641	0.651	0.658	0.663	0.666	0.670	0.675
1.7	0.502	0.533	0.558	0.577	0.591	0.603	0.620	0.631	0.638	0.643	0.646	0.651	0.656
1.8	0.482	0.513	0.537	0.556	0.571	0.588	0.600	0.611	0.619	0.624	0.629	0.633	0.638
1.9	0.463	0.493	0.517	0.536	0.551	0.563	0.581	0.593	0.601	0.606	0.610	0.616	0.622
2.0	0.446	0.475	0.499	0.518	0.533	0.545	0.563	0.575	0.584	0.590	0.594	0.600	0.606
2.1	0.429	0.459	0.482	0.500	0.515	0.528	0.546	0.559	0.567	0.574	0.578	0.585	0.591
2.2	0.414	0.443	0.466	0.484	0.499	0.511	0.530	0.543	0.552	0.558	0.563	0.570	0.577
2.3	0.400	0.428	0.451	0.469	0.484	0.496	0.515	0.528	0.537	0.544	0.548	0.554	0.564
2.4	0.387	0.414	0.436	0.454	0.469	0.481	0.500	0.513	0.523	0.530	0.535	0.543	0.551
2.5	0.374	0.401	0.423	0.441	0.455	0.468	0.486	0.500	0.509	0.516	0.522	0.530	0.539
2.6	0.362	0.389	0.410	0.428	0.442	0.473	0.473	0.487	0.496	0.504	0.509	0.518	0.528
2.7	0.351	0.377	0.398	0.416	0.430	0.461	0.461	0.474	0.484	0.492	0.497	0.506	0.517
2.8	0.341	0.366	0.387	0.404	0.418	0.449	0.449	0.463	3.472	0.480	0.486	0.495	0.506
2.9	0.331	0.356	0.377	0.393	0.407	0.438	0.438	0.451	0.461	0.469	0.475	0.485	0.496
3.0	0.322	0.346	0.366	0.383	0.397	0.409	0.429	0.441	0.451	0.459	0.465	0.474	0.487
3.1	0.313	0.337	0.357	0.373	0.387	0.398	0.417	0.430	0.440	0.448	0.454	0.464	0.477
3.2	0.305	0.328	0.348	0.364	0.377	0.389	0.407	0.420	0.431	0.439	0.445	0.455	0.468
3.3	0.297	0.320	0.339	0.355	0.368	0.379	0.397	0.411	0.421	0.429	0.436	0.446	0.460
3.4	0.289	0.312	0.331	0.346	0.359	0.371	0.388	0.402	0.412	0.420	0.427	0.437	0.452
3.5	0.282	0.304	0.323	0.338	0.351	0.362	0.380	0.393	0.403	0.412	0.418	0.429	0.444
3.6	0.276	0.297	0.315	0.330	0.343	0.354	0.372	0.385	0.395	0.403	0.410	0.421	0.436
3.7	0.269	0.290	0.308	0.323	0.335	0.346	0.364	0.377	0.387	0.395	0.402	0.413	0.429

（续）

z/b	l/b												
	1.0	1.2	1.4	1.6	1.8	2.0	2.4	2.8	3.2	3.6	4.0	5.0	≥10.0
3.8	0.263	0.284	0.301	0.316	0.328	0.339	0.356	0.369	0.379	0.388	0.394	0.405	0.422
3.9	0.257	0.277	0.294	0.309	0.321	0.332	0.349	0.362	0.372	0.380	0.387	0.398	0.415
4.0	0.251	0.271	0.288	0.302	0.311	0.325	0.342	0.355	0.365	0.373	0.379	0.391	0.408
4.1	0.246	0.265	0.282	0.296	0.308	0.318	0.335	0.348	0.358	0.366	0.372	0.384	0.402
4.2	0.241	0.260	0.276	0.290	0.302	0.312	0.328	0.341	0.352	0.359	0.366	0.377	0.396
4.3	0.236	0.255	0.270	0.284	0.296	0.306	0.322	0.335	0.345	0.353	0.359	0.371	0.390
4.4	0.231	0.250	0.265	0.278	0.290	0.300	0.316	0.329	0.339	0.347	0.353	0.365	0.384
4.5	0.226	0.245	0.260	0.273	0.285	0.294	0.310	0.323	0.333	0.341	0.347	0.359	0.378
4.6	0.222	0.240	0.255	0.268	0.279	0.289	0.305	0.317	0.327	0.335	0.341	0.353	0.373
4.7	0.218	0.235	0.250	0.263	0.274	0.284	0.299	0.312	0.321	0.329	0.336	0.347	0.367
4.8	0.214	0.231	0.245	0.258	0.269	0.279	0.294	0.306	0.316	0.324	0.330	0.342	0.362
4.9	0.210	0.227	0.241	0.253	0.265	0.274	0.289	0.301	0.311	0.319	0.325	0.337	0.357
5.0	0.206	0.223	0.237	0.249	0.260	0.269	0.284	0.296	0.306	0.313	0.320	0.332	0.352

3. 地基沉降计算深度 z_n

1）地基沉降计算深度 z_n 可通过试算确定，并应满足下列要求：

$$\Delta s_n \leq 0.025 \sum_{i=1}^{n} \Delta s_i \qquad (4-21)$$

式中　Δs_i——在计算深度 z_n 范围内，第 i 层土的计算沉降值（mm）；

　　　Δs_n——在计算深度 z_n 处向上取厚度为 Δz 土层的计算沉降值（mm），Δz 如图 4-9 所示并按表 4-6 确定；按上式计算确定的 z_n 下仍有软弱土层时，在相同压力条件下变形会增大，故还应继续往下计算，直至软弱土层中所取规定厚度 Δz 的计算沉降量满足上式要求为止。

表 4-6　计算厚度 Δz 值

基础宽度 b/m	$b \leq 2$	$2 < b \leq 4$	$4 < b \leq 8$	$b > 8$
Δz/m	0.3	0.6	0.8	1.0

2）当无相邻荷载影响，基础宽度在 1~30m 范围内时，基础中点的地基沉降计算深度 z_n 也可按照下列公式计算：

$$z_n = b(2.5 - 0.4\ln b) \qquad (4-22)$$

式中　b——基础宽度（m），$\ln b$ 为 b 的自然对数。

3）当沉降计算深度范围内存在基岩时，z_n 可取至基岩表面；当存在较厚的坚硬黏土层，其孔隙比小于 0.5、压缩模量大于 50MPa，或存在较厚的密实砂卵石层，其压缩模量大于 80MPa 时，z_n 可取至该土层表面。

【例 4-2】　某基础底面尺寸 $b \times l = 2.5\text{m} \times 2.5\text{m}$，基础及上覆土自重 $G = 250\text{kN}$，地面处作用轴向力准永久组合值 $F = 1250\text{kN}$，其他数据如图 4-10 所示，试用应力面积法求基础中心

处的最终沉降量。

解：1. 求基底附加压力 p_0

基础和上覆土自重 $G = 250\text{kN}$，则有

基底压力

$$p = \frac{F+G}{A} = \frac{1250+250}{2.5 \times 2.5}\text{kPa} = 240\text{kPa}$$

附加压力

$$p_0 = 240\text{kPa} - 19.5 \times 2\text{kPa} = 201\text{kPa}$$

2. 估计沉降计算深度 z_n

由式（4-22）得

$$z_n = b(2.5 - 0.4\ln b) = 2.5 \times (2.5 - 0.4\ln 2.5)\text{m}$$
$$= 5.33\text{m}$$

值得注意的是第 3 层土的 E_s 值变小，应复核深度 z_n 是否满足，表 4-6 中 $\Delta z = 0.6\text{m}$，所以取最小的计算深度 $z_n = 7.6\text{m}$。

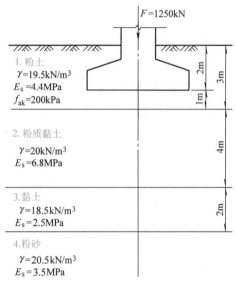

1. 粉土
$\gamma = 19.5\text{kN/m}^3$
$E_s = 4.4\text{MPa}$
$f_{ak} = 200\text{kPa}$

2. 粉质黏土
$\gamma = 20\text{kN/m}^3$
$E_s = 6.8\text{MPa}$

3. 黏土
$\gamma = 18.5\text{kN/m}^3$
$E_s = 2.5\text{MPa}$

4. 粉砂
$\gamma = 20.5\text{kN/m}^3$
$E_s = 3.5\text{MPa}$

图 4-10 例 4-2 图

3. 计算地基沉降量

由表 4-5 查矩形基础均布荷载作用下中点的平均附加应力系数 $\bar{a}_i$，见表 4-7。

4. 复核计算深度 z_n

$$z_n = 7.0 \sim 7.6\text{m}, \quad \Delta z = 0.6\text{m}, \quad \Delta s_n = 0.18\text{cm}$$

$$0.025 \sum_{i=1}^{4} \Delta s_i = (0.025 \times 9.55)\text{cm} = 0.24\text{cm} > 0.18\text{cm}, \quad 已符合要求。$$

5. 确定最终沉降值

$$\bar{E}_s = \frac{\sum (\bar{a}_i z_i - \bar{a}_{i-1} z_{i-1})}{\sum \left(\dfrac{\bar{a}_i z_i - \bar{a}_{i-1} z_{i-1}}{E_i}\right)} = \frac{2.417}{0.475}\text{MPa} = 5.09\text{MPa}$$

查表 4-4，$p_0 \geq f_{ak}$，根据 $\bar{E}_s$ 内插得 $\psi_s = 1 + \dfrac{(7-5.09)}{7-4} \times (1.3 - 1.0) = 1.19$，代入式（4-20）

得 $s = \psi_s s_0 = 1.19 \times 95.5\text{mm} = 113.6\text{mm}$。

表 4-7　基础最终沉降量计算

z/m	l/b	z/b	$\bar{a}_i$	$\bar{a}_i z_i$	$(\bar{a}_i z_i - \bar{a}_{i-1} z_{i-1})/$ m	$E_{si}/$ kPa	$\left[\dfrac{1}{E_{si}}(\bar{a}_i z_i - \bar{a}_{i-1} z_{i-1})\right]/$ (mm/kPa)	$\left[\Delta s_i = \dfrac{p_0}{E_{si}}(\bar{a}_i z_i - \bar{a}_{i-1} z_{i-1})\right]/$ mm
0	1	0	1.000	0	0	—	—	—
1.0	1	0.4	0.936	0.936	0.936	4400	0.213	42.8
5.0	1	2.0	0.446	2.230	1.294	6800	0.190	38.2
7.0	1	2.8	0.341	2.387	0.157	2500	0.063	12.7
7.6	1	3.04	0.318	2.417	0.030	3500	0.009	1.8
Σ	—	—	—	—	2.417	—	0.475	95.5

四、用 e-$\lg p$ 曲线计算沉降量简介

用 e-$\lg p$ 曲线计算沉降量，可考虑应力历史对地基沉降的影响。计算时根据特定的方法，首先在 e-$\lg p$ 曲线上确定地基土的先期固结压力，并与现有土层的自重应力相比较，以确定土体的应力历史状态（正常固结土、超固结土、欠固结土），进而更准确地计算出地基最终沉降量。

★ 单元 3　饱和黏性土地基的单向渗透固结理论

前面介绍的地基沉降计算指的是地基的最终沉降量计算，即在地基中的附加应力作用下，地基压缩层中的孔隙发生压缩达到稳定后的沉降量。工程中，有时需要预计建筑物在施工期间和使用期间的地基沉降量。通常，压缩性小的碎石土和砂土、低压缩性黏土地基的沉降在施工期间已全部或基本完成；而中、高压缩性黏土，由于土粒很细，孔隙更细，孔隙中的水通过弯弯曲曲的细小孔隙中排出需要经历相当长的时间。所以，下面只讨论饱和黏性土的渗透固结。

一、饱和黏性土地基的单向渗透固结理论

1. 饱和黏性土渗流固结过程

土体的压缩随时间变化的过程称为土的固结。饱和土体受荷产生压缩固结是土体孔隙中自由水逐渐排出、土体孔隙体积逐渐减小和孔隙水压力逐渐转移成为有效应力三者同时进行的一个过程。时间的长短取决于土层排水的距离、土粒粒径与孔隙的大小、土层渗透系数、荷载大小和压缩系数高低等因素。

饱和黏性土渗流固结过程：饱和土受到荷载作用的瞬间，土中的压应力全部由孔隙中的水来承担，这时产生于孔隙水中的应力称为超静水压力。荷载作用一段时间后，孔隙水由于渗透而逐渐排出，超静水压力逐渐变小，土颗粒骨架开始承受压力。作用于土颗粒骨架上的应力称为有效应力。由静力平衡条件可知，土的有效应力 σ' 与超静水压力 u 之和应等于由荷载作用产生的附加应力 σ_z，即 $\sigma_z = \sigma' + u$。

由以上分析可知，饱和黏性土渗流固结过程中，在加荷瞬间 $t=0$ 时，$\sigma_z = u$，$\sigma' = 0$；当 t 增加到一定程度后，$u=0$ 而 $\sigma_z = \sigma'$，表明超静水压力消散，土的固结已经完成。

2. 单向固结微分方程的建立及其解答

单向固结是指土中的固体颗粒位移和孔隙水的渗流只沿竖直方向发生，土的水平方向无渗流、无位移。相当于荷载分布的面积很广阔的靠近地表的薄层黏性土的渗透固结情况。因为这一理论计算十分简便，目前建筑工程中应用很广。

如图 4-11 所示，厚度为 H 的饱和黏性土层的顶面为透水层，而底面是不透水层。作用于土层顶面的竖直荷载无限广阔分布，假设该土层在自重应力作用下的固结已经完成，只是由于透水面上一次施加的均布荷载引起了土层新的固结。在任意深度 z 处，取一微单元体进行分析。由一维固结理论的基本假设可知：

1）土中水渗流规律在附加应力作用下符合达西定律。

2）土的变形规律在附加应力作用下符合室内完全侧限条件的压缩规律。

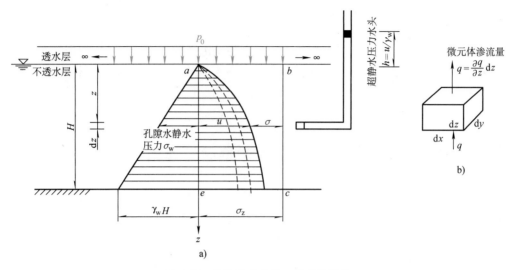

图 4-11　饱和黏性土的一维渗流固结

a) 一维渗流固结土层　b) 微单元体

3）单位时间内，单元体内挤出的水量等于单元体孔隙体积的压缩量。

$$\frac{\partial u}{\partial t} = \left(\frac{k}{\gamma_w} \cdot \frac{1+e}{a} \right) \frac{\partial^2 u}{\partial z^2} = C_v \frac{\partial^2 u}{\partial z^2}$$

即
$$\frac{\partial u}{\partial t} = C_v \frac{\partial^2 u}{\partial z^2} \tag{4-23}$$

应用傅里叶级数，可求得公式的解如下

$$u = \frac{4\sigma}{\pi} \sum_{m=1}^{\infty} \frac{1}{m} \sin \frac{m\pi z}{2H} e^{-m^2 \frac{\pi^2}{4} T_v} \tag{4-24}$$

式中　m——奇数正整数，即 1，3，5，…；

e——自然对数的底；

σ——附加应力，不随深度变化；

H——土层最大排水距离，如为双面排水，H 为土层厚度的一半；如为单面排水，H 为土层厚度；

T_v——时间因数，$T_v = \dfrac{C_v}{H^2} t = \dfrac{k(1+e)t}{a\gamma_w H^2}$；

C_v——固结系数，$C_v = \dfrac{k(1+e)}{a\gamma_w}$，其中 k、a、e 分别为渗透系数、压缩系数和孔隙比。

二、用 U_t-T_v 曲线进行地基沉降与时间关系计算

1. 固结度的概念

地基在荷载作用下，经历时间 t 的沉降量 s_t 与最终沉降量 s 的比值 U_t，称为固结度，表示地基经历时间 t 所完成的固结程度。

土的固结度能够反映土颗粒承受的有效应力 σ' 的变化过程，在任一时刻，有效应力 σ'

与荷载作用产生的附加应力 σ_z 的比值，可反映土体的固结程度。因地基中各点的应力不等，各点的固结度也不同，即

$$U_t = \frac{s_t}{s} = 1 - \frac{\text{孔隙水压力图形面积}}{\text{总应力（起始孔隙水压力）图形面积}} \tag{4-25}$$

2. 不同情况的固结度计算

1）当地基单面排水时，固结度与时间因数 T_v 和系数 α 有关，既可以用式（4-26）计算相应的固结度，也可以由表 4-8 查固结度 U_t 与时间因数 T_v 的关系经计算得到。

$$U_t = 1 - \frac{\left(\frac{\pi}{2}\alpha - \alpha + 1\right)}{1+\alpha} \cdot \frac{32}{\pi^3} \cdot e^{-\frac{\pi^2}{4}T_v} \tag{4-26}$$

式中　α——附加应力比例系数，$\alpha = \sigma_{z1}/\sigma_{z2}$；

σ_{z1}、σ_{z2}——排水层和不透水层处的附加应力值。

2）双面排水时，地基中的附加应力的各种情况既可用平均孔隙水压力 u_m 和平均附加应力 σ_m 按式（4-27）来计算地基固结度 U_t，也可以按"情况 0"（$\alpha = 1$）查表 4-8 计算。

$$U_t = 1 - \frac{8}{\pi^2}e^{-\frac{\pi^2}{4}T_v} \tag{4-27}$$

表 4-8　单面排水，不同 α 条件下的 U_t-T_v 关系

对应情况	α	固结度 U_t										
		0.0	0.1	0.2	0.3	0.4	0.5	0.6	0.7	0.8	0.9	1.0
1	0.0	0.0	0.049	0.100	0.154	0.217	0.290	0.380	0.500	0.660	0.950	∞
3	0.2	0.0	0.027	0.073	0.126	0.186	0.26	0.35	0.46	0.63	0.92	∞
	0.4	0.0	0.016	0.056	0.106	0.164	0.24	0.33	0.44	0.60	0.90	∞
	0.6	0.0	0.012	0.042	0.092	0.148	0.22	0.31	0.42	0.58	0.88	∞
	0.8	0.0	0.010	0.036	0.079	0.134	0.20	0.29	0.41	0.57	0.86	∞
0	1.0	0.0	0.008	0.031	0.071	0.126	0.20	0.29	0.40	0.57	0.85	∞
4	1.5	0.0	0.008	0.024	0.058	0.107	0.17	0.26	0.38	0.54	0.83	∞
	2.0	0.0	0.006	0.019	0.050	0.095	0.16	0.24	0.36	0.52	0.81	∞
	3.0	0.0	0.005	0.016	0.041	0.082	0.14	0.22	0.34	0.50	0.79	∞
	4.0	0.0	0.004	0.014	0.040	0.080	0.13	0.21	0.33	0.49	0.78	∞
	5.0	0.0	0.004	0.013	0.034	0.069	0.12	0.20	0.32	0.48	0.77	∞
	7.0	0.0	0.003	0.012	0.030	0.065	0.12	0.19	0.31	0.47	0.76	∞
	10.0	0.0	0.003	0.011	0.028	0.060	0.11	0.18	0.30	0.46	0.75	∞
	20.0	0.0	0.003	0.010	0.026	0.060	0.11	0.17	0.29	0.45	0.74	∞
2	∞	0.0	0.002	0.009	0.024	0.048	0.09	0.16	0.23	0.44	0.73	∞

注：随着 α 取值不同，工程实际中对应以下几种情况：

1. 情况 0：$\alpha = 1$，薄压缩层地基。

2. 情况 1：$\alpha = 0$，土层在自重应力作用下的固结。

3. 情况 2：$\alpha = \infty$，基础底面积较小，传至压缩层底面的附加应力接近零。

4. 情况 3：$\alpha < 1$，在自重应力作用下尚未固结的土层上作用有基础传来的荷载。

5. 情况 4：$\alpha > 1$，基础底面面积较小，传至压缩层底面的附加应力不接近零。

【例4-3】　如图4-12所示，在厚10m的饱和黏土层表面瞬时大面积均匀堆载 $p_0 = 150\text{kPa}$，若干年后用测压管分别测得土层中 A、B、C、D、E 五点的孔隙水压力分别为 51.6kPa、94.2kPa、133.8kPa、170.4kPa、198.0kPa，已知土层的压缩模量 $E_s = 5.5\text{MPa}$，渗透系数 $k = 5.14 \times 10^{-8}\text{cm/s}$。

（1）试估算此时黏土层的固结度，并计算此黏土层已固结了几年。

（2）再经过5年，该黏土层的固结度将达到多少？黏土层5年间产生了多大的压缩量？

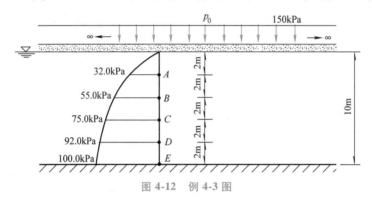

图4-12　例4-3图

解：（1）用测压管测得的孔隙水压力值包括静止孔隙水压力和超孔隙水压力，扣除静止孔隙水压力（计算过程略）后，A、B、C、D、E 五点的超孔隙水压力分别为32.0kPa、55.0kPa、75.0kPa、92.0kPa、100.0kPa，此时，超孔隙水压力图的面积近似为608kPa·m，最终有效附加应力图的面积为 $150 \times 10\text{kPa·m} = 1500\text{kPa·m}$，则此时固结度 $U_t = 1 - 608/1500 = 59.5\%$，$\alpha = 1$，查表4-8得 $T_v = 0.29$。黏性土的竖向固结系数 $C_v = \dfrac{k(1+e)}{a\gamma_w} = \dfrac{kE_s}{\gamma_w} = $

$\dfrac{5.14 \times 10^{-8} \times 550}{0.0098}\text{cm}^2/\text{s} = 2.88 \times 10^{-3}\text{cm}^2/\text{s} = 0.9 \times 10^5\text{cm}^2/\text{a}$。由于是单面排水，则竖向固结时间因数 $T_v = \dfrac{C_v t}{H^2} = \dfrac{0.9 \times 10^5 \times t}{1000^2} = 0.29$，得 $t = 3.22$ 年，即此黏性土已固结了3.22年。

（2）再经过5年，则竖向固结时间因数为

$$T_v = \frac{C_v t}{H^2} = \frac{0.9 \times 10^5 \times (3.22 + 5)}{1000^2} = 0.74$$

查表4-8得 $U_t = 0.861$，即该黏土层的固结度达到86.1%，黏土层的最终压缩量为 $\dfrac{p_0 H}{E_s} = $

$\dfrac{150 \times 1000}{5500}\text{cm} = 27.3\text{cm}$，因此黏土层5年间产生了 $(86.1 - 59.5)\% \times 27.3\text{cm} = 7.26\text{cm}$ 的压缩量。

三、渗透固结理论在地基处理中的应用

由 $T_v = \dfrac{C_v t}{H^2}$ 知，当附加应力分布与排水条件都相同时，达到同一固结度所需时间之比等

于两土层最远排水距离的平方之比。相同的土层和附加应力分布条件下，如果将单面排水改为双面排水，则土的最远排水距离缩小一半，这时要达到相同的固结度，所需历时就减少为原来的 1/4。工程实践中常用该原理进行软土地基处理。

素质拓展——京沪高铁地基变形控制技术

高速铁路一般采用无砟轨道，高速行驶的列车对地基有很高的要求，路基在整个铁路系统中是薄弱环节，很容易让轨道发生变形。因此，高铁在进行路基设计时，控制路基变形是设计的重点和难点。京沪高铁设计时速 350km，全长 1318km，建设者们针对路基地段地质条件复杂、沉降控制标准高、线状柔性荷载的特点，提出了刚性桩加固地基和沉降控制设计方法；研发应用了埋入式 U 形结构基础、桩板基础、桩网基础、桩筏基础、载体桩基础等多种基础结构，破解了多种环境条件下深厚软弱土地区无砟轨道路基工后沉降及动力稳定性技术难题；提出了通过调整桩型和设计参数来控制变形的调平设计方法，破解了铁路大型站场路基沉降协调控制技术难题……随着问题的逐一解决，形成了我国的时速 350km 高速铁路建造技术标准体系，实现了高平顺、高稳定性的目标要求。为建设一流精品工程，我国工程技术人员确立了质量控制"零容忍"、质量保证"零缺陷"的标准化管理目标，大到 900t 级的混凝土箱梁浇筑，小到一块地砖的打磨、一根钢筋的绑扎，全部施工严格执行作业指导书，按照"试验先行、样板引路、首件认可"的工序流程，把现场管理控制和质量标准规范转化为建设者的自觉行动，确保京沪高铁工程质量经得起历史的检验。

面对我国工程技术人员已经取得的成就，我们应积极学习他们的奋斗精神，认真体会他们的情操理想，自信自强。无论我们在哪一个领域工作，只要潜心钻研，付出汗水，就可以获得很高的成就。

思　考　题

4-1　什么是土的压缩性？引起土的压缩性的原因是什么？

4-2　压缩系数 a 和压缩指数 C_c 的物理意义是什么？如何确定？工程上为何用 a_{1-2} 进行土层压缩性能的划分？

4-3　计算地基沉降的分层总和法与应力面积法有何异同（试从基本假定，分层厚度，采用的指标、修正系数等方面加以比较）？

4-4　地下水位升降对建筑物沉降有何影响？

4-5　什么叫正常固结土、超固结土和欠固结土？土的应力历史对土的压缩性有何影响？

4-6　在饱和土一维固结过程中，土的有效应力和孔隙水压力是如何变化的？

4-7　不同的无限均布荷载骤然作用于某一黏土层，要达到同一固结度，所需的时间有无区别？

习　　题

4-1　某钻孔土样的压缩试验及记录见表 4-9，试绘制压缩曲线，计算各土层的 a_{1-2} 及相应的压缩模量 E_s，并评定各土层的压缩性。

4-2　某工程桥台基础底面尺寸 $b \times l = 10.0\text{m} \times 10.0\text{m}$，基础埋深 6.0m，地下水位深 2.0m，基础地面处中心荷载 $F = 8000\text{kN}$，基础自重 $G = 3600\text{kN}$，其他条件如图 4-13 所示，估算此基础的沉降量。

表 4-9 土样的压缩记录

压力/kPa		0	50	100	200	300	400
孔隙比	1#土样	0.982	0.964	0.952	0.936	0.924	0.919
	2#土样	1.190	1.065	0.995	0.905	0.850	0.810

4-3 某基础底面尺寸 $b \times l = 4.0m \times 4.0m$，基础埋深 $d = 1.0m$，上部结构传至基础顶面的荷载为 $N = 1440kN$。地基为粉质黏土，土的天然重度 $\gamma = 16.0kN/m^3$，土的饱和重度 $\gamma_{sat} = 18.2kN/m^3$，土的天然孔隙比 $e = 0.97$，地下水位深 3.4m。土的压缩系数：地下水位以上 $a_1 = 0.30MPa^{-1}$，地下水位以下 $a_2 = 0.25MPa^{-1}$。计算基础中点的沉降量。

4-4 某基础底面尺寸 $b \times l = 2.5m \times 2.5m$，基础及上覆土自重 $G = 250kN$，轴向力准永久组合值 $F = 1250kN$，其他数据如图 4-14 所示，试用应力面积法求基础中心处的最终沉降量。

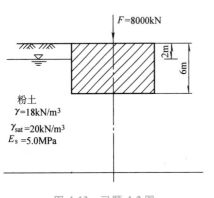

图 4-13 习题 4-2 图

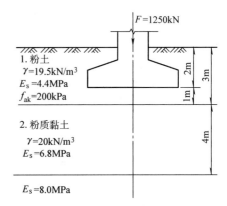

图 4-14 习题 4-4 图

4-5 设厚度为 10m 的黏土层的边界条件如图 4-15 所示，上下层面处均为排水砂层，地面上作用着无限均布荷载 $p = 196.2kPa$，已知黏土层的孔隙比 $e = 0.9$，渗透系数 $k = 6.3 \times 10^{-8}cm/s$，压缩系数 $a = 0.025 \times 10^{-2}/kPa^{-1}$。试求（1）荷载加上一年后，地基沉降量是多少？（2）加荷后历时多久，黏土层的固结度达到 90%？

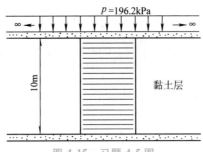

图 4-15 习题 4-5 图

4-6 土层条件及土性指标同习题 4-5，但黏土层底面是不透水层。试问：加荷 1 年后地基的沉降量是多少？地基固结度达到 90%时需要多少时间？并将计算结果与习题 4-5 作比较。

学习情境 5
土的抗剪强度与土坡稳定分析

学习目标与要求

1）掌握土的抗剪强度的规律。

2）掌握莫尔-库仑准则，土中一点的极限平衡条件及其应力状态的判定。了解土中一点的应力状态。

3）掌握直接剪切试验、三轴压缩试验的原理和直接剪切试验的方法。理解三轴压缩试验的三种方法。了解十字板剪切试验和无侧限抗压强度试验的试验方法。

4）掌握总应力强度指标和有效应力强度指标的概念。理解砂土液化的条件和防治措施。了解剪切试验结果的表达方式及强度指标的选用。

5）能独立完成直接剪切试验。会通过直接剪切试验获取土的强度指标。

学习重点与难点

本学习情境重点是库仑定律及其表达，土中一点的极限平衡条件，测定抗剪强度指标的试验方法，强度指标的有效应力表达和总应力表达。难点是极限平衡条件的应用，抗剪强度指标的选用，黏性土坡稳定分析的条分法，尤其是有渗流作用的情况。

单元 1　土的强度理论

土体的强度

一、土的强度概念

如图 5-1 所示，由于土体失稳，路堤出现滑坡、路堑边坡发生坍塌及挡土墙产生倾覆和滑动；而地基的失稳，则可导致建筑物倾倒和破坏。土体失稳的主要原因是土体某受剪面上的强度不够所造成的滑动。土的强度问题，实质上就是抗剪强度问题，即土体抵抗剪切破坏的极限能力，土体强度等于滑裂面上的最大剪应力值。

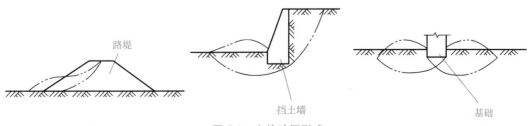

路堤　　挡土墙　　基础

图 5-1　土的破坏形式

二、库仑定律及土体强度的构成

抗剪强度的确定方法分为室内试验与现场测定两种类型。直接剪切试验是最基本的室内试验，其试验方法按加荷方式分为应变式和应力式两类，前者是以等速推动剪切盒使土样受剪破坏，后者则是分级对剪切盒施加水平推力使土样受剪破坏。我国目前普遍应用的是应变式直剪仪，如图 5-2 所示，剪切盒分上、下两部分，试验时先用插销将上、下剪切盒固定起来，用环刀切取原状土样（土样水平截面面积为 A）后，把土样推入剪切盒内，通过传压活塞向土样施加竖向压力 F，此时土样受剪面上承受平均压应力 $\sigma = F/A$。然后，拔去插销，通过上、下剪切盒在土样受剪面上施加水平力，并由小到大逐步增荷，直到土样被剪坏，测得其最大水平力 T_{max}。剪坏时土样剪切面上的平均极限剪应力为 $\tau_f = T_{max}/A$，即在压应力 σ 作用下土的抗剪强度为 τ_f。整个试验共需取 4~5 个相同的土样，分别在不同的竖向压力下剪切，对应于几个不同的压应力 σ_1、σ_2、σ_3… 可以得到相应的抗剪强度 τ_{f1}、τ_{f2}、τ_{f3}…。试验结果表明，抗剪强度与作用在剪切面上的正应力呈线性关系。取压应力 σ 为横坐标，抗剪强度 τ_f 为纵坐标，按所得的试验数据在图上绘出坐标点，然后通过坐标点群的重心绘出一条直线，如图 5-3 所示。所绘直线称为抗剪强度线或库仑直线。其抗剪强度表达式为

对于砂土

$$\tau_f = \sigma \tan \varphi \tag{5-1}$$

对于黏性土

$$\tau_f = c + \sigma \tan \varphi \tag{5-2}$$

式中　c——土的黏聚力（kPa），库仑直线在纵轴上的截距；

　　　φ——土的内摩擦角（°），库仑直线与横轴的夹角；

　　$\tan \varphi$——直线的斜率。

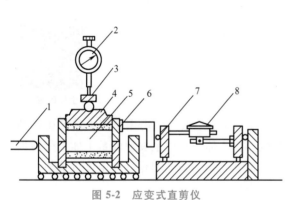

图 5-2　应变式直剪仪

1—推动座　2—垂直位移指示表　3—垂直加荷框架　4—加压盖

5—试样　6—剪切盒　7—量力环　8—测力指示表

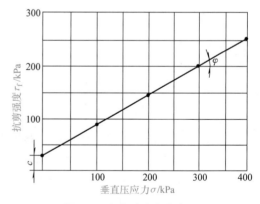

图 5-3　直剪试验库仑直线

式（5-1）、式（5-2）就是土体强度规律的数学表达式，也称为库仑定律。它表明在一般的荷载范围内土的抗剪强度与法向应力之间呈直线关系，其中 c、φ 被称为土的强度指标，反映土的抗剪强度变化的规律性，对于某一种土，它们是作为常数来使用的，但实际上受具体试验条件的影响，不完全是常数。

对于洁净的干砂，黏聚力 $c = 0$。非干燥砂土也可能有较小的黏聚力（一般不超过9.81kPa），原因是砂土中夹有一些黏土颗粒，或者是砂土处于潮湿状态，由毛细水作用形成的假黏聚力。砂土的内摩擦角 φ 值取决于砂粒间的摩擦阻力，一般中砂、粗砂、砾砂的 $\varphi = 32° \sim 40°$；粉砂、细砂的 $\varphi = 28° \sim 36°$。

黏性土的抗剪强度由摩阻力和黏聚力组成，黏聚力包括"原始黏聚力"和"固化黏聚力"。原始黏聚力是由于土粒间水膜与相邻土粒之间的分子引力形成的黏聚力；固化黏聚力是由土中化合物的胶结作用形成的黏聚力。当土的天然结构被破坏时，固化黏聚力丧失，而且不能恢复；当土被压密时，土粒间的距离减小，原始黏聚力随之增大；当土的天然结构被破坏时，原始黏聚力将丧失一部分，但会随着时间而逐渐恢复其中的一部分。

三、土的强度理论——极限平衡理论

1. 土中一点的应力状态

如图 5-4 所示，地基中任一点 M 的应力状态可用一个微小单元体表示，单元体上的主应力可以由材料力学知识得到，即

$$\left.\begin{array}{c}\sigma_1\\\sigma_3\end{array}\right\} = \frac{\sigma_z + \sigma_x}{2} \pm \sqrt{\left(\frac{\sigma_z - \sigma_x}{2}\right)^2 + \tau_{xz}} \tag{5-3}$$

第一主平面与 σ_z 作用面的夹角为

$$\theta = \frac{1}{2}\arctan\left(\frac{2\tau_{xz}}{\sigma_z - \sigma_x}\right) \tag{5-4}$$

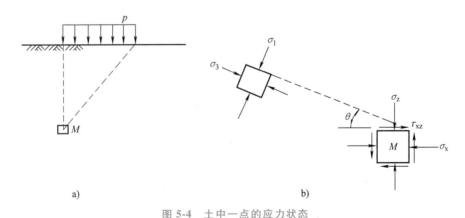

a)　　　　　　　　　　　　b)

图 5-4　土中一点的应力状态

如图 5-5 所示，与第一主平面成 α 角的任一平面上，其应力 σ_α、τ_α 可以通过取脱离体求得，即

$$\sigma_\alpha = \frac{\sigma_1 + \sigma_3}{2} + \frac{\sigma_1 - \sigma_3}{2}\cos 2\alpha \tag{5-5}$$

$$\tau_\alpha = \frac{\sigma_1 - \sigma_3}{2}\sin 2\alpha \tag{5-6}$$

单元体各截面上的应力可绘成一个应力圆，称为莫尔应力圆，如图 5-6 所示。单元体与

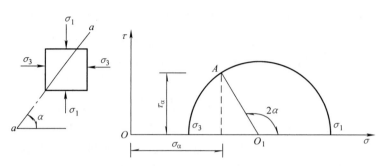

图 5-5 单元体的应力状态

莫尔应力圆的关系是："圆上一点，单元体上一面，转
角 2 倍，转向相同。"其意思是：圆周上任意一点的坐
标代表单元体上一截面的正应力 σ 和剪应力 τ，若该截
面与第一主平面夹角为 α，则对应莫尔应力圆圆周上的
一点 A 与第一主平面在圆周上的一点 B 之间的圆心角
为 2α，并且有相同的转向，圆周上的点与单元体的面
一一对应。

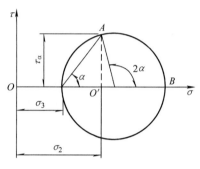

图 5-6 莫尔应力圆

2. 莫尔-库仑准则

若将某点的莫尔应力圆与库仑直线绘于同一坐标系
中，则圆与直线的关系可能有三种情况：

1）应力圆与库仑直线相离，说明应力圆代表的单元体上各截面的剪应力均小于抗剪强
度，所以该点也处于稳定状态。

2）应力圆与库仑直线相割，说明库仑直线上方的一段弧所代表的各截面的剪应力均大
于抗剪强度，即该点已有破坏面产生。

3）应力圆与库仑直线相切，说明单元体上有一个截面的剪应力刚好等于抗剪强度，其
余所有截面都有 $\tau < \tau_f$，因此该点处于极限平衡状态。由此可知土中一点极限平衡的几何条
件是：库仑直线与莫尔应力圆相切。

当土中一点处于极限平衡状态时，库仑直线与莫尔应力圆相切，如图 5-7 所示，由几何
条件可以得出下列关系式：

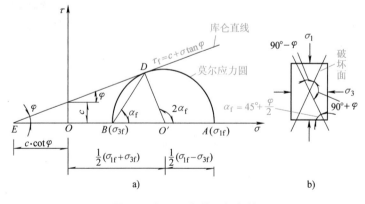

图 5-7 极限平衡的几何条件

$$\sin\varphi = \frac{\sigma_1 - \sigma_3}{\sigma_1 + \sigma_3 + 2c \cdot \cot\varphi} \tag{5-7}$$

式（5-7）经三角变换后（也可以通过几何证明）得如下极限平衡条件式：

$$\sigma_1 = \sigma_3 \tan^2\left(45° + \frac{\varphi}{2}\right) + 2c\tan\left(45° + \frac{\varphi}{2}\right) \tag{5-8}$$

或

$$\sigma_3 = \sigma_1 \tan^2\left(45° - \frac{\varphi}{2}\right) - 2c\tan\left(45° - \frac{\varphi}{2}\right) \tag{5-9}$$

式（5-7）~式（5-9）均为土中一点的极限平衡条件式，对于 $c=0$ 的无黏性土，黏聚力的影响为零，极限平衡条件式可以简化。由图 5-7 中的几何关系可知，土体的破坏面与第一主平面的夹角（又称为破坏角）为 $\alpha_f = 45° + \varphi/2$。

判别土中一点的应力状态，可以用式（5-7）~式（5-9）中的任何一个，其判别结果是一致的。

1）式（5-7）的含义是：若一点的应力状态处于极限平衡状态，则通过纵轴截距为 c 并与此应力圆相切的直线与横轴的夹角应该是该点的内摩擦角 φ，即可以用实际的 c、σ_3、σ_1 计算相应的内摩擦角 $\varphi_{计}$，并与实际的内摩擦角 φ 相比较。若 $\varphi > \varphi_{计}$，说明库仑直线与应力圆相离，该点稳定；若 $\varphi < \varphi_{计}$，说明库仑直线与应力圆相割，该点破坏；若 $\varphi = \varphi_{计}$，说明库仑直线与应力圆相切，该点处于极限平衡状态。

2）式（5-8）的含义是：当一点的最小主应力 σ_3 不变时，对应的最大主应力 σ_1 为计算值 σ_{1f}，若实际的 $\sigma_1 \leqslant \sigma_{1f}$ 时，该点不破坏；若实际的 $\sigma_1 > \sigma_{1f}$ 时，该点破坏，如图 5-8a 所示，则可以用实际的 σ_3 代入式（5-8）计算出极限平衡状态的 σ_{1f}，再与实际的 σ_1 相比较来判别该点的应力状态。

3）式（5-9）的含义是：当一点的最大主应力 σ_1 不变时，对应的最小主应力 σ_3 为计算值 σ_{3f}，若实际的 $\sigma_3 \geqslant \sigma_{3f}$ 时，该点不破坏；若实际的 $\sigma_3 < \sigma_{3f}$ 时，该点破坏，如图 5-8b 所示，则可以用实际的 σ_1 代入式（5-9）计算出极限平衡状态的 σ_{3f}，再与实际的 σ_3 相比较来判别该点的应力状态。

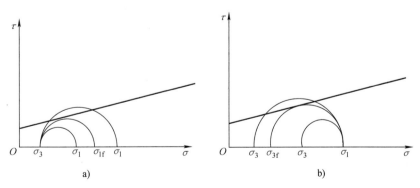

图 5-8　一点应力状态的判别

【例 5-1】　某土样 $\varphi = 24°$，$c = 20\text{kPa}$，承受最大、最小主应力分别为 $\sigma_1 = 500\text{kPa}$、$\sigma_3 = 200\text{kPa}$，试判断该土样是否达到极限平衡状态。

解：已知最小主应力 $\sigma_3 = 200\text{kPa}$，将已知数据代入式（5-8）得最大主应力的计算值为

$$\sigma_{1f} = \sigma_3 \tan^2\left(45° + \frac{\varphi}{2}\right) + 2c\tan\left(45° + \frac{\varphi}{2}\right)$$

$$= 200 \times \tan^2 57°\text{kPa} + 2 \times 20 \times \tan 57°\text{kPa}$$

$$= 474.2\text{kPa} + 61.6\text{kPa} = 535.8\text{kPa}$$

$\sigma_{1f} > \sigma_1$，所以该土样处于弹性平衡状态。上述计算也可用式（5-9）进行判别。如果用图解法，则会得到莫尔应力圆与库仑直线相离的结果。

单元 2 强度指标的测定方法

一、直接剪切试验

土的强度指标的测定方法

直接剪切试验目前依然是十分基本的抗剪强度测定方法。试验和工程实践都表明土的抗剪强度与土受力后的排水固结状况有关，因而在土工工程设计中强度指标的试验方法必须与现场的实际施工加荷和排水条件相符合。如在软土地基上快速堆填路堤，由于加荷速度快，地基土体渗透性低，这种条件下的强度和稳定问题是处于不能排水条件下的稳定分析问题，因此要求室内的试验条件模拟实际加荷状况，在不排水的条件下进行剪切试验。但是直剪仪的构造却无法做到任意控制土样是否排水的要求。为了在直接剪切试验中能考虑这类实际需要，可通过采用不同的加荷速率的方式来达到排水控制的要求，这便是直接剪切试验中采用的快剪试验、固结快剪试验和慢剪试验三种不同试验方法。

（1）快剪试验 竖向压力施加后立即施加水平剪力进行剪切，而且剪切的速率也很快，一般从加荷到剪坏只用 3~5min。由于剪切速率快，可认为土样在这样短暂的时间内没有排水固结或者说模拟了不排水剪切情况。当地基土排水不良，且工程施工速度较快，土体将在没有固结的情况下承受荷载时，宜用此法。

（2）固结快剪试验 竖向压力施加后，给以充分时间使土样排水固结。固结终了后再施加水平剪力，快速地（3~5min）把土样剪坏，即剪切时模拟不排水条件。当建筑物在施工期间允许土体充分排水固结，但完工后可能有突然增加的活荷载作用时，宜用此法。

（3）慢剪试验 竖向压力施加后，让土样排水固结，固结后以慢速施加水平剪力，使土样在受剪过程中一直有充分时间排水和产生体积变形。当地基土排水条件良好（如砂土或砂土中夹有薄黏性土层），土体易在较短时间内固结，且工程施工速度较慢时，可选用此法。

上述三种试验方法对黏性土是有意义的，但效果要视土的渗透性大小而定。对于非黏性土，由于土的渗透性很大，即使快剪也会产生排水固结。

二、三轴压缩试验

1. 基本原理

三轴压缩仪的构造如图 5-9 所示。试验前先切取一个直径约为 5cm，高为直径两倍的圆柱形土样，装在橡胶膜内，然后将它放入压力室中，土样两端有透水石，并有管道通出，用以量测孔隙水压力。管道上设排水阀，用来控制土样的排水。土样顶端有传力杆。试验开始时先将液体或气体压入压力室，使土样周围在三个互相垂直的方向均承受相等的压力 p_c，

这时土样中任何方向平面上都不存在剪应力。然后，通过传力杆由小到大施加竖向压力，直到土样破坏时测得相应的竖向压力 F。分析破坏时作用于土样上的应力，显然水平向的周围压应力为最小主应力，即 $\sigma_3 = p_c$；竖向应力则为最大主应力，即 $\sigma_1 = p_c + F/A$，其中 A 为土样水平截面面积。由土样破坏时的 σ_1、σ_3，可以画出一个应力圆。三轴压缩试验需要取三个以上的土样，每个土样施加不同的周围压力 p_c，重复上述步骤，就可画出三个以上的应力圆。根据土体处于极限平衡状态时抗剪强度线与应力圆相切的原理，作这些应力圆的公切线，即为该土样的抗剪强度线，即可得出土样的强度指标 c、φ 值，如图 5-10 所示。

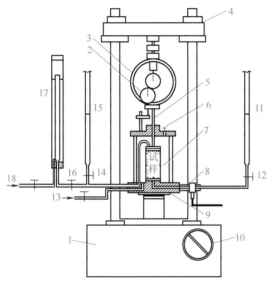

图 5-9　三轴压缩仪构造示意

1—试验机　2—轴向位移计　3—轴向测力计　4—试验机横梁
5—活塞　6—排气孔　7—压力室　8—孔隙压力传感器
9—升降台　10—手轮　11—排水管　12—排水管阀
13—周围压力　14—排水管阀　15—量水管
16—体变管阀　17—体变管　18—反压力

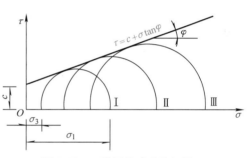

图 5-10　三轴压缩试验几何原理

三轴压缩试验的主要优点是：可以控制土样的排水固结条件；能测量试样的孔隙水压力，从而可算得有效应力；试样的应力条件比较明确，有利于理论分析。此外，土样被剪坏时，对较硬黏土还可观测到倾斜的剪裂面，也不存在直接剪切试验中的那些缺点。其试验设备和操作比直接剪切试验要复杂，重要工程要求用三轴压缩试验。

2. 三轴压缩试验方法

三轴压缩仪可控制试验时土中的排水条件。根据土样固结排水的不同条件，三轴压缩试验可分为下列三种基本方法：

（1）不固结不排水（UU）试验　先对土样施加周围压力，随后施加轴向压力直至剪坏。在施加周围压力和轴向压力的过程中，自始至终关闭通向量水管的排水阀门，不允许土中水排出，即在施加周围压力和剪切力时均不允许土样发生排水固结。这样从开始加压直至试样剪坏全过程中，土中含水率保持不变。这种试验方法所对应的实际工程条件相当于饱和软黏土中快速加荷时的应力状况。

（2）固结不排水（CU）试验　先对土样施加周围压力，并打开通往土样顶端的排水阀，使土样在周围压力作用下充分排水固结。在确认土样的固结已经完成后，关闭排水阀，施加轴向压力，使土样在不能向外排水的条件下受剪直至破坏为止。

固结不排水试验是经常要做的工程试验，它适用的实际工程条件常常是一般正常固结土层竣工时或以后受到大量、快速的活荷载或新增加的荷载作用时所对应的受力情况。

（3）固结排水（CD）试验　在施加周围压力和轴向压力的全过程中，土样始终是排水状态，土中孔隙水压力始终接近于零；为此，整个试验过程中，包括施加周围压力后的固结以及施加轴向压力后的受剪，排水阀门一直是打开的。

3. 三轴压缩试验结果的整理与表达

下面通过一个实例数据来说明试验结果的整理与表达。若有一组同种黏性土的试样共 4 个，通过三轴压缩试验测得其结果及计算值见表 5-1。其对应的一组莫尔应力圆及抗剪强度线如图 5-11 所示。

表 5-1　三轴压缩试验结果及计算值　　　　　　　（单位：kPa）

应力参数	1	2	3	4	说　明
σ_3	50	100	150	200	周围应力
$\sigma_1-\sigma_3$	130	220	310	382	破坏时的偏应力
σ_1	180	320	460	582	破坏时的最大主应力
$\dfrac{\sigma_1+\sigma_3}{2}$	115	210	305	391	莫尔圆圆心坐标
$\dfrac{\sigma_1-\sigma_3}{2}$	65	110	155	191	莫尔圆的半径

同一种土的试样在不同的三轴侧应压力 σ_3 的作用下所做的不固结不排水试验或固结排水试验也有类似的结果。三种不同的三轴压缩试验方法所得抗剪强度线的性状及其相应的强度指标不相同，它们的大致形态与关系如图 5-12 所示。

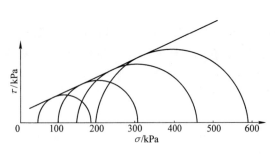

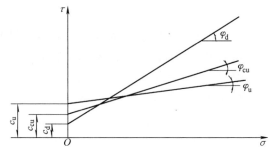

图 5-11　三轴压缩试验的抗剪强度线　　　　图 5-12　不同排水条件下的抗剪强度线与强度指标

在总应力法中，它们相应的强度指标可以分别用下列符号表示，对于不固结不排水试验为 c_u、φ_u，对于固结不排水试验为 c_{cu}、φ_{cu}，对于固结排水试验为 c_d、φ_d。

需要指出的是，不固结不排水试验的指标 φ_u 在一般情况下是不太大的。试验也已证明，对于饱和软黏土有 $\varphi_u \approx 0°$，即它的抗剪强度线是一条近似水平的直线。

三、单剪——无侧限抗压强度试验

当 $\sigma_3=0$ 时，三轴压缩试验为无侧限抗压强度试验（图 5-13a），又称为单剪试验或无侧限压缩试验，试验所得结果称为无侧限抗压强度，单剪试验曾流行使用单轴仪，现在也常在三轴压缩仪中做此试验。

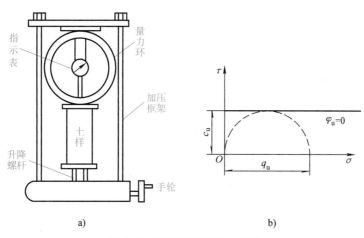

图 5-13　无侧限抗压强度试验

无侧限抗压强度试验所用试样仍为圆柱形土样，如图 5-13a 所示，由于 $\sigma_3=0$，所以土样在侧向不受限制，可任意变形。试样在单向应力作用下，试验所得极限应力圆如图 5-13b 所示。图中 q_u 相当于三轴压缩试验中使土样破坏时的 σ_1，因 $\sigma_3=0$，所以可写成式（5-10）、式（5-11）的形式，即

$$\sigma_1 = q_u = 2c \tag{5-10}$$

或

$$c = q_u/2 \tag{5-11}$$

式中　q_u——黏性土的无侧限抗压强度（kPa）。

无侧限抗压强度试验要求在短时间内完成，这样在施加轴向力使土样受剪时，土中水分在试验过程中没有明显的排出，相当于直接剪切快剪试验和三轴不固结不排水试验的条件。对于饱和软黏土，因为不固结不排水试验的 $\varphi_u \approx 0$，则 $\tan\left(45°+\dfrac{\varphi}{2}\right) \approx 1$。故此，饱和软黏土的抗剪强度 τ_f 可按式（5-12）计算：

$$\tau_f = c_u = q_u/2 \tag{5-12}$$

四、十字板剪切试验

十字板剪切试验所用的仪器为十字板剪切仪（主要部分示意如图 5-14 所示），该仪器适用于软土的现场原位测定抗剪强度，小型十字板剪切仪也可做室内试验。对饱和黏性土进行十字板剪切试验，相当于不排水的剪切条件。

十字板剪切仪由两块相互垂直相交的金属板及轴杆构成，高强度薄金属板焊接于轴杆端部（图 5-14）。使用时把十字板插入土中，使十字板以一定速率在土中转动，形成圆柱形的

剪切面。通过量测设备测出土的抵抗力矩，由此求得土的
抗剪强度。

由图 5-14 可以看出，作用于圆柱形剪切面上的抗剪
强度包括两部分：圆柱体侧面土的抗剪强度和圆柱体上下
表面土的抗剪强度。假设它们都是均布而且等于十字板的
抗剪强度 S_v，则它们对圆筒中心轴产生的抵抗力矩 M_{max}
等于圆柱体侧面抵抗力矩与上下表面抵抗力矩之和，即

$$M_{max} = \pi DHS_v \frac{D}{2} + 2S_v \frac{\pi D^2}{4} \frac{D}{3} \qquad (5\text{-}13)$$

得

$$\tau_f = S_v = \frac{M_{max}}{\frac{\pi D^2}{2}\left(H + \frac{D}{3}\right)} \qquad (5\text{-}14)$$

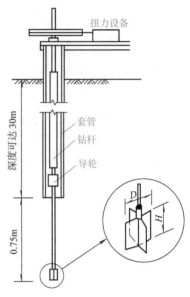

图 5-14　十字板剪切仪示意

式中　D——十字板宽度，一般取 7.5cm；

　　　H——十字板高度，一般取 10cm；

　　　S_v——经十字板测定的土的抗剪强度（kPa）。

五、有效应力原理在抗剪强度问题中的应用

由直接剪切试验及三轴压缩试验得到的土的强度指标，都是用试验时施加的总应力求得
的，在强度方程 $\tau_f = c + \sigma \tan\varphi$ 中，σ 是总应力值。因此，求得的强度指标 c、φ 是总应力强度
指标，这种分析方法称为总应力法。但同一种土施加的总应力虽然相同，若试验的方法不
同，或者说控制的排水条件不同，所得强度指标就不相同，没有唯一的对应关系。进行剪切
试验时，即使总应力 σ 相同，若排水条件不同，则土中的有效应力 σ' 也会不同。根据有效
应力原理可知：

$$\sigma = \sigma' + u$$

或

$$\sigma' = \sigma - u$$

上式中的 u 为孔隙水压力。试验时通过量测土样破坏时的孔隙水压力 u_f 可以算出此时
的有效应力，因而可以用有效应力与抗剪强度的关系来表达试验成果，其表达式为

$$\tau_f = c' + (\sigma - u)\tan\varphi' \qquad (5\text{-}15)$$

即

$$\tau_f = c' + \sigma' \tan\varphi' \qquad (5\text{-}16)$$

式中　c'、φ'——有效黏聚力和有效内摩擦角，统称为有效应力强度指标。

用式（5-16）表达强度的方法称为有效应力法，它考虑了孔隙水压力的影响。因此，对
于同一种土，不论采用哪一种试验方法，只要能够准确量测出破坏时的孔隙水压力，就可采
用有效应力强度关系，而且所得到的有效应力强度指标应该是相同的。

【例 5-2】　某饱和黏性土做固结不排水试验，三个土样所施加的围压 σ_3 和剪坏时的轴
向应力 $\Delta\sigma$ 及孔隙水压力 u_f 等试验数据，以及计算结果见表 5-2。

表 5-2　例 5-2 试验数据及计算结果　　　　　　　　（单位：kPa）

土样编号	σ_3	$\Delta\sigma=(\sigma_{1f}-\sigma_{3f})$	u_f	σ_1	$\dfrac{(\sigma_{1f}+\sigma_{3f})}{2}$	$\dfrac{(\sigma_{1f}-\sigma_{3f})}{2}$	σ_3-u_f	σ_1-u_f	$\dfrac{(\sigma'_{1f}+\sigma'_{3f})}{2}$	$\dfrac{(\sigma'_{1f}-\sigma'_{3f})}{2}$
1	50	92	23	142	96	46	27	119	73	46
2	100	120	40	220	160	60	60	180	120	60
3	150	164	67	314	232	82	83	247	165	82

注：表中画线数据为试验所测得的数据。

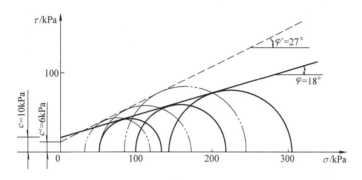

图 5-15　例 5-2 的莫尔应力圆和抗剪强度线

解： 根据表 5-2 中的数据在坐标图中分别作出一组总应力圆和有效应力圆，如图 5-15 所示，分别作总应力圆和有效应力圆的抗剪强度线，测得总应力强度指标 $c=10\text{kPa}$、$\varphi=18°$，有效应力强度指标 $c'=6\text{kPa}$、$\varphi'=27°$。

从例 5-2 可知，当用有效应力表达强度成果时，可将三轴压缩试验所得总应力试验结果，利用 $\sigma'_1=\sigma_1-u_f$、$\sigma'_3=\sigma_3-u_f$ 的关系，改绘成有效应力圆，即把实线圆中的对应点向左移动一个坐标值 u_f，便可得虚线圆。

有效应力圆的半径与对应的总应力圆相同，作各有效应力圆的公切线即为有效应力抗剪强度线，并可求出有效应力强度指标 c' 和 φ'。

六、强度试验方法与指标的选用

从以上内容可知，土的抗剪强度及其指标的确定因所采用的分析方法而有所不同。目前常用的试验手段主要是三轴压缩试验与直接剪切试验两种，前者可以实现控制土中含水率的变化及孔隙水压力消散等要求，后者则不能。三轴压缩试验和直接剪切试验各自的三种试验方法，理论上是一一对应的。需要指出的是，直接剪切试验中的"快""慢"只是"不排水""排水"的含义，并不是为了解决剪切速率对强度的影响问题，而是为了通过快和慢的剪切速率来解决土样的排水条件问题。所以当把慢剪试验与固结排水试验、快剪试验与不固结不排水试验、固结快剪试验与固结不排水试验一一对比分析之后，便可明确在实际工程中不同试验方法及相应的强度指标的选用条件，简要地归纳如下：

1）当采用有效应力法进行土工工程设计时，应选用有效强度指标。用这一分析方法及相应指标进行计算，概念明确、指标稳定，是一种比较合理的方法。因此，只要能比较准确地确定孔隙水压力，则采用有效强度指标都是合理的。有效强度指标可用慢剪试验、固结排水试验和固结不排水试验等方法测定。

2）三轴压缩试验中的不固结不排水试验与固结不排水试验这两种试验方法的排水条件是很明确的，所以它们的应用也应是明确的。对于可能发生快速加荷的正常固结黏土路堤，地基土的稳定分析可采用不固结不排水试验的强度指标；对土层较厚、渗透性较小、施工速度较快的工程的施工期和竣工期也可采用不固结不排水试验的强度指标；反之，对土层较薄、渗透性较大、施工速度较慢的工程的竣工期也可采用固结不排水试验的强度指标，在使用期一般采用固结不排水试验强度指标。

上面所述的一些情况并不是很准确，因为加荷速度、土层厚度、荷载大小以及加荷过程等都没有定量的界限值相互对应，因此在具体使用中常配合工程经验予以调整判断，这也是应用土力学的基本原理解决工程实际问题的基本方法。此外，常用的三轴不固结不排水试验和固结不排水试验的强度试验条件也是理想化了的室内条件，实际工程中完全符合这两个特定条件的并不多或者都只能是近似的情况，这也是在具体使用强度指标时需结合工程经验的一个原因。目前，为了适应实际工程中地基土的中间排水情况，已发展了考虑土层固结度的不同变化来计算强度值的方法。

3）直接剪切试验不能控制排水条件，若用同一剪切速率和同一固结时间做试验，这对渗透性不同的土样来说，不但有效应力不同而且固结状态也不明确，若不考虑这一点，使用直接剪切试验的结果就带有随意性。目前，完全用三轴压缩试验取代直接剪切试验的条件尚不具备，因此必须在使用直接剪切试验时注意它的适用性，即明确实际工程中的具体排水条件。

4）根据对三轴压缩和直接剪切这两种试验方法的主要特点和基本区别的对比，大体上可以说，对于渗透性很大的土（如砂性土、粉土），直接剪切试验的快剪试验、固结快剪试验的试验结果可能接近三轴压缩试验的固结排水试验，但不能得到不固结不排水试验和固结不排水试验的试验结果。对于渗透性很小的土，直接剪切试验与三轴压缩试验的三种试验结果有可能比较接近。对于中等渗透性的土，直接剪切试验与三轴压缩试验的结果是有差别的，其差别的大小可能取决于土的渗透性大小。

★ 单元 3   土坡稳定分析

在道路及桥梁工程中常常会遇到路堑、路堤或建筑物基坑开挖时的边坡稳定问题。如图 5-16 所示土坡，在土体重力作用下，可能发生土坡失稳破坏，即滑动土体沿着圆弧滑动面向下滑动而破坏。由此可见，当土坡内某一滑动面上作用的切应力达到土的抗剪强度时，土坡即发生滑动破坏。土坡滑动失稳的原因有以下两种：

1）外界力的作用破坏了土体内原来的应力平衡状态。如路堑或基坑的开挖、路堤的填筑或土坡面上作用外荷载以及土体内水的渗流力、地震力的作用，都会破坏土体内原有的应力平衡状态，促使土坡坍滑。

2）土的抗剪强度由于受到外界各种因素的影响而降低，促使土坡发生失稳破坏。如由于外界气候等自然条件的变化，土时干时湿、收缩膨胀，以及发生冻融循环等，土体强度降低；土坡内因雨水的浸入而湿化，强度降低；土坡附近因施工引起的振动，如打桩、爆破以及地震力的作用，引起土的液化或触变，使土的强度降低。

在工程实践中，分析土坡稳定的目的是检验所设计的土坡断面是否安全合理，土坡过陡可能发生坍滑，过缓则使土方量增加。土坡的稳定安全度用稳定安全系数 K 表示，它是指

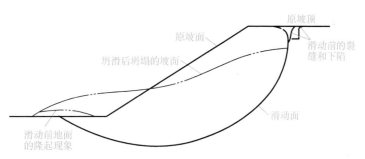

图 5-16　土坡滑动破坏

土坡中危险滑动面上的抗剪强度 τ_f 与剪应力 τ 的比值，即 $K = \tau_f / \tau$。

一、无黏性土坡的稳定分析

均质的无黏性土颗粒间无黏聚力，对全干或全部淹没的土坡来说，只要坡面上的土颗粒能够保持稳定，那么整个土坡便是稳定的。图 5-17 所示的均质无黏性土坡，坡角为 β。现从坡面上任取一小块土体来分析其稳定条件。设土块的重量为 W，产生的下滑

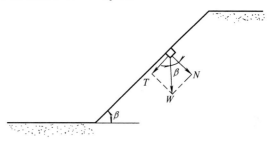

图 5-17　均质无黏性土坡

力即接触面上的剪切力，该力就是 W 在顺坡方向的分力 $T = W\sin\beta$；阻止该土块下滑的力是小块土体与坡面间的抗剪力 T'，即

$$T' = N\tan\varphi$$

式中　N——土块重量在坡面法线方向的分力，$N = W\cos\beta$；
　　　φ——土的内摩擦角。

抗剪力与剪切力之比即为土坡稳定安全系数 K，即

$$K = \frac{\text{抗剪力 } T'}{\text{剪切力 } T} = \frac{W\cos\beta\tan\varphi}{W\sin\beta} = \frac{\tan\varphi}{\tan\beta} \tag{5-17}$$

由式（5-17）可见，对于均质无黏性土坡，只要坡角 β 小于土的内摩擦角 φ，则无论土坡的高度为多少，土坡总是稳定的。当 $K = 1$ 时，土坡处于极限平衡状态，此时的坡角 β 就等于无黏性土的内摩擦角 φ，称为自然休止角。为了保证土坡的稳定，必须使稳定安全系数大于 1，一般可取 $K = 1.1 \sim 1.5$。

二、黏性土坡的稳定分析

均质黏性土坡失去稳定时，常沿着曲面滑动，通常滑动曲面近似为圆弧面。分析黏性土坡稳定性的方法有多种，这里主要介绍圆弧法和条分法。

1. 圆弧法

图 5-18 为简单黏性土坡，ADC 为假定的一个滑弧，圆心在 O 点，半径为 R。假定土体 $ABCD$ 为刚体，在重力 W 的作用下将绕圆心 O 旋转，W 对 O 点的力臂为 d。

使土体绕圆心 O 下滑的滑动力矩为

$$M_s = Wd$$

阻止土体滑动的力是滑弧上的抗滑力，其值等于抗剪强度 τ_f 与滑弧 ADC 长度 $\hat{L}$ 的乘积，故阻止土体 $ABCD$ 向下滑动的抗滑力矩（对 O 点）为

$$M_R = \tau_f \hat{L} R \qquad (5\text{-}18)$$

所以土坡的稳定安全系数为

$$K = \frac{M_R}{M_s} = \frac{\tau_f \hat{L} R}{Wd} \qquad (5\text{-}19)$$

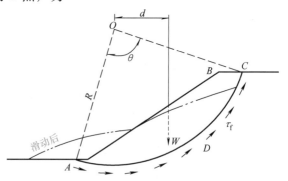

图 5-18　圆弧法的计算图式

为了保证土坡的稳定，K 必须大于 1.0。验算一个土坡的稳定性时，先假定多个不同的滑动面，通过试算找出多个相应的 K 值，相应于最小稳定安全系数 K_{min} 的滑弧即为最危险滑动面。评价一个土坡的稳定性时，要求最小稳定安全系数应不小于有关规范要求的数值。

2. 土坡稳定分析的条分法

对于外形比较复杂的土坡，特别是土坡由多种土构成时，要确定滑动土体的重量和重心位置就比较复杂。为此，可将滑动土体分成若干条，求出各土条底面的剪切力和抗剪力，再根据力矩平衡条件，将各土条的抗滑力矩和滑动力矩分别总和起来，求得安全系数的表达式，如图 5-19 所示，这种方法称为条分法。具体分析步骤如下：

1）按比例绘制土坡断面图，如图 5-19a 所示。

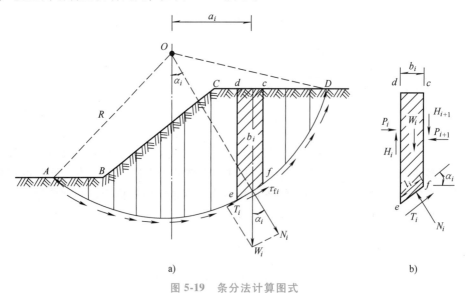

图 5-19　条分法计算图式

2）选任一点 O 为圆心，以 OA 为半径 R，作圆弧 AD，AD 为假定的滑弧面。

3）将滑弧面以上土体竖直分成宽度相等的若干土条并依次编号。编号时可以将通过圆心 O 的竖直线定为 0 号土条的中线，土条编号向右为正，向左为负。为使计算方便，可取各土条宽度 $b = 0.1R$，则 $\sin\alpha_i = 0.1i$，可减少大量的三角函数计算。

4）计算土条自重 W_i 在滑动面 ef 上的法向分力 N_i 和切向分力 T_i，有

$$N_i = W_i \cos\alpha_i \tag{5-20}$$

$$T_i = W_i \sin\alpha_i \tag{5-21}$$

抗剪力为

$$\tau_{fi} = c_i l_i + N_i \tan\varphi_i = c_i l_i + W_i \cos\alpha_i \tan\varphi_i \tag{5-22}$$

式中　α_i——土条 i 滑动面的法线与竖直方向的夹角；

　　　l_i——土条 i 滑动面 ef 的弧长；

c_i、φ_i——滑动面上的黏聚力及内摩擦角。

当不计土条两侧面 cf 和 de 上的法向力 P_i 和剪切力 H_i 的影响时，如图 5-19b 所示，使静不定问题转化为静定问题，其误差为 $10\% \sim 15\%$，这样简化后的结果偏于安全。

5）计算土坡稳定安全系数 K，有

$$K = \frac{\text{阻止各土条滑动的抗滑力矩总和 } M_R}{\text{各土条的滑动力矩总和 } M_s} = \sum \tau_{fi} R / \sum T_i R$$

$$= \sum (c_i l_i + W_i \cos\alpha_i \tan\varphi_i) / \sum W_i \sin\alpha_i \tag{5-23}$$

式（5-23）称为太沙基公式。稳定分析时可假定多个滑弧面，分别计算相应的 K 值，其中 K_{min} 所对应的滑弧面就是最危险滑动面，当 $K_{min} > 1$ 时，土坡是稳定的。根据工程性质，一般可取 $K = 1.1 \sim 1.5$。

为了减少试算工作量，费伦纽斯提出 $\varphi = 0°$ 的简单土坡最危险滑弧为通过坡脚的圆弧，其圆心 O 位于图 5-20a 中 AO 与 BO 两线的交点，图 5-20a 中的 β_1、β_2 与坡角或坡度有关，可查表 5-3 得到。当 $\varphi \neq 0°$ 时，费伦纽斯认为最危险的滑弧圆心将沿图 5-20b 中的 MM_1 线向左上方移动，O 点的位置仍可按表 5-3 确定。M 点则位于坡顶之下 $2H$ 深处，距坡脚的水平距离为 $4.5H$。具体计算时沿 MM_1 取 O_1、O_2、O_3…作为圆心，绘出相应的通过坡脚的滑弧，分别求出各滑弧的稳定安全系数 K_1、K_2、K_3…；绘出 K 的曲线后就可求出最小的稳定安全系数 K_{min}（相应的圆心为 O_n），如图 5-20b 所示。

表 5-3　β_1、β_2 的数值

坡角 β	坡度 $1:m$（垂直：水平）	β_1	β_2
60°	1：0.58	29°	40°
45°	1：1	28°	37°
23°47′	1：1.5	26°	35°
26°34′	1：2.0	25°	35°
18°26′	1：3.0	25°	35°
11°19′	1：5.0	25°	37°

实际上，用上述步骤确定的 K_{min} 还不一定是最小的稳定安全系数，尚须过 O_n 点作 MM_1 的垂直线 EF（图 5-20b 未绘出），在 EF 线上 O_n 的两侧再取几个圆心 O_6、O_7、O_8…，分别求出相应的安全系数，再按上述方法确定该土坡的最小稳定安全系数 K_{min}。

【例 5-3】　如图 5-21 所示，均质黏性土坡，高 20m，边坡坡度为 1：3，土的内摩擦角 $\varphi = 20°$，黏聚力 $c = 9.81\text{kPa}$，重度 $\gamma = 17.66\text{kN/m}^3$，试用太沙基公式计算土坡的稳定安全系数。

解：（1）按比例绘出土坡的断面图，假定滑弧圆心及相应的滑弧位置。因为是均质土坡，其边坡坡度为 1：3，由表 5-3 查得 $\beta_1 = 25°$、$\beta_2 = 35°$，作 MO 的延长线，在 MO 延长线

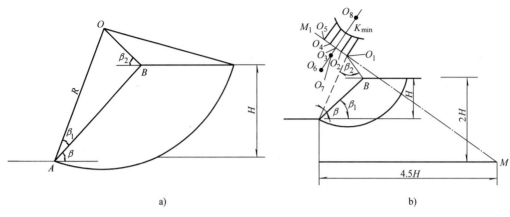

a)   b)

图 5-20 最危险滑弧圆心位置的确定

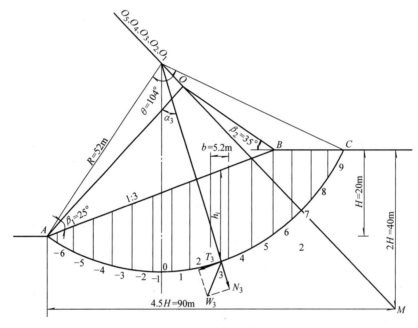

图 5-21 例 5-3 图

上任取一点 O_1 作为第一次试算的滑弧圆心，通过坡趾作相应的滑弧 AC，其半径 $R=52\text{m}$。

（2）将滑动土体 ABC 分成若干土条，并对土条进行编号。土条宽度可取 $b=0.1R=5.2\text{m}$。土条编号从滑弧圆心的铅垂线下开始计为 0，逆滑动方向依次为 1、2、3…，顺滑动方向依次为 -1、-2、-3…。

（3）量出各土条中心高 h_i 并列表计算 $\sin\alpha_i$、$\cos\alpha_i$ 以及 $\sum h_i\sin\alpha_i$、$\sum h_i\cos\alpha_i$ 等值（表 5-4）。

应该注意，当取 $b=0.1R$ 时，滑动土体两侧土条（图 5-21 中第 -6 条及第 9 条）的宽度往往不会恰好等于 b，应用式（5-23）时，可以将该土条的实际高度 h_i 折算成假定宽度为 b 时的高度 h_i'，而使折算后的土条面积 bh_i' 与实际土条面积 b_ih_i 相等（b_i 为两侧土条实际宽度），则得 $h_i'=b_ih_i/b$。与此同时，对 $\sin\alpha_i$ 也必须作相应的计算。现以土条 -6 为例，量出该土条实际高度 $h_{-6}=3\text{m}$，实际宽度 $b_{-6}=4.68\text{m}$，但 $b=5.2\text{m}$，则折算后的土条高度 $h_{-6}'=3\times4.68/5.2\text{m}=2.7\text{m}$，故：

$$\sin\alpha_{-6} = -(5.5b + 0.5b_{-6})/R = -(5.5 \times 5.2 + 0.5 \times 4.68)/52 = -0.595$$

取 $\sin\alpha_{-6} = -0.6$，同理可得土条9的 $\sin\alpha_9 = 0.9$。

表5-4 例5-3计算

土条编号	h_i/mm	$\sin\alpha_i$	$\cos\alpha_i$	$h_i\sin\alpha_i/\text{mm}$	$h_i\cos\alpha_i/\text{mm}$
-6	2.7	-0.6	0.800	-1.62	2.16
-5	6.4	-0.5	0.866	-3.20	5.54
-4	10.0	-0.4	0.916	-4.00	9.16
-3	14.0	-0.3	0.954	-4.20	13.36
-2	17.4	-0.2	0.980	-3.48	17.10
-1	20.0	-0.1	0.995	-2.00	19.00
0	22.0	0	1	0	22.00
1	23.6	0.1	0.995	2.36	23.48
2	24.4	0.2	0.980	4.88	23.91
3	25.0	0.3	0.954	7.50	23.85
4	25.0	0.4	0.916	10.00	22.90
5	24.0	0.5	0.866	12.00	20.78
6	20.8	0.6	0.800	12.48	16.64
7	16.0	0.7	0.715	11.20	11.44
8	10.8	0.8	0.600	8.64	6.48
9	2.8	0.9	0.436	2.52	1.22
Σ				53.08	239.02

（4）量出滑弧中心角 $\theta = 104°$，计算滑弧长度 $\hat{L}$，有

$$\hat{L} = \pi\theta R/180 = 104 \times 52\pi/180\text{m} = 94.3\text{m} \quad (\text{即} \sum l_i)$$

（5）计算安全系数 K。将以上计算结果代入式（5-23），得到第一次试算的安全系数为

$$K = \sum(c_i l_i + W_i \cos\alpha_i \tan\varphi_i)/\sum W_i \sin\alpha_i$$

$$= [\sum c_i l_i + \sum \gamma_i b_i h_i \cos\alpha_i \tan\varphi_i]/\sum \gamma_i b_i h_i \sin\alpha_i$$

$$= (c\hat{L} + \gamma b\tan\varphi \sum h_i \cos\alpha_i)/\gamma b \sum h_i \sin\alpha_i$$

$$= (9.81 \times 94.3 + 17.66 \times 5.2 \times 0.364 \times 239.02)/17.66 \times 5.2 \times 53.08$$

$$= 1.83$$

（6）在 MO 延长线上重新假定滑弧圆心 O_2、$O_3\cdots$，重复以上计算，求出相应的安全系数 K_2、$K_3\cdots$，然后绘图找出最小安全系数 $K_{\min}$，即为该土坡的稳定安全系数值，检查是否满足工程要求的 K 值，不满足时应采取措施（由读者自己完成）。

素质拓展——"地球伤疤"绽放新画卷

江苏省南京市江宁区汤山街道，三环路与孟北路交叉口处的湖山村，从20纪60年代开始，这里就是采矿区，东边的一座山叫"棒槌山"，西边的一座山叫"茨山"，1964年当地的国营水泥厂就在这里开山出矿，一条14km的窄轨铁路上每天都跑内燃机车。到了20世纪80年代，江南水泥厂又开出茨山矿，矿山边上有好多小石粉厂、炼灰厂，大货车把马路轧得全是坑，大风吹过扬尘漫天，到处都是灰，植被遭到严重破坏。这里有9km长的裸露崖壁、9个大大小小的闲置矿坑，最深的泥潭深约60m，水体黄浊，道路泥泞……青山被毁，满目残山断壁。

2020年伊始，江苏园博园建设开发有限公司对南京市江宁区汤山街道被废弃的矿坑、

水泥厂生态系统进行全面修复。根据《南京市地质灾害防治规划（2017—2025年）》，该地区属滑坡、崩塌地质灾害易发区，孔山矿片区的孔山矿顶采用喷浆的方式加固，199m平台已设置截水沟；拟加固的矿坑南侧人工边坡，安全等级为一级；设计坡顶采用抗滑桩及锚索加固，设置扶壁式挡土墙及挡土墙底桩、防护网、喷锚等综合治理方案……

如今，附近的居民无不惊叹，眼见着南京地区最大的"地球伤疤"蝶变成为"锦绣江苏、生态慧谷"的实景画卷，他们也成为"世界级山地花园群"里的新居民！园博园为他们开启了幸福、美好的新生活。

我们要坚持"绿水青山就是金山银山"的理念，推动绿色发展，促进人与自然和谐共生。开启现代化建设新征程，我们要深入贯彻新发展理念，坚持生态优先、绿色发展，打通"绿水青山、金山银山"间的"转化通道"。

思 考 题

5-1　什么是土的抗剪强度？砂土与黏性土的抗剪强度有何不同？一般土的抗剪强度由哪两部分组成？

5-2　土的抗剪强度指标 c、φ 值是否为常数？与哪些因素有关？剪切试验方法有哪几种？它们的试验结果有何区别？产生区别的主要原因是什么？

5-3　什么是土的极限平衡状态？土中某点处于极限平衡状态时，其应力圆与抗剪强度线的关系如何？剪切面的方向如何？

5-4　对均质黏性土进行稳定分析时，一般圆弧滑动面的形式有哪几种？

5-5　条分法的计算步骤有哪些？

习 题

5-1　已知土的黏聚力 $c=30$kPa，内摩擦角 $\varphi=30°$，土中某截面上的倾斜应力 $p=160$kPa，试问 p 的方向与该平面成 $\theta=55°$ 时，该平面是否会产生剪切破坏？

5-2　某地基土的内摩擦角 $\varphi=20°$，黏聚力 $c=25$kPa，土中某点的最大主应力为250kPa，最小主应力为100kPa，试判断该点的应力状态。

5-3　用条分法计算图5-22所示土坡的稳定安全系数（按有效应力法计算）。已知土坡高度5m，边坡坡度为1∶1.6（即坡角32°），土的性质及试算滑动圆心位置如图5-22所示。计算时将土条分成7条，令各土条宽度为 b_i、平均高度为 h_i、倾角为 α_i、滑动面弧长为 l_i 及作用在上面的平均孔隙水压力为 u_i，均列于表5-5中。

5-4　有一个无黏性土土坡，其饱和重度 $\gamma_{sat}=19$kN/m³，内摩擦角 $\varphi=35°$，边坡坡度为1∶2.5。试问：（1）当该土坡完全浸水时，其稳定安全系数为多少？（2）当有顺坡渗流时，该土坡还能维持稳定吗？若不能，应采用多大的边坡坡度？

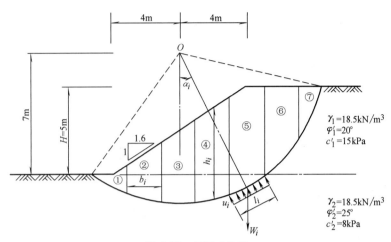

图 5-22 习题 5-3 图

表 5-5 习题 5-3 土条计数据表

土条编号	b_i/m	h_i/m	α_i	l_i/m	$u_i/(kN/m^2)$
1	2	0.7	-27.7°	2.3	2.1
2	2	2.6	-13.4°	2.1	7.1
3	2	4.0	0°	2.0	11.1
4	2	5.1	13.4°	2.1	13.8
5	2	5.4	27.7°	2.3	14.8
6	2	4.0	44.2°	2.8	11.2
7	2	1.8	68.5°	3.2	5.7

学习情境 6
挡土墙及土压力

学习目标与要求

1）掌握三种土压力的概念。了解挡土墙的类型及工作原理。

2）掌握朗肯土压力理论的原理与假定，并能计算常见情况下的主动、被动土压力。

3）理解库仑土压力的原理与假定，会计算主动与被动土压力。了解朗肯土压力理论与库仑土压力理论的比较，熟悉减小主动土压力的措施。

4）了解土压力影响因素及减小土压力的措施。

学习重点与难点

本学习情境重点是主动土压力、被动土压力、静止土压力的概念和产生条件，朗肯土压力和库仑土压力的计算方法。难点是对土压力理论的理解，判别实际土压力的类型，用土压力理论解决实际问题。

单元 1　挡土墙的土压力

在土建工程中，挡土墙是一种常用的构筑物，它在房屋建筑、水利、港口、交通等工程中广泛采用，图 6-1 为常见挡土结构。这些挡土结构都受到来自于接触土体的作用力，都起到挡土墙的作用。

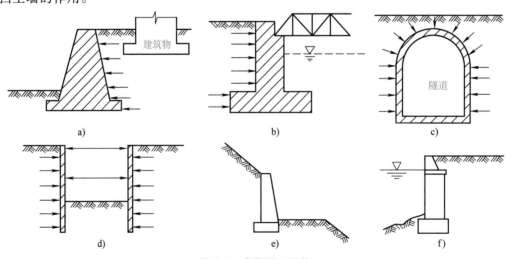

图 6-1　常见挡土结构

a）支撑建筑物周围填土的挡土墙　b）桥台　c）隧道　d）基坑围护结构　e）支撑边坡的挡土墙　f）码头

98

一、挡土墙的位移与土体的状态

实践证明，挡土墙的使用条件不同，其土压力的性质及大小都不同。土压力的大小主要与挡土墙的位移、墙后填土的性质以及挡土墙的刚度等因素有关。根据挡土墙位移方向的不同，土体有三种不同状态，即静止状态、主动状态和被动状态，对应三种状态下的土压力分别为静止土压力、主动土压力和被动土压力三种类型，如图 6-2 所示。其中，主动土压力和被动土压力都是极限平衡状态时的土压力，分别是土体处于主动极限平衡状态和被动极限平衡状态下的土压力。

（1）静止土压力　当挡土墙与填土保持相对静止状态时，墙后填土处于相对静止状态，此状态下的土压力称为静止土压力。静止土压力强度用 p_0 表示，作用在每延米挡土墙上的静止土压力合力用 E_0 表示。

（2）主动土压力　若挡土墙由于某种原因引起背离填土方向的位移时，填土处于主动推墙的状态，称为主动状态。随着挡土墙位移的

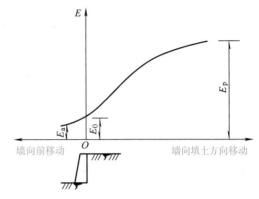

图 6-2　土压力与挡土墙位移的关系

增大，作用在挡土墙上的土压力逐渐减少，即挡土墙对土体的反作用力在减少。挡土墙对土的支持力小到一定值后，挡土墙后填土就失去稳定而发生滑动。挡土墙后填土处于即将滑动的临界状态称为填土的主动极限平衡状态，此时作用在挡土墙上的土压力最小，称为主动土压力。主动土压力强度（简称主动土压力）用 p_a 表示，主动土压力的合力用 E_a 表示。

（3）被动土压力　若挡土墙在外荷载作用下产生向填土方向的位移时，挡土墙后的填土就处于被动状态。随着墙向填土方向位移的增大，填土所受墙的推力就越大，此时土对墙的反作用力也就越大。当挡土墙对土的作用力增大到一定值后，墙后填土就失去稳定而滑动。墙后填土处于即将滑动的临界状态称为填土的被动极限平衡状态，此时作用在挡土墙上的土压力最大，称为被动土压力。被动土压力强度（简称被动土压力）用 p_p 表示，被动土压力的合力用 E_p 表示。由图 6-2 及三种土压力的概念可知：$E_a < E_0 < E_p$。

二、静止土压力计算

由于挡土墙一般是条形构筑物，计算土压力时可以取一延米的挡土墙进行分析。

挡土墙受静止土压力作用时，墙后填土处于弹性平衡状态，由于墙体不动，土体无侧向位移，其土体表面下任一深度 z 处的静止土压力强度 p_0 可按弹性力学公式通过计算侧向应力得到，即

$$p_0 = K_0 \sigma_z = K_0 \gamma z \tag{6-1}$$

式中　γ——土的重度（kN/m^3）；

σ_z——计算深度 z 处的竖直方向的有效应力（kPa）；

K_0——静止土压力系数，$K_0 = 1 - \sin\varphi'$，φ' 为土的有效内摩擦角。

由式（6-1）可知，静止土压力 p_0 与深度 z 成正比，即静止土压力强度在同一土层中呈直线分布，如图 6-3 所示，静止土压力强度分布图形的面积即为合力 E_0，合力通过土压力图

形的形心，作用于挡土墙背上。

$$E_0 = \frac{1}{2}\gamma H^2 K_0 \qquad (6\text{-}2)$$

式中 H——挡土墙高度（m）。

当填土中有地下水存在时，地下水位以下透水层应采用浮重度计算土压力，同时考虑作用在挡土墙上的静止水压力。当填土为成层土和有超载情况时，静止土压力强度可按式（6-3）计算：

$$p_0 = K_0\sigma_z = K_0(\Sigma\gamma_i h_i + q) \qquad (6\text{-}3)$$

式中 q——填土表面的均布荷载（kPa）；

γ_i、h_i——第 i 层土的有效重度和厚度。

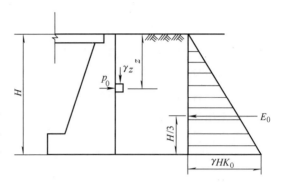

图 6-3 静止土压力分布

【例 6-1】 某挡土墙高 4m，墙背竖直光滑，如图 6-4 所示。填土表面水平，填土重度 $\gamma = 17\text{kN/m}^3$，静止土压力系数 $K_0 = 0.4$，试绘出静止土压力分布图，并求静止土压力的合力。

解：（1）绘静止土压力分布图

墙顶 A 点静止土压力强度（$z = 0$ 处）：$p_{0A} = 0$

墙底 B 点静止土压力强度（$z = H$ 处）：$p_{0B} = \gamma H K_0 = 17 \times 4 \times 0.4 \text{kPa} = 27.2\text{kPa}$

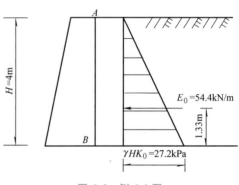

图 6-4 例 6-1 图

绘出土压力分布图如图 6-4 所示。

（2）求静止土压力合力

合力大小为压力分布图形的面积，即 $E_0 = \frac{1}{2}\gamma H^2 K_0 = \frac{1}{2} \times 17 \times 4^2 \times 0.4 \text{kN/m} = 54.4\text{kN/m}$。

方向水平指向墙背，作用点距墙底 $H/3 = 1.33\text{m}$ 处。

单元 2 朗肯土压力理论

一、基本原理

1857 年，英国学者朗肯研究了半无限土体处于极限平衡时的应力状态，提出了著名的朗肯土压力理论。在半无限土体中取一竖直平面 AB，如图 6-5a 所示，在 AB 平面上深度 z 处的 M 点取一单元体，其上作用有法向应力 σ_x、σ_z。因为 AB 面为半无限体的对称面，所以该面无剪力作用，σ_x、σ_z 均为主应力。此时由于 AB 面两侧的土体无相对位移，土体处于弹性平衡状态，$\sigma_z = \gamma z$，$\sigma_x = K_0\gamma z$，应力圆如图 6-5b 中的圆 O_1 所示，应力圆与抗剪强度线（库仑直线）相离，该点处于弹性平衡状态。

将半无限土体 AB 面一侧用挡土墙代替，并假定挡土墙是刚体，墙背铅直、光滑，填土表面水平延伸。此时，墙后填土的应力状态仍符合半无限弹性体的应力状态。墙与填土间无相对位移时，土对墙的作用力即是作用在挡土墙上的静止土压力。M 点的应力状态仍是

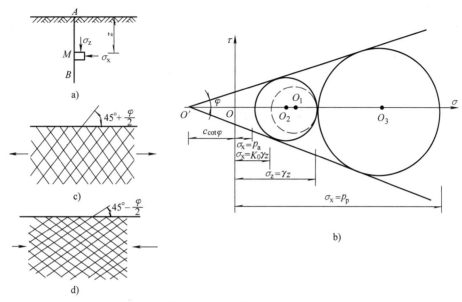

图 6-5　朗肯主动及被动状态

图 6-5b 中的应力圆 O_1。若挡土墙发生离开土体方向的位移，如图 6-5c 所示，M 点单元体上的 σ_x 随位移的增大而逐渐减小，应力圆圆心逐渐左移；当 σ_x 小到一定值时，应力圆与库仑直线相切，M 点处于主动极限平衡状态，如图 6-5b 中的圆 O_2。此时，墙后填土出现两组滑裂面，并与水平面成 $45°+\varphi/2$ 的夹角，最小主应力 $\sigma_3 = \sigma_x$，这就是作用在挡土墙背面的主动土压力 p_a。若挡土墙由静止状态发生移向土体方向的位移，如图 6-5d 所示，则 σ_x 随位移的增大而增大，应力圆圆心逐渐右移，由于竖向应力 σ_z 不变，并在 $\sigma_x > \sigma_z$ 后成为第一主应力，即 $\sigma_1 = \sigma_x$，$\sigma_3 = \sigma_z$。随着 σ_x 的增大，当达到一定值时，应力圆与库仑直线相切，如图 6-5b 中的圆 O_3，墙后填土达到被动极限平衡状态，同时产生两组滑裂面，均与水平面成 $45°-\varphi/2$ 的夹角，而此时作用在挡土墙背面的土压力即为被动土压力 $p_p = \sigma_x = \sigma_1$。

二、朗肯主动土压力计算

1. 主动土压力强度计算公式

由主动土压力的概念可知，主动土压力作用于挡土墙背时，墙后填土处于主动极限平衡状态，$\sigma_1 = \sigma_z$，$p_p = \sigma_x = \sigma_3$，墙背处任一点的应力状态符合极限平衡条件，即

$$\sigma_3 = \sigma_1 \tan^2 (45° - \varphi/2) - 2c\tan (45° - \varphi/2)$$

则有

$$p_a = \sigma_z K_a - 2c\sqrt{K_a} \tag{6-4}$$

对于无黏性土 $c = 0$，主动土压力计算公式可写成下列形式：

$$p_a = \sigma_z K_a \tag{6-5}$$

式中　p_a——墙背任一点处的主动土压力强度（kPa）；

　　　σ_z——深度 z 处的竖向有效应力（kPa）；

　　　K_a——朗肯主动土压力系数，$K_a = \tan^2(45° - \varphi/2)$。

2. 各种情况的朗肯主动土压力计算

（1）均质填土作用情况　如图6-6所示，墙后为均质填土情况，此时墙背处任一点的竖向应力为 $\sigma_z = \gamma z$，代入式（6-4）得

$$p_a = \gamma z K_a - 2c\sqrt{K_a} \tag{6-6}$$

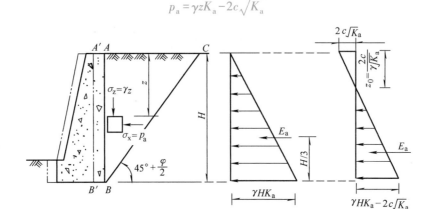

图 6-6　均质填土的朗肯主动土压力

a）朗肯主动土压力　b）无黏性土　c）黏性土

由式（6-6）可以看出同一种填土中，p_a 随深度 z 的增大而线性增加，即主动土压力为直线分布。

1）当填土为无黏性土时，主动土压力分布为三角形，如图6-6b所示，合力大小为土压力分布图形面积，方向水平指向墙背，作用线通过土压力分布图形的形心，即作用于 $1/3$ 挡土墙高处的墙背上，即

$$E_a = \frac{1}{2}\gamma H^2 K_a \tag{6-7}$$

2）若填土为黏性土，当 $z=0$ 时，$p = -2c\sqrt{K_a} < 0$，即出现拉应力区。$z=H$ 时，$p_a = \gamma z K_a - 2c\sqrt{K_a}$。令 $p_a = \gamma z K_a - 2c\sqrt{K_a} = 0$，可得拉应力区高度为

$$z_0 = \frac{2c}{\gamma\sqrt{K_a}} \tag{6-8}$$

由于墙与土体为接触关系，不能承受拉应力作用，所以求合力时不考虑拉应力的作用。朗肯主动土压力在墙背上的分布为三角形分布，分布高度为 $H-z_0$。土压力合力大小仍是其分布图形面积，作用线通过分布图形的形心，作用在 $(H-z_0)/3$ 墙高处，方向水平指向墙背，即

$$E_a = \frac{1}{2}(\gamma H K_a - 2c\sqrt{K_a})(H-z_0) \tag{6-9}$$

（2）成层填土情况　当墙后填土为成层土时，式（6-4）中的 $\sigma_z = \sum\gamma_i h_i$，可得

$$p_a = \sum\gamma_i h_i K_a - 2c\sqrt{K_a} \tag{6-10}$$

由式（6-10）计算出各土层上、下层面处的土压力强度，绘出土压力分布图，如图6-7所示，每层土中的土压力分布图形为三角形或梯形。

土压力合力大小仍是压力分布图形的面积，计算时一般将土压力分布图形分成若干个三

角形和矩形，分别求合力 E_{a1}，E_{a2}，…，最后求总合力；土压力水平指向墙背，作用线位置仍然通过图形形心，形心坐标 y_c 可按式（6-11）计算，即

$$y_c = \frac{E_{a1}y_1 + E_{a2}y_2 + \cdots + E_{ai}y_i}{\sum\limits_{i=1}^{n} E_{ai}} \tag{6-11}$$

式中　E_{ai}——压力分布图形中各三角形或矩形的面积（合力）；

　　　y_i——E_{ai} 对应图形的形心坐标。

（3）填土表面有均布荷载作用时的情况　当填土表面有连续分布荷载 q 作用时，任一深度 z 处竖直方向的应力 $\sigma_z = \gamma z + q$，代入式（6-4）可得任一点的土压力强度为

$$p_a = (\gamma z + q)K_a - 2c\sqrt{K_a} \tag{6-12}$$

按式(6-12)计算出各土层上、下层面处的土压力强度,绘出土压力分布图(图 6-8)。合力计算仍是求压力分布图形的面积,合力作用点高度与土压力强度分布图形形心的位置高度相同,方向水平指向墙背。

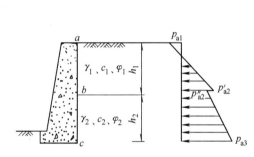

图 6-7　成层土的朗肯主动土压力

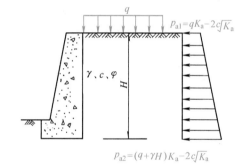

图 6-8　填土表面有均布荷载时的主动土压力

【例 6-2】　某挡土墙后填土为两层砂土,填土表面作用连续均布荷载 $q = 20\text{kPa}$,如图 6-9 所示,计算挡土墙上的主动土压力分布,绘出土压力分布图,求合力。

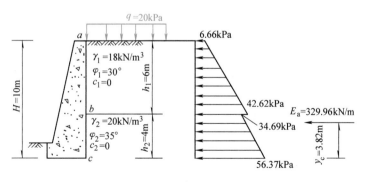

图 6-9　例 6-2 图

解:(1)已知 $\varphi_1 = 30°$,$\varphi_2 = 35°$,可求出 $K_{a1} = 0.333$,$K_{a2} = 0.271$,按式(6-4)或式(6-12)分别计算 a、b、c 三点的土压力强度为

a 点:　　　　　　$\sigma_z = q = 20\text{kPa}$,$p_a = qK_{a1} = 20 \times 0.333\text{kPa} = 6.66\text{kPa}$

b 点上：

$$\sigma_z = q + \gamma_1 z_1 = (20+18\times6)\,\text{kPa} = 128\text{kPa}$$

$$p_a = (q+\gamma_1 z_1)K_{a1} = 128\times0.333\text{kPa} = 42.62\text{kPa}$$

b 点下：

$$\sigma_z = q + \gamma_1 z_1 = (20+18\times6)\,\text{kPa} = 128\text{kPa}$$

$$p_a = (q+\gamma_1 z_1)K_{a2} = 128\times0.271\text{kPa} = 34.69\text{kPa}$$

c 点：

$$\sigma_z = q + \gamma_1 z_1 + \gamma_2 z_2 = (128+20\times4)\,\text{kPa} = 208\text{kPa}$$

$$p_a = (q+\gamma_1 z_1 + \gamma_2 z_2)K_{a2} = 208\times0.271\text{kPa} = 56.37\text{kPa}$$

（2）将以上计算结果绘于图中得土压力分布图，如图 6-9 所示。由土压力分布图求面积得主动土压力合力 E_a，对 c 点取矩可求出合力作用点位置 y_c，即

$$E_a = 6.66\times6\text{kN/m}+(42.62-6.66)\times6/2\text{kN/m}+34.69\times4\text{kN/m}+(56.37-34.69)\times$$
$$4/2\text{kN/m} = (39.96+107.88+138.76+43.36)\text{kN/m} = 329.96\text{kN/m}$$

$$y_c = [39.96\times(4+3)+107.88\times(4+2)+138.76\times2+43.36\times4/3]/330.14\text{m}$$
$$= 3.82\text{m}$$

（4）墙后填土中有地下水的情况 当墙后填土中有地下水存在时，土压力计算时需对水上和水下作为两层分别计算，其中水位以上部分的土压力计算同前，水位以下的土压力计算可用"水土分算"和"水土合算"两种方法。一般砂土和粉土可采用水土分算方法，然后叠加；黏性土可根据情况采用水土分算或水土合算方法。

1）水土分算是在计算土压力 σ_z 时取有效应力，所以水下土体的自重应力按浮重度计算，同时抗剪强度指标取有效应力强度指标 φ' 和 c'，即

$$p_a = \gamma' z K_a' - 2c' \sqrt{K_a'} \tag{6-13}$$

式中 K_a'——按有效应力强度指标计算的主动土压力系数，$K_a' = \tan^2(45° - \varphi'/2)$。

然后绘出土压力强度分布图，计算土压力合力。此外，单独计算静水压力。静水压力的计算同水力学方法，其墙底处的静水压力强度为

$$p_w = \gamma_w h_w \tag{6-14}$$

水压力合力为

$$E_w = \frac{1}{2}\gamma_w h_w^2 \tag{6-15}$$

2）水土合算是对地下水位以下的土体取饱和重度 γ_{sat} 计算 σ_z，但土的抗剪强度指标取总应力强度指标 φ 和 c，即

$$p_a = \gamma_{sat} z K_a - 2c \sqrt{K_a} \tag{6-16}$$

【例 6-3】 如图 6-10 所示，某挡土墙高 6m，墙背铅直、光滑，无黏性填土表面水平，地下水位埋深 2m，水上土体重度 $\gamma = 18\text{kN/m}^3$，水下土体饱和重度 $\gamma_{sat} = 19.3\text{kN/m}^3$，土体内摩擦角 $\varphi = 35°$（水上、水下相同），试计算作用在挡土墙上的主动土压力及水压力。

解：已知 $\varphi = 35°$，则 $K_a = \tan^2(45° - 35°/2) = 0.271$，由式（6-4）计算图 6-10 中 A、B、C 三点处的土压力强度分别为

A 点：

$$\sigma_{zA} = 0, \quad p_{aA} = 0$$

B 点：

$$\sigma_{zB} = \gamma_1 h_1 = 18\times2\text{kPa} = 36\text{kPa}$$

$$p_{aB} = \sigma_{zB} K_a = 36\times0.271\text{kPa} = 9.76\text{kPa}$$

C 点：
$$\sigma_{zC} = \gamma_1 h_1 + \gamma' h_2 = 36 + (19.3 - 9.81) \times 4\,\text{kPa} = 73.96\,\text{kPa}$$
$$p_{aC} = \sigma_{zC} K_a = 73.96 \times 0.271\,\text{kPa} = 20.04\,\text{kPa}$$

绘出土压力分布图如图 6-10 所示。合力为土压力分布图形的面积，即

$$E_a = \frac{1}{2} \times 9.76 \times 2\,\text{kN/m} + 9.76 \times 4\,\text{kN/m} + \frac{1}{2}(20.04 - 9.76) \times 4\,\text{kN/m}$$

$$= (9.76 + 39.04 + 20.56)\,\text{kN/m} = 69.36\,\text{kN/m}$$

墙背上的静水压力呈三角形分布，总水压力为

$$E_w = \frac{1}{2} \gamma_w h_w^2 = \frac{1}{2} \times 9.81 \times 4^2\,\text{kN/m} = 78.48\,\text{kN/m}$$

挡土墙背上的总压力 $E = E_a + E_w = (69.36 + 78.48)\,\text{kN/m} = 147.84\,\text{kN/m}$

$$y_c = \frac{9.76 \times \left(4 + \frac{2}{3}\right) + 39.04 \times 2 + 20.56 \times \frac{4}{3} + 78.48 \times \frac{4}{3}}{69.36 + 78.48}\,\text{m} = 1.73\,\text{m}$$

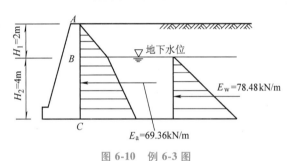

图 6-10　例 6-3 图

三、朗肯被动土压力计算

1. 被动土压力强度计算公式

被动土压力是填土处于被动极限平衡时作用在挡土墙上的土压力，由朗肯土压力原理可知，被动极限平衡时 $\sigma_3 = \sigma_z$，$p_p = \sigma_x = \sigma_1$，代入极限平衡条件经整理后可得

$$p_p = \sigma_z \tan^2(45° + \varphi/2) + 2c\tan(45° + \varphi/2)$$

即

$$p_p = \sigma_z K_p + 2c\sqrt{K_p} \tag{6-17}$$

式中　p_p——计算点处的被动土压力强度（kPa）；

$\quad\quad K_p$——朗肯被动土压力系数，$K_p = \tan^2(45° + \varphi/2)$；

$\quad\quad \sigma_z$——计算点处的竖向应力，各种情况的 σ_z 与主动土压力相同。

2. 朗肯被动土压力计算

计算朗肯被动土压力时，无论何种情况，首先按式（6-17）计算出各土层上、下层面处的土压力强度 p_p，绘出被动土压力强度分布图，根据图形求合力三要素。均质填土情况下的被动土压力分布图形如图 6-11 所示，填土为砂土时呈三角形分布，黏性填土时呈梯形分布。

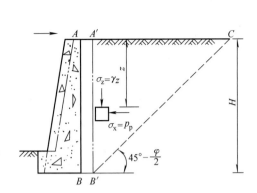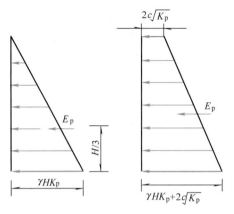

图 6-11 朗肯被动土压力

【例 6-4】 计算例 6-2 中作用在挡土墙上的被动土压力。

解：求出 $K_{p1} = \tan^2(45° + 30°/2) = 3$，$K_{p2} = \tan^2(45° + 35°/2) = 3.69$，按式（6-17）分别计算 a、b、c 三点的土压力强度 p_p 分别为：

a 点：$\qquad\qquad\qquad \sigma_{za} = q = 20\text{kPa}$，$p_{pa} = qK_{p1} = 20 \times 3\text{kPa} = 60\text{kPa}$

b 点上：$\qquad\qquad\quad \sigma_{zb} = q + \gamma_1 h_1 = (20 + 18 \times 6)\text{kPa} = 128\text{kPa}$

$\qquad\qquad\qquad\qquad\quad p_{pb} = \sigma_{zb} K_{p1} = 128 \times 3\text{kPa} = 384\text{kPa}$

b 点下：$\qquad\qquad\quad \sigma_{zb} = q + \gamma_1 h_1 = (20 + 18 \times 6)\text{kPa} = 128\text{kPa}$

$\qquad\qquad\qquad\qquad\quad p'_{pb} = \sigma_{zb} K_{p2} = 128 \times 3.69\text{kPa} = 472.32\text{kPa}$

c 点：$\qquad\qquad\quad \sigma_{zc} = q + \gamma_1 h_1 + \gamma_2 h_2 = (128 + 20 \times 4)\text{kPa} = 208\text{kPa}$

$\qquad\qquad\qquad\qquad\quad p_{pc} = \sigma_{zc} K_{p2} = 208 \times 3.69\text{kPa} = 767.52\text{kPa}$

绘出土压力分布图如图 6-12 所示，计算被动土压力合力为

$$E_p = 60 \times 6\text{kN/m} + \frac{1}{2} \times (384 - 60) \times 6\text{kN/m} + 472.32 \times 4\text{kN/m} + \frac{1}{2} \times (767.52 - 472.32) \times$$

$$4\text{kN/m} = (360 + 972 + 1889.28 + 590.4)\text{kN/m} = 3811.68\text{kN/m}$$

$$y_c = \frac{360 \times 7 + 972 \times 6 + 1889.28 \times 2 + 590.4 \times \dfrac{4}{3}}{3811.68}\text{m} = 3.39\text{m}$$

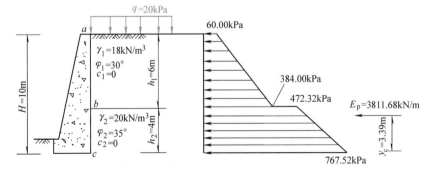

图 6-12 例 6-4 图

由例 6-2 和例 6-4 可知：被动土压力 E_p 远远大于主动土压力 E_a，由于产生被动土压力需要很大的位移，而实际工程中挡土结构不允许产生过大的变形，所以实际工程中被动土压力不会全部展现。当发生被动情况时，一般采用被动土压力的 1/3 作为挡土墙的外荷载。

单元 3　库仑土压力理论

一、基本理论

1776 年，法国学者库仑提出了适用性较广的库仑土压力理论。库仑理论假定挡土墙后填土是均质的砂性土，当挡土墙发生位移时，墙后有滑动土楔体随挡土墙的位移而达到主动或被动极限平衡状态，同时有滑裂面产生，如图 6-13 中的 BC 面。根据滑动土楔体 ABC 的外力平衡条件的极限状态，可分别求出主动土压力或被动土压力的合力。

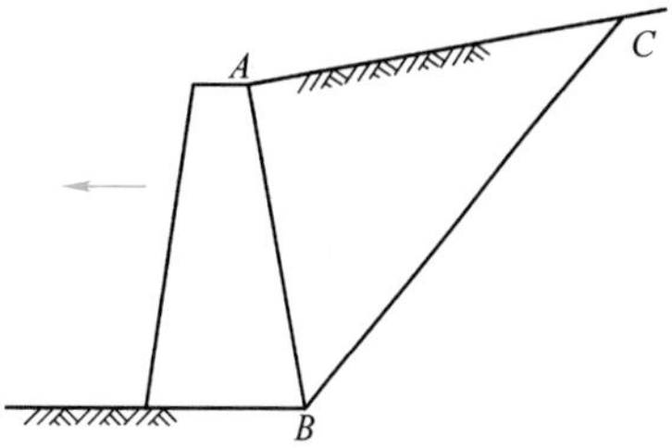

图 6-13　库仑土压力理论

二、库仑主动土压力计算

如图 6-14a 所示挡土墙，墙背倾角为 ε，填土表面 AC 是与水平面夹角为 β 的平面，挡土墙与土体间的摩擦角为 δ。当挡土墙有远离土体方向的位移而使墙后土体处于极限平衡状态时，土体中即将产生滑动面 BC。假定该滑动面与水平面夹角为 α，取单位墙体长度进行受力分析，则作用在滑动土楔体 ABC 上的作用力有：

1）土楔体 ABC 的自重 W 等于体积与重度 γ 的乘积。

2）滑动面 BC 下部土体的反力 R，其方向与 BC 面的法线成 φ 角，如图 6-14b 所示，R 是法向力 N_1 和摩擦力 T_1 的合力，由于土楔体在主动极限平衡状态时相对于 BC 面下滑，所以摩擦力 T_1 沿斜面向上。

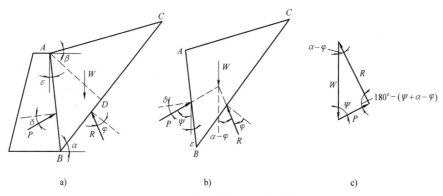

图 6-14　库仑主动土压力计算图

3）挡土墙对土楔体的支持力 P 与墙背法线成 δ 角，由于 ABC 相对于墙背下滑，所以 P 在法线的下方。

考虑土楔体 ABC 的静力平衡条件，可绘出 W、R 和 P 的力三角形，如图 6-14c 所示，由正弦定理可得

$$\frac{W}{\sin(180° - \psi - \alpha + \varphi)} = \frac{P}{\sin(\alpha - \varphi)}$$

上式中的 $\psi = 90° - \varepsilon - \delta$，其余符号同前。

整理可得

$$P = \frac{W\sin(\alpha - \varphi)}{\sin(90° + \varepsilon + \delta - \alpha + \varphi)} \tag{6-18}$$

由几何关系可知 $W = \frac{1}{2}\gamma H^2 \dfrac{\cos(\varepsilon - \alpha)\cos(\beta - \varepsilon)}{\cos^2\varepsilon\sin(\alpha - \beta)}$，代入式（6-18）得

$$P = \frac{1}{2}\gamma H^2 \frac{\cos(\varepsilon - \alpha)\cos(\beta - \varepsilon)\sin(\alpha - \varphi)}{\cos^2\varepsilon\sin(\alpha - \beta)\cos(\alpha - \varepsilon - \delta - \varphi)} \tag{6-19}$$

从式（6-19）可知 P 是 α 的函数，即取不同的 α 就有不同的 P 值，需要支持力最大的滑动面是最危险滑动面，因此求出 P_{max} 对应的滑动面即为最危险滑动面，P_{max} 对应的土压力即为主动土压力 E_a。因此，令 $\dfrac{\mathrm{d}P}{\mathrm{d}\alpha} = 0$ 解得 α 代入式（6-19）得

$$E_a = P_{max} = \frac{1}{2}\gamma H^2 k_a \tag{6-20}$$

其中

$$k_a = \frac{\cos^2(\varphi - \varepsilon)}{\cos^2\varepsilon\cos(\delta + \varepsilon)\left[1 + \sqrt{\dfrac{\sin(\delta + \varphi)\sin(\varphi - \beta)}{\cos(\delta + \varepsilon)\cos(\varepsilon - \beta)}}\right]^2} \tag{6-21}$$

式中 k_a——库仑主动土压力系数，是 φ、ε、δ、β 的函数，既可由式（6-21）计算，也可以参见其他参考书查表得到；

     δ——外摩擦角，可按以下规定取值：俯斜的混凝土或砌体墙，取 $\frac{1}{2}\varphi \sim \frac{2}{3}\varphi$；台阶形墙背，取 $\frac{2}{3}\varphi$；垂直混凝土或砌体墙，取 $\frac{\varphi}{3} \sim \frac{\varphi}{2}$。

计算台后或墙后的主动土压力时，β 按图 6-15a 取正值；计算台前或墙前的主动土压力时，β 按图 6-15b 取正值。

由式（6-20）可知，主动土压力合力与挡土墙高的平方成正比，填土表面下任意深度 z 处的土压力强度 p_a 为 E_a 对 z 的一阶导数，即

$$p_a = \frac{\mathrm{d}E_a}{\mathrm{d}z} = \gamma z k_a \tag{6-22}$$

由式（6-22）可见，主动土压力强度沿挡土墙高呈三角形分布，如图 6-15c 所示。主动土压力的合力作用点位于距离墙底 $C = H/3$ 处，土压力作用线在墙背法线上方，与法线成 δ 角，与水平面的夹角为 $\delta + \varepsilon$。必须注意，式（6-22）是由 E_a 对 z 微分得到的，因而在图 6-15c 中的压力分布图形只反映土压力强度沿铅直高度分布的大小，而不表示作用方向。

当符合朗肯土压力条件时（$\varepsilon = 0$、$\delta = 0$、$\beta = 0$），可得 $k_a = \tan^2(45° - \varphi/2)$。由此可以看出：朗肯土压力公式是库仑公式的一种特例。

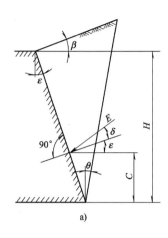 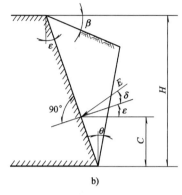 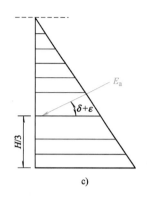

图 6-15　库仑主动土压力强度分布

【例 6-5】　如图 6-16 所示，某挡土墙高 5m，墙背倾角 $\varepsilon=10°$，回填砂土表面水平，其重度 $\gamma=18\mathrm{kN/m}^3$，$\varphi=35°$，$\delta=20°$，试计算作用于挡土墙上的主动土压力。

解：将 $\varphi=35°$，$\delta=20°$，$\varepsilon=10°$，$\beta=0$ 代入式（6-21）得 $k_a=0.322$

总主动土压力：$E_a=\dfrac{1}{2}\gamma H^2 k_a=\dfrac{1}{2}\times18\times5^2\times0.322\mathrm{kN/m}=72.45\mathrm{kN/m}$

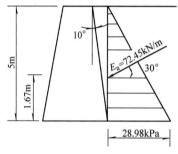

图 6-16　例 6-5 图

土压力为三角形分布，墙底处土压力强度 $p_a=\gamma H k_a=18\times5\times0.322\mathrm{kPa}=28.98\mathrm{kPa}$，如图 6-16 所示，土压力合力作用在 $H/3=1.67\mathrm{m}$ 处，合力位于法线上方，方向与水平面成 $\varepsilon+\delta=30°$ 角。

三、库仑被动土压力计算

当挡土墙发生向填土方向位移时，如图 6-17 所示，根据滑动土楔体的外力平衡条件可得

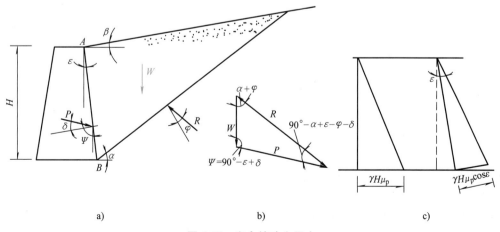

图 6-17　库仑被动土压力

$$P = \frac{W\sin(\alpha + \varphi)}{\sin(90° + \varepsilon - \delta - \alpha - \varphi)} \qquad (6\text{-}23)$$

求出 P 的最小值即为被动土压力 E_p，由 $\dfrac{\mathrm{d}P}{\mathrm{d}\alpha}=0$ 解得 α 代入式（6-23）得

$$E_p = P_{\min} = \frac{1}{2}\gamma H^2 k_p \qquad (6\text{-}24)$$

$$k_p = \frac{\cos^2(\varepsilon + \varphi)}{\cos^2\varepsilon\cos(\varepsilon - \delta)\left[1 - \sqrt{\dfrac{\sin(\delta + \varphi)\sin(\varphi + \beta)}{\cos(\varepsilon - \delta)\cos(\varepsilon - \beta)}}\right]^2} \qquad (6\text{-}25)$$

式中　k_p——库仑被动土压力系数，是 ε、β、δ、φ 的函数，可由式（6-25）计算；当 $\varepsilon = 0$，$\delta = 0$，$\beta = 0$ 时，$k_p = \tan^2(45° + \varphi/2)$。

被动土压力 E_p 与墙背法线成 δ 角，位于法线下方，被动土压力强度沿墙背的分布仍呈三角形，挡土墙底部的被动土压力强度 $p_p = \gamma H k_p$。

四、几种特殊情况下的库仑土压力

库仑土压力理论是建立在无黏性土的基础之上的，仅适用于填土为无黏性土的情况，但后来人们对库仑理论进行了改良，可用于解决其他情况的主动土压力问题，以下介绍几种常见情况，这些情况的解决方法不是唯一的，此处仅介绍其中一种方法。

1. 均布地面荷载作用

当填土表面作用均布荷载时，可以将均布荷载 q 换算为土体的当量厚度 $h_0 = q/\gamma$（γ 为填土重度），如图 6-18 所示。计算时先求出土层的当量厚度 h_0，再转化为当量墙高 $h' = h_0\dfrac{\cos\varepsilon\cos\beta}{\cos(\varepsilon - \beta)}$，由此可计算土压力强度沿深度的分布；然后绘出作用在挡土墙上的土压力分布图，再根据土压力分布图求出土压力的合力。

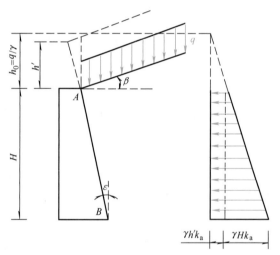

图 6-18　均布荷载作用下的库仑土压力

墙顶 A 点：
$$p_{aA} = \gamma h' k_a \qquad (6\text{-}26)$$

墙底 B 点：
$$p_{aB} = \gamma k_a(h' + H) \qquad (6\text{-}27)$$

墙背的总土压力为：
$$E_a = \gamma k_a H\left(h' + \frac{1}{2}H\right) \qquad (6\text{-}28)$$

土压力作用线与墙背法线成 δ 角，位于法线上方。

2. 成层填土情况

如图 6-19 所示的成层填土情况，对成层土计算库仑土压力仍然用分层绘制压力分布图的方法，首先计算出每层填土上、下层面处的土压力强度，绘出土压力分布图，然后根据图形面积求合力。对第一层土的压力计算与前述方法相同，$p'_{a1} = 0$，$p''_{a1} = \gamma_1 h_1 k_{a1}$；而对于以下

的土层，计算时将上部土体厚度仍换算为与计算层重度相同的当量厚度 h'，然后按独立土层分别计算深度为 h'（计算层顶面）和 $h'+h$（计算层底面）的土压力强度 p'_{ai} 和 p''_{ai}。

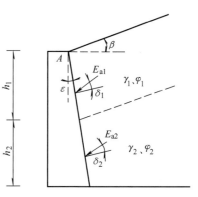

$$h' = \frac{\sum \gamma_j h_j}{\gamma_i} \quad (6\text{-}29)$$

$$p'_{ai} = \gamma_i h' k_{ai} \quad (6\text{-}30)$$

$$p''_{ai} = \gamma_i k_{ai}(h'+h_i) \quad (6\text{-}31)$$

式中 γ_j、h_j——计算土层以上各土层的重度和厚度；

γ_i、h_i——计算土层 i 的重度和厚度；

k_{ai}——计算土层的库仑主动土压力系数。

图 6-19 成层土中的库仑土压力

五、《公路桥涵设计通用规范》（JTG D60—2015）对土压力计算的规定

1. 静止土压力标准值计算

在计算倾覆和滑移稳定时，墩（台）、挡土墙前侧地面以下不受冲刷部分土的侧压力可按静止土压力计算式（6-2）计算。

2. 主动土压力标准值计算

（1）当土层特性无变化且无汽车荷载作用时 在桥台、挡土墙前后的主动土压力标准值可按库仑土压力式（6-32）计算，即

$$E_a = \frac{1}{2}Bk_a\gamma H^2 \quad (6\text{-}32)$$

式中 B——桥台计算宽度或挡土墙计算长度（m）；

H——计算土层高度（m）。

（2）当土层特性无变化但有汽车荷载作用时 计算车辆荷载引起的土压力时，将破坏棱体范围内的车辆荷载 $\sum G$ 化为均布荷载 $q = \dfrac{\sum G}{Bl_0}$，然后将均布荷载换算为当量土层厚度 h（图 6-20），用库仑土压力公式计算土压力。在 $\beta = 0$ 时，作用在桥台、挡土墙前后的主动土压力标准值可按式（6-33）计算，即

$$E_a = \frac{1}{2}Bk_a\gamma H(H + 2h) \quad (6\text{-}33)$$

式中 h——汽车荷载的当量均布土层厚度（m），$h = q/\gamma$（γ 为填土重度）；

B——桥台计算宽度或挡土墙计算长度。

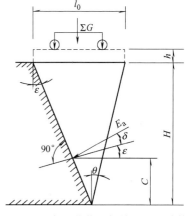

图 6-20 车辆荷载引起的土压力计算

主动土压力着力点自计算土层底面算起，如图 6-20 所示，$C = \dfrac{H}{3} \times \dfrac{H+3h}{H+2h}$。

（3）破坏棱体范围的确定 破坏棱体范围的确定可按图 6-20 进行，其中棱体的宽度 l_0 可按下式计算：

$$l_0 = H(\tan\varepsilon + \tan\theta) \tag{6-34}$$

上式中的 $\tan\theta$ 可按式（6-35）计算，即

$$\tan\theta = -\tan(\varepsilon + \delta + \varphi) + \sqrt{[\cot\varphi + \tan(\varepsilon + \delta + \varphi)][\tan(\varepsilon + \delta + \varphi) - \tan\varepsilon]} \tag{6-35}$$

挡土墙计算长度 B 取值原则如下：若挡土墙结构为桥台时，取桥台横向全宽；若是路基挡土墙，根据车辆荷载级别选取长度，方法是按汽车荷载扩散长度和挡土墙分段长度综合选取，具体参见《公路桥涵设计通用规范》（JTG D60—2015）。

破坏棱体范围内的车辆荷载 $\sum G$ 是指布置在 $B \times l_0$ 范围内的车轮上的重力之和，车辆布置参见《公路桥涵设计通用规范》（JTG D60—2015）。

单元 4 土压力计算的影响因素及减少土压力的措施

一、影响土压力的因素

1. 墙背的影响

挡土墙墙背的形状、粗糙程度等因素对土压力有一定的影响。墙背粗糙程度是通过外摩擦角 δ 来反映的，δ 越大主动土压力越小，而被动土压力越大。δ 值最好由试验确定，但在实际工程中多按经验选用 δ 值，因此造成土压力计算值与实际值有一定的差别。

墙背的形状和倾斜程度对土压力也有很大的影响。若挡土墙墙背较平缓，其倾角 ε 大于某一临界值 ε_{cr}，则土楔体可能不再沿墙背滑动，而产生第二滑动面，此种挡土墙称为坦墙，如图 6-21a 所示。此时，土压力 E 将作用在第二滑动面上，其摩擦角应是 φ 而不是 δ。土体 ABA' 与墙形成整体，可视为挡土墙的一部分，因此作用在墙上的土压力应该是土体 ABA' 的自重与土压力 E 的合力。

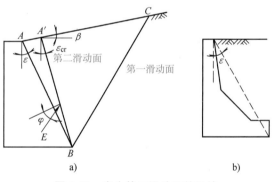

图 6-21 产生第二滑动面的坦墙

通常当挡土墙与墙踵连线的倾角 ε 超过20°时，就应考虑有无可能产生第二滑动面，如图 6-21b 所示。判别第二滑动面的临界角 ε_{cr} 可由下式计算：

$$\varepsilon_{cr} = 45° - \frac{\varphi}{2} + \frac{\beta}{2} - \frac{1}{2}\arcsin\left(\frac{\sin\beta}{\sin\varphi}\right) \tag{6-36}$$

当 $\beta = 0$，即填土表面水平时，得

$$\varepsilon_{cr} = 45° - \varphi/2 \tag{6-37}$$

对于折线形墙背的挡土墙，宜按库仑土压力理论分段计算土压力，如图 6-22 所示。先把 AB 段作为单独的挡土墙计算其主动土压力，绘制土压力分布图。对 BC 段，延长墙背 CB 至 A'，计算墙高 $A'C$ 范围内的土压力，绘制土压力分布图。取 BC 段的土压力分布图和 AB 段的土压力分布图分别计算合力，由于两段墙背的倾角不同，所以两段墙背上的合力方向也不相同，要分别确定方向。

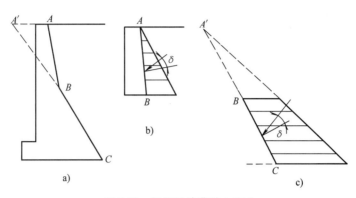

图 6-22 折线形墙背的土压力

当墙背有卸荷板时，可以减小土压力，并可能增加挡土墙的稳定性，图 6-23 为带卸荷板的挡土墙及其土压力计算图。

2. 填土条件影响

库仑土压力理论适用于墙后填土为水平或倾斜的平面，非平面的其他情况可以采用库尔曼图解法求解。填土的物理力学性质指标对土压力也有较大的影响。如重度 γ 的增大常引起土压力的增大，因此工

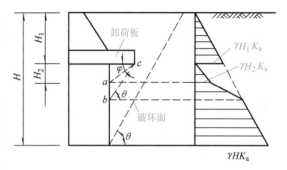

图 6-23 带卸荷板的挡土墙及其土压力计算

程中可以通过减小 γ 来减小土压力；φ 越大的土对挡土墙的主动土压力越小，因此减小主动土压力可以通过选用 φ 较大的材料来达到目的。工程中正确确定有关指标很重要，但有效地控制各种指标更重要，如选择合适的填料、加强土体排水等都是减小土压力的有效措施。

二、减小主动土压力的措施

减小主动土压力就可以减小墙身的设计断面，从而减少工程造价。工程中常采用以下措施来减小主动土压力，而具体采用哪一种措施要结合工程实际情况考虑：

1. 选择合适的填料

工程中在允许的条件下，可以选择内摩擦角较大的土料，如粗砂、砾、块石等，可以显著降低主动土压力；有时也可选择轻质填料，如炉渣、矿渣等填料的内摩擦角不会因浸水而降低很多，同时也利于排水。

对于黏性土，其黏聚力会因浸水而降低，所以黏性土的黏性极不稳定，因此在计算土压力时常不考虑其拉应力。但如果有措施能保证填土符合规定要求，也可以计入黏聚力影响。

2. 改变墙体结构和墙背形状

改变墙背的几何形状可以达到减小主动土压力的目的。如采用中间凸出的折线形墙背，或在墙背上设置减压平台；也可以采用悬臂式的钢筋混凝土结构以增大墙体的稳定性，如图 6-24 所示。

当地基强度不高，而挡土高度较大时，也常采用空箱式挡土墙，如土基上的桥台、水闸边墩外侧挡土墙等常采用空箱式挡土结构。

113

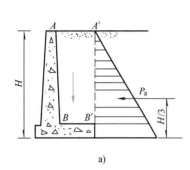

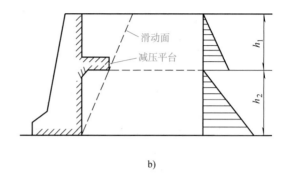

a)　　　　　　　　　　　　　　　　　　b)

图 6-24　减小主动土压力的措施

a）悬臂式钢筋混凝土挡土墙　b）带减压平台的挡土墙

3. 减小地面堆载

由于填土表面荷载的作用常会增大作用在挡土墙上的土压力，因此减小地面荷载，将不必要的堆载远离挡土墙，可使土压力减小，增加挡土墙的稳定性。因此，工程中常对挡土墙上部的土坡进行削坡，做成台阶状以利于边坡的稳定；施工中将基坑弃土、施工用材料以及设备等临时荷载远离基坑堆放，以便减小作用于基坑支护结构上的土压力，也利于基坑边坡的稳定。

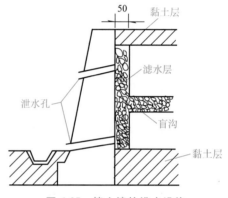

图 6-25　挡土墙的排水设施

此外，由于挡土墙后有地下水时会增加外荷载，减小挡土墙的稳定性，所以工程中常在挡土墙上设置排水孔、在挡土墙后设置排水盲沟，以此来加强排水，降低地下水对挡土墙的影响，增加挡土墙的稳定性，如图 6-25 所示。

素质拓展——担当精神

挡土墙是指支撑路基填土或山坡土体，防止填土或土体变形失稳的构造物，是公路建设中不可缺少的重要构造物，它以自身稳定来抵挡侧向土压力作用，维持土体稳定。挡土墙有多种结构形式，各有不同特点，均在公路建设中得到广泛应用。

担当，其实是指一个人要承担起应尽的责任和义务，能够尽最大力量履行自己的责任。新时代是奋斗者的时代，奋斗需要有担当、有作为。习近平总书记曾指出："是否具有担当精神，是否能够忠诚履责、尽心尽责、勇于担责，是检验每一个领导干部身上是否真正体现了共产党人先进性和纯洁性的重要方面。"

一块砖，造房垒舍，担负起挡风遮雨的责任；一个支座，架桥铺路，担负起了四通八达的交通责任。物尚且如此，人亦如此。逃避责任的人注定失败；敢于担当的人，即使没有成就丰功伟绩，也是真正的强者。如果人生是一道彩虹，那绚丽的色彩就叫作担当！

担当是我们工程技术人员的一种责任，敢于负责才叫真担当。我们要发扬担当精神、发扬历史主动精神，在机遇面前主动出击，不犹豫、不观望；在困难面前迎难而上，不推诿、不逃避；在风险面前积极应对，不畏缩、不躲闪，在工作中顶天立地。

思 考 题

6-1　主动状态的土压力是主动土压力，被动状态的土压力就是被动土压力的说法是否正确？

6-2　静止土压力产生的条件是什么？

6-3　朗肯土压力理论忽略了墙与土之间的摩擦，对土压力计算结果有何影响？

6-4　为何要将压力分布图形分成三角形和矩形分别计算合力？

6-5　墙后多层填土时，层面 b 处主动土压力强度 p_a 的分布为何出现突变？

6-6　地下水的存在是否有利于挡土墙的稳定？如何增加其稳定性？

6-7　式（6-4）中的 σ_z 是何含义？各种情况下分别代表什么？

6-8　工程中在什么情况用主动土压力？在什么情况用被动土压力？举例说明。

6-9　主动土压力与被动土压力的分布图形是否相同？为什么？

6-10　库仑土压力理论与朗肯土压力理论的原理有何不同？

6-11　库仑主动土压力与朗肯主动土压力哪一个大？

6-12　有渗流作用与无渗流作用时土坡的稳定性有何区别？

习　　题

6-1　某挡土墙高 9m，墙背铅直、光滑，墙后填土表面水平，有均布荷载 $q = 20kPa$，土的重度为 $\gamma = 19kN/m^3$，$\varphi = 30°$，$c = 0$。试绘出墙背的主动土压力分布图，确定总主动土压力三要素。

6-2　某挡土墙高 7m，墙背铅直、光滑，填土地面水平，并作用有均布荷载 $q = 20kPa$，墙后填土分两层，上层厚 3m，$\gamma_1 = 18kN/m^3$，$\varphi_1 = 20°$，$c_1 = 12.0kPa$，地下水位埋深 3m；水位以下土的重度为 $\gamma_{sat} = 19.2kN/m^3$，$\varphi_2 = 26°$，$c_2 = 6.0kPa$。试绘出墙背的主动土压力分布图，确定总主动土压力三要素。

6-3　某挡土墙墙高 5m，墙背倾角为 10°，填土表面倾角 15°，填土为无黏性土，重度 $\gamma = 15.68kN/m^3$，内摩擦角 $\varphi = 30°$，墙背与土的摩擦角 $\delta = \dfrac{2}{3}\varphi$。试求作用在墙上的总主动土压力三要素。

6-4　某挡土墙高 4m，水平填土表面上作用大面积均布荷载 20kPa，墙后为黏性填土，$\gamma = 20kN/m^3$，$c = 5kPa$，$\varphi = 30°$，已知实测挡土墙所受土压力为 64kN/m，静止土压力系数为 0.5。试用朗肯土压力理论说明此时墙后填土是否达到极限平衡状态，为什么？

学习情境 7
地基承载力

学习目标与要求

1）掌握地基剪切破坏的三种破坏形式，整体剪切破坏的三个变形阶段。理解有关界限荷载的概念和意义。了解地基剪切破坏的形式。

2）掌握临塑荷载、塑性荷载、极限荷载的概念及其计算方法，地基承载力的概念和确定方法。能根据理论公式或现场试验确定地基承载力，会根据相关规范或地区经验确定地基承载力。了解载荷试验、标准贯入试验、静力触探试验的基本原理。

学习重点与难点

本学习情境重点是利用各种方法确定地基承载力，以及方法选择。难点是各种荷载理论以及公式的应用条件，采用各种现场原位试验确定地基承载力的方法。

单元 1　概述

一、地基破坏的形式和特点

地基受到外荷载作用时，首先在基础边缘产生应力集中，地基土出现塑性变形，随着荷载加大，塑性变形区自基础边缘向基底中心以及地基深处发展，最后造成地基失稳破坏。试验研究表明，地基剪切破坏一般可分为整体剪切破坏、局部剪切破坏和冲剪破坏三种形式，如图 7-1 所示。地基破坏形式与很多因素有关，不同形式的破坏所表现出的特点不同，见表 7-1。

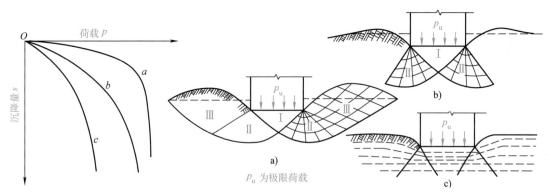

图 7-1　地基破坏形式

a）整体剪切破坏　b）局部剪切破坏　c）冲剪破坏

二、地基整体剪切破坏的三个阶段

地基整体剪切破坏可分为弹性变形阶段（图 7-2a 曲线中的 oa 段）、弹塑性变形阶段（图 7-2a 曲线中的 ab 段）和破坏阶段（图 7-2a 曲线中的 bc 段）。随着荷载的增大并达到某一数值时，首先是基础边缘处的土开始出现塑性变形；随着荷载继续增大，塑性区也相应扩大（图 7-2c）；剪切破坏区随荷载的增大逐渐扩展成片，形成完整的滑动面，致使地基出现整体剪切破坏（图 7-2d）。

表 7-1　条形基础受铅直中心荷载作用时地基破坏的形式及特点

破坏类型	地基中滑动面情况	荷载与沉降曲线的特征	基础两侧地面情况	破坏时基础的沉降情况	基础的表现	设计的控制因素	事故出现情况	适用条件	
								地基土	相对埋深[①]
整体剪切破坏	完整（以至露出地面）	有明显的拐点	隆起	较小	倾倒	强度	突然倾倒	密实的	小
局部剪切破坏	不完整	拐点不易确定	有时微有隆起	中等	可能会出现倾倒	变形为主	较慢下沉，有倾倒	松软的	中
冲剪破坏	很不完整	拐点无法确定	沿基础出现下陷	较大	只出现下沉	变形	缓慢下沉	软弱的	大

①　基础相对埋深为基础埋深与基础宽度之比。

工程中将弹性变形阶段转变为弹塑性变形阶段时地基所承受的基底压力称为临塑荷载，以 p_{cr} 表示；而将地基濒临破坏（即弹塑性变形阶段转变为破坏阶段）时所承受的基底压力称为地基的极限荷载，或称为地基极限承载力，以 p_u 表示，如图 7-2a 所示。

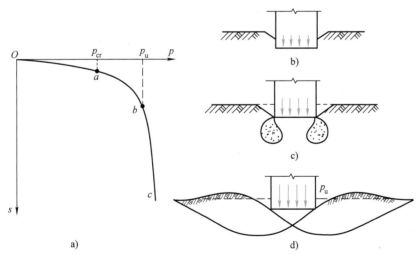

图 7-2　整体剪切破坏示意

a）p-s 曲线　b）压密阶段　c）弹塑性变形阶段　d）破坏阶段

三、地基承载力的概念

地基承载力是指地基所能承受荷载的能力，在不同使用状态下地基具有不同的承载力，如极限承载力、临塑承载力等。在设计建筑物基础时，为了保证建筑物的安全和正常使用，即保证地基稳定性不受破坏，而且具有一定的安全度，同时还应满足建筑物的变形要求（即正常使用状态），常将基底压力限制在某一特征值范围内。《建筑地基基础设计规范》（GB 50007—2011）采用地基承载力特征值 f_a 表示正常使用极限状态计算时的地基承载力，即由载荷试验测定的地基土压力变形曲线线性变形阶段内规定的变形所对应的压力值，其最大值为比例界限值。

关于地基承载力的确定，目前常用的方法有理论公式计算、现场原位试验以及承载力经验数据三大类方法。其中的理论计算公式方法一般分为两类，一类是根据土体极限平衡条件推导的临塑荷载和界限荷载计算公式，另一类是根据土的刚塑性假定推导的极限承载力公式。

单元 2　按塑性变形区的开展范围确定地基承载力

一、临塑荷载 p_{cr} 计算

1. 塑性变形区的边界方程

条形基础均布基底压力作用下，其基础底面传来竖直均布压力 p，如图 7-3 所示。根据弹性理论，地基中任意点 M 由条形均布压力所引起的附加应力的大、小主应力为

$$\frac{\sigma_1}{\sigma_3} = \frac{p - \gamma d}{\pi}(2\beta \pm \sin 2\beta) \tag{7-1}$$

式中　2β——M 点与基底两侧连线的夹角，称为视角；

　　　　d——基础埋置深度。

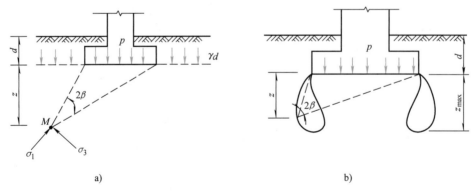

图 7-3　条形均布荷载作用下地基中的主应力和塑性区

a）任一点的附加应力　b）塑性区边界

在 M 点上还有地基本身重量所引起的自重应力。假定在极限平衡区内土的静止侧压力系数 K_0 等于 1，则由土的自重所引起的大、小主应力均为 $\gamma(d+z)$，z 为 M 点在基底面以下的深度，γ 为地基土的重度。于是，由基底压力和自重在 M 点处引起的大、小主应力为

$$\frac{\sigma_1}{\sigma_3} = \frac{p - \gamma d}{\pi}(2\beta \pm \sin 2\beta) + \gamma(d+z) \tag{7-2}$$

当地基内 M 点达到极限平衡状态时，大、小主应力应满足极限平衡关系式，即

$$\sigma_1 = \sigma_3 \tan^2\left(45° + \frac{\varphi}{2}\right) + 2c\tan\left(45° + \frac{\varphi}{2}\right)$$

将式（7-2）中的大、小主应力代入上式并经整理得

$$z = \frac{(p - \gamma d)}{\gamma \pi}\left(\frac{\sin 2\beta}{\sin\varphi} - 2\beta\right) - \frac{c}{\gamma \tan\varphi} - d \tag{7-3}$$

式（7-3）表示在某一压力 p 下地基中塑性变形区的边界方程。为了计算塑性变形区开展的最大深度 $z_{\max}$，令一阶导数 $\dfrac{\mathrm{d}z}{\mathrm{d}\beta}$ 等于零，即

$$\frac{\mathrm{d}z}{\mathrm{d}\beta} = \frac{p - \gamma d}{\gamma \pi}\left(\frac{2\cos 2\beta}{\sin\varphi} - 2\right) = 0 \tag{7-4}$$

由式（7-4）得出 $\cos 2\beta = \sin\varphi$，所以当 $2\beta = \pi/2 - \varphi$ 时，式（7-3）有极值。将 $2\beta = \pi/2 - \varphi$ 代回式（7-3）中，即可得到塑性变形区开展的最大深度为

$$z_{\max} = \frac{(p - \gamma d)}{\gamma \pi}\left(\cot\varphi - \frac{\pi}{2} + \varphi\right) - \frac{c}{\gamma \tan\varphi} - d \tag{7-5}$$

2. 临塑荷载公式

由临塑荷载的概念可知，当 $z_{\max} = 0$（即塑性区开展深度为零）时，此时地基所能承受的基底附加压力即为临塑荷载。因此，将 $z_{\max} = 0$ 代入式（7-5）中得出临塑荷载计算公式为

$$p_{\mathrm{cr}} = \frac{\pi(\gamma d + c\cot\varphi)}{\cot\varphi - \dfrac{\pi}{2} + \varphi} + \gamma_0 d = N_c c + N_q \gamma_0 d \tag{7-6}$$

式中　　N_c、N_q——承载力系数，它们是内摩擦角的函数；

$$N_c = \frac{\pi\cot\varphi}{\cot\varphi - \dfrac{\pi}{2} + \varphi}$$

$$N_q = \frac{\cot\varphi + \dfrac{\pi}{2} + \varphi}{\cot\varphi - \dfrac{\pi}{2} + \varphi}$$

γ_0——基底以上土体的加权平均重度。

二、塑性荷载 $p_{1/4}$、$p_{1/3}$

工程中为了保证地基稳定性，通常限制塑性变形区的最大开展深度 $z_{\max}$，相应的荷载也称为临界荷载。根据经验，塑性变形区的开展深度可取基底宽度的 $1/4 \sim 1/3$。

若将 $z_{\max} = b/4$ 代入式（7-5），此时相应的临界荷载为

$$p_{1/4} = N_r \gamma b + N_c c + N_q \gamma_0 d \tag{7-7}$$

式中　　N_r——承载力系数，它是内摩擦角的函数；

$$N_r = \frac{\pi}{4\left(\cot\varphi - \dfrac{\pi}{2} + \varphi\right)}$$

γ——基础底面以下土的重度，地下水位以下取浮重度。

若使 z_{max} 等于 $b/3$，此时相应的临界荷载为

$$p_{1/3} = N_r' \gamma b + N_c c + N_q \gamma_0 d \qquad (7\text{-}8)$$

式中 N_r'——承载力系数。

$$N_r' = \frac{\pi}{3\left(\cot\varphi - \dfrac{\pi}{2} + \varphi\right)}$$

根据地基的不同情况可以分别选用相应的 p_{cr}、$p_{1/4}$ 或 $p_{1/3}$ 作为地基承载力，由于用 p_{cr} 作为地基承载力偏于保守，所以工程中除对软弱地基外，一般不选用 p_{cr} 作为地基承载力，多用 $p_{1/4}$ 或 $p_{1/3}$ 作为地基承载力。《建筑地基基础设计规范》（GB 50007—2011）建议：当偏心距 e 小于等于 0.033 倍的基底宽度时，可根据土的抗剪强度指标按式（7-9）确定地基承载力特征值 f_a，但尚应满足变形要求。

$$f_a = M_b \gamma b + M_d \gamma_0 d + M_c c_k \qquad (7\text{-}9)$$

式中　　　f_a——由土的抗剪强度指标确定的地基承载力特征值（kPa）；

M_b、M_d、M_c——承载力系数，它们是土体内摩擦角 φ_k 的函数，可查表 7-2 确定；

γ_0——基础底面以上土的加权平均重度，地下水位以下取浮重度；

γ——基础底面以下土的重度，地下水位以下取浮重度；

c_k——基础底面以下一倍短边宽深度范围内土的黏聚力标准值；

φ_k——基础底面以下一倍短边宽深度范围内土的内摩擦角标准值。

表 7-2　承载力系数 M_b、M_d、M_c

φ_k	M_b	M_d	M_c	φ_k	M_b	M_d	M_c
0°	0	1.00	3.14	22°	0.61	3.44	6.04
2°	0.03	1.12	3.32	24°	0.80	3.87	6.45
4°	0.06	1.25	3.51	26°	1.10	4.37	6.90
6°	0.1	1.39	3.71	28°	1.40	4.93	7.40
8°	0.14	1.55	3.93	30°	1.90	5.59	7.95
10°	0.18	1.73	4.17	32°	2.60	6.35	8.55
12°	0.23	1.94	4.42	34°	3.40	7.21	9.22
14°	0.29	2.17	4.69	36°	4.20	8.25	9.97
16°	0.36	2.43	5.00	38°	5.00	9.44	10.80
18°	0.43	2.72	5.31	40°	5.80	10.84	11.73
20°	0.51	3.06	5.66				

式（7-6）~式（7-8）是在条形基础均布荷载作用情况下得到的，对于建筑物竣工期的稳定性校核，土的抗剪强度指标 c、φ 一般采用不排水强度或快剪试验结果。注意：由于施工期间地基土有一定的排水固结过程，强度相应有所提高，所以按 $p_{1/4}$、$p_{1/3}$ 验算的结果，实际的塑性变形区最大开展深度达不到基础宽度的 1/4 或 1/3，尚存一定的安全储备。

【例 7-1】　有一条形基础，宽度 $b = 3\text{m}$，埋置深度 $d = 1\text{m}$。地基土的重度，水上部分为 $\gamma = 19\text{kN/m}^3$，水下部分为饱和重度 $\gamma_{sat} = 20\text{kN/m}^3$，土的快剪强度指标 $c = 10\text{kPa}$，$\varphi = 10°$，$c_k = 10\text{kPa}$。试求：（1）无地下水时的界限荷载 $p_{1/4}$、$p_{1/3}$ 及承载力特征值 f_a；（2）若地下水位升至基础底面，承载力有何变化？（3）若强度指标变成了 $c = 0$，$\varphi = 30°$，$c_k = 0\text{kPa}$，其承载力如何变化？

解：（1）由 $\varphi = 10°$，计算得 $N_r = 0.18$、$N_r' = 0.24$、$N_q = 1.73$、$N_c = 4.17$，代入式（7-7）、式（7-8）得

$$p_{1/4} = N_r \gamma b + N_q \gamma_0 d + N_c c = (0.18 \times 19 \times 3 + 1.73 \times 19 \times 1 + 10 \times 4.17) \mathrm{kPa}$$
$$= 84.83 \mathrm{kPa}$$

$$p_{1/3} = N'_r \gamma b + N_q \gamma_0 d + N_c c = (0.24 \times 19 \times 3 + 1.73 \times 19 \times 1 + 10 \times 4.17) \mathrm{kPa}$$
$$= 88.25 \mathrm{kPa}$$

查表 7-2 得 $M_b = 0.18$、$M_d = 1.73$、$M_c = 4.17$，则有

$$f_a = M_b \gamma b + M_d \gamma_0 d + M_c c_k = (0.18 \times 19 \times 3 + 1.73 \times 19 \times 1 + 10 \times 4.17) \mathrm{kPa}$$
$$= 84.83 \mathrm{kPa}$$

（2）当地下水位上升至基础底面时，若假设土的强度指标 c、φ 值不变，因而承载力系数同上。地下水位以下土的重度采用浮重度 $\gamma' = (20-10) \mathrm{kN/m^3} = 10 \mathrm{kN/m^3}$。将 γ' 及承载力系数等值分别代入式（7-7）~ 式（7-9）中，即可得出地下水位上升后的地基承载力为

$$p_{1/4} = N_r \gamma b + N_q \gamma_0 d + N_c c = (0.18 \times 10 \times 3 + 1.73 \times 19 \times 1 + 10 \times 4.17) \mathrm{kPa}$$
$$= 79.97 \mathrm{kPa}$$

$$p_{1/3} = N'_r \gamma b + N_q \gamma_0 d + N_c c = (0.24 \times 10 \times 3 + 1.73 \times 19 \times 1 + 10 \times 4.17) \mathrm{kPa}$$
$$= 81.77 \mathrm{kPa}$$

$$f_a = M_b \gamma b + M_d \gamma_0 d + M_c c_k = (0.18 \times 10 \times 3 + 1.73 \times 19 \times 1 + 10 \times 4.17) \mathrm{kPa}$$
$$= 79.97 \mathrm{kPa}$$

从计算可以看出，当有地下水时，会降低地基承载力值。故当地下水位升高较大时，对地基的稳定不利。

（3）强度指标 $c = 0$，$\varphi = 30°$ 时，经计算可得 $N_r = 1.15$、$N'_r = 1.53$、$N_q = 5.59$、$N_c = 7.95$，查表 7-2 得 $M_b = 1.90$、$M_d = 5.59$、$M_c = 7.95$，分别将各系数代入式（7-7）~ 式（7-9）得

$$p_{1/4} = N_r \gamma b + N_q \gamma_0 d + N_c c = (1.15 \times 10 \times 3 + 5.59 \times 19 \times 1 + 0 \times 7.95) \mathrm{kPa}$$
$$= 140.71 \mathrm{kPa}$$

$$p_{1/3} = N'_r \gamma b + N_q \gamma_0 d + N_c c = (1.53 \times 10 \times 3 + 5.59 \times 19 \times 1 + 0 \times 7.95) \mathrm{kPa}$$
$$= 152.11 \mathrm{kPa}$$

$$f_a = M_b \gamma b + M_d \gamma_0 d + M_c c_k = (1.90 \times 10 \times 3 + 5.59 \times 19 \times 1 + 0 \times 7.95) \mathrm{kPa}$$
$$= 163.21 \mathrm{kPa}$$

由此可以看出，内摩擦角增大使地基承载力得到很大提高，对地基的稳定有利。

单元 3　按极限荷载确定承载力

极限荷载是指地基濒临整体破坏时的最大基底压力，如图 7-2a 中的 p_u 值。极限荷载除以安全系数可作为地基承载力特征值，一般安全系数取 2~3。极限承载力的计算公式都是在刚塑性体极限平衡理论的基础上求解得到的。下面以太沙基公式和汉森公式进行说明。

一、太沙基公式

太沙基公式常被用来求解条形浅基础受铅直中心荷载作用下的均质地基中的极限承载力。

1. 公式假设

1）基础为条形浅基础。

2）基础两侧埋置深度 d 范围内的土重被视为边荷载 $q=\gamma_0 d$，而不考虑这部分土的剪切阻力。

3）基础底面是粗糙的。

4）在极限荷载作用下，地基中的滑动面如图7-4所示，可分为三个区，Ⅰ区为主动朗肯区，是一个三角形弹性楔体，楔体与基底面的夹角为 ψ，在地基破坏时随基础一同下沉；Ⅱ区为径向剪切区，边界 CD、CE 近似为对数螺旋线；Ⅲ区为朗肯被动区，边界 DF、EG 为直线，它与水平面成 $45°-\varphi/2$ 角。

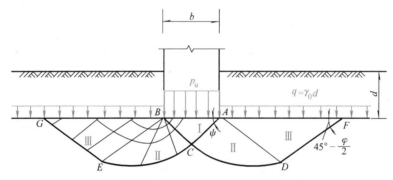

图7-4 太沙基公式滑动面形状

2. 滑动土体的受力分析

根据上述假定，并以图7-4中Ⅰ区的弹性楔体 ABC 为脱离体，利用外力平衡条件来推求地基的极限承载力，如图7-5所示，在弹性楔体上受到如下作用力：

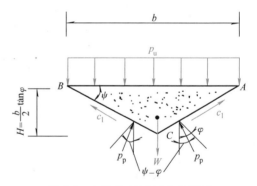

图7-5 土楔体 ABC 受力分析图

1）弹性楔体的自重竖直向下，其值为 $W=\frac{1}{4}\gamma b^2 \tan\psi$。

2）当基底压力为极限荷载 p_u 时，AB 面（即基底面）上竖直向下的力等于 p_u 与基础宽度 b 的乘积，即 $p_u b$。

3）弹性楔体两斜面 AC、BC 上总的黏聚力为 $c \cdot AC$，它在竖直方向的分力为 $cb\tan\psi$。

4）作用在弹性楔体两斜面上的反力为被动土压力 p_p，它与 AC 面的法线成 $\psi-\varphi$ 角，竖直方向的分力为 $2p_p\cos(\psi-\varphi)$。

现将上述各力在竖直方向建立平衡方程，即可得到

$$p_u b + \frac{1}{4}\gamma b^2 \tan\psi = cb\tan\psi + 2p_p\cos(\psi-\varphi) \tag{7-10}$$

对于完全粗糙的基底，$\psi=\varphi$，上式可整理为

$$p_u = c\tan\varphi + 2p_p/b - \frac{1}{4}\gamma b\tan\varphi \tag{7-11}$$

对于完全粗糙的基底，太沙基公式将弹性楔体边界 AC 视作挡土墙，反力 p_p 有三种情况：

1）土无质量，有黏聚力和内摩擦角，边荷载等于零，即 $\gamma_0 = 0$、$c \neq 0$、$\varphi \neq 0$、$q = 0$。

2）土无质量，无黏聚力和内摩擦角，边荷载不等于零，$\gamma_0 = 0$、$c = 0$、$\varphi \neq 0$、$q \neq 0$。

3）土有质量，无黏聚力，但有内摩擦角，边荷载等于零，$\gamma_0 \neq 0$、$c = 0$、$\varphi \neq 0$、$q = 0$。

分别计算上述三种情况下的被动土压力 p_{pr}、p_{pq}、p_{pc}，然后叠加得 p_p；再代入式（7-11）经整理得到地基的极限荷载为

$$p_u = \frac{1}{2}\gamma b N_r + q N_q + c N_c \tag{7-12}$$

式中　N_r、N_q、N_c——承载力系数，其中 $N_q = \tan^2(45° + \varphi/2)\,e^{\tan\varphi}$，$N_c = (N_q - 1)/\tan\varphi$，各承载力系数可由表 7-3 查取；

p_u——地基极限荷载（kPa）；

q——边荷载，$q = \gamma_0 d$（kPa）。

表 7-3　太沙基公式承载力系数

φ	N_c	N_q	N_r	N_c'	N_q'	N_r'
0°	5.7	1.0	0.0	5.7	1.0	0.0
5°	7.3	1.6	0.5	6.7	1.4	0.2
10°	9.6	2.7	1.2	8.0	1.9	0.5
15°	12.9	4.4	2.5	9.7	2.7	0.9
20°	17.7	7.4	5.0	11.8	3.9	1.7
25°	25.1	12.7	9.7	14.8	5.6	3.2
30°	37.2	22.5	19.7	19.0	8.3	5.7
34°	52.6	36.5	35.0	23.7	11.7	9.0
35°	57.8	41.4	42.4	25.2	12.6	10.1
40°	95.7	81.3	100.4	34.9	20.5	18.8

对于局部剪切破坏（当地基土松软时），太沙基公式建议把土的 c 和 φ 值都降低 1/3，取 $c^* = \frac{2}{3}c$，$\tan\varphi^* = \frac{2}{3}\tan\varphi$，其承载力系数 N_r'、N_q'、N_c' 可由 φ^* 计算，列入表 7-3 中可供查用。修正后的太沙基公式为

$$p_u = \frac{1}{2}\gamma b N_r' + q N_q' + c^* N_c' \tag{7-13}$$

式（7-12）或式（7-13）仅适用于条形基础。对于方形或圆形基础，太沙基公式建议按下列修正后的公式计算地基极限承载力：

圆形基础　　$p_u = 0.6\gamma R N_r + q N_q + 1.2 c N_c$　（整体破坏）　　　$(7-14)$

$p_u = 0.6\gamma R N_r' + q N_q' + 1.2 c^* N_c'$　（局部破坏）　　　$(7-15)$

方形基础　　$p_u = 0.4\gamma b N_r + q N_q + 1.2 c N_c$　（整体破坏）　　　$(7-16)$

$p_u = 0.4\gamma b N_r' + q N_q' + 1.2 c^* N_c'$　（局部破坏）　　　$(7-17)$

式中　R——圆形基础的半径（m）；

b——方形基础的边长（m）。

上述各式算出的极限荷载除以安全系数 F_s，即得到地基的允许承载力，F_s 一般取 2~3。

【例 7-2】　有一条形基础，宽度 $b = 6$m，埋置深度为 1.5m，其上作用中心荷载 $P = 1500$kN/m。地基土质均匀，重度 $\gamma = 19$kN/m^3，土的抗剪强度指标 $c = 20$kPa，$\varphi = 20°$，试验算：(1) 地基的稳定性；(2) 当 $\varphi = 15°$ 时地基的稳定性如何？

解：(1) $\varphi = 20°$ 时的稳定性验算。

① 基底压力 $p = \dfrac{P}{b} = 1500/6$kPa $= 250$kPa。

② 验算 $\varphi = 20°$ 时的地基稳定性。由 $\varphi = 20°$ 查表 7-3 得 $N_r = 5.0$、$N_q = 7.4$ 和 $N_c = 17.7$。将以上各值代入式 (7-12)，得到地基的极限荷载为

$$p_u = \frac{1}{2}\gamma b N_r + q N_q + c N_c = \left(\frac{1}{2} \times 19 \times 6 \times 5 + 19 \times 1.5 \times 7.4 + 20 \times 17.7\right)\text{kPa}$$

$$= 849.9\text{kPa}$$

若安全系数 $F_s = 2.5$，则地基的允许承载力为

$$[p] = \frac{p_u}{F_s} = \frac{849.9}{2.5}\text{kPa} = 340.0\text{kPa}$$

因为基底压力 p 小于允许承载力 $[p]$，所以地基是稳定的。

(2) 验算 $\varphi = 15°$ 时的地基稳定性。由 $\varphi = 15°$ 查表 7-3 得 $N_r = 2.5$、$N_q = 4.4$、$N_c = 12.9$。将各值代入式 (7-12)，得到地基的极限承载力为

$$p_u = \frac{1}{2} \times 19 \times 6 \times 2.5\text{kPa} + 19 \times 1.5 \times 4.4\text{kPa} + 20 \times 12.9\text{kPa} = 525.9\text{kPa}$$

$$[p] = \frac{p_u}{F_s} = \frac{525.9}{2.5}\text{kPa} = 210.36\text{kPa}$$

此时，因为 p 大于 $[p]$，所以地基失去稳定。

通过计算可以看出，当其他条件不变，仅 φ 由 20° 减小为 15° 时，地基允许承载力几乎减小一半，可见地基土的内摩擦角 φ 值对地基允许承载力影响极大。

二、汉森公式

汉森公式是半经验公式，适用范围较广，对水利工程有实用意义。汉森公式的基本形式与太沙基公式类似，所不同的是汉森公式中考虑了荷载倾斜、基础形状及基础埋深等影响，但承载力系数与太沙基公式中不同，见表 7-4。

汉森公式的普遍形式为

$$p_{uv} = \frac{1}{2}\gamma b' N_r i_r S_r d_r g_r + q N_q i_q S_q d_q g_q + c N_c i_c S_c d_c g_c \tag{7-18}$$

式中　　p_{uv}——竖向地基极限荷载；

　　　　γ——土的重度，水下用浮重度；

　　　　b'——基础的有效宽度 (m)，$b' = b - 2e_b$；

　　　　e_b——荷载的偏心距 (m)；

　　　　b——基础实际宽度 (m)；

　　　　q——基础底面以上的边荷载 (kPa)；

c——地基土的黏聚力（kPa）；

S_r、S_q、S_c——与基础形状有关的形状系数，其值见表 7-5；

d_r、d_q、d_c——与基础埋深有关的深度系数：$d_r=1$，$d_q \approx d_c \approx 1+0.35\dfrac{d}{b'}$，适用于 $d/b'<1$ 的情况，当 d/b' 很小时，可不考虑此系数；

d——基础埋深；

i_r、i_q、i_c——与荷载倾角有关的荷载倾斜系数，按土的内摩擦角 φ 与荷载倾角 δ（荷载作用线与铅直线的夹角）由表 7-6 查得；

g_r、g_q、g_c——与基础以外地基表面倾斜有关的倾斜修正系数（图 7-6），$g_c=1-\dfrac{\beta}{147}$，$g_q=g_r=(1-0.5\tan\beta)^5$。

水平向地基极限荷载的汉森公式为

$$p_{uh}=p_{uv}\tan\delta \tag{7-19}$$

地基的允许承载力为

$$[p]=p_u/F_s=\frac{\sqrt{p_{uv}^2+p_{uh}^2}}{F_s} \tag{7-20}$$

式中　$[p]$——地基的允许承载力(kPa)；

F_s——安全系数，一般取 2~2.5，对于软弱地基或重要建筑物可大于 2.5。

表 7-4　汉森公式承载力系数

φ	N_r	N_q	N_c	φ	N_r	N_q	N_c
0°	0	1.00	5.14	24°	6.90	9.61	19.33
2°	0.01	1.20	5.69	26°	9.53	11.83	22.25
4°	0.05	1.43	6.17	28°	13.13	14.71	25.80
6°	0.14	1.72	6.82	30°	18.09	18.40	30.15
8°	0.27	2.06	7.52	32°	24.95	23.18	35.50
10°	0.47	2.47	8.35	34°	34.54	29.45	42.18
12°	0.76	2.97	9.29	36°	48.08	37.77	50.61
14°	1.16	3.58	10.37	38°	67.43	48.92	61.36
16°	1.72	4.34	11.62	40°	95.51	64.23	75.36
18°	2.49	5.25	13.09	42°	136.72	85.36	93.69
20°	3.54	6.40	14.83	44°	198.77	115.35	118.41
22°	4.96	7.82	16.89	45°	240.95	134.86	133.86

表 7-5　基础形状系数

基础形状		条形	矩形	方形及圆形
形状系数	S_c,S_q	1.0	$1+0.3b'/L$	1.2
	S_r	1.0	$1-0.4b'/L$	0.6

表 7-6　与荷载倾角有关的荷载倾斜系数 i_r、i_q、i_c

φ	$\tan\delta$											
	0.1			0.2			0.3			0.4		
	i_r	i_q	i_c	i_r	i_q	i_c	i_r	i_q	i_c	i_r	i_q	i_c
6°	0.64	0.80	0.53									
10°	0.72	0.85	0.75									
12°	0.73	0.85	0.78	0.40	0.63	0.44						
16°	0.73	0.85	0.81	0.46	0.68	0.58						
18°	0.73	0.85	0.82	0.47	0.69	0.61	0.23	0.48	0.36			
20°	0.72	0.85	0.82	0.47	0.69	0.63	0.26	0.51	0.42			
22°	0.72	0.85	0.82	0.47	0.69	0.64	0.27	0.52	0.45	0.10	0.32	0.22
26°	0.70	0.84	0.82	0.46	0.68	0.65	0.28	0.53	0.48	0.15	0.38	0.32
28°	0.69	0.83	0.82	0.45	0.67	0.65	0.27	0.52	0.49	0.15	0.39	0.34
30°	0.69	0.83	0.82	0.44	0.67	0.65	0.27	0.52	0.49	0.15	0.39	0.35
32°	0.68	0.82	0.81	0.43	0.66	0.64	0.26	0.51	0.49	0.15	0.39	0.36
34°	0.67	0.82	0.81	0.42	0.65	0.64	0.25	0.50	0.49	0.14	0.38	0.36
36°	0.66	0.81	0.81	0.41	0.64	0.63	0.25	0.50	0.48	0.14	0.37	0.36
38°	0.65	0.80	0.80	0.40	0.63	0.62	0.24	0.49	0.47	0.13	0.37	0.35
40°	0.64	0.80	0.79	0.36	0.62	0.62	0.23	0.48	0.47	0.13	0.36	0.35
44°	0.61	0.78	0.78	0.36	0.60	0.59	0.20	0.45	0.44	0.11	0.33	0.32
45°	0.61	0.78	0.78	0.35	0.60	0.59	0.19	0.44	0.44	0.11	0.33	0.32

　　在以上两个极限承载力计算公式中，三个承载力系数都是土的内摩擦角 φ 的函数。φ 变大，各 N 值也变大。尤其是当 φ 超过 20° 以后，各 N 值就会随 φ 值的增大而急剧增大。所以正确测定和选用土的抗剪强度指标，是合理确定承载力的关键。在一般情况下，宜用固结快剪强度指标。对饱和软黏土地基，在短期内的极限承载力宜用不排水剪切强度指标。

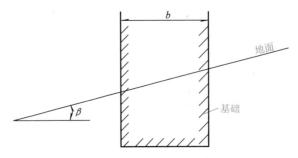

图 7-6　地基表面倾斜的情况

单元 4　按规范确定地基承载力

　　《公路桥涵地基与基础设计规范》（JTG 3363—2019）规定，地基承载力的验算，应以修正后的地基承载力特征值 f_a 乘以地基承载力抗力系数 γ_R 控制。

一、地基承载力验算的要求

1）修正后的地基承载力特征值 f_a 应基于地基承载力特征值 f_{a0}，根据基础基底的埋深、宽度及地基土的类别按《公路桥涵地基与基础设计规范》（JTG 3363—2019）第 4.3.4 条的规定修正确定。

2）软土地基承载力特征值可按《公路桥涵地基与基础设计规范》（JTG 3363—2019）第 4.3.5 条的规定确定。

3）地基承载力抗力系数 γ_R 可按《公路桥涵地基与基础设计规范》（JTG 3363—2019）第 3.0.7 条的规定确定。

4）其他特殊性岩土地基的承载力特征值及抗力系数应根据各地区经验或标准规范确定。

二、地基承载力特征值 f_{a0}

地基承载力特征值 f_{a0} 可根据岩土类别、状态及其物理力学特性指标按规范选用。对一般的黏性土，主要指标是液性指数 I_L 和天然孔隙比 e；对粉土，主要指标是含水率 w 和孔隙比 e；对砂土、碎石土，主要指标是现场原位测试确定的土的密实度；其他土类所需指标，见规范规定。常用土类的地基承载力列于表 7-7、表 7-9、表 7-11～表 7-15。特殊土的地基承载力可见学习情境 12 相关内容。

1. 一般岩石地基承载力特征值 f_{a0}

一般岩石地基的承载力特征值 f_{a0} 可根据强度等级、节理按表 7-7 确定。对于复杂的岩层（如溶洞、断层、软弱夹层、易溶岩石、软化岩石等），应按各项因素综合确定。

表 7-7　岩石地基承载力特征值 f_{a0} （单位：kPa）

坚硬程度	节理发育程度		
	节理不发育	节理发育	节理很发育
坚硬岩、较硬岩	>3000	3000～2000	2000～1500
较软岩	3000～1500	1500～1000	1000～800
软岩	1200～1000	1000～800	800～500
极软岩	500～400	400～300	300～200

岩石的坚硬程度应根据岩石的饱和单轴抗压强度标准值按表 7-8 确定。

表 7-8　岩石坚硬程度类别

坚硬程度类别	坚硬岩	较硬岩	较软岩	软岩	极软岩
饱和单轴抗压强度标准值 f_{rk}/kPa	$f_{rk}>60$	$60\geqslant f_{rk}>30$	$30\geqslant f_{rk}>15$	$15\geqslant f_{rk}>5$	$f_{rk}\leqslant5$

2. 碎石土地基承载力特征值 f_{a0}

碎石土地基承载力特征值 f_{a0} 根据其类别和密实程度按表 7-9 确定。

表 7-9 碎石土地基承载力特征值 f_{a0} （单位：kPa）

土名	密实程度			
	密实	中密	稍密	松散
卵石	1200~1000	1000~650	650~500	500~300
碎石	1000~800	800~550	550~400	400~200
圆砾	800~600	600~400	400~300	300~200
角砾	700~500	500~400	400~300	300~200

注：1. 由硬质岩组成，填充砂土的取高值；由软质岩组成，填充黏性土的取低值。

2. 半胶结的碎石土，可按密实的同类土的 f_{a0} 值提高 10%~30%。

3. 松散的碎石土在天然河床中很少遇见，需特别注意鉴定。

4. 漂石、块石的 f_{a0} 值，可参照卵石、碎石取值并适当提高。

5. 碎石土的密实度按重型动力触探锤击数 $N_{63.5}$ 分类，见表 7-10。

表 7-10 碎石土的密实度

锤击数 $N_{63.5}$	密实度	锤击数 $N_{63.5}$	密实度
$N_{63.5} \leqslant 5$	松散	$10 < N_{63.5} \leqslant 20$	中密
$5 < N_{63.5} \leqslant 10$	稍密	$N_{63.5} > 20$	密实

3. 砂土地基承载力特征值 f_{a0}

砂土地基承载力特征值 f_{a0} 可根据土的密实度和水位情况按表 7-11 确定。

表 7-11 砂土地基承载力特征值 f_{a0} （单位：kPa）

土名	湿度	密实程度			
		密实	中密	稍密	松散
砾砂、粗砂	与湿度无关	550	430	370	200
中砂	与湿度无关	450	370	330	150
细砂	水上	350	270	230	100
	水下	300	210	190	—
粉砂	水上	300	210	190	—
	水下	200	110	90	—

注：1. 砂土的密实程度按标准贯入锤击数 N 确定。

2. 在地下水位以上的地基土称为"水上"，在地下水位以下的地基土称为"水下"。

4. 粉土地基承载力特征值 f_{a0}

粉土地基承载力特征值 f_{a0} 根据土的孔隙比 e 和含水率 w 按表 7-12 确定。

表 7-12 粉土地基承载力特征值 f_{a0} （单位：kPa）

孔隙比 e	含水率 $w(\%)$					
	10	15	20	25	30	35
0.5	400	380	355	—	—	—
0.6	300	290	280	270	—	—
0.7	250	235	225	215	205	—
0.8	200	190	180	170	165	—
0.9	160	150	145	140	130	125

5. 黏性土地基承载力特征值 f_{a0}

1）一般黏性土地基的 f_{a0}，可根据液性指数 I_L 和孔隙比 e 按表 7-13 确定。

表 7-13　一般黏性土地基承载力特征值 f_{a0}　　（单位：kPa）

e	I_L												
	0	0.1	0.2	0.3	0.4	0.5	0.6	0.7	0.8	0.9	1.0	1.1	1.2
0.5	450	440	430	420	400	380	350	310	270	240	220	—	—
0.6	420	410	400	380	360	340	310	280	250	220	200	180	—
0.7	400	370	350	330	310	290	270	240	220	190	170	160	150
0.8	380	330	300	280	260	240	230	210	180	160	150	140	130
0.9	320	280	260	240	220	210	190	180	160	140	130	120	100
1.0	250	230	220	210	190	170	160	150	140	120	110	—	—
1.1	—	—	160	150	140	130	120	110	100	90	—	—	—

注：1. 一般黏性土是指第四纪全新世（Q_4）（文化期以前）沉积的黏性土，一般为正常沉积的黏性土。

2. 土中含有粒径大于 2mm 的颗粒质量超过总质量 30% 以上的，f_{a0} 可适当提高。

3. 当 $e<0.5$ 时，取 $e=0.5$；$I_L<0$ 时，取 $I_L=0$。此外，超过表列范围的一般性黏土，$f_{a0}=57.22E_s^{0.57}$。

2）老黏性土地基的 f_{a0}，可根据土的压缩模量 E_s 按表 7-14 确定。

表 7-14　老黏性土地基承载力特征值 f_{a0}

E_s/MPa	10	15	20	25	30	35	40
f_{a0}/kPa	380	430	470	510	550	580	620

注：当老黏性土 $E_s<10$MPa 时，承载力特征值 f_{a0} 按一般黏性土确定。

3）新近沉积的黏性土地基的承载力特征值 f_{a0} 可根据液性指数 I_L 和孔隙比 e 按表 7-15 确定。

表 7-15　新近沉积的黏性土地基的承载力特征值 f_{a0}　　（单位：kPa）

e	I_L		
	≤ 0.25	0.75	1.25
≤ 0.8	140	120	100
0.9	130	110	90
1.0	120	100	80
1.1	110	90	—

三、地基承载力修正

地基承载力特征值 f_{a0} 不仅与地基土的性质和状态有关，而且与基础底面尺寸和埋置深度有关（有时还与地下水的深度有关）。修正后的地基承载力特征值 f_a 应按式（7-21）确定。当基础位于水中不透水地层上时，按平均常水位至一般冲刷线的水深每米再增大 10kPa 计算。

$$f_a = f_{a0} + k_1\gamma_1(b-2) + k_2\gamma_2(h-3) \tag{7-21}$$

式中　f_{a0}——按表7-7、表7-9、表7-11~表7-15查得的地基承载力特征值（kPa）；

　　　　b——基础底面的最小边宽（m）；当$b<2$m时，取$b=2$m；当$b>10$m时，取$b=10$m；

　　　　h——基础埋置深度（m）；自天然地面算起，有水流冲刷时自一般冲刷线起算；当$h<3$m时，取$h=3$m；当$h/b>4$时，取$h=4b$；

　　　　γ_1——基底持力层土的天然重度（kN/m³），若持力层在水面以下且透水时，应取浮重度；

　　　　γ_2——基底以上土的加权平均重度（kN/m³）；换算时若持力层在水面以下且不透水时，不论基底以上土的透水性质如何，一律取饱和重度；当持力层透水时，水中部分土层则应取浮重度；

　　k_1、k_2——基础宽度和埋置深度的修正系数，根据基底持力层土的类别查表7-16得到。

表 7-16　地基土承载力宽度、深度修正系数

系数	黏性土				粉土	砂土								碎石土			
	老黏性土	一般黏性土		新近沉积黏性土	—	粉砂		细砂		中砂		砾砂、粗砂		碎石、圆砾、角砾		卵石	
		$I_L \geq 0.5$	$I_L < 0.5$														
					—	中密	密实	中密	密实	中密	密实	中密	密实	中密	密实	中密	密实
k_1	0	0	0	0	0	1.0	1.2	1.5	2.0	2.0	3.0	3.0	4.0	3.0	4.0	3.0	4.0
k_2	2.5	1.5	2.5	1.0	1.5	2.0	2.5	3.0	4.0	4.0	5.5	5.0	6.0	5.0	6.0	6.0	10.0

注：1. 对于稍密和松散状态的砂土、碎石土，k_1、k_2值可采用表列中密值的50%。

　　　2. 强风化和全风化的岩石，可参照所风化成的相应土类取值，其他状态下的岩石不修正。

关于宽度和深度修正问题，有必要指出：从地基强度考虑，基础越宽，承载力越大；但从沉降方面考虑，在荷载强度相同的情况下，基础越宽，沉降越大，这在黏性土和粉土地基中尤为明显，故表7-16中黏性土、粉土的k_1均为零，即不作宽度修正。对其他土的宽度修正，也作了一定的限制，如规定$b>10$m时，取$b=10$m。

由实测资料表明，当基础相对埋置深度h/b很大时，地基承载力并不随深度的增加而成正比增加，所以当$h/b>4$时，取$h=4b$。

四、软土地基承载力特征值f_{a0}

软土地基承载力特征值f_{a0}应由载荷试验或其他原位测试取得。载荷试验和原位测试确有困难时，对于中小桥、涵洞基底未经处理的软土地基，修正后的承载力特征值可采用以下方法确定：

1）根据原状土的含水率w，按表7-17确定承载力特征值f_{a0}，然后按式（7-22）计算修正后的承载力特征值，有

$$f_a = f_{a0} + \gamma_2 h \tag{7-22}$$

表 7-17　软土地基承载力特征值f_{a0}

含水率w(%)	36	40	45	50	55	65	75
f_{a0}/kPa	100	90	80	70	60	50	40

2）根据原状土强度指标确定软土地基修正后的承载力特征值，有

$$f_a = \frac{5.14}{m} k_p C_u + \gamma_2 h \tag{7-23}$$

$$k_p = \left(1 + 0.2 \frac{b}{l}\right)\left(1 - \frac{0.4H}{blC_u}\right) \tag{7-24}$$

式中　m——抗力修正系数，可视软土灵敏度及基础长宽比等因素选用 1.5~2.5；

　　　C_u——地基土不排水抗剪强度标准值（kPa）；

　　　k_p——系数；

　　b、l——基础的宽度和长度（m），当有偏心荷载时，b、l 分别由 b'、l' 代替，$b' = b - 2e_b$；$l' = l - 2e_l$；

　　e_b、e_l——分别为荷载在基础宽度和长度方向的偏心距（m）；

　　　H——由作用（标准值）引起的水平力（kN）。

经排水固结方法处理的软土地基，其承载力特征值 f_{a0} 应通过载荷试验或其他原位测试方法确定；经复合地基方法处理的软土地基，其承载力特征值 f_{a0} 应通过载荷试验确定，然后按照式（7-22）计算修正后的软土地基承载力特征值 f_a。

五、地基承载力特征值的受荷情况影响

地基或基础的竖向承载力验算应符合下列规定：

1）采用作用的频遇组合和偶然组合，作用组合表达式中的频遇值系数和准永久值系数均应取 1.0，汽车荷载应计入冲击系数。

2）承载力特征值乘以相应的抗力系数 γ_R 应大于相应的组合效应。地基承载力特征值应按照受荷历史阶段及受荷情况乘以抗力系数 γ_R。

【例 7-3】　某水中基础，其底面为 4.0m×6.0m 的矩形，基础埋置深度为 3.5m，平均常水位到一般冲刷线的深度为 2.5m。持力层为一般黏性土，它的孔隙比 $e = 0.7$，液性指数 $I_L = 0.45$，天然重度 $\gamma = 19.0 \text{kN/m}^3$。基底以上全为中密的粉砂，其饱和重度 $\gamma_{sat} = 20.0 \text{kN/m}^3$。试求地基在承受短期效应组合时，持力层的修正后的地基承载力特征值。

解：持力层属一般黏性土，按其 e、I_L 值，查表 7-13 得 $f_{a0} = 300 \text{kPa}$；查表 7-16 得宽度、深度修正系数分别为 $k_1 = 0$、$k_2 = 2.5$，按式（7-21）可算得

$$f_a = f_{a0} + k_1 \gamma_1 (b - 2) + k_2 \gamma_2 (h - 3)$$
$$= 300 \text{kPa} + 0 + 2.5 \times 20 \times (3.5 - 3)\text{kPa} = 325 \text{kPa}$$

注意：上式计算中因持力层在水面以下，且不透水，故 $\gamma_2 = \gamma_{sat} = 20 \text{kN/m}^3$。由于持力层黏土的 $I_L = 0.45 < 1.0$，呈硬塑状态，可视为不透水，故考虑水深影响，按平均常水位至一般冲刷线的水深每米再增大 10kPa 计算，常水位到一般冲刷线的深度为 $d_w = 2.5 \text{m}$，近似取 $10 d_w = 25 \text{kPa}$，故考虑水深影响的修正后的地基承载力特征值 $f_a = 350 \text{kPa}$。在承受短期效应组合时，f_a 大于 150kPa，可取承载力抗力系数 $\gamma_R = 1.25$，故该持力层的修正后的地基承载力特征值为

$$\gamma_R f_a = 1.25 \times 350 \text{kPa} = 437.5 \text{kPa}$$

单元 5 原位试验确定地基承载力

一、载荷试验

1. 载荷试验的一般规定

载荷试验可用于测定承压板下应力主要影响范围内岩土的承载力和变形特性。浅层平板载荷试验适用于浅层地基土；深层平板载荷试验适用于深层地基土和大直径桩的桩端土，其试验深度不应小于 5m；螺旋板载荷试验适用于深层地基土或地下水位以下的地基土。载荷试验应布置在有代表性的地点，每个场地不宜少于 3 个点，当场地内岩土体不均匀时，应适当增加测点数量。浅层平板载荷试验的测点应布置在基础底面标高处。

2. 载荷试验的技术要求

1）浅层平板载荷试验的试坑宽度或直径不应小于承压板宽度或直径的三倍；深层平板载荷试验的试井直径应等于承压板直径；当试井直径大于承压板直径时，紧靠承压板周围土的高度不应小于承压板直径。

2）试坑或试井底的岩土应避免扰动，保持其原状结构和天然湿度，并在承压板下铺设不超过 20mm 的找平砂垫层，应尽快安装试验设备；螺旋板入土时，应按每转一圈下入一个螺距进行操作，以减少对土的扰动。

3）载荷试验宜采用圆形刚性承压板，并根据土的硬度或岩体裂隙密度选用合适的尺寸；土的浅层平板载荷试验所用承压板的面积不应小于 $0.25m^2$，对软土和粒径较大的填土不应小于 $0.5m^2$；土的深层平板载荷试验所用承压板的面积宜选用 $0.5m^2$；岩石载荷试验所用承压板的面积不宜小于 $0.07m^2$。

4）载荷试验的加载方式应采用分级维持荷载沉降相对稳定法（常规慢速法）；有地区经验时，可采用分级加载沉降非稳定法（快速法）或等沉降速率法；加载等级宜取 10~12 级，并不应少于 8 级，荷载量测精度不应低于最大荷载的 ±1%。

5）承压板的沉降可采用指示表或电测位移计量测，其精度不应低于 ±0.01mm。

6）采用常规慢速法进行试验时，当试验对象为土体时，每级荷载施加后，间隔 5min、5min、10min、10min、15min、15min 测读一次沉降，以后每间隔 30min 测读一次沉降，当连续 2h 的每小时沉降量小于等于 0.1mm 时，可认为沉降已达相对稳定标准，可施加下一级荷载；当试验对象是岩体时，间隔 1min、2min、2min、5min 测读一次沉降，以后每隔 10min 测读一次，当连续三次读数差小于等于 0.01mm 时，可认为沉降已达相对稳定标准，可施加下一级荷载。

7）当出现下列情况之一时，可终止试验：

① 承压板周边的土出现明显的侧向挤出，周边岩土出现明显的隆起或径向裂缝持续发展。

② 本级荷载的沉降量大于前级荷载沉降量的 5 倍，荷载与沉降曲线出现明显陡降。

③ 在某级荷载下的 24h 沉降速率不能达到相对稳定标准。

④ 总沉降量与承压板直径（或宽度）之比超过 0.06。

3. 载荷试验承载力特征值的确定

1）根据载荷试验成果分析要求，应绘制荷载（p）与沉降（s）曲线。当 p-s 曲线上有比例界限时，取该比例界限所对应的荷载值。

2）满足终止加载条件的前三款条件之一时，其对应的前一级荷载定位为极限荷载，当该值小于对应比例界限的荷载值的 2 倍时，取极限荷载值的一半。

3）不能按上述要求确定时，可取 $s/d = 0.01 \sim 0.015$ 所对应的荷载值，但其值不应大于最大加载量的一半。

二、静力触探试验

1. 静力触探试验的一般规定

静力触探试验适用于软土、一般黏性土、粉土、砂土和含少量碎石的土。静力触探可根据工程需要采用单桥探头、双桥探头或带孔隙水压力量测的单、双桥探头，可测定比贯入阻力（p_s）、锥尖阻力（q_c）、侧壁摩阻力（f_s）和贯入时的孔隙水压力（u）。

2. 静力触探试验的技术要求

1）探头圆锥锥底截面面积应采用 $10\mathrm{cm}^2$ 或 $15\mathrm{cm}^2$，单桥探头侧壁高度应分别采用 57mm 或 70mm，双桥探头侧壁面积应采用 $150 \sim 300\mathrm{cm}^2$，锥尖锥角应为 $60°$。

2）探头应匀速、垂直压入土中，贯入速率为 1.2m/min。

3）探头测力传感器应连同仪器、电缆进行定期标定，室内探头标定测力传感器的非线性误差、重复性误差、滞后误差、温度漂移、归零误差均应小于 1%FS，现场试验归零误差应小于 3%，绝缘电阻不小于 500MΩ。

4）深度记录的误差不应大于触探深度的 ±1%。

5）当贯入深度超过 30m，或穿过厚层软土后再贯入硬土层时，应采取措施防止倾斜或断杆，也可配置测斜探头量测触探孔的偏斜角，校正土层界线的深度。

6）孔压探头在贯入前，应在室内保证探头应变腔被已排除气泡的液体所饱和，并在现场采取措施保持探头的饱和状态，直至探头进入地下水位以下的土层为止；在孔压静探试验过程中不得上提探头。

7）当在预定深度进行孔压消散试验时，应量测停止贯入后不同时间的孔压值，其计时间隔由密而疏合理控制；试验过程不得松动探杆。

3. 静力触探试验地基承载力特征值的确定

（1）梅耶霍夫公式

$$f_a = \frac{b p_s}{36}\left(1 + \frac{d}{b}\right) \tag{7-25}$$

式中　p_s——静力触探试验的比贯入阻力（kPa）；

b——基础宽度（m）；

d——基础埋置深度（m）。

（2）建议公式

$$f_{a0} = 58\sqrt{p_s} - 46 \tag{7-26}$$

式中　f_{a0}——地基承载力特征值，必要时进行深度、宽度修正后即可得到修正后的承载力特征值 f_a；

　　　p_s——静力触探试验的比贯入阻力（kg/cm^2）。

三、标准贯入试验

1. 标准贯入试验的一般规定

标准贯入试验适用于砂土、粉土和一般黏性土，其试验设备应符合表 7-18 的规定。

表 7-18　标准贯入试验设备规格

落　　锤		锤的质量/kg	63.5
		落距/cm	76
贯　入　器	对 开 管	长度/mm	>500
		外径/mm	51
		内径/mm	35
	管　靴	长度/mm	50~76
		刃口角度/(°)	18~20
		刃口单刃厚度/mm	2.5
钻　　杆		直径/mm	42
		相对弯曲	<1/1000

2. 标准贯入试验的技术要求

1）标准贯入试验孔采用回转钻进，并保持孔内水位略高于地下水位。当孔壁不稳定时，可用泥浆护壁，钻至试验标高以上 15cm 处时，清除孔底残土后再进行试验。

2）采用自动脱钩的自由落锤法进行锤击，应减小导向杆与锤间的摩阻力，避免锤击时的偏心和侧向晃动，保持贯入器、探杆、导向杆连接后的垂直度，锤击速率应小于 30 击/min。

3）贯入器打入土中 15cm 后，开始记录每打入 10cm 的锤击数，累计打入 30cm 的锤击数为标准贯入试验锤击数 N。当锤击数已达 50 击，而贯入深度未达 30cm 时，可记录 50 击的实际贯入深度，按式（7-27）换算成相当于 30cm 的标准贯入试验锤击数 N，并终止试验：

$$N = 30 \times \frac{50}{\Delta S} \tag{7-27}$$

式中　ΔS——50 击时的贯入度（cm）。

3. 标准贯入试验地基承载力特征值的确定

1）根据标准贯入锤击数 N 确定地基承载力特征值，在《建筑地基基础设计规范》（GB 50007—2011）中取消了全国统一的经验数据，具体情况可参见当地的地方规范。

2）用太沙基经验公式确定标准贯入试验的地基承载力特征值：

对于条形基础　　　　　　　　　　　$f_{a0} = 12N$ 　　　　　　　　　　　（7-28）

对于独立基础　　　　　　　　　　　$f_{a0} = 15N$ 　　　　　　　　　　　（7-29）

四、旁压试验

1. 旁压试验的一般规定

旁压试验适用于黏性土、粉土、砂土、碎石土、残积土、极软岩和软岩等。旁压试验应在有代表性的位置和深度进行，旁压器的量测腔应在同一土层内。试验点的垂直间距应根据地层条件和工程要求确定，但不宜小于 1m，试验孔与已有钻孔的水平距离不宜小于 1m。

2. 旁压试验的技术要求

1）预钻式旁压试验应保证成孔质量，钻孔直径与旁压器直径应良好配合，防止孔壁坍塌；自钻式旁压试验的自钻钻头、钻头转速、钻进速率、刃口距离、泥浆压力和流量等应符合有关规定。

2）加载等级可采用预期临塑压力的 1/7~1/5，初始阶段加载等级可取小值。必要时，可做卸载后再加载试验，以测定再加载的旁压模量。

3）每级压力应维持 1min 或 2min 后再施加下一级压力，维持 1min 时，加载后 15s、30s、60s 测读变形量；维持 2min 时，加载后 15s、30s、60s、120s 测读变形量。

4）当量测腔的扩张体积相当于量测腔的固有体积时，或压力达到仪器的允许最大压力时，应终止试验。

3. 旁压试验地基承载力特征值的确定

根据初始压力、临塑压力、极限压力和旁压模量，结合地区经验，可采用以下两种方法评定地基承载力特征值：

临塑荷载法：

$$f_{a0} = p_f - p_0 \tag{7-30}$$

极限压力法：

$$f_{a0} = \frac{p_L - p_0}{F_s} \tag{7-31}$$

式中　f_{a0}——地基承载力特征值；

　　　p_0——初始压力，旁压试验曲线直线段延长线与 V 轴（纵轴表示旁压器体积）的交点为 V_0，由该交点作与 p 轴（横轴表示旁压器压力）的平行线相交于曲线的点所对应的压力即为 p_0；

　　　p_f——临塑压力，旁压试验曲线直线段的终点，即直线与曲线的第二个切点所对应的压力即为 p_f；

　　　p_L——极限压力，旁压试验曲线过临塑压力后，趋向于纵轴的渐近线的压力即为 p_L；

　　　F_s——安全系数，一般取 2~3。

五、十字板剪切试验

1. 十字板剪切试验的一般规定

十字板剪切试验可用于测定饱和软黏土的不排水抗剪强度和灵敏度。十字板剪切试验点的布置，对均质土竖向间距可为 1m，对非均质或夹薄层粉细砂的软黏性土，宜先进行静力触探，结合土层变化，选择软黏土进行试验。

2. 十字板剪切试验的技术要求

1）十字板板头形状宜为矩形，径高比为 1:2，板厚宜为 2~3mm。

2）十字板头插入钻孔底的深度不应小于钻孔或套管直径的 3~5 倍。

3）十字板插入试验深度后，至少应静止 2~3min，方可开始试验。

4）扭转剪切速率宜采用（1°~2°）/10s，并应在测得峰值强度后继续测记 1min。

5）在峰值强度或稳定值测试完后，顺扭转方向连续转动 6 圈后，测定重塑土的不排水抗剪强度。

6）对开口钢环十字板剪切仪，应修正轴杆与土间的摩阻力的影响。

3. 十字板剪切试验地基承载力特征值的确定

按中国建筑科学研究院、华北电力设计院的经验，十字板剪切试验地基承载力特征值可按式（7-32）估算：

$$f_{a0} = 2c_u + \gamma h \tag{7-32}$$

式中 c_u——修正后的不排水抗剪强度（kPa）；

γ——土的重度（kN/m^3）；

h——基础埋深（m）。

素质拓展——永不磨灭的青藏铁路精神

张鲁新，中国冻土科学家，为确定青藏铁路冻土的性质，在海拔 4800 米以上的高原，他与另外一名同志一年曾挖过 437 个试坑；为了获取冻土长期承载力数据，在零下 30℃ 的寒夜里，他顶着雪花、冰粒站立 8 个小时进行观测……他在青藏高原的"生命禁区"里坚守数十年，取得了上千万个观测数据。作为全国五一劳动奖章和"火车头奖章"的获得者，张鲁新以其深厚的专业知识、丰富的实践经验及坚韧不拔的人格魅力，成为公认的青藏铁路建设总指挥部唯一的首席科学家，他的一生都献给了在生命禁区筑成的这一条路。

在青藏铁路的建设过程中，涌现出了许多跟张鲁新一样的青藏铁路建设者。正是他们孕育出了具有鲜明高原特色和时代特征的"挑战极限，勇创一流"的青藏铁路精神。

思 考 题

7-1 整体破坏中的地基变形有哪几个阶段？分别有什么特点？

7-2 p_{cr}、$p_{1/4}$、$p_{1/3}$、f_a 各是什么概念？与哪些因素有关？

7-3 太沙基公式的适用条件是什么？

7-4 汉森公式考虑了哪些因素？

7-5 什么叫临塑荷载？有何特点？

7-6 为何要考虑基础深度、宽度修正？在什么情况下要考虑该修正？

7-7 在什么情况下确定承载力时需要考虑安全系数？

7-8 根据《公路桥涵地基与基础设计规范》（JTG 3363—2019）查表确定的地基承载力特征值是在什么条件下得到的？不符合条件时如何处理？

7-9 软土的承载力如何确定？

习 题

7-1 某条形基础宽 12m，埋深 2m，地基土为均质黏性土，$c=12$，$\varphi=15°$，地下水与基底面同高，该面以上土的湿重度为 $18kN/m^3$，该面以下土的饱和重度为 $19kN/m^3$，计算在受到均布荷载作用时的 $p_{1/3}$、$p_{1/4}$、p_{cr}。

7-2 有一条形基础，埋深 1.0m，地基土的重度为 $18kN/m^3$，土的黏聚力 $c=20kPa$，根据基底以下土的内摩擦角 $\varphi=15°$ 可知 $N_q=2.3$，$N_c=4.84$，计算地基的临塑荷载。

7-3 有一条形基础，宽为 3.0m，埋深 2.0m，地基土为砂土，其饱和重度为 $21kN/m^3$，内摩擦角为 30°，地下水位与地面齐平，试求：（1）用太沙基公式计算地基的极限荷载；（2）若要提高地基的承载力，应采取哪些措施？

7-4　某桥台基础宽 3m，长 10m，埋深 4m，地基土层为粉质黏土，孔隙比为 0.8，液性指数 $I_L = 0.75$，地下水位与基底齐平，水位以上土的重度 $\gamma = 19\text{kN/m}^3$，水位以下土的重度 $\gamma_{\text{sat}} = 20\text{kN/m}^3$。求持力层修正后的地基承载力特征值。

7-5　有一条形基础，宽度 $b = 3\text{m}$，埋深为 $d = 1.5\text{m}$。地基土的重度 $\gamma = 19\text{kN/m}^3$，$\varphi = 10°$，$c = 10\text{kPa}$。试求：（1）地基的塑性荷载 $p_{1/4}$ 和 $p_{1/3}$；（2）若地下水上升到基础底面，$\gamma = 20\text{kN/m}^3$，（1）中的值有何变化？

7-6　有一宽 12m 的条形基础，埋深 2m，基础承受恒定的偏心荷载 $P_v = 1500\text{kN/m}$，偏心距 $e = 0.4\text{m}$，水平荷载 $P_h = 200\text{kN/m}$，土的固结不排水强度指标 $\varphi = 22°$，天然重度 $\gamma = 20\text{kN/m}^3$，地下水位与基底持平，$\gamma' = 11\text{kN/m}^3$。试按汉森公式计算地基极限承载力。

学习情境 8

天然地基上的浅基础设计

1）了解浅基础的类型、特点和构造要求。掌握浅基础设计的基本步骤及原则。理解刚性基础扩散角的概念，建筑物对地基的要求，浅基础埋深的影响因素及其埋深确定方法。

2）掌握基础尺寸确定方法，软弱下卧层验算方法，基底合力偏心距验算，地基变形验算和稳定验算。

3）熟悉浅基础放样定位方法。了解基坑形式、基坑开挖与支护形式、基坑排水方式。理解基坑排水原理。掌握天然地基上的浅基础施工内容，板桩支护计算内容和方法。

4）能根据教师的指导编制简单的浅基础施工方案。

本学习情境重点是天然地基上的浅基础设计，基础支护方式的类型及原理；难点是天然地基上浅基础设计的地基承载力验算和稳定验算，基坑支护方式选择，施工方案编制。

单元 1　浅基础类型及设计原则

一、浅基础的类型及构造

《建筑地基基础设计规范》（GB 50007—2011）将浅基础分为无筋扩展基础（又称刚性基础）、扩展基础、柱下条形基础、筏形基础、箱形基础等类型。

（一）无筋扩展基础

无筋扩展基础（又称刚性基础）是指由砖、灰土、三合土、毛石、混凝土等材料组成的墙下条形或柱下独立基础（图 8-1）。由于这类基础材料抗拉强度低，不能受较大的弯矩作用，稍有弯曲变形即产生裂缝，而且裂缝发展很快，以致基础不能正常工作，因此通常采取构造措施。《建筑地基基础设计规范》（GB 50007—2011）要求无筋扩展基础的高度应符合式（8-1）的要求：

$$H_0 \geqslant \frac{b - b_0}{2\tan\alpha} \tag{8-1}$$

式中　b——基础底面宽度；

　　　b_0——基础顶面的墙体宽度或柱脚宽度；

　　　H_0——基础高度；

α——刚性基础的允许刚性角，如图 8-2 所示；

$\tan\alpha$——基础台阶宽高比 $b_2 : H_0$，其允许值可按表 8-1 选用；

b_2——基础台阶宽度，如图 8-2 所示。

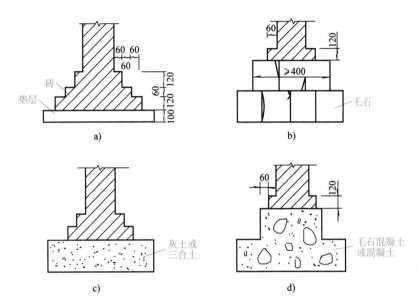

图 8-1　无筋扩展基础类型

a）砖基础　b）毛石基础　c）灰土或三合土基础　d）毛石混凝土或混凝土基础

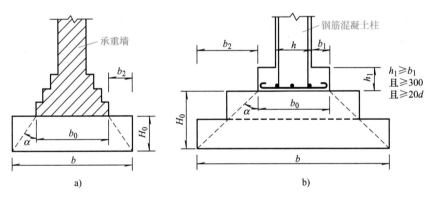

图 8-2　无筋扩展基础刚性角示意

a）等厚基础　b）台阶形基础

表 8-1　无筋扩展基础台阶宽高比的允许值

基础材料	质量要求	台阶宽高比的允许值		
		$p_k \leqslant 100\text{kPa}$	$100\text{kPa} < p_k$ $\leqslant 200\text{kPa}$	$200\text{kPa} < p_k$ $\leqslant 300\text{kPa}$
混凝土基础	C15 混凝土	1 : 1.00	1 : 1.00	1 : 1.25
毛石混凝土基础	C15 混凝土	1 : 1.00	1 : 1.25	1 : 1.50
砖基础	砖不低于 MU10、砂浆不低于 M5	1 : 1.50	1 : 1.50	1 : 1.50

（续）

基础材料	质量要求	台阶宽高比的允许值		
		$p_k \leqslant 100kPa$	$100kPa < p_k$ $\leqslant 200kPa$	$200kPa < p_k$ $\leqslant 300kPa$
毛石基础	砂浆不低于 M5	1∶1.25	1∶1.50	—
灰土基础	体积比为 3∶7 或 2∶8 的灰土,其最小干密度:粉土为 1.55g/cm³,粉质黏土为 1.50g/cm³,黏土为 1.45g/cm³	1∶1.25	1∶1.50	—
三合土基础	体积比为 1∶2∶4～1∶3∶6(石灰∶砂∶集料),每层虚铺约 220mm,夯至 150mm	1∶1.50	1∶2.00	—

注: 1. p_k 为作用的标准组合时基础底面处的平均压力值（kPa）。

2. 阶梯形毛石基础的每阶伸出宽度不宜大于 200mm。

3. 当基础由不同材料叠合组成时,应对接触部分进行抗压验算。

4. 混凝土基础单侧扩展范围内基础底面处的平均压力超过 300kPa 时,尚应进行抗剪验算;对基底反力集中于立柱附近的岩石地基,应进行局部受压承载力验算。

《公路圬工桥涵设计规范》（JTG D61—2005）要求实体墩（台）基础的扩散角（刚性角）,对于片石、块石和料石砌体,当砌筑砂浆强度等级为 M5 时,不应大于 30°;当砌筑砂浆强度等级为 M5 以上时,不应大于 35°;对于混凝土基础,不应大于 40°。当墩（台）锥坡和护坡采用浆砌或干砌砌体时,砌体厚度不宜小于 30cm。

（二）扩展基础

1. 扩展基础类型

扩展基础是指钢筋混凝土独立基础和钢筋混凝土条形基础。钢筋混凝土独立基础包括柱下独立基础和墙下独立基础。

（1）柱下钢筋混凝土独立基础　柱下钢筋混凝土独立基础有现浇混凝土柱基础和预制混凝土柱基础两种。现浇混凝土柱下常采用钢筋混凝土独立基础,基础截面可做成阶梯形或锥形,如图 8-3a、b 所示;预制混凝土柱下采用杯形基础,如图 8-3c 所示,施工时将柱子插入杯口后,再用细石混凝土将柱子周围的缝隙填充压实。

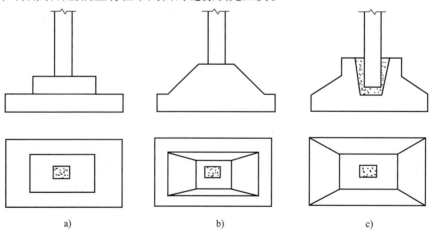

a)　　　　　　　　　　　b)　　　　　　　　　　　c)

图 8-3　柱下钢筋混凝土独立基础

a）阶梯形基础　b）锥形基础　c）杯形基础

（2）墙下钢筋混凝土独立基础 若上层土质松软而其下不深处有较好土层时，为了节约基础材料和减少开挖土方量，也可采用墙下独立基础形式。如图 8-4 所示，基础上设置钢筋混凝土过梁或砖拱圈来承受墙荷载，下部为钢筋混凝土独立基础。

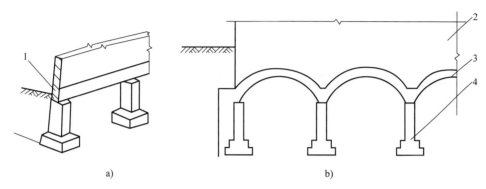

图 8-4 墙下钢筋混凝土独立基础

a）过梁 b）砖拱

1—过梁 2—砖墙 3—砖拱 4—独立基础

（3）墙下钢筋混凝土条形基础 条形基础是墙基础最主要的形式，钢筋混凝土条形基础适用于建筑物荷载较大而土质较差，需要"宽基浅埋"的场合，如图 8-5 所示；但当基础上部纵向荷载或地基土的压缩性不均匀时，为了增强基础的整体性和纵向抗弯能力，减少不均匀沉降，也可做成带肋的钢筋混凝土条形基础，如图 8-5b 所示。

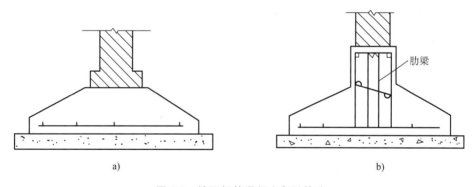

图 8-5 墙下钢筋混凝土条形基础

a）不带肋 b）带肋

2. 扩展基础的构造要求

（1）一般构造要求

1）锥形基础的边缘高度一般不宜小于 200mm，且两个方向的坡度不宜大于 1：3（图 8-6a）；阶梯形基础的每阶高度宜为 300~500mm（图 8-6b）。

2）通常在底板下浇筑一层素混凝土垫层，垫层厚度不宜小于 70mm，垫层混凝土强度等级不宜低于 C10。

3）扩展基础底板受力钢筋最小直径不应小于 10mm，间距不应大于 200mm，也不应小于 100mm；当柱下钢筋混凝土独立基础底面边长或墙下钢筋混凝土条形基础的宽度 $b \geqslant 2.5m$

时，钢筋长度可取边长或宽度的0.9倍，并宜交错布置（图8-6c）。当设垫层时，底板钢筋的保护层厚度不应小于40mm；无垫层时，底板钢筋保护层厚度不应小于70mm。

4）混凝土强度等级不应低于C20。

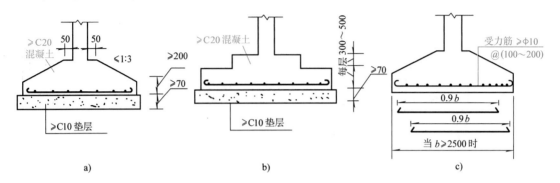

图8-6 扩展基础的一般构造要求

a）锥形基础 b）阶梯形基础 c）钢筋配筋

（2）柱下钢筋混凝土独立基础的构造要求

1）现浇柱基础轴心受压或小偏心受压时，基础高度应大于等于1200mm；大偏心受压时的基础高度应大于等于1400mm。

2）预制钢筋混凝土柱与杯口基础的连接应符合插入深度、杯底厚度和杯壁厚度的要求，如图8-7所示。其中柱的插入深度、杯底厚度和杯壁厚度可分别按表8-2、表8-3选用。当柱为轴心受压或小偏心受压且 $t/h_2 \geq 0.65$ 时，或大偏心受压且 $t/h_2 \geq 0.75$ 时，杯壁可不配筋；当柱为轴心受压或小偏心受压且 $0.5 \leq t/h_2 < 0.65$ 时，杯壁可按表8-4配构造筋；其他情况按计算配筋。

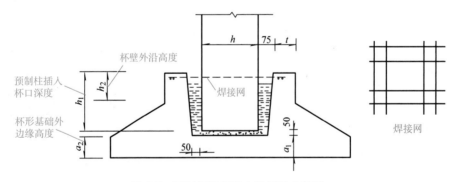

图8-7 预制钢筋混凝土柱下独立基础

表8-2 柱的插入深度 h_1 （单位：mm）

柱子断面特征	矩形或工字形柱				双肢柱
	$h<500$	$500 \leq h<800$	$800 \leq h \leq 1000$	$h>1000$	
h_1	$h \sim 1.2h$	h	$0.9h$ 且 ≥ 800	$0.8h$ 且 ≥ 1000	$(1/3 \sim 2/3)h_a$ $(1.5 \sim 1.8)h_b$

注：1. h 为柱截面长边尺寸；h_a 为双肢柱全截面长边尺寸；h_b 为双肢柱全截面短边尺寸。

2. 柱轴心受压或小偏心受压时，h_1 可适当减小，偏心距大于 $2h$ 时，h_1 应适当加大。

3）对现浇柱基础，基础内应留插筋，插筋的直径、钢筋种类、根数及其间距应与柱内纵向受力钢筋相同。插筋的锚固长度应符合《混凝土结构设计规范》（GB 50010—2010）的有关规定。

表 8-3　基础的杯底厚度和杯壁厚度

柱截面长边尺寸 h/mm	杯底厚度 a_1/mm	杯壁厚度 t/mm
h<500	≥150	150~200
500≤h<800	≥200	≥200
800≤h<1000	≥200	≥300
1000≤h<1500	≥250	≥350
1500≤h<2000	≥300	≥400

表 8-4　杯壁构造配筋

柱截面长边尺寸/mm	h<1000	1000≤h<1500	1500≤h<2000
钢筋直径/mm	8~10	10~12	12~16

（3）墙下钢筋混凝土条形基础的构造要求　如图 8-8 所示，墙下钢筋混凝土条形基础纵向分布钢筋的直径不应小于 8mm，间距不应大于 300mm，每延米分布钢筋面积不应小于受力钢筋面积的 15%。

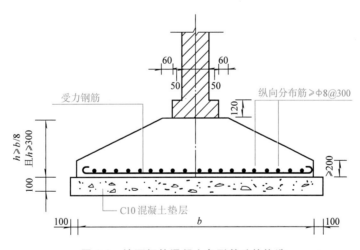

图 8-8　墙下钢筋混凝土条形基础的构造

当地基土质或荷载沿基础纵向分布不均匀时，为了增加条形基础的纵向抗弯能力和抵抗不均匀沉降的能力，可做成带肋板的条形基础，肋的纵向钢筋和箍筋一般按经验确定。

（三）柱下条形基础

1. 柱下条形基础类型

在框架结构中，当地基软弱而柱上荷载较大，且柱距又比较小时，如采用柱下独立基础，可能因基础底面面积很大使基础间的净距很小甚至重叠，为了增加基础的整体刚度，减小不均匀沉降，可将同一排的柱基础连在一起成为钢筋混凝土条形基础（图 8-9）。

若将纵、横两个方向均设置成钢筋混凝土条形基础，将形成如图 8-10 所示的十字交叉基础。这种基础的整体刚度更大，是多层厂房和高层建筑物中常用的形式。

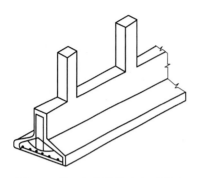

图 8-9 柱下钢筋混凝土条形基础

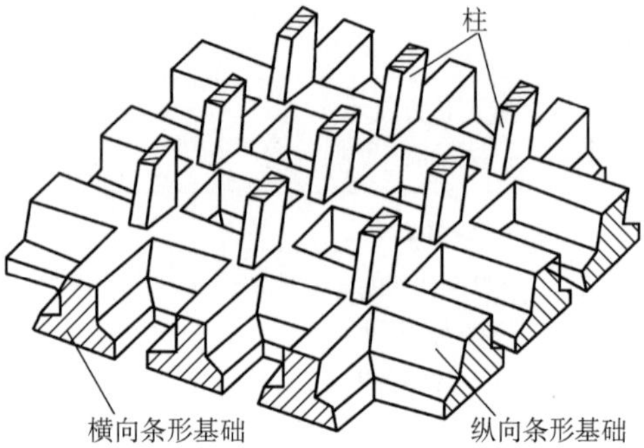

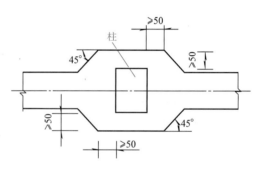

图 8-10 十字交叉基础

2. 构造要求

柱下条形基础除应该满足扩展基础的构造要求外，还应该符合下列要求：

1）柱下条形基础梁的高度宜为柱距的 1/8～1/4。翼板厚不应小于 200mm。当翼板厚度大于 250mm 时，宜采用变厚度翼板，其顶面坡度宜小于等于 1∶3。

2）条形基础的端部宜向外伸出，其长度宜为第一跨距的 0.25 倍。

3）现浇柱与条形基础梁的交接处，其平面尺寸不应小于图 8-11 所示的规定尺寸。

图 8-11 现浇柱与条形基础梁交接处平面尺寸

4）条形基础梁顶部和底部的纵向受力筋除应满足计算要求外，顶部钢筋应按计算配筋全部贯通，底部通长配筋不应少于底部受力钢筋截面总面积的 1/3。

5）柱下条形基础的混凝土强度等级不应低于 C20。

（四）筏形基础

如地基软弱而荷载较大，以致采用十字交叉基础还不能满足要求时，可用钢筋混凝土做成连续整片的基础，即筏形基础（筏板基础）。它在结构上同倒置的楼盖结构一样，比十字交叉基础有更大的整体刚度，能很好地调整地基的不均匀沉降，特别是对有地下防渗要求的建筑物，筏形基础是一种较好的底板结构。

筏形基础分为平板式和梁板式两种类型。平板式是一块等厚的钢筋混凝土底板，柱子直接支立在底板上，如图 8-12a 所示。如柱网间距较小，可采用平板式；如柱网间距较大，柱荷载相差也较大时，宜在板上沿柱轴的纵、横向设置基础梁，下设钢筋混凝土底板，做成梁板式筏形基础，以增加基础刚度，使其能承受更大的弯矩，如图 8-12b、c 所示。

筏形基础的混凝土强度等级不应低于 C30，筏形基础的地下室钢筋混凝土外墙厚度不应小于 250mm，内墙厚度不应小于 200mm，墙体内应设置双面钢筋，水平钢筋的直径不应小于 12mm，竖向钢筋的直径不应小于 10mm，间距不应大于 200mm。

（五）箱形基础

箱形基础是由现浇的钢筋混凝土底板、顶板和纵、横内外隔墙组成的空间整体结构，如图 8-13 所示。这种基础具有相当大的整体抗弯刚度，上部结构不易开裂，并可利用箱形基础的中空部分作为地下室。由于基础埋置深、空腹，可大大减小作用于基础底面的附加压力，减少建筑物的沉降。因此，适用于软弱地基、高层结构、重型建筑物及某些对不均匀沉降有严格要求的设备和构筑物的基础。

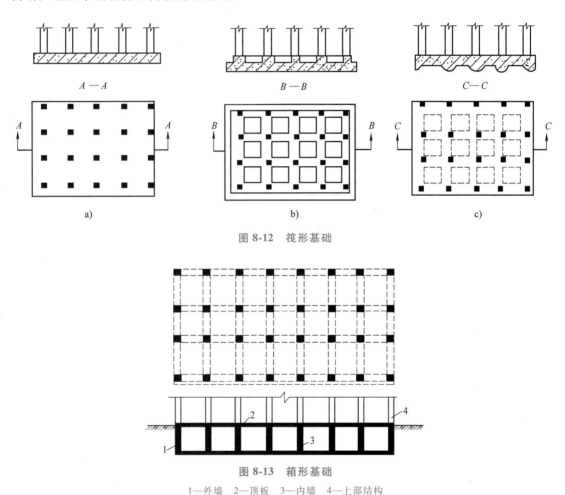

图 8-12　筏形基础

图 8-13　箱形基础

1—外墙　2—顶板　3—内墙　4—上部结构

二、地基基础的类型

地基分为天然地基和人工地基两类，对于建筑物荷载不大或地基土强度较高，不需要经过特殊处理就可承受建筑物荷载的地基，称之为天然地基；如果天然地基土质软弱、承载力不够，需要进行人工加固和改良，这种经过人工加固的地基称为人工地基。

基础按照埋置深度和施工方法的不同可分为浅基础和深基础两类。一般埋深小于 5m 且能用一般方法施工的基础属于浅基础；当埋深大于 5m，采用特殊方法施工的基础则属于深基础，如桩基础、沉井和地下连续墙等。

天然地基上的浅基础具有结构简单、施工方便、造价低等优点，因此在保证建筑物安全使用的前提下，一般应优先考虑采用天然地基上的浅基础。

三、地基基础设计的基本要求

任何建筑物的重量和各种荷载都是通过基础传给地基的，地基与基础是整个建筑物的支撑体。因此，地基基础设计是一项直接关系到建筑物安全、经济、合理性的重要工作。设计时必须遵循设计原则，合理选择地基基础方案，因地制宜地精心设计与施工。

根据建筑物地基基础设计等级及长期荷载作用下地基变形对上部结构的影响程度，地基基础应符合有关强度、变形及稳定性的规定。

1. 桥涵墩（台）基底的合力偏心距要求

《公路桥涵地基与基础设计规范》（JTG 3363—2019）规定，桥涵墩（台）基底的合力偏心距允许值应满足表 8-5 的要求。

表 8-5 桥涵墩（台）基底的合力偏心距允许值

作用情况	地基条件	$[e_0]$	备注
仅承受永久作用标准值组合	非岩石地基	桥墩，0.1ρ	拱桥、刚构桥墩（台），其合力作用点应尽量保持在基底重心附近
		桥台，0.75ρ	
承受作用标准值组合或偶然作用标准值组合	非岩石地基	ρ	拱桥单向推力墩不受限制，但应符合《公路桥涵地基与基础设计规范》（JTG 3363—2019）表 5.4.3 规定的抗倾覆稳定系数要求
	较破碎~极破碎岩石地基	1.2ρ	
	完整、较完整岩石地基	1.5ρ	

注：ρ 为基底截面核心半径。

2. 地基强度要求

1）基础底面岩土的承载力，当不考虑嵌固作用时，应满足以下关于承载力计算的规定：

① 当基底只受轴心荷载作用时，有

$$p = \frac{N}{A} \leqslant f_a \tag{8-2}$$

式中 p——基底压力（kPa）；

      N——正常使用极限状态的短期效应组合在基底产生的竖向力（kN）；

      A——基底面积（m²）；

      f_a——基底处持力层的修正后的地基承载力特征值（kPa）。

② 当基底单向偏心受压，受竖向力 N 和弯矩 M 共同作用时，应同时满足式（8-2）、式（8-3）的要求：

$$p_{max} = \frac{N}{A} + \frac{M}{W} \leqslant \gamma_R f_a \tag{8-3}$$

式中 p_{max}——基底最大压应力（kPa）；

      M——正常使用极限状态的短期效应组合产生于墩（台）的水平和竖向力对基底重心轴的弯矩（kN·m）；

      W——基础底面偏心方向的面积抵抗矩（m³）；

γ_R——地基承载力抗力系数。

式（8-3）也可以改写成式（8-4）的形式，同时进行基底合力偏心距验算：

$$p_{max} = \frac{N}{A} + \frac{Ne_0}{\rho A} = \frac{N}{A}\left(1 + \frac{e_0}{\rho}\right) \leqslant \gamma_R f_a \tag{8-4}$$

式中　ρ——基底截面核心半径（m）；

　　　e_0——偏心距（m）。

③ 当基底双向偏心受压时，基底压力应同时满足式（8-2）、式（8-5）的要求，即

$$p_{max} = \frac{N}{A} + \frac{M_x}{W_x} + \frac{M_y}{W_y} \leqslant \gamma_R f_a \tag{8-5}$$

式中　M_x、M_y——作用于基底的水平力和竖向力绕 x 轴、y 轴对基底的弯矩（kN·m）；

　　　W_x、W_y——基础底面偏心方向边缘绕 x 轴、y 轴的面积抵抗矩（m³）。

2）当设置在基岩上的基底承受单向偏心荷载，其偏心距 e_0 超过核心半径 ρ 时，可仅按受压区计算基底最大压应力（不考虑基底承受拉力，如图 8-14 所示），基底为矩形截面的最大压应力 p_{max} 按式（8-6）计算。

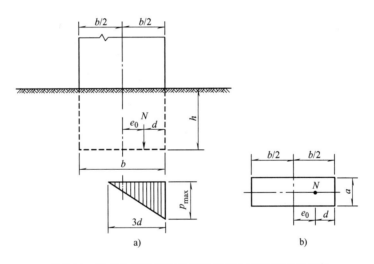

图 8-14　基岩上矩形截面基底单向偏心受压应力重分布

a）基础立面　b）基础平面

$$p_{max} = \frac{2N}{3da} = \frac{2N}{3\left(\dfrac{b}{2} - e_0\right)a} \leqslant \gamma_R f_a \tag{8-6}$$

式中　b——沿偏心方向基础底面的边长（m）；

　　　N——单向偏心荷载（kN）；

　　　a——垂直于底边 b 的基础底面的边长（m）；

　　　d——竖向力 N 作用点至基底受压边缘的距离（m）。

3）当设置在基岩上的墩（台）基底承受双向偏心压应力，且偏心距 e_0 超过核心半径 ρ

时，可仅按受压区计算基底压应力（不考虑基底承受拉应力），墩（台）基底最大压应力可参考《公路桥涵地基与基础设计规范》（JTG 3363—2019）确定。

4）在基础底面下有软弱地基或软土层时，应按下式验算软弱地基或软土层的承载力：

$$p_z = \gamma_1(h+z) + \alpha(p-\gamma_2 h) \leqslant \gamma_R f_a \tag{8-7}$$

式中　p_z——软弱地基或软土层的压应力（kPa）；

h——基底处的埋置深度（m），当基础受水流冲刷时，由一般冲刷线算起；当不受水流冲刷时，由天然地面算起；如位于挖方内，则由开挖后地面算起；

z——从基底处到软弱地基或软土层地基顶面的距离（m）；

γ_1——深度（$h+z$）范围内各土层的换算重度（kN/m³）；

γ_2——深度 h 范围内各土层的换算重度（kN/m³）；

α——土中附加压应力系数，参见《公路桥涵地基与基础设计规范》（JTG 3363—2019）第 J.0.1 条；

p——基底压应力（kPa），当 $z/b>1$ 时，p 采用基底平均压应力，b 为矩形基底的宽度；当 $z/b \leqslant 1$ 时，p 为基底压应力图形距最大压应力点 $b/4 \sim b/3$ 处的压应力（梯形图形前后端的压应力差值较大时，可采用上述 $b/4$ 点处的压应力值，反之，则采用上述 $b/3$ 处的压应力值）；

f_a——软弱地基或软土层地基顶面土的承载力特征值，按《公路桥涵地基与基础设计规范》（JTG 3363—2019）第 4.3.4 条或第 4.3.5 条的规定采用。

若下卧层为压缩性较高的厚层软黏土，或当上部结构对基础沉降有一定要求时，除满足上述要求外，还应验算包括软弱下卧层在内的基础沉降量。

3. 基础沉降要求

当墩（台）建在地质情况复杂、土质不均匀及承载力较差的地基上时，或相邻跨径差别很大而需计算沉降差或跨线桥净高需预先考虑沉降量时，均应计算其沉降。

计算沉降时，传至基底的作用效应应按正常使用极限状态下的作用长期效应组合采用。墩（台）沉降应符合下列规定：

1）相邻墩（台）间不均匀沉降差值（不包括施工中的沉降）不应使桥面形成大于 0.2% 的附加纵坡（折角）。

2）外超静定结构桥梁墩（台）间的不均匀沉降差值，还应满足结构的受力要求。

4. 基础稳定性要求

对经常受水平荷载作用的高层建筑物、高耸结构和挡土墙等，以及建造在斜坡上或边坡附近的建筑物和构筑物，尚应验算其稳定性。即验算建筑物或构筑物在水平荷载和垂直荷载共同作用下，基础是否会沿基底发生滑动、倾覆或与地基一起滑动而丧失稳定性。当地下水埋藏较浅，建筑地下室或地下构筑物可能存在上浮问题时，尚应进行抗浮稳定验算。如果地基受渗透压力作用，并承受较大的渗透力时，还要符合抗渗稳定要求。当墩（台）位于冻胀土中时，应进行抗冻拔稳定计算，同时应验算基础最薄弱截面的抗拉强度。

桥涵墩（台）的稳定性验算主要进行抗倾覆和抗滑动稳定验算，稳定安全系数不应小于表 8-6 的规定，滑动稳定验算包括表层滑动和深层滑动。对桥涵墩（台）基础或挡土墙基础，根据其受力情况一般要验算倾覆稳定。

表 8-6　抗倾覆和抗滑动稳定安全系数

作用组合		验算项目	稳定安全系数限值
使用阶段	永久作用(不及混凝土收缩及徐变、浮力)和汽车、人群作用的标准值效应组合	抗倾覆	1.5
		抗滑动	1.3
	各种作用(不包括地震作用)的标准值效应组合	抗倾覆	1.3
		抗滑动	1.2
施工阶段作用的标准值效应组合		抗倾覆	1.2
		抗滑动	1.2

四、浅基础设计步骤

1）分析研究设计所必需的建筑场地的工程地质条件和地质勘察资料，建筑材料及施工技术条件资料，建筑物的结构形式、使用要求及上部结构荷载资料等，综合考虑选择基础的类型、材料、平面布置。

2）选定基础埋置深度，确定地基承载力。

3）拟定基础底面尺寸、验算地基承载力，必要时进行地基下卧层强度验算、地基变形验算和地基稳定性验算。

4）确定基础剖面尺寸，进行基础结构计算（包括基础内力计算、配筋强度计算）。

5）绘制基础施工详图，提出必要的施工技术说明。

单元 2　基础埋深的影响因素

基础埋深是指基础埋入土体中的深度，房屋建筑基础埋深是指从室外设计地面到基础底面的距离。基础埋深对基础尺寸、施工技术、工期以及工程造价都有较大影响。一般要求在保证地基稳定和变形的前提下，基础尽量浅埋，当上层土的承载力大于下层土时，宜利用上层土作为持力层。由于影响基础埋深的因素很多，设计时应当从实际出发，综合分析，合理选择。本单元主要讲述选择基础埋深时要考虑的几个因素。

一、建筑物用途和结构类型

建筑物的用途和结构类型是选择基础埋深的先决条件。如设有地下室、半地下室的建筑物和带有地下设施的建筑物以及具有地下部分设备的基础等，其基础埋深就要结合地下部分的设计标高来选定。对于中小跨度的简支梁桥来说，这项因素对确定基础埋置深度的影响不大；但对类似拱桥的超静定结构，对不均匀沉降比较敏感，即使基础发生很小的不均匀沉降，都会使内力产生较大的变化。因此，基础须坐落在较深的坚实土层上。如砌体结构下的刚性基础，由于要满足允许宽高比的构造要求，基础埋深应由其构造要求确定。

二、基础荷载影响

作用在基础上的荷载大小和性质对基础埋深的选择有很大的影响。就浅土层而言，当基础荷载较小时，它是很好的持力层；而当基础荷载较大时，则可能因地基承载力不足而不宜作持力层，需增大埋深或对地基进行加固处理。对承受振动荷载的基础，不宜选择易产生振动液化的土层作为持力层，以防基础失稳。

三、工程地质条件

工程地质条件是确定基础埋深的重要因素之一，当基岩埋深较小时，基础应尽可能直接坐落在新鲜的基岩上；当覆盖层或风化层很厚而不能清除时，基础在风化层中的深度应该根据基岩风化程度、允许承载力和冲刷深度综合确定。对于倾斜的基岩面，不能将基础的一部分坐落在基岩上，而将另一部分置于土基上，以免不均匀沉降引起倾斜或断裂。

对于非岩石地基，压缩层范围内为均质地基时，可以根据冲刷深度、冻胀深度和荷载大小来确定。非均质地基可以从以下几方面考虑：

1）当地基土层均匀时，在满足地基承载力和变形要求的前提下，基础应尽量浅埋，以便节省投资，方便施工。

2）当地基上层土质差而下层土质好时，视上层土的厚度来确定基础埋深。如上层软弱土厚度小于2m时，应将软弱土层挖除，将基础置于下层坚实土层上。如上层软土较厚（2~4m）时，为减少开挖，在可能的条件下对低层房屋可考虑扩大基底面积、加强上部结构刚度的措施，以减少沉降影响；但对重要的建筑物，仍应将基础置于坚实土层上。如上层软土很厚（大于5m）时，通常采用人工加固地基或用桩基础。

3）当地基上层土质好于下层土质时，基础应尽量浅埋，甚至进行大面积填土夯实，再开挖，以充分利用上部好土作为地基持力层。

4）当地基上、下坚实而中间夹有软弱土层时，应根据上部荷载的大小和软弱夹层的厚度，按上述原则来确定埋深。

四、河流冲刷深度影响

桥梁墩（台）使河流的过水面变窄，流速加快，引起局部河床冲刷，为了防止墩（台）基础因冲刷而引起倒塌或其他不稳定情况，要求基础必须埋置在设计洪水的最大冲刷线以下一定的深度。涵洞基础，在无冲刷处（岩石地基除外）应设在地面或河床底以下埋深不小于1m处；如有冲刷，基底埋深应在局部冲刷线以下不小于1m处。如河床上有铺砌层时，基础底面宜设置在铺砌层顶面以下不小于1m处。非岩石河床的桥梁墩（台）基底埋深安全值可按表8-7确定。

表8-7 非岩石河床的桥梁墩（台）基底埋深安全值

	总冲刷深度/m	0	5	10	15	20
安全值/m	大桥、中桥、小桥（不铺砌）	1.5	2.0	2.5	3.0	3.5
	特大桥	2.0	2.5	3.0	3.5	4.0

注：1. 总冲刷深度为自河床面算起的河床自然演变冲刷、一般冲刷与局部冲刷深度之和。
2. 表列数值为墩（台）基底埋入总冲刷深度以下的最小值；若对设计流量、水位和原始断面资料无把握或不能获得河床演变准确资料时，其值宜适当加大。
3. 若桥位上下游有已建桥梁，应调查已建桥梁的特大洪水冲刷情况，新建桥梁墩（台）基础的埋置深度不宜小于已建桥梁的冲刷深度且酌加必要的安全值。
4. 如河床上有铺砌层时，基础底面宜设置在铺砌层顶面以下不小于1.0m。

岩石河床墩（台）基底最小埋置深度可参考《公路工程水文勘测设计规范》(JTG C30—

2015）附录 D 确定。位于河槽的桥台，当其最大冲刷深度小于桥墩总冲刷深度时，桥台基底的埋深应与桥墩基底相同。当桥墩位于河滩时，对河槽摆动不稳定的河流，桥台基底高程应与桥墩基底高程相同；在稳定的河流上，桥台基底高程可按照桥台冲刷结果确定。墩（台）基础顶面标高宜根据桥位情况、施工难易程度、外观造型综合确定。

五、冻土深度的影响

在寒冷地区，当地层温度降至 0℃ 以下时，土中部分孔隙水冻结而形成冻土。季节性冻土在我国北方地区分布很广，冻结深度常在 0.5m 以上，最深可达 3m。

墩（台）基底设置在不冻胀土层中，基底埋深可不受冻深的限制；当上部为超静定结构的桥涵基础，其地基为冻胀性土时，应将基底埋入冻结线以下不小于 0.25m 处；当基底埋置于季节性冻土中时，基底的最小埋深可按式（8-8）确定：

$$d_{\min} = z_d - h_{\max} \tag{8-8}$$

$$z_d = \psi_{zs}\psi_{zw}\psi_{ze}\psi_{zg}\psi_{zf}z_0 \tag{8-9}$$

式中　$d_{\min}$——基底的最小埋置深度（m）；

　　　z_d——设计深度（m）；

　　　z_0——标准冻深（m），无实测资料时，可按《公路桥涵地基与基础设计规范》（JTG 3363—2019）确定；

　　　$h_{\max}$——基础底面下最大冻土层的厚度（m），弱冻胀土取 $0.38z_0$，冻胀土取 $0.28z_0$，强冻胀土取 $0.15z_0$，特强冻胀土取 $0.08z_0$，极强冻胀土取 0；

　　　ψ_{zs}——土的类别对冻深影响系数；黏性土取 1.0，细砂、粉砂、粉土取 1.2，中砂、粗砂、砾砂取 1.3，碎石土取 1.4；

　　　ψ_{zw}——土的冻胀性对冻深的影响系数，不冻胀土取 1.00，弱冻胀土取 0.95，冻胀土取 0.90，强冻胀土取 0.85，特强冻胀土取 0.80，极强冻胀土取 0.75；

　　　ψ_{ze}——环境对冻深的影响系数，村、镇、旷野地区取 1.00，城市近郊地区取 0.95，城市市区取 0.90；

　　　ψ_{zg}——地形坡向对冻深的影响系数，平坦地区取 1.0，阳坡地区取 0.9，阴坡地区取 1.1；

　　　ψ_{zf}——基础对冻深的影响系数，一般取 1.1。

涵洞基础设置在季节性冻土地基上时，出入口和自两端洞口向内各 2~6m 范围内（或采用不小于 2m 的一段涵节长度）的洞身基底的埋深可按式（8-8）确定。涵洞中间部分的基础埋深可根据地区施工经验确定。严寒地区，当涵洞中间部分基础的埋深与洞口基础埋深相差较大时，其连接处应设置过渡段。冻结较深的地区，也可以将基底至冻结线处的地基土置换为粗颗粒土（包括碎石土、砾砂、粗砂、中砂，但其中粉粒及黏粒的含量不应大于 15%，或粒径小于 0.1mm 的颗粒含量不应大于 25%）。

【例 8-1】　某河流的地质、水文和土层承载力等资料如图 8-15 所示，试根据资料确定基础埋置深度。

解：根据水文地质资料，可以看出土层第 Ⅰ、Ⅲ、Ⅳ 层均可以作为基础持力层，故有如下三个不同方案可供选择：

（1）方案一。以第Ⅰ层硬塑粉质黏土作为持力层，在满足最大冲刷线（局部冲刷线）深度要求的条件下尽量浅埋，最大冲刷深度为 2.0m，基底埋深应在局部冲刷线以下不小于 1.0m 处。由表 8-7 可知，若为大桥、中桥、小桥的基础，冲刷线以下埋深为 1.5~2.0m，特大桥冲刷线以下埋深为 2.0~2.5m。因此，一般桥梁基础的最小埋深为 3.5~4.0m，特大桥基础的最小埋深应为 4.0~4.5m。确定基础埋深后需要对持力层和下卧层的承载力进行验算，若承载力不能满足要求，可以考虑将基础埋置在第Ⅲ层或第Ⅳ层。

（2）方案二。将基础埋置在第Ⅲ层硬塑黏土中，冲刷线以下的最小埋置深度为 8m，采用浅基础施工开挖量较大，需要考虑技术和经济的合理性。也可以采用沉井基础方案或桩基础方案，具体要根据技术经济比较选取较优方案。

（3）方案三。采用桩基础，将桩端直接伸入第Ⅳ层密实粗砂层，以密实粗砂层作为桩基础的持力层。实际确定时根据实际情况选定，原则上尽量选用浅基础。

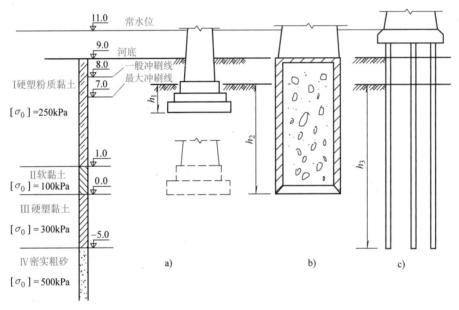

图 8-15　基础埋深的不同方案（例 8-1 图）

a）方案一　b）方案二　c）方案三

单元 3　基础尺寸设计

浅基础尺寸设计包括基础高度、平面尺寸和剖面等内容的确定，设计时可以先拟定尺寸，然后验算地基强度、变形和稳定性，其中强度验算包括持力层强度和软弱下卧层的验算。

一、基础高度

确定基础高度时要考虑建筑物的美观，并保护其不受外力破坏，应根据墩（台）的结构形式、荷载大小以及基础材料等因素来确定，一般要求基础不外露。《公路桥涵地基与基础设计规范》（JTG 3363—2019）规定墩（台）基础的顶面不宜高于最低水位，在季节性流水的河流或旱地上的桥梁墩（台）基础顶面不宜高出地面，以防碰损。因此，根据前述确定埋深的方法定出基础底面标高，基础总高度即是顶面标高与底面标高之差。

二、基础平面尺寸

基础平面尺寸主要是基础顶面尺寸和底面尺寸，基础顶面尺寸一般与桥梁墩（台）底部形状相适应。考虑到施工方便，桥墩底部的形状以圆形居多，但一般基础仍采用矩形。基础顶面尺寸应大于墩（台）的底面尺寸，墩（台）底部边缘到基础顶面边缘的距离称为襟边宽度，襟边宽度不能小于 30cm，其作用主要是：

1）考虑到施工条件较差，基础砌筑后，其位置可能有偏差，设置襟边宽度可以保证墩（台）按照正确位置放线。

2）便于施工操作和架设墩（台）模板。

因此，基础顶面的最小尺寸应为墩（台）底部尺寸加 2 倍的襟边宽度。

基础底面尺寸不能小于顶面尺寸，刚性基础底面尺寸要满足刚性角的要求。进行浅基础的初步设计时，在选定了基础类型和埋置深度后，就可根据持力层修正后的承载力特征值估算基础底面尺寸。若地基压缩层范围内有软弱下卧层时，还必须对软弱下卧层进行强度验算。

1. 中心荷载作用下的基底面积估算

当基础底面只作用中心垂直荷载 F、G 时，如图 8-16 所示，基底压力按简化方法计算，即

$$p = \frac{F + G}{A} = \frac{F + Ah\gamma_G}{A} \qquad (8-10)$$

式中　p——基底压力设计值（kPa）；

F——上部结构传至基础底面标高处的荷载设计值（kPa）；

G——基础及上方回填土所受的重力（kN）；$G = Ah\gamma_G$，γ_G 为基础及上方填土的平均重度，取 $\gamma_G = 20kN/m^3$；h 为基础平均高度，即室内外设计埋深的平均值（m）；

A——基底面积（m²）。

图 8-16　中心荷载作用下的基础

由强度条件式（8-2）有

$$\frac{F + G}{A} = \frac{F + Ah\gamma_G}{A} \leqslant f_a \qquad (8-11)$$

整理后得基底面积为

$$A \geqslant \frac{F}{f_a - \gamma_G h} \qquad (8-12)$$

1）对矩形基础，长宽比 n 一般按照上部结构选取，并与墩（台）截面的长宽比接近为宜，此时的基底宽度为

$$b \geqslant \sqrt{\frac{F}{n(f_a - \gamma_G h)}} \qquad (8-13)$$

2）对方形基础，基底宽度为

$$b \geqslant \sqrt{\frac{F}{f_a - \gamma_G h}} \tag{8-14}$$

3）对条形基础，沿基础长度方向取 1m 作为计算单元，作用其上的荷载为 F，故基底宽度为

$$b \geqslant \frac{F}{f_a - \gamma_G h} \tag{8-15}$$

应当指出，式中的 f_a 与基础宽度 b 有关。由于基础尺寸还没有确定，因此属于试算过程。一般根据原定埋深和上部墩（台）尺寸拟定基底面积，对地基承载力进行修正后，验算地基承载力是否满足要求。

2. 偏心荷载作用下的基底面积估算

偏心荷载作用下基础的底面尺寸常用试算法确定，其计算步骤为：

1）先按中心荷载作用的公式初步估算基底面积 A_0。

2）根据偏心距的大小，将基底面积 A_0 增大 10%~40%，即 $A = (1.1 \sim 1.4)A_0$，并以适当的长宽比拟定基础底面的长度 l 和宽度 b。

3）按式（8-3）或式（8-5）或式（8-6）验算基底压力是否满足地基承载力的要求，如不合适（太大或太小），可调整基底尺寸后再验算，直到满意为止。

三、地基软弱下卧层验算

在成层地基中，当地基受力层范围内有软弱下卧层时，除按持力层承载力计算基底尺寸外，还必须按式（8-16）对软弱下卧层进行验算，即要求作用在软弱下卧层顶面处的附加应力与自重应力之和不超过软弱下卧层修正后的承载力特征值。

$$p_z = \sigma_{cz} + \sigma_z = \gamma_2(h + z) + \alpha(p - \gamma_h h) \leqslant \gamma_R f_{a(h+z)} \tag{8-16}$$

$$f_{a(h+z)} = f_{a0} + k_1\gamma_1(b - 2) + k_2\gamma_2(h + z - 3) \tag{8-17}$$

式中　σ_{cz}——软弱下卧层顶面处土的自重应力（kPa）；

σ_z——软弱下卧层顶面处土的附加应力（kPa）；

γ_R——地基承载力特征值抗力系数，按《公路桥涵地基与基础设计规范》（JTG 3363—2019）的要求取值；

γ_2——深度（$h+z$）范围内各层土的加权平均重度（kN/m³）；

γ_h——深度 h 范围内各层土的加权平均重度（kN/m³）；

γ_1——软弱下卧层土的重度（kN/m³）；

h——基底埋深（m），当基础受水流冲刷时，由一般冲刷线算起；当不受水流冲刷时，由天然地面算起；如位于挖方内，则由开挖后的地面算起；

z——基础底面至软弱土层顶面的距离（m）；

α——土中附加应力系数，由表 8-8 查得；

p——基底压应力（kPa），当 $z/b>1$ 时，p 采用基底平均压应力，b 为矩形基底的宽度；当 $z/b \leqslant 1$ 时，p 为基底压应力图形距最大压应力点 $b/4 \sim b/3$ 处的压应力（梯形图形前后端的压应力差值较大时，可采用上述 $b/4$ 点处的压应力值，反之，则采用上述 $b/3$ 处的压应力值）；

k_1、k_2——基础宽度和埋置深度的修正系数，根据基底持力层土的类别查表 7-16；

f_{a0}——软弱下卧层地基承载力特征值（kPa），可按式（7-21）、式（7-22）计算；

$f_{a(h+z)}$——软弱下卧层顶面处的承载力特征值（kPa），可按式（7-21）、式（7-22）计算。

表 8-8　桥涵基底中点下卧土层附加应力系数 α

z/b 或 z/d	圆形	矩形基础长宽比												≥10（条形基础）
		1.0	1.2	1.4	1.6	1.8	2.0	2.4	2.8	3.2	3.6	4.0	5.0	
0.0	1.000	1.000	1.000	1.000	1.000	1.000	1.000	1.000	1.000	1.000	1.000	1.000	1.000	1.000
0.1	0.974	0.980	0.984	0.986	0.987	0.987	0.988	0.988	0.989	0.989	0.989	0.989	0.989	0.989
0.2	0.949	0.960	0.968	0.972	0.974	0.975	0.976	0.976	0.977	0.977	0.977	0.977	0.977	0.977
0.3	0.864	0.880	0.899	0.910	0.917	0.920	0.923	0.925	0.928	0.928	0.929	0.929	0.929	0.929
0.4	0.756	0.800	0.830	0.818	0.859	0.866	0.870	0.875	0.878	0.879	0.880	0.880	0.881	0.881
0.5	0.646	0.703	0.741	0.765	0.781	0.791	0.799	0.810	0.812	0.814	0.816	0.817	0.818	0.818
0.6	0.547	0.606	0.651	0.682	0.703	0.717	0.727	0.737	0.746	0.749	0.751	0.753	0.754	0.755
0.7	0.461	0.527	0.574	0.607	0.630	0.648	0.660	0.674	0.685	0.690	0.692	0.694	0.697	0.698
0.8	0.390	0.449	0.496	0.532	0.558	0.578	0.593	0.612	0.623	0.630	0.633	0.636	0.639	0.642
0.9	0.332	0.392	0.437	0.473	0.499	0.520	0.536	0.559	0.572	0.579	0.584	0.588	0.592	0.596
1.0	0.285	0.334	0.378	0.414	0.441	0.463	0.482	0.505	0.520	0.529	0.536	0.540	0.545	0.550
1.1	0.246	0.295	0.336	0.369	0.396	0.418	0.436	0.462	0.479	0.489	0.496	0.501	0.508	0.513
1.2	0.214	0.257	0.294	0.325	0.352	0.374	0.392	0.419	0.437	0.449	0.457	0.462	0.470	0.477
1.3	0.187	0.229	0.263	0.292	0.318	0.339	0.357	0.384	0.403	0.416	0.424	0.431	0.440	0.448
1.4	0.165	0.201	0.232	0.260	0.284	0.304	0.321	0.350	0.369	0.383	0.393	0.400	0.410	0.420
1.5	0.147	0.180	0.209	0.235	0.258	0.277	0.294	0.322	0.341	0.356	0.366	0.374	0.385	0.397
1.6	0.130	0.160	0.187	0.210	0.232	0.251	0.267	0.294	0.314	0.329	0.340	0.348	0.360	0.374
1.7	0.118	0.145	0.170	0.191	0.212	0.230	0.245	0.272	0.292	0.307	0.317	0.326	0.340	0.355
1.8	0.106	0.130	0.153	0.173	0.192	0.209	0.224	0.250	0.270	0.285	0.296	0.305	0.320	0.337
1.9	0.095	0.119	0.140	0.159	0.177	0.192	0.207	0.233	0.251	0.263	0.278	0.288	0.303	0.320
2.0	0.087	0.108	0.127	0.145	0.161	0.176	0.189	0.214	0.233	0.241	0.260	0.270	0.285	0.304
2.2	0.073	0.090	0.107	0.122	0.137	0.150	0.163	0.185	0.208	0.218	0.230	0.239	0.256	0.280
2.4	0.062	0.077	0.092	0.105	0.118	0.130	0.141	0.161	0.178	0.192	0.204	0.213	0.230	0.258
2.6	0.053	0.066	0.079	0.091	0.102	0.112	0.123	0.141	0.157	0.170	0.184	0.191	0.208	0.239
2.8	0.046	0.058	0.069	0.079	0.089	0.099	0.108	0.124	0.139	0.152	0.163	0.172	0.189	0.228
3.0	0.040	0.051	0.060	0.070	0.078	0.087	0.095	0.110	0.124	0.136	0.146	0.155	0.172	0.208
3.2	0.036	0.045	0.053	0.062	0.070	0.077	0.085	0.098	0.111	0.122	0.133	0.141	0.158	0.190
3.4	0.033	0.040	0.048	0.055	0.062	0.069	0.076	0.088	0.100	0.110	0.120	0.128	0.144	0.181
3.6	0.030	0.036	0.042	0.049	0.056	0.062	0.068	0.080	0.090	0.100	0.109	0.117	0.133	≥0.175
3.8	0.027	0.032	0.038	0.044	0.050	0.056	0.062	0.072	0.082	0.091	0.100	0.107	0.123	0.166
4.0	0.025	0.029	0.035	0.040	0.046	0.051	0.056	0.066	0.075	0.084	0.090	0.095	0.113	0.158
4.2	0.023	0.026	0.031	0.037	0.042	0.048	0.051	0.060	0.069	0.077	0.084	0.091	0.105	0.150
4.4	0.021	0.024	0.029	0.034	0.038	0.042	0.047	0.055	0.063	0.070	0.077	0.084	0.098	0.144
4.6	0.019	0.022	0.026	0.031	0.035	0.039	0.043	0.051	0.058	0.065	0.072	0.078	0.091	0.137
4.8	0.018	0.020	0.024	0.028	0.032	0.036	0.040	0.047	0.054	0.060	0.067	0.072	0.085	0.132
5.0	0.017	0.019	0.022	0.026	0.030	0.033	0.037	0.044	0.050	0.056	0.062	0.067	0.079	0.126

软弱下卧层顶面处的附加应力 σ_z 可按前述附加应力计算方法计算，但实际工程中也常采用应力扩散角法进行计算。《建筑地基基础设计规范》（GB 50007—2011）推荐方法为：当上层土与软弱下卧层的压缩模量比 $E_{s1}/E_{s2} \geqslant 3$ 时，假设基底面处附加压力（$p_0 = p - \gamma_h h$）按某一扩散角 θ 向下扩散，至深度 z 处的附加应力为 σ_z，如图 8-17 所示，根据基底与下卧层顶面处附加应力总和相等的条件可得附加应力计算公式：

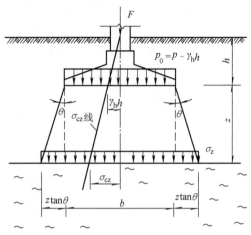

图 8-17　附加应力简化计算

对于矩形基础（附加应力沿两个方向扩散），有

$$\sigma_z = \frac{lb(p - \gamma_h h)}{(l + 2z\tan\theta)(b + 2z\tan\theta)} \tag{8-18}$$

对于条形基础（附加应力沿一个方向扩散），有

$$\sigma_z = \frac{b(p - \gamma_h h)}{b + 2z\tan\theta} \tag{8-19}$$

对于圆形基础（附加应力向各个方向扩散），有

$$\sigma_z = \frac{d^2(p - \gamma_h h)}{(d + 2z\tan\theta)^2} \tag{8-20}$$

式中　b——矩形基础或条形基础底边宽度（m）；

l——矩形基础底边长度（m）；

d——圆形基础直径（m）；

γ_h——基础埋深范围内土的加权平均重度（kN/m^3），地下水位以下取浮重度 γ'；

h——基础埋深（m）；

z——基础底面至软弱下卧层顶面的距离（m）；

θ——地基压力扩散角，可按表 8-9 查取；

p——基底平均压力值（kPa）。

表 8-9　地基压力扩散角 θ

E_{s1}/E_{s2}	z/b	z/b
	0.25	0.50
3	6°	23°
5	10°	25°
10	20°	30°

若软弱下卧层强度验算不满足式（8-16）的要求，则表明该软弱土层承受不了上部荷载的作用，应考虑增大基底面积、减小基础埋深，或对地基进行加固处理，也可以改用深基础方案。

四、基底合力偏心距验算

从式（8-4）可知，基底偏心距越大，基底压力越不均匀，基础越容易产生不均匀沉降，致使墩（台）倾斜，不利于建筑物的正常使用。为了尽可能使基底压力分布比较均匀，在进行墩（台）基础设计计算时必须控制基底合力偏心距，以免基底产生过大的不均匀沉降，引起墩（台）倾斜，影响正常使用。基底合力偏心距应该满足表 8-5 的规定。当外合力作用点不在基础任一对称轴上，或基础底面为非对称面时，可以按照式（8-21）计算 e_0 和 ρ 的比值，使其满足表 8-5 的要求。

$$\frac{e_0}{\rho} = 1 - \frac{p_{\min}}{\dfrac{N}{A}} \tag{8-21}$$

$$p_{\min} = \frac{N}{A} - \frac{M_x}{W_x} - \frac{M_y}{W_y} \tag{8-22}$$

式中　$p_{\min}$——基底最小压应力，当为负值时表示拉应力。

验算基底偏心距时，应该采取计算基底压力相同的最不利荷载组合。修筑在岩石地基上的单向推力墩，当满足强度和稳定性要求时，偏心距不受限制。

五、地基变形验算

对桥梁墩（台）基础，在初步确定基底尺寸后，应进一步验算地基变形特征值是否超过基础的允许变形值。变形计算方法常用分层总和法（学习情境 4 单元 2），地基变形特征验算应满足相关规范要求。当地基变形特征验算不满足相关规范要求时，可先适当调整基础底面尺寸或埋深，如仍不满足要求，再考虑改变基础类型、修改上部结构形式，甚至采用人工地基或采取其他工程措施以防止不均匀沉降对建筑物的破坏。

六、基础稳定性验算

当基础承受较大偏心力矩和水平力时，有可能使基础发生倾斜、沿基底面滑动或与地基一起发生深层滑动。

1. 抗倾覆稳定验算

对桥涵墩（台）基础或挡土墙基础，根据其受力情况一般要验算抗倾覆稳定性。

1）桥涵墩（台）的抗倾覆稳定计算，如图 8-18 所示，应选基底最大受压边缘为转动中心，抗倾覆稳定安全系数 k_0 为

$$k_0 = \frac{s}{e_0} \geqslant [k_0] \tag{8-23}$$

$$e_0 = \frac{\sum P_i e_i + \sum H_i h_i}{\sum P_i} \tag{8-24}$$

式中　s——在截面重心至合力作用点的延长线上，自截面重心至验算倾覆轴的距离（m）；

　　　e_0——所有外力的合力 R 在验算截面上的作用点对基底重心轴的偏心距（m）；

　　　$[k_0]$——墩（台）基础抗倾覆稳定安全系数允许值，查表 8-6；

　　　P_i——不考虑分项系数和组合系数的作用标准组合或偶然作用（地震除外）标准值组合引起的竖向力（kN）；

　　　e_i——竖向力 P_i 对验算截面重心的力臂（m）；

H_i——不考虑分项系数和组合系数的作用标准组合或偶然作用（地震除外）标准值组合引起的水平力（kN）；

h_i——水平力对验算截面的力臂（m）。

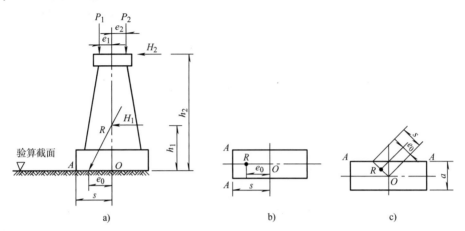

图 8-18　桥涵墩（台）基础抗倾覆稳定验算示意

a）立面　b）平面（单向偏心）　c）平面（双向偏心）

O—截面重心　R—合力作用点　A—A—验算倾覆轴

2）挡土墙的抗倾覆稳定计算，如图 8-19 所示，抗倾覆稳定安全系数 k_0 为

$$k_0 = \frac{Wb + E_y a}{E_x h} \geqslant [k_0] \tag{8-25}$$

式中　W——挡土墙的重力（kN/m）；

E_x、E_y——土压力的水平和竖向分力（kN/m）；

h、a、b——E_x、E_y、W 对墙趾的力臂（m）。

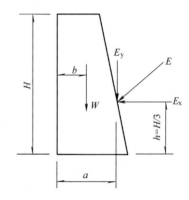

图 8-19　挡土墙抗倾覆稳定
计算示意

2. 表层滑动稳定验算

当竖向荷载远小于地基承载力，而水平荷载较大时，有可能使建筑物沿基础与地基的接触面上产生滑动，称为表层滑动。如图 8-18 所示，抗滑稳定安全系数 k_c 为

$$k_c = \frac{\mu \sum P_i + \sum H_{iP}}{\sum H_{ia}} \geqslant [k_c] \tag{8-26}$$

式中　$\sum P_i$——竖向力总和；

$\sum H_{iP}$——抗滑稳定水平力总和；

$\sum H_{ia}$——滑动水平力总和；

μ——基础底面与地基土之间的摩擦系数，通过试验确定，当缺少实际资料时可参照表 8-10 采用；

$[k_c]$——抗滑稳定安全系数允许值，查表 8-6。

注意：$\sum H_{iP}$ 和 $\sum H_{ia}$ 分别为两个相对方向的各自水平力总和，绝对值较大的为滑动水平力总和 $\sum H_{ia}$，另一个为抗滑稳定水平力总和 $\sum H_{iP}$；$\mu \sum P_i$ 为抗滑稳定力。

表 8-10　基底摩擦系数 μ

地基土分类	μ	地基土分类	μ
B 黏土(流塑~坚硬)、粉土	0.25	软岩(极软岩~较软岩)	0.40~0.60
砂土(粉砂~砾砂)	0.30~0.40	硬岩(较硬岩、坚硬岩)	0.60、0.70
碎石土(松散~密实)	0.40~0.50		

当基底采取了抗滑动的措施后（如基础底面做成阶梯、齿墙或设置防滑锚栓），进行滑动验算时除考虑基底的摩阻力外，还要考虑由上述措施所产生的阻力。

3. 深层滑动稳定验算

对具有高填土的桥台和挡土墙、水闸，经常受水平荷载作用的高层建筑和高耸结构，由于竖向荷载和水平荷载都较大，当地基土质较差时，有可能出现基础连同地基一起滑动的情况，这种情况称为深层滑动，如图 8-20 所示。这时，需要验算深层滑动的稳定性。其验算方法可参照学习

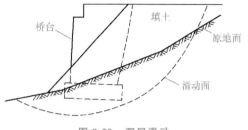

图 8-20　深层滑动

情境 5 边坡稳定验算的圆弧法进行，但应计入建筑物所受的外荷载和建筑物重量的影响。

以上对地基基础的验算都应该满足相关规范要求，当不能满足要求时，必须采取设计措施。如桥梁的桥台基础在台后土压力引起的倾覆力矩过大，造成抗倾覆稳定不能满足要求时，可以将桥台做成如图 8-21 所示的台身后倾的非对称形式，这样可以增加台身自重产生额外的抗倾覆力矩，达到抗倾覆稳定的安全度要求。但采用这种外形，在砌筑台身时应该及时回填土并夯实，以防施工时台身后倾和转动。台后一定范围内也可以填筑内摩擦角较大的材料，以便减小土压力。

拱桥桥台，在拱脚水平推力作用下，基础抗滑稳定性不能满足要求时，可以在基底做成如图 8-22a 的齿槛形式，将基底的摩擦滑动变为土体的剪切破坏，从而提高基础的抗滑动能力。如受单向水平推力时，也可以将基底设计成图 8-22b 的倾斜形式，滑动力随基底倾斜角的增大而减小。

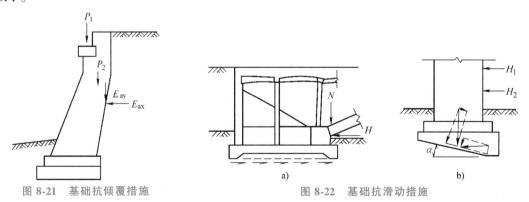

图 8-21　基础抗倾覆措施　　　　图 8-22　基础抗滑动措施

★ **单元 4**　**浅基础设计实例**

一、设计资料及基本数据

某桥梁上部结构采用装配式钢筋混凝土简支 T 形梁，标准跨径 20.00m，计算跨径

19.50m，摆动支座，桥面宽度为净-7m+2×1.0m，该工程为二级公路桥涵，设计安全等级为二级，汽车荷载等级为公路-Ⅱ级，双车道，按照《公路桥涵地基与基础设计规范》（JTG 3363—2019）进行设计计算。

材料：台帽、耳墙及截面 a—a（图8-23）以上混凝土强度等级为C25，$\gamma_1 = 25.00 \text{kN/m}^3$；截面 a—a 以下台身为浆砌石（面墙用块石、其他用片石，石料强度不小于 MU30，采用水泥砂浆的强度等级为 M7.5），$\gamma_2 = 23.00 \text{kN/m}^3$。基础用 C15 素混凝土浇筑，$\gamma_3 = 24.00 \text{kN/m}^3$。台后和溜坡填土 $\gamma_4 = 17.00 \text{kN/m}^3$，填土内摩擦角 $\varphi = 35°$，黏聚力 $c = 0$。

水文、地质资料：设计洪水水位标高离基底的距离为7.00m（即在 a—a 截面处），地基土的物理、力学性质指标见表8-11，其中第一层黏土大于 2mm 的颗粒含量超过 30%。高程 0.9m 以下为不可压缩层。

表 8-11　地基土的物理、力学性质指标

取土深度（自地面算起）/m	天然状态下土的物理性质指标				土粒比重 G_s	塑性试验				抗压强度		压缩系数
	含水率 w（%）	密度 ρ/（g/cm³）	孔隙比 e	饱和度 S_r（%）		液限 w_L（%）	塑限 w_p（%）	塑性指数 I_p（%）	液性指数 I_L	内摩擦角/（°）	黏聚力/MPa	a_{1-2}/MPa⁻¹
3.40~3.6	22.1	2.03	0.55	99.0	2.73	40.0	22.1	17.9	0.05	19.3	89.8	0.10
8.9~9.10	30.5	1.90	0.889	94.3	2.75	51.3	23.1	28.2	0.26	16.3	43.2	0.16

二、桥台与基础的构造及拟定尺寸

基础分两层，每层厚度为 0.5m，襟边和台阶等宽为 0.4m。根据襟边和台阶构造要求初步拟定平面尺寸，如图 8-23 所示，经验算不满足要求时再调整尺寸。基础用 C15 混凝土浇筑，混凝土的刚性角 $\alpha = 40°$。基础的扩散角为

$$\alpha_{max} = \arctan\frac{0.8}{1.0} = 38.66° < \alpha = 40°（满足要求）$$

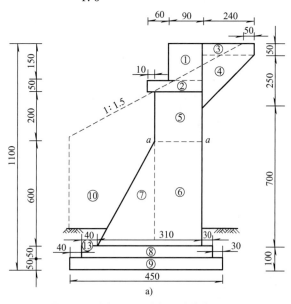

图 8-23　实例图（图中尺寸单位：cm）

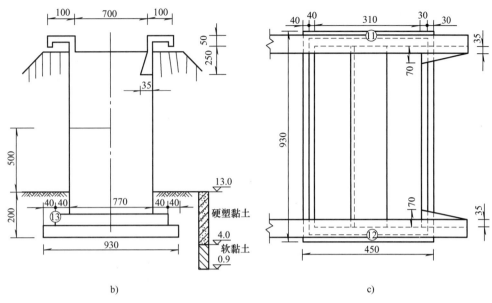

b) 　　　　　　　　　　　　　　　　c)

图 8-23　实例图（图中尺寸单位：cm）（续）

三、荷载计算及组合

上部构造恒荷载反力及桥台台身、基础自重与基础上部土重计算见表 8-12。

表 8-12　恒荷载标准值计算

序号	计算式	竖直力 $P/$ kN	对基底中心轴的偏心距 $\rho/$m	弯矩 $M/$ （kN·m）	备注
1	0.9×1.5×7.7×25.00	259.88	1.2	311.85	
2	0.5×1.5×7.7×25.00	144.38	0.9	129.94	
3	0.5×2.4×0.35×25.00×2	21.00	2.85	59.85	（1）弯矩正、负值规定如下：逆时针方向取"−"号，顺时针方向取"+"号
4	2.5×2.4×(2×0.35+0.7)/6×25.00×2	70.00	2.40	168.00	
5	2.0×1.4×7.7×25.00	539.00	0.95	512.05	
6	6.0×1.4×7.7×23.00	1487.64	0.95	1413.26	
7	1.7/2×6.0×7.7×23.00	903.21	−0.32	−289.03	
8	0.5×3.8×8.5×24.00	387.60	0.05	19.38	（2）偏心距在基底中心轴之右为"+"，在中心轴之左为"−"
9	0.5×4.5×9.3×24.00	502.20	0.00	0.00	
10	[(6.13+7.8)/2×2.5−1.7/2×6.0]×7.7×17.00	1611.71	−1.21	−1950.17	
11	(6.13+9.13)/2×0.8×4.5×2×17.00	933.91	0.15	140.09	
12	0.5×0.4×3.9×2×17.00	26.52	−0.3	−7.96	（3）水平力指向右为"+"，指向左方为"−"
13	0.5×0.4×8.5×17.00	28.90	−2.05	−59.25	
14	上部构造恒荷载	823.07	0.48	395.07	
15	求和	7739.02（取7739.00）	—	840.69	

1. 土压力计算

土压力按台背竖直 $\varepsilon=0$ 计算，填土内摩擦角 $\varphi=35°$，台背与填土间的摩擦角 $\delta=\varphi/2=$ 17.5°，台后填土水平，$\beta=0$。

（1）台后填土表面无车辆荷载时的主动土压力标准值计算　填土自重引起的主动土压力标准值计算式为 $E = \frac{1}{2}BK_a\gamma H^2$，已知 B 为桥台宽度，取 $B = 7.7\mathrm{m}$，$\gamma_4 = 17.00\mathrm{kN/m^3}$，基底至填土表面的高度 $H = 11.0\mathrm{m}$；主动土压力系数为

$$K_a = \frac{\cos^2(\varphi - \varepsilon)}{\cos^2\varepsilon\cos(\varepsilon + \delta)\left[1 + \sqrt{\dfrac{\sin(\varphi + \delta)\sin(\varphi - \beta)}{\cos(\varepsilon + \delta)\cos(\varepsilon - \beta)}}\right]^2} = \frac{\cos^2 35°}{\cos 17.5°\left[1 + \sqrt{\dfrac{\sin 52.5°\sin 35°}{\cos 17.5°}}\right]^2}$$

$$= 0.246$$

$$E = \frac{1}{2}BK_a\gamma_4 H^2 = \frac{1}{2}\times 7.7\times 0.246\times 17.00\times 11^2\mathrm{kN} = 1948.18\mathrm{kN}$$

其水平方向分力：$E_{ax} = -E\cos(\delta + \varepsilon) = -1948.18\times\cos 17.5°\mathrm{kN} = -1858.02\mathrm{kN}$

作用点到基础底面的距离：$e_y = 11/3\mathrm{m} = 3.67\mathrm{m}$

对基底形心轴的力矩：$M_{ex} = -1858.02\times 3.67\mathrm{kN}\cdot\mathrm{m} = -6818.93\mathrm{kN}\cdot\mathrm{m}$

其竖直方向分力：$E_{ay} = E\sin(\delta + \varepsilon) = 1948.18\times\sin 17.5°\mathrm{kN} = 585.83\mathrm{kN}$

作用点到基底形心轴的距离：$e_x = 2.25\mathrm{m} - 0.6\mathrm{m} = 1.65\mathrm{m}$

对基底形心轴的力矩：$M_{ey} = 585.83\times 1.65\mathrm{kN}\cdot\mathrm{m} = 966.62\mathrm{kN}\cdot\mathrm{m}$

（2）台后填土表面有车辆荷载时　由汽车荷载换算的等代均布土层厚度为 $h = \sum G/(Bl_0\gamma)$，式中 l_0 为破坏棱体长度，当台背竖直时，$l_0 = H(\tan\varepsilon + \tan\theta)$，$H = 11.00\mathrm{m}$。由式（6-34）得 $\tan\theta = 0.583$，$l_0 = 11\times 0.583\mathrm{m} = 6.413\mathrm{m}$。

在破坏棱体长度内只能布置一辆汽车，取较重的后侧两轴为计算的标准作用，因是双车道，故：

$$\sum G = 2\times 280\mathrm{kN} = 560\mathrm{kN}$$

$$h = 560/(7.7\times 6.413\times 17.00)\mathrm{m} = 0.667\mathrm{m}$$

车辆荷载作用在台背破坏棱体上所引起的土压力标准值为

$$E_a = BK_a\gamma_4 Hh = 7.7\times 0.246\times 17.00\times 11\times 0.667\mathrm{kN} = 236.26\mathrm{kN}$$

其水平方向的分力：$E_{ax} = -E_a\cos(\delta + \varepsilon) = -236.26\times\cos 17.5°\mathrm{kN} = -225.33\mathrm{kN}$

作用点到基础底面的距离：$e_y = H/2 = 11/2\mathrm{m} = 5.5\mathrm{m}$

对基底形心轴的力矩：$M_{ex} = -225.33\times 5.5\mathrm{kN}\cdot\mathrm{m} = -1239.32\mathrm{kN}\cdot\mathrm{m}$

其竖直方向分力：$E_{ay} = E_a\sin(\delta + \varepsilon) = 236.26\mathrm{kN}\times\sin 17.5° = 71.04\mathrm{kN}$

作用点到基底形心轴的距离：$e_x = 2.25\mathrm{m} - 0.6\mathrm{m} = 1.65\mathrm{m}$

对基底形心轴的力矩：$M_{ey} = 71.04\times 1.65\mathrm{kN}\cdot\mathrm{m} = 117.22\mathrm{kN}\cdot\mathrm{m}$

（3）台前溜坡填土自重对桥台前侧面上的主动土压力　计算时以基础前侧边缘垂线作为假想台背，土表面的斜坡以溜坡坡度 1∶1.5 算出 $\beta = -33.69°$，基础边缘至坡面的垂直距离为 $H' = 11\mathrm{m} - (3.8 + 1.90)/1.5\mathrm{m} = 7.2\mathrm{m}$，桥台前斜面与竖直面的夹角 $\varepsilon = 0°$，填土内摩擦角 $\varphi = 35°$，主动土压力系数为

$$K_a' = \frac{\cos^2(\varphi - \varepsilon)}{\cos^2\varepsilon\cos(\varepsilon + \delta)\left[1 + \sqrt{\dfrac{\sin(\varphi + \delta)\sin(\varphi - \beta)}{\cos(\varepsilon + \delta)\cos(\varepsilon - \beta)}}\right]^2}$$

$$= \frac{\cos^2 35°}{\cos 35° \left[1 + \sqrt{\dfrac{\sin 70° \sin 68.69°}{\cos 35° \cos 33.69°}} \right]^2} = 0.18$$

$$E_a' = \frac{1}{2} B K_a' \gamma_4 H^2 = \frac{1}{2} \times 7.7 \times 0.18 \times 17.00 \times 7.2^2 \text{kN} = 610.73 \text{kN}$$

其水平方向分力：$E_{ax}' = E_a' \cos(\delta + \varepsilon) = 610.73 \times \cos 35° \text{kN} = 500.28 \text{kN}$

作用点到基础底面的距离：$e_y = 7.2/3 \text{m} = 2.4 \text{m}$

对基底形心轴的力矩：$M_{ex}' = 500.28 \times 2.4 \text{kN} \cdot \text{m} = 1200.67 \text{kN} \cdot \text{m}$

其竖直方向分力：$E_{ay}' = E_a' \sin(\delta + \varepsilon) = 610.73 \times \sin 35° \text{kN} = 350.30 \text{kN}$

作用点到基底形心轴的距离：$e_x = -2.25 \text{m}$

对基底形心轴的力矩：$M_{ey}' = -350.30 \times 2.25 \text{kN} \cdot \text{m} = -788.18 \text{kN} \cdot \text{m}$

2. 支座活荷载反力计算

（1）汽车荷载反力　根据《公路桥涵设计通用规范》（JTG D60—2015）的规定，计算支座对桥上作用的汽车荷载产生反力时，应采用车道荷载。车道荷载由均布荷载和集中荷载组成，均布荷载满布于使结构产生最不利效应的同号影响线上，集中荷载只作用于相应影响线中最大影响线的峰值处。在本例中，均布荷载满布全跨，集中荷载作用于支座处。公路-Ⅱ车道荷载的均布荷载标准值为 $q_k = 0.75 \times 10.5 \text{kN/m} = 7.875 \text{kN/m}$，集中荷载标准值 P_k 采用直线内插求得，即

$$P_k = 0.75 \times 180 \times [1 + (19.5 - 5) \div (50 - 5)] \text{kN} = 178.5 \text{kN}$$

支座反力标准值为

$$R_1 = (178.5 + 7.875 \times 19.5 \div 2) \times 2 \text{kN} = 510.56 \text{kN（以两行车队计算，不予折减）}$$

支座反力作用点到基底形心轴的距离：$e_{R1} = 2.25 \text{m} - 1.77 \text{m} = 0.48 \text{m}$

对基底形心轴的力矩：$M_{R1} = 510.56 \times 0.48 \text{kN} \cdot \text{m} = 245.07 \text{kN} \cdot \text{m}$

（2）人群荷载反力　人群荷载标准值为 3.0kN/m^2，支座反力标准值为

$$R_1' = \frac{1}{2} \times 19.5 \times 1 \times 3.0 \times 2 \text{kN} = 58.5 \text{kN}$$

对基底形心轴的力矩为

$$M_{R1}' = 58.5 \times 0.48 \text{kN} \cdot \text{m} = 28.08 \text{kN} \cdot \text{m}$$

3. 汽车荷载制动力计算

汽车荷载制动力按同向行驶的汽车荷载（不计冲击力）计算，一个设计车道上由汽车荷载产生的制动力标准值按车道荷载标准值在加载长度上计算的总重力的 10% 计算，但公路-Ⅰ级汽车荷载的制动力标准值不得小于 160 kN，公路-Ⅱ级汽车荷载的制动力标准值不得小于 90kN，同向行驶双车道的汽车荷载制动力标准值为一个设计车道制动力标准值的两倍。本例中同向行驶为一车道，一个设计车道上的车道荷载标准值在加载长度上计算的总重力的 10% 为

$$T_1 = (178.5 + 7.875 \times 19.5) \times 0.1 \text{kN} = 33.20 \text{kN} < 90 \text{kN}$$

因此取 90kN 计算，简支梁摆动支座应计算的制动力为

$$T = 0.25 T_1 = 0.25 \times 90 \text{kN} = 22.5 \text{kN}$$

4. 支座摩阻力计算

取摆动支座摩擦系数 $\mu = 0.05$，则支座摩阻力标准值为

$$F = \mu W = 0.05 \times 823.07\text{kN} = 41.15\text{kN}$$

对基底形心轴的力矩为

$$M_F = 41.15 \times 9.5\text{kN} \cdot \text{m} = 390.93\text{kN} \cdot \text{m} \quad (\text{方向按组合需要确定})$$

对于实体埋置式桥台，不计汽车荷载的冲击力，同时从以上对制动力和支座摩阻力的计算结果表明，支座摩阻力小于制动力。根据规定，活动支座传递的制动力，其值不应大于其摩阻力，当大于摩阻力时，按摩阻力计算。因此，在荷载组合中，应以支座摩阻力作为控制设计。将以上计算结果汇总成表，结果见表 8-13。

表 8-13　桥台所受作用效应标准值汇总

作用名称		作用类别		
		水平力/kN	竖向力/kN	力矩/(kN·m)
永久作用	结构重力	0	5137.97	2723.38
	土的重力	0	2601.04	-1883.54
	台后土侧压力	-1858.02	585.83	-5852.30
	台前土侧压力	500.28	350.30	412.49
可变作用	汽车荷载	0	510.56	245.07
	汽车引起的土侧压力	-225.33	71.04	-1121.64
	人群荷载	0	58.50	28.08
	支座摩阻力	±41.15	0	±390.93

5. 荷载组合

1）基础结构设计的作用及其效应组合应符合《公路桥涵地基与基础设计规范》（JTG 3363—2019）的规定。

2）基础结构稳定性验算的作用组合。基础结构的稳定性可按式（8-27）进行验算：

$$k \leqslant \frac{S_{bk}}{\gamma_0 S_{sk}} \tag{8-27}$$

式中　γ_0——结构重要性系数，取 $\gamma_0 = 1.0$；

S_{sk}——使基础结构失稳的作用标准值效应的组合值，按基本组合和偶然组合最大组合值计算；

S_{bk}——使基础结构稳定的作用标准值效应的组合值，按基本组合和偶然组合最小组合值计算；

k——基础结构稳定性系数。

3）地基竖向承载力验算的作用组合。地基进行竖向承载力验算时，传至基底或承台底面的作用效应应按正常使用极限状态的短期效应组合采用；同时，尚应考虑作用效应的偶然组合（不包括地震作用）。作用组合的效应值应小于或等于相应的抗力——地基承载力特征值或单桩承载力特征值。

① 当采用作用短期效应组合时，其中可变作用频遇值系数均为 1.0，且汽车荷载应计入

冲击系数。填料厚度（包括路面厚度）等于或大于 0.5m 的拱桥、涵洞，以及重力式墩（台），其地基计算可不计汽车冲击系数。

② 当采用作用效应的偶然组合时，其组合表达式按《公路桥涵地基与基础设计规范》（JTG 3363—2019）采用，但不考虑结构重要性系数，计算时作用分项系数、频遇值系数和准永久值系数均取 1.0。

根据实际可能出现的作用情况，本算例主要的作用效应组合有：

① 桥上有活荷载，台后有汽车荷载。

② 桥上有活荷载，台后无汽车荷载。

③ 桥上无活荷载，台后有汽车荷载。

④ 桥上无可变作用（桥上无活荷载，台后无汽车荷载）。

⑤ 施工期间桥台仅受台身自重及土压力作用。

四、地基承载力验算

1. 台前、台后填土对基底产生的附加应力计算

台后填土较高，由填土自重在基底下所产生的附加应力为 $\sigma_i = \alpha_1 \gamma h_i$。台后填土高度 $h_1 = 9\text{m}$，当基础埋深为 2.0m 时，查表 3-11 得基础后边缘附加应力系数 $\alpha_1 = 0.464$，基础前边缘附加应力系数 $\alpha_1' = 0.069$，则后边缘处附加应力为 $\sigma_1' = \alpha_1 \gamma h_1 = 0.464 \times 17.00 \times 9\text{kPa} = 70.99\text{kPa}$；前边缘处附加应力为 $\sigma_1'' = \alpha_1' \gamma h_1 = 0.069 \times 17.00 \times 9\text{kPa} = 10.56\text{kPa}$。

台前溜坡锥体对基础底面前缘处引起的附加应力，填土高度可近似取从基础边缘作垂线并与坡面相交的交点的垂线段高度 $h_2 = 5.2\text{m}$，查表 3-11 得附加应力系数 $\alpha_2 = 0.4$，则

$$\sigma_2'' = \alpha_2 \gamma h_2 = 0.4 \times 17.00 \times 5.2\text{kPa} = 35.36\text{kPa}$$

基础前边缘处竖向总附加应力为：$\sigma_2' = \sigma_1'' + \sigma_2'' = 10.56\text{kPa} + 35.36\text{kPa} = 45.92\text{kPa}$

2. 各种作用效应组合的基底应力计算

（1）建成后使用时　根据规定，按基底面积验算地基承载力时，传至基础或承台底面上的作用效应应按正常使用极限状态下的作用短期效应组合，相应的抗力应采用地基承载力特征值。按不同作用效应组合计算，结果见表 8-14。

表 8-14　不同作用效应组合的基底应力计算

作用名称		作用效应标准值			不同组合的作用效应频遇值系数				
		水平力/kN	竖向力/kN	力矩/(kN·m)	①	②	③	④	⑤
永久作用	结构重力	0	5137.97	2723.38	√	√	√	√	√
	土的重力	0	2601.04	−1883.54	√	√	√	√	×
	台后土侧压力	−1858.02	585.83	−5852.30	√	√	√	√	×
	台前土侧压力	500.28	350.30	412.49	√	√	√	√	×
可变作用	汽车荷载	0	510.56	245.07	1	1	0	0	0
	汽车引起的土侧压力	−225.33	71.04	−1121.64	1	0	1	0	0

（续）

作用名称		作用效应标准值			不同组合的作用效应频遇值系数				
		水平力/ kN	竖向力/ kN	力矩/ (kN·m)	①	②	③	④	⑤
可变 作用	人群荷载	0	58.50	28.08	1	1	0	0	0
	支座摩阻力	±41.15	0	±390.93	1	1	1	0	0
$\sum P/\mathrm{kN}$					9315.22	9244.20	8746.16	8675.14	5137.97
$\sum M/(\mathrm{kN·m})$					-5839.39	-4717.75	-6112.54	-4599.97	2723.38
$\sigma_{min}/(\mathrm{kN/m^2})$					36.55	70.58	14.24	60.74	36.00
$\sigma_{max}/(\mathrm{kN/m^2})$					408.63	371.20	403.73	353.85	209.54

注：√表示该永久作用参与组合，×表示该永久作用不参与相应组合。

经计算，桥上有活荷载、台后有汽车荷载的作用组合为计算基底应力的最不利效应组合。竖向力总计和力矩总计如下：

$$\sum P = (5137.97+2601.04+585.83+350.30+510.56+71.04+58.5)\mathrm{kN}$$
$$= 9315.24\mathrm{kN}$$

$$\sum M = (2723.38-1883.54-5852.30+412.49+245.07-1121.64+28.03-390.93)\mathrm{kN·m}$$
$$= -5839.44\mathrm{kN·m}$$

$$p_{min}^{max} = \frac{\sum P}{A} \pm \frac{\sum M}{W} = \frac{9315.24}{4.5\times9.3}\mathrm{kPa} \pm \frac{5839.44}{\frac{1}{6}\times9.3\times4.5^2}\mathrm{kPa} = \frac{408.63}{36.55}\mathrm{kPa}$$

考虑台前、台后填土产生的附加应力后的总应力为

台前：$\sigma_{max} = 408.63\mathrm{kPa}+45.92\mathrm{kPa} = 454.55\mathrm{kPa}$

台后：$\sigma_{min} = 36.55\mathrm{kPa}+70.99\mathrm{kPa} = 107.54\mathrm{kPa}$

（2）施工时　施工期间桥台仅受自重作用的情况，有

$$\sum P = 5137.97\mathrm{kN}$$

$$\sum M = 2723.38\mathrm{kN·m}$$

$$p_{min}^{max} = \left(\frac{5137.97}{4.5\times9.3} \pm \frac{2723.38}{\frac{1}{6}\times9.3\times4.5^2}\right)\mathrm{kPa} = \frac{209.54}{36.00}\mathrm{kPa}$$

3. 地基强度验算

（1）持力层强度验算　根据土工试验资料，持力层为一般黏性土，$e = 0.55$，$I_L = 0.0$，查表 7-13 得 $f_{a01} = 435.0\mathrm{kPa}$，因基础埋深为原地面下 2.0m（<3.0m），不考虑深度修正；对黏性土地基，虽宽度大于 2m，但宽度修正系数 $k_1 = 0$，不需进行宽度修正，但大于 2mm 的土颗粒含量超过 30%，承载力提高 5%，承载力提高系数 $k = 1.03$。

地基承载力特征值应根据地基受荷阶段及受荷情况，乘以规定的抗力系数 γ_R：当地基承受作用短期效应组合或作用效应偶然组合时，可取 $\gamma_R = 1.25$；当地基承受的作用短期效应组合仅包括结构自重、预加力、土重、土侧压力、汽车和人群效应时，应取 $\gamma_R = 1.0$。故有

$$f_a = kf_{a01} = 1.03\times435.0\mathrm{kPa} = 448.05\mathrm{kPa}$$

按基底应力最不利效应组合时有

$\sigma_{\max} = 454.55\text{kPa} < \gamma_{\text{R}}f_{\text{a}} = 1.25 \times 448.05\text{kPa} = 560.06\text{kPa}$（满足要求）

当地基承受的作用短期效应组合仅包括结构自重、预加力、土重、土侧压力、汽车和人群效应时，有

$$\sigma_{\max} = 442.09\text{kPa} < f_{\text{a}} = 448.05\text{kPa}（满足要求）$$

（2）下卧层强度验算　下卧层为一般黏性土，由 $e = 0.889$，$I_{\text{L}} = 0.26$ 查表 7-13 得 $f_{\text{a02}} = 252.40\text{kPa}$，小于持力层的允许承载力，故需进行下卧层强度验算：

基底至土层 Ⅱ 顶面（标高为+4.0）处的距离为：$z = 13.0\text{m} - 2.0\text{m} - 4.0\text{m} = 7.0\text{m}$

软弱下卧层顶面处土的自重应力 $\sigma_{\text{cz}} = \gamma_1(d+z) = 19.9 \times (7+2)\text{kPa} = 179.1\text{kPa}$

软弱下卧层顶面处附加应力为 $\sigma_{\text{z}} = \alpha(p - \gamma_2 d)$，计算下卧层顶面附加应力 $\sigma_{\text{d+z}}$ 时的基底压力取平均值，即 $p_{\text{平}} = (p_{\max} + p_{\min})/2 = (442.69 + 119.99)/2\text{kPa} = 281.34\text{kPa}$，当 $l/b = 9.3/4.5 = 2.07$，$z/b = 7.0/4.5 = 1.56$，查表 8-8 得附加应力系数 $\alpha = 0.284$，则有

$$\sigma_{\text{z}} = 0.284 \times (281.34 - 19.9 \times 2)\text{kPa} = 68.60\text{kPa}$$

$$\sigma_{\text{d+z}} = \sigma_{\text{cz}} + \sigma_{\text{z}} = 179.10\text{kPa} + 68.60\text{kPa} = 247.7\text{kPa}$$

下卧层顶面处的承载力验算可按式(8-16)计算。其中，查表 7-16 得 $k_1 = 0$，$k_2 = 2.5$，则：

$\gamma_{\text{R}}f_{\text{a(h+z)}} = 1 \times [252.40 + 2.5 \times 19.9 \times (9.0 - 3)]\text{kPa} = 550.9\text{kPa} > \sigma_{\text{cz}} + \sigma_{\text{z}} = 247.7\text{kPa}$（满足要求）

五、基底偏心距验算

控制基底合力偏心距的目的是尽可能使基底应力分布均匀，以免基础产生较大的不均匀沉降，使墩（台）倾斜，影响正常使用。

1. 永久作用效应的偏心距

偏心距应满足 $e_0 < 0.75\rho$ 的要求，则有

$$\rho = W/A = b/6 = 0.75\text{m}$$

$$\sum M = 2723.38\text{kN} \cdot \text{m} - 1883.54\text{kN} \cdot \text{m} - 5852.30\text{kN} \cdot \text{m} + 412.49\text{kN} \cdot \text{m}$$
$$= -4599.97\text{kN} \cdot \text{m}$$

$$\sum P = 5137.97\text{kN} + 2601.04\text{kN} + 585.83\text{kN} + 350.30\text{kN} = 8675.14\text{kN}$$

$$e_0 = \frac{\sum M}{\sum P} = \frac{4599.97}{8675.14}\text{m} = 0.53\text{m} < 0.75\rho = 0.56\text{m}（满足要求）$$

2. 永久作用效应与可变作用效应相组合

按正常使用极限状态下作用长期效应不同组合的基底偏心距计算，结果见表 8-15。

表 8-15　作用长期效应不同组合的基底偏心距计算

作用名称		作用效应标准值			不同组合的作用效应				
		水平力/kN	竖向力/kN	力矩/(kN·m)	①	②	③	④	⑤
永久作用	结构重力	0	5137.97	2723.38	√	√	√	√	√
	土的重力	0	2601.04	-1883.54	√	√	√	√	×
	台后土侧压力	-1858.02	585.83	-5852.30	√	√	√	√	×
	台前土侧压力	500.28	350.30	412.49	√	√	√	√	×

（续）

作用名称		作用效应标准值			不同组合的作用效应				
		水平力/ kN	竖向力/ kN	力矩/ (kN·m)	①	②	③	④	⑤
可变作用	汽车荷载	0	510.56	245.07	1	1	0	0	0
	汽车引起的土侧压力	−225.33	71.04	−1121.64	1	0	1	0	0
	人群荷载	0	58.50	28.08	1	1	0	0	0
	支座摩阻力	±41.15	0	±390.93	1	1	1	0	0
$\sum M/(kN·m)$					−5839.39	−4717.75	−6112.54	−4599.97	2723.38
$\sum P/kN$					9315.22	9244.20	8746.16	8675.14	5137.97
e_0/m					−0.627	−0.510	−0.699	−0.530	0.530

注：√表示该永久作用参与组合，×表示该永久作用不参与相应组合。

经试算，作用效应组合③在桥上有活荷载，台后有汽车荷载的状况下，为最不利的作用效应组合，则有

$$\sum M = (2723.38-1883.54-5852.30+412.49-1121.64-390.93)kN·m$$
$$= -6112.54kN·m$$

$$\sum P = (5137.97+2601.04+585.83+350.30+71.04)kN = 8746.18kN$$

$$e_0 = \frac{\sum M}{\sum P} = \frac{6112.54kN·m}{8746.18kN} = 0.699m < \rho = 0.75m \quad（满足要求）$$

六、基础稳定性验算

在验算基础稳定时，作用效应应采用承载能力极限状态下作用效应的基本组合，但其分项系数均为1.0。

1. 倾覆稳定性验算

按承载能力极限状态下作用效应的不同基本组合计算合力偏心距，结果见表8-15。

经试算，在使用阶段，永久作用和汽车、人群的标准值效应的最不利组合为桥上与台后均无活荷载的状况，其偏心距为

$$\sum M = (2723.38-1883.54-5852.30+412.49)kN·m = -4599.97kN·m$$

$$\sum P = (5137.97+2601.04+585.83+350.30)kN = 8675.14kN$$

$$e_0 = \frac{\sum M}{\sum P} = \frac{4599.97kN·m}{8675.14kN} = 0.53m$$

$$y = b/2 = 4.5m/2 = 2.25m$$

$$k_0 = 2.25/0.53 = 4.25 > 1.5 \quad（满足要求）$$

在使用阶段，作用均参与组合时，经试算，在桥上无活载、台后有汽车荷载的状况下为最不利的作用效应组合，则有

$$\sum M = (2723.38-1883.54-5852.30+412.49-1121.64-390.93)kN·m$$
$$= -6112.54kN·m$$

$$\sum P = (5137.97+2601.04+585.83+350.30+71.04)kN = 8746.18kN$$

$$e_0 = \frac{\sum M}{\sum P} = \frac{6112.54 \text{kN} \cdot \text{m}}{8746.18 \text{kN}} = 0.699 \text{m}$$

$$k_0 = 2.25/0.699 = 3.22 > 1.3 \quad (\text{满足要求})$$

在施工阶段，作用的标准值效应组合为

$$\sum M = 2723.38 \text{kN} \cdot \text{m}$$

$$\sum P = 5137.97 \text{kN}$$

$$e_0 = \frac{\sum M}{\sum P} = \frac{2723.38 \text{kN} \cdot \text{m}}{5137.97 \text{kN}} = 0.53 \text{m}$$

$$k_0 = 2.25/0.53 = 4.25 > 1.2 \quad (\text{满足要求})$$

根据规定，在使用阶段，永久作用（不计混凝土收缩及徐变、浮力）和汽车、人群的标准值效应组合下的桥台抗滑稳定安全系数不小于 1.3，各种作用（不包括地震作用）的标准值效应组合下的桥台抗滑稳定安全系数不小于 1.2，施工阶段不小于 1.2。由表 8-16 的计算结果可以看出，桥台的滑动稳定满足要求。

2. 抗滑动稳定验算

基底处为硬塑状态黏土，查表 8-10 得摩擦系数 $\mu = 0.25$，在施工与使用阶段，按作用效应的标准组合计算的抗滑稳定安全系数见表 8-16。

表 8-16　作用标准值效应组合的抗滑稳定安全系数计算

作用类别		作用效应标准值		作用效应的不同组合				
		水平力/kN	竖向力/kN	①	②	③	④	⑤
永久作用	结构重力	0	5137.97	√	√	√	√	√	√
	土的重力	0	2601.04	√	√	√	√	√	√
	台后土侧压力	−1858.02	585.83	√	√	√	√	√	√
	台前土侧压力	500.28	350.30	√	√	√	√	√	√
可变作用	汽车荷载	0	510.56	√	√	×	×	×	×
	汽车引起的土侧压力	−225.33	71.04	√	×	√	×	×	×
	人群荷载	0	58.50	√	√	√	×	×	×
	支座摩阻力	−41.15	0	×	√	√	√	×	×
竖向力总和 $\sum P_i$/kN				9052.34	9052.34	8981.01	8483.28	8411.95	7238.58
抗滑稳定水平力总和 $\sum H_{ip}$/kN				500.28	500.28	500.28	500.28	500.28	500.28
滑动水平力总和 $\sum H_{ia}$/kN				2132.96	2091.81	1906.72	2132.96	1865.57	1865.57
抗滑稳定安全系数 k_c				1.30	1.32	1.44	1.23	1.40	1.23

注：√表示该永久作用参与组合，×表示该永久作用不参与组合。表中的⑤为施工阶段，不考虑上部结构的自重。

七、沉降计算

根据规定，计算地基变形时，按正常使用极限状态设计，传至基础底面上的作用效应采用作用长期效应组合。因此，桥梁墩（台）基础的沉降量采用永久作用标准值效应与可变作用效应的准永久值效应相组合的最不利值，采用分层总和法计算。

$$\sum P = (5137.97+2601.04+585.83+350.30)\text{kN}+(510.56+71.04+58.5)\text{kN}\times0.4$$
$$= 8931.18\text{kN}$$

$$\sum M = (2723.38-1883.54-5852.30+412.49)\text{kN}\cdot\text{m}+(245.07-1121.64+28.03)$$
$$\times0.4\text{kN}\cdot\text{m}-390.93\text{kN}\cdot\text{m}=-5330.32\text{kN}\cdot\text{m}$$

$$\begin{matrix}p_{max}\\p_{min}\end{matrix}=\frac{\sum P}{A}\pm\frac{\sum M}{W}=\left(\frac{8931.18}{4.5\times9.3}\pm\frac{5330.32}{\frac{1}{6}\times9.3\times4.5^2}\right)\text{kPa}=\begin{matrix}383.23\\43.59\end{matrix}\text{kPa}$$

考虑台前、台后填土产生的附加应力后的总应力为

台前：　　　$\sigma_{max}=（383.23+45.92）\text{kPa}=429.15\text{kPa}$

台后：　　　$\sigma_{min}=（43.59+70.99）\text{kPa}=114.58\text{kPa}$

当 $z/b>1$ 时，基底压应力 p 采用基底平均压应力；$z/b\leq1$ 时，p 按压应力图形采用距最大压应力点 $b/4\sim b/3$ 处的压应力，b 为矩形基底宽度。

当 $z\leq4.5\text{m}$ 时，$p=429.15\text{kPa}-（429.15-114.58）\text{kPa}\div3-19.9\text{kPa}\times2=284.49\text{kPa}$

当 $z>4.5\text{m}$ 时，$p=（429.15+114.58）\text{kPa}\div2-19.9\text{kPa}\times2=232.07\text{kPa}$

将土层 Ⅰ 分为 2.0m、2.5m、2.5m 三层，土层 Ⅱ 分为 2.1m、1.0m 两层，每一层底面处的附加应力及相应的变形分别计算，见表 8-17。

表 8-17　土层附加应力及变形

分层序号	z/m	l/b	z/b	α	σ/kPa	$\sigma_{平}/\text{kPa}$	s/mm
	0	2.07	0.00	1	284.49	—	—
1	2	2.07	0.44	0.843	239.83	262.16	33.83
2	4.5	2.07	1.00	0.486	138.26	189.04	30.49
3	7	2.07	1.56	0.2836	65.82	102.04	21.61
4	9.1	2.07	2.02	0.191	44.33	55.07	9.80
5	10.1	2.07	2.24	0.162	37.60	40.96	3.47
总沉降量	—	—	—	—	—	—	99.2

地基压缩层厚度验算：$\Delta s=s_5=3.47\text{mm}>0.025\sum\Delta s'_1=0.025s=0.025\times99.2\text{mm}=2.48\text{mm}$，不满足要求，但以下为不可压缩层，不需再计算。

规范规定，相邻墩（台）间不均匀沉降差值（不包括施工中的沉降），不应使桥面形成大于 0.2% 的附加折角。对于本算例，桥梁的单跨跨度为 20m，只要相邻墩（台）沉降差不超过 40mm 就能满足要求。

单元5　天然地基上的浅基础施工

一、基坑定位放样

在桥梁施工过程中，首先建立施工控制网；其次进行桥梁轴线标定和墩（台）中心定位；最后进行墩（台）施工放样，定出基础和基坑的各部分尺寸（图 8-24）。桥梁的施工控制网除了用来测定桥梁长度外，还要用于各个位置控制，以保证上部结构的正确连接。施工

控制网常用三角控制网，其布设应根据总平面图设计和施工地区的地形条件来确定，并作为整个工程施工设计的一部分。布网时要考虑施工程序、施工方法以及施工场地的布置情况，可以用桥址地形图拟定布网方案。

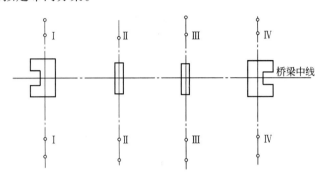

图 8-24　基坑定位放样

桥梁轴线的位置是在桥梁勘测设计中根据路线的总走向、地形、地质、河床情况等因素选定的，在施工时必须现场恢复桥梁轴线位置，并进行墩（台）中心定位。中小桥梁一般采用直接丈量法标定桥轴线长度并定出墩（台）的中心位置，有条件的可以用测距仪或全站仪直接确定。

施工放样贯穿于整个施工过程，是质量保证的一个方面。施工放样的目的是将设计图上的结构物的位置、形状、大小和高度在实地标定出来，作为施工的依据。桥梁施工放样的主要内容是：

1）墩（台）纵、横向轴线的确定。

2）基坑开挖及墩（台）扩大基础的放样。

3）桩基础的桩位放样。

4）承台及墩身结构尺寸、位置放样。

5）墩帽和支座垫石的结构尺寸、位置放样。

6）各种桥型的上部结构中线及细部尺寸放样。

7）桥面系结构的位置、尺寸放样。

8）各阶段的高程放样。

基础放样是根据实地标定的墩（台）中心位置为依据来进行的，在无水地点可直接将经纬仪安置在中心位置，用木桩准确固定基础的纵、横轴线和基础边缘。由于定位桩随着基坑开挖必将被挖去，所以必须在基坑开挖范围以外设置定位桩的保护桩，以备施工中随时检查基坑位置或基础位置是否正确，基坑外围通常用龙门板固定或在地上用石灰线标出，如图 8-25 所示。

对于建筑物标高的控制，常将拟建建筑物区域附近设置的水准点引测到施工现场附近不受施工影响的地方，并设置临时水准点。

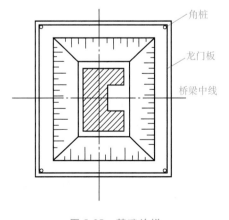

图 8-25　基础放样

二、旱地基坑施工

旱地基坑开挖分为无围护开挖和围护开挖，当基坑较浅、地下水位较低时，基坑可以不加围护，一般采用放坡开挖方法，基坑边坡坡度可以参考表8-18选用，表中 n 为边坡系数，表示斜坡的竖向尺寸为1时对应的水平尺寸。当基坑开挖深度大于5m时，可将坑壁适当放缓或在适当部位加设 0.5～1.0m 宽的平台，如图8-26所示。基坑周围应设置排水沟用于防止地面水流入基坑；当基坑顶缘有动荷载时，顶缘与动荷载之间留有1m的护坡道，以减小动荷载对坑壁的不利影响。当基坑边坡稳定性较差，或受建筑场地限制，或放坡给工程带来过大的工程量时，可以采用设置围护结构的直立坑壁。另外，超过3m的基坑，施工前要编制专项施工方案；对于深度≥5m的基坑，其专项施工方案必须通过专家论证。

表 8-18　无围护基坑边坡坡度

边坡土类别	边坡坡度（1：n）		
	基坑壁顶缘无荷载	基坑壁顶缘有静荷载	基坑壁顶缘有动荷载
砂类土	1：1	1：1.25	1：1.5
碎石、卵石类土	1：0.75	1：1	1：1.25
粉土	1：0.67	1：0.75	1：1
粉质黏土、黏土	1：0.33	1：0.5	1：0.75
极软岩	1：0.25	1：0.33	1：0.67
软质岩	1：0	1：0.1	1：0.25
硬质岩	1：0	1：0	1：0

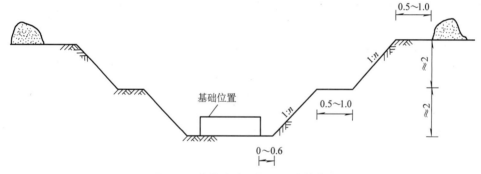

图 8-26　基坑边坡设置（尺寸单位：m）

1. 基坑形式

（1）垂直坑壁基坑　天然湿度接近于最佳含水率，构造均匀，不会发生坍塌、移动、松散或不均匀下沉的地基土开挖时，可以采用垂直坑壁，如图8-27a所示。不同类别土的无支护垂直坑壁允许深度见表8-19。

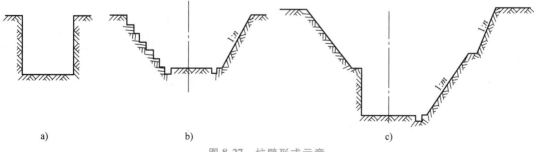

a)　　　　　　　　　　b)　　　　　　　　　　c)

图 8-27　坑壁形式示意

表 8-19　不同类别土的无支护垂直坑壁允许深度

土　类	允许深度/m
密实、中密的砂类土和砾类土（充填物为砂类土）	1.00
硬塑、软塑的低液限粉土、低液限黏土	1.25
硬塑、软塑的高液限黏土、高液限黏质土夹砂砾土	1.50
坚硬的高液限黏土	2.00

（2）斜坡和阶梯形基坑　基坑深度在 5m 以内，土的湿度正常、构造均匀，基坑坑壁可以参照表 8-18 选用坡度，可进行斜坡或台阶开挖，如图 8-27b 所示。采用台阶开挖时，每阶高度以 0.5～1.0m 为宜，台阶可兼作人工运土。当基坑深度大于 5m 时，可以在表 8-18 基础上适当放缓或修建平台。

（3）变坡度坑壁基坑　开挖穿过不同土层时，可以采用变坡度坑壁，如图 8-27c 所示。当下层土为密实黏质土或岩石时，下层可以采用垂直坑壁。在变坡度处可根据需要设置小于 0.5m 宽的平台。

2. 基坑开挖

小桥基础、工程量不大的基坑可以用人工施工方法；大型和中型桥梁的基础工程，由于基坑较深、基坑平面尺寸较大、开挖工程量较大，可以用机械施工方法。基坑的开挖施工应符合下列规定：

1）基坑开挖时，应对基坑边缘顶面的各种荷载进行严格限制，并应在基坑边缘与荷载之间设置护道，基坑深度小于或等于 4m 时护道的宽度应不小于 1m；基坑深度大于 4m 时护道的宽度应按边坡稳定计算的结果进行适当加宽，水文和地质条件较差时应采取加固措施。

2）当有地下水时，地下水位以上的基坑部分可放坡开挖；地下水位以下部分，若土质易坍塌或水位在基坑底以上较高时，应采用加固土体或降低地下水位等方法进行开挖。基坑为渗水性的土质基底时，坑底的平面尺寸应根据排水要求（包括排水沟、集水井、排水管网等）和基础模板所需基坑大小确定。基坑边缘的顶面应设置防止地面水流入基坑的设施。

3）基坑开挖施工宜安排在枯水或少雨季节进行。基坑的开挖应连续施工，对有支护的基坑应采取防碰撞措施；基坑附近有其他结构物时，应有可靠的防护措施。

4）在开挖过程中进行排水时，应不对基坑的安全产生影响；在确认基坑坑壁稳定的情况下，方可进行基坑内的排水。排水困难时，宜采用水下施工方法，但应保持基坑中的原有水位高程。

5）采用机械开挖时应避免超挖，宜在挖至基底前预留一定厚度，再由人工开挖至设计高程；如超挖，则应将松动部分清除，并应对基底进行处理。

6）基坑开挖施工完成后不得长时间暴露、被水浸泡或被扰动，应及时检验其尺寸、高程和基底承载力，检验合格后应尽快进行基础工程的施工。

3. 基坑坑壁的支护和加固

在下列情况下宜采用挡板支护或加固基坑坑壁：基坑坑壁不易稳定，并有地下水的影响；放坡开挖工程量过大，不符合工程经济性的要求；受施工场地或邻近建筑物限制，不能采用放坡开挖。常用坑壁支护结构有挡板支护、板桩墙支护、临时挡土墙支护和混凝土加固等形式。其中，挡板支护有木挡板、钢结构挡板、钢筋混凝土挡板等形式；板桩墙支护有悬臂板桩、锚拉式板桩等。

（1）一般基坑的支护方式 深度不大的三级基坑，当放坡开挖有困难时，可采用短柱横隔板支撑、临时挡土墙支撑、斜柱支撑、锚拉支撑等支护方法，如图 8-28～图 8-31 所示。基槽常用挡板支护方式，采用竖直挡板支撑时，垂直挡板直立放置，挡板外用横木方加横撑木支撑，如图 8-32a 所示；采用水平挡板支撑时，水平挡板横向放置，挡板外用竖木方加横撑木支撑，如图 8-32b 所示。

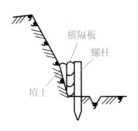

图 8-28 短柱横隔板支撑

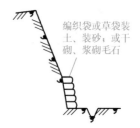

图 8-29 临时挡土墙支撑

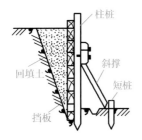

图 8-30 斜柱支撑

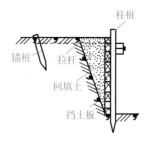

图 8-31 锚拉支撑

（2）深基坑的支护方式 深基坑支护类型很多，常用的形式有土钉墙（图 8-33）、水泥土重力式围护墙（图 8-34）、悬臂桩（墙）支护结构（排桩、钢板桩、型钢水泥土搅拌墙）（图 8-35a）、地下连续墙、桩（墙）锚支护结构（图 8-35b）、桩（墙）撑式支护结构（图 8-35c），以及多种基坑支护形式的联合使用等。

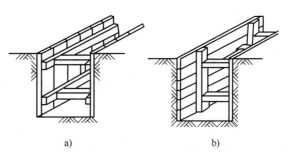

a)   b)

图 8-32 挡板支撑

a）竖直挡板支撑 b）水平挡板支撑

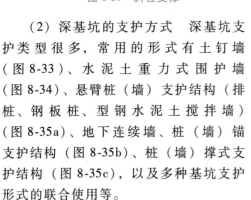

图 8-33 土钉墙

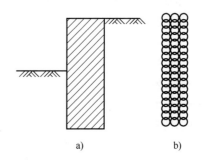

a)   b)

图 8-34 水泥土重力式围护墙

a）断面图 b）平面图

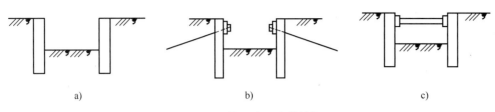

图 8-35　桩（墙）支护结构

a）悬臂桩（墙）支护结构　b）桩（墙）锚支护结构　c）桩（墙）撑式支护结构

4. 有围护基坑的施工技术要求

1）对坑壁采取支护措施的基坑进行开挖时，应符合下列规定：

① 基坑较浅且渗水量不大时，可采用竹排、木板、混凝土板或钢板等对坑壁进行支护；基坑深度小于或等于 4m 且渗水量不大时，可采用槽钢、H 型钢或工字钢等进行支护；地下水位较高，基坑开挖深度大于 4m 时，宜采用锁口钢板桩或锁口钢管桩围堰进行支护，其施工要求应符合《公路桥涵施工技术规范》（JTG/T 3650—2020）关于钢板桩的施工规定；在条件许可时也可采用水泥土墙、混凝土围堰或桩板墙等支护方式。

② 支护结构应进行设计计算，支护结构受力过大时应加设临时支撑，支护结构和临时支撑的强度、刚度及稳定性应满足基坑开挖施工的要求。

2）基坑坑壁采用喷射混凝土、锚杆喷射混凝土、预应力锚索和土钉支护等方式进行加固时，其施工应符合下列规定：

① 对基坑开挖深度小于 10m 的较完整中风化基岩，可直接喷射混凝土加固坑壁，喷射混凝土之前应将坑壁上的松散层或岩渣清理干净。

② 对锚杆、预应力锚索和土钉支护，均应在施工前按设计要求进行抗拉拔力的验证试验，并确定适宜的施工工艺。

③ 采用锚杆挂网喷射混凝土加固坑壁时，各层锚杆进入稳定层的长度、间距和钢筋的直径应符合设计要求。孔深小于或等于 3m 时，宜采用先注浆后插入锚杆的施工工艺；孔深大于 3m 时，宜先插入锚杆后注浆。锚杆插入孔内应居中固定，注浆应采用孔底注浆法，注浆管应插至距孔底 50～100mm 处，并随浆液的注入逐渐拔出，注浆的压力宜不小于 0.2MPa。

④ 采用预应力锚索加固坑壁时，预应力锚索（包括锚杆）的编束、安装和张拉等的施工应符合《公路桥涵施工技术规范》（JTG/T 3650—2020）有关预应力锚索的规定，其他施工可参照《建筑边坡工程技术规范》（GB 50330—2013）的规定执行。

⑤ 采用土钉支护加固坑壁时，施工前应制订专项施工方案和施工监控方案，并配备适宜的机具设备。土钉支护中的开挖、成孔、土钉设置及喷射混凝土面层等的施工可按《基坑土钉支护技术规程》（CECS 96：97）的规定执行。

不论采用何种加固方式，均应按设计要求逐层开挖、逐层加固，坑壁或边坡上有明显出水点处应设置导管排水。

三、基坑排水

基坑如在地下水位以下，随着基坑的下挖，渗水将不断涌入基坑，因此施工过程中必须不断地排水，以保持基坑的干燥，便于基坑挖土和基础的砌筑与养护。目前，常用的基坑排水方法有明式排水法和井点法两种。

1. 明式排水法

明式排水法是在基坑整个开挖过程及基础砌筑和养护期间，在基坑四周开挖集水沟汇集坑壁及基底的渗水，并引向一个或数个更深一些的集水井。集水沟和集水井一般设在基础范围以外。在基坑每次下挖以前，必须先挖集水沟和集水井，集水井的深度应大于抽水泵吸水龙头的高度。可在抽水泵吸水龙头上套竹筐围护，以防土石堵塞吸水龙头。

这种排水方法设备简单、费用低，适用于一般土质条件的基坑排水。但当地基土为饱和粉细砂等黏聚力较小的细粒土层时，由于抽水会引起流砂现象，造成基坑的破坏和坍塌，因此这类土应避免采用明式排水法。

2. 井点法

对粉质土、粉砂类土等如采用明式排水法极易引起流砂现象，影响基坑稳定，可采用井点法降低地下水位。根据使用设备的不同，主要有轻型井点、喷射井点、电渗井点和深井泵井点等类型，可根据土的渗透系数、要求降低水位的深度及工程特点选用。

轻型井点降水布置示意如图 8-36 所示，即在基坑开挖前预先在基坑四周打入（或沉入）

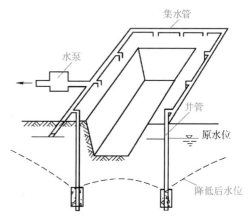

图 8-36　轻型井点降水布置示意

若干根井管，井管下端 1.5m 左右为滤管，滤管部分钻有若干直径约 2mm 的滤孔，外面包扎过滤层。各个井管用集水管连接起来，水泵抽水时使井管两侧一定范围内的水位逐渐下降，各井管相互影响形成了一个连续的疏干区。在整个施工过程中井管应不断抽水，以保证在基坑开挖和基坑施工期间保持基坑处于无水状态。

★ 单元6　板桩墙的计算

板桩常用作水中墩（台）施工时的围堰结构和基坑开挖时坑壁的支撑。板桩墙的作用是支挡基坑四周的土体，防止土体下滑和防止水从坑壁周围渗入或从坑底上涌，避免渗水过大或形成流砂而影响基坑开挖。板桩墙主要承受土压力和水压力，因此板桩墙本身也是挡土墙，但又非一般的刚性挡土墙。板桩墙在承受水平压力时是弹性变形较大的柔性结构，它的受力条件与板桩墙的支撑方式、支撑的构造、板桩和支撑的施工方法以及板桩入土深度密切相关，需要进行专门的设计计算。

一、侧向压力计算

作用于板桩墙的外力主要来自坑壁土压力和水压力，或由坑顶其他荷载（如挖土或运土机械等）所引起的侧向压力。板桩墙土压力计算比较复杂，由于它大多是临时结构物，因此常采用比较粗略的近似计算，即不考虑板桩墙的实际变形，仍沿用古典土压力理论计算作用于板桩墙上的土压力，一般用朗肯土压力理论来计算主动、被动土压力强度 p_a、p_p，方法见学习情境 6。

二、悬臂式板桩墙的计算

图 8-37 所示的悬臂式板桩墙，因板桩不设支撑，故墙身位移较大，通常可用于挡土高度不大的临时性支撑结构。

悬臂式板桩墙的破坏一般是板桩绕桩底端 b 点以上的某点 o 发生转动导致的。在转动点 o 以上的墙身前侧以及 o 点以下的墙身后侧，将产生被动抵抗力，在相应的另一侧产生主动土压力。由于精确地确定土压力的分布规律很困难，一般近似地假定土压力的分布图形如图 8-37 所示：墙身前侧是被动土压力（bcd），其合力为 E_{p1}，并考虑有一定的安全系数 K（一般取 $K=2$）；在墙身后方为主动土压力（abe），合力为 E_a。另外，在桩下端还作用有被动土压力 E_{p2}，由于 E_{p2} 的作用位置不易确定，计算时假定作用在桩端 b 点。考虑到 E_{p2} 的实际作用位置应在桩端以上一段距离，因此在最后求得板桩的入土深度 t 后，再适当增加 $10\% \sim 20\%$ 的入土深度。

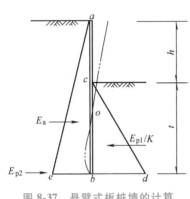

图 8-37 悬臂式板桩墙的计算

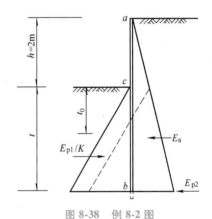

图 8-38 例 8-2 图

【例 8-2】 某基坑开挖深度为 2m，拟采用悬臂式板桩支护（图 8-38），桩周土为砂性土，$\gamma = 18\text{kN/m}^3$，$\varphi = 29°$，$c = 0$，未见地下水，计算悬臂式板桩墙的入土深度、板桩长度、桩身最大弯矩值及位置。

解：当 $\varphi = 29°$ 时，朗肯主动土压力系数 $K_a = \tan^2(45° - 29°/2) = 0.347$，朗肯被动土压力系数 $K_p = \tan^2(45° + 29°/2) = 2.882$，取安全系数 $K = 2$。

假设板桩入土深度为 t，取 1 延米的板桩墙为计算单元，计算各种力对桩端 b 点的力矩，由 $\sum M_b = 0$ 得

$$\frac{1}{6}\gamma t^3 K_p \frac{1}{K} = \frac{1}{6}\gamma(h+t)^3 K_a$$

$$\frac{1}{6} \times 18 \times t^3 \times 2.882 \times \frac{1}{2} = \frac{1}{6} \times 18 \times (2+t)^3 \times 0.347$$

解得 $\qquad\qquad\qquad\qquad t = 3.29\text{m}$

板桩的实际入土深度应比计算值增加 20%，则板桩的总长度为 $L = h + 1.2t = 2\text{m} + 1.2 \times 3.29\text{m} = 5.95\text{m}$。设板桩最大弯矩截面在基坑底以下 t_0 深度处，则该截面的剪力应等于零，即

$$\frac{1}{2}\gamma t_0^2 K_p \frac{1}{K} = \frac{1}{2}\gamma(h + t_0)^2 K_a$$

$$\frac{1}{2} \times 18 \times t_0^2 \times 2.882 \times \frac{1}{K} = \frac{1}{2} \times 18 \times (2 + t_0)^2 \times 0.347$$

解得 $\qquad\qquad\qquad\qquad t_0 = 1.927\text{m}$

则每延米板桩的最大弯矩为

$$M_{\max} = \frac{1}{6} \times 18 \times 0.347 \times (2 + 1.927)^3\text{kN} \cdot \text{m} - \frac{1}{6} \times 18 \times 2.882 \times \frac{1}{2} \times 1.927^3\text{kN} \cdot \text{m}$$

$$= 32.10\text{kN} \cdot \text{m}$$

三、单支撑（锚碇式）板桩墙的计算

当基坑开挖高度较大时，不能采用悬臂式板桩墙，此时可在板桩顶部附近设置支撑或锚碇拉杆，成为单支撑板桩墙，如图 8-39 所示。

单支撑板桩墙的计算，可以把它作为有两个支撑点的竖直梁来考虑。一个支撑点是板桩上端的支撑杆或锚碇拉杆；另一个支撑点是板桩下端埋入基坑底的土。下端的支撑情况又与板桩埋入土中的深度有关，一般分为两种支撑情况：第一种是简支支撑，如图 8-39a 所示，这类板桩埋入土中较浅，桩板下端允许产生自由转动；第二种是固定端支撑，如图 8-40 所示。若板桩下端埋入土中较深，可以认为板桩下端在土中嵌固。

1. 板桩下端简支支撑时的土压力分布（图 8-39a）

板桩墙受力后发生挠曲变形，上下两个支撑点均允许自由转动，墙后侧产生主动土压力 E_a。由于板桩下端允许自由转动，故墙后下端不产生被动土压力。墙前侧由于板桩向前挤压，故产生被动土压力 E_p。由于板桩下端入土较浅，板桩墙的稳定安全度可以用墙前被动土压力 E_p 除以安全系数 K 保证。此种情况下的板桩墙受力图式如同简支梁（图 8-39b），按照板桩上所受土压力计算出每延米板桩跨间的弯矩，如图 8-39c 所示，并以 $M_{\max}$ 值设计板桩的厚度。

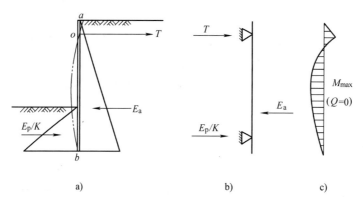

图 8-39　单支撑板桩墙的计算

2. 板桩下端固定支撑时的土压力分布（图 8-40）

板桩下端入土较深时，板桩下端在土中嵌固，板桩墙后侧除主动土压力 E_a 外，在板桩下端嵌固点下还产生被动土压力 E_{p2}。假定 E_{p2} 作用在桩底 b 点处。与悬臂式板桩墙计算相同，单支撑板桩的入土深度可按计算值适当增加 10%~20%。板桩墙的前侧作用被动土压力 E_{p1}，由于板桩入土较深，板桩墙的稳定安全度由桩的入土深度保证，故被动土压力 E_{p1} 不再考虑安全系数。由于板桩下端的嵌固点位置不知道，因此不能用静力平衡条件直接求解板桩的入土深度 t。图 8-40 中给出了板桩受力后的挠曲形状，在板桩下部有一挠曲反弯点 c，在 c 点以上板桩有最大正弯矩，c 点以下产生最大负弯矩，挠曲反弯点 c 相当于弯矩零点，弯矩分布如图 8-40 所示。

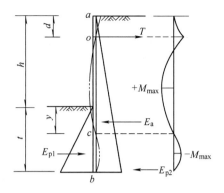

图 8-40　下端为固定端支撑时的单支撑板桩计算

太沙基公式给出了在均匀砂土中，当土表面无超载，墙后地下水位较低时，反弯点 c 的深度 y 与土的内摩擦角 φ 间的近似关系，见表 8-20。

表 8-20　反弯点 c 的深度 y 与土的内摩擦角 φ 间的近似关系

φ	20°	30°	40°
y	$0.25h$	$0.08h$	$-0.007h$

确定了反弯点 c 的位置后，已知 c 点的弯矩等于零，则将板桩分成 ac 和 cb 两段，根据平衡条件可求得板桩的入土深度 t。

【例 8-3】　某基坑开挖深度为 5.5m，板桩上端设置锚碇拉杆，拉杆位置在地面下 1m 处，拉杆设置间距为 $a = 2.5$m，板桩下端为自由支撑（图 8-41）。桩周土为砂性土，$\gamma = 18$kN/m³，$\varphi = 29°$，$c = 0$，未见地下水，计算板桩墙的入土深度、锚碇拉杆拉力 T 及板桩最大弯矩值。

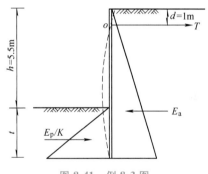

图 8-41　例 8-3 图

解：当 $\varphi = 29°$ 时，朗肯主动土压力系数 $K_a = \tan^2(45° - 29°/2) = 0.347$，朗肯被动土压力系数 $K_p = \tan^2(45° + 29°/2) = 2.882$。仍取 1 延米的板桩墙为计算单元，则板桩前后的被动、主动土压力分别为

$$E_a = \frac{1}{2}\gamma(h + t)^2 K_a = \frac{1}{2} \times 18 \times (5.5 + t)^2 \times 0.347$$

$$\frac{E_p}{K} = \frac{1}{K} \cdot \frac{1}{2}\gamma t^2 K_p = \frac{1}{4} \times 18 \times t^2 \times 2.882$$

根据锚点 o 的力矩平衡条件 $\sum M = 0$，得

$$E_a\left[\frac{2}{3}(h + t) - d\right] = \frac{E_p}{K}\left(h - d + \frac{2}{3}t\right)$$

将 E_a 与 E_p 代入上式得

$$\left[\frac{2}{3}(5.5 + t) - 1\right](5.5 + t)^2 = 4.153 \times \left(4.5 + \frac{2}{3}t\right)t^2$$

解得 $t = 4.04\text{m}$

由平衡条件 $\Sigma H = 0$，得锚碇拉杆拉力

$$T = \left(E_a - \frac{E_p}{K}\right) \times a = \left[\frac{1}{2} \times 18 \times (5.5 + 4.04)^2 \times 0.347 - \frac{1}{4} \times 18 \times 4.04^2 \times 2.882\right] \times$$

$$2.5\text{kN} = 181.4\text{kN}$$

板桩最大弯矩计算方法与悬臂式板桩相同，本例从略。

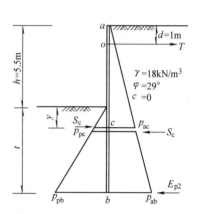

图 8-42　例 8-4 图

【例 8-4】　按板桩下端为固定支撑的条件（图 8-42），计算例 8-3 板桩墙的入土深度及锚碇拉杆拉力 T。

解：当 $\varphi = 29°$ 时，反弯点位置为

$$y = 0.08h = 0.08 \times 5.5\text{m} = 0.44\text{m}$$

将板桩在 c 点切开，如图 8-42 所示，c 点截面上的剪力为 S_c，弯矩 $M_c = 0$。取 1 延米板桩墙计算，则 c 点及 b 点的土压力强度分别为

$$p_{pc} = \gamma y K_p = 18 \times 0.44 \times 2.882\text{kPa} = 22.82\text{kPa}$$

$$p_{ac} = \gamma(y + h)K_a = 18 \times 5.94 \times 0.347\text{kPa}$$
$$= 37.1\text{kPa}$$

$$p_{pb} = \gamma t K_p = 18 \times 2.882 \times t\text{kPa} = 51.88t\text{kPa}$$

$$p_{ab} = \gamma(t + h)K_a = 18 \times 0.347 \times (5.5 + t)\text{kPa} = 34.35 + 6.25t$$

根据板桩 ac 段上的作用力，在锚杆处 o 点进行力矩平衡分析，由 $\Sigma M = 0$ 得

$$S_c(h + y - d) = \frac{1}{2}p_{ac}(h + y)\left[\frac{2}{3}(h + y) - d\right] - \frac{1}{2}p_{pc}y\left(h + \frac{2}{3}y - d\right)$$

$$S_c(5.5 + 0.44 - 1) = \frac{1}{2} \times 37.1 \times (5.5 + 0.44) \times \left[\frac{2}{3} \times (5.5 + 0.44) - 1\right] -$$

$$\frac{1}{2} \times 22.82 \times 0.44 \times \left(5.5 + \frac{2}{3} \times 0.44 - 1\right)$$

解得 $$S_c = 61.15\text{kN/m}$$

再考虑板桩 cb 段上的作用力，根据 b 点的力矩平衡条件 $\Sigma M_b = 0$，有

$$S_c(t-y) = \frac{1}{6}\gamma K_p(t-y)^3 + \frac{1}{2}p_{pc}(t-y)^2 - \frac{1}{6}K_a(t-y)^3 - \frac{1}{2}p_{ac}(t-y)^2$$

$$(t-y) = \frac{-3(p_{pc}-p_{ac}) + [9(p_{pc}-p_{ac})^2 + 24(K_p-K_a)\gamma S_c]^{\frac{1}{2}}}{2(K_p-K_a)\gamma}$$

$$= \frac{-3 \times (22.82-37.1) + [9 \times (22.82-37.1)^2 + 24 \times (2.882-0.347) \times 18 \times 61.15]^{\frac{1}{2}}}{2 \times (2.882-0.347) \times 18}\text{m}$$

$$= 3.34\text{m}$$

$$t = 3.34\text{m} + 0.44\text{m} = 3.78\text{m}$$

板桩实际入土深度为　$1.2t = 1.2 \times 3.78\text{m} = 4.54\text{m}$

锚碇拉杆拉力 T 为

$$T = \left[\frac{1}{2} p_{ac}(h + y) - \frac{1}{2} p_{pc} y - S_c \right] a$$

$$= \left[\frac{1}{2} \times 37.1 \times 5.94 - \frac{1}{2} \times 22.82 \times 0.44 - 61.15 \right] \times 2.5 \text{kN} = 110 \text{kN}$$

四、多支撑板桩墙计算

当坑底在地面或水面以下很深时，为了减少板桩的弯矩，可以设置多层支撑。支撑的层数及位置要根据土质、坑深、支撑结构杆件的材料强度，以及施工要求等因素拟定。板桩支撑的层数和支撑间距布置一般采用以下两种形式：

（1）等弯矩布置　当板桩强度已确定，即板桩作为常备设备使用时，可按支撑之间最大弯矩相等的原则设置。

（2）等反力布置　当把支撑作为常备构件使用时，甚至要求各层支撑的断面都相等时，可把各层支撑的反力设计成相等。

支撑计算是按照在轴向力作用下的压杆计算的，若支撑长度很大时，应考虑支撑自重产生的弯矩影响。从施工角度出发，支撑间距不应小于 2.5m。

多支撑板桩上的土压力分布形式与板桩墙位移情况有关，由于多支撑板桩墙的施工程序往往是先打好板桩，然后随挖土随支撑，因而板桩下端在土压力作用下容易向内倾斜，如图 8-43 中虚线所示。这种位移与挡土墙绕墙顶转动的情况相似，但墙后土体达不到主动极限平衡状态，土压力不能按库仑土压力理论或朗肯土压力理论计算。根据试验结果证明，这时的土压力呈中间大、上下小的抛物线形状分布，其变化在静止土压力与主动土压力之间，如图 8-43 所示。

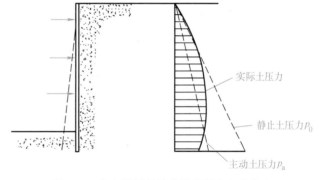

图 8-43　多支撑板桩墙的位移及土压力分布

有学者根据实测及模型试验结果，提出作用在板桩墙上的土压力分布经验图形如图 8-44

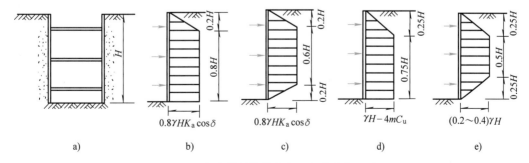

图 8-44　多支撑板桩墙上土压力的分布图形

a）板桩支撑　b）松砂地基环境　c）密砂地基环境　d）黏土地基环境（$\gamma H > 6C_u$）　e）黏土地基环境（$\gamma H < 4C_u$）

所示。计算多支撑板桩墙时，也可假定板桩在支撑之间为简支支撑，由此计算板桩弯矩及支撑作用力。

五、基坑稳定性验算

1. 坑底流砂验算

若坑底土为粉砂、细砂时，在基坑内抽水可能引起流砂现象。一般可采用简化计算方法验算坑底流砂，其原则是板桩有足够的入土深度以增大渗流途径，减少向上的动水力。由于基坑内抽水后引起的水头差 h'（图 8-45）造成的渗流，其最短渗流途径为 h_1+t，在渗流过程 t 中水对土粒的动水力应是垂直向上的，故可要求此动水力不超过土的有效重度 γ'，则不产生流砂的安全条件为

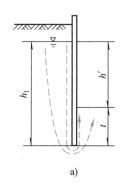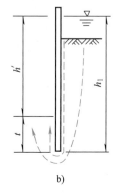

$$Ki\gamma_w \leqslant \gamma' \qquad (8\text{-}28)$$

式中　K——安全系数，取 2.0；

　　　i——水头梯度，$i = \dfrac{h'}{h_1+t}$；

　　　γ_w——水的重度。

由此可计算确定板桩要求的入土深度 t。

图 8-45　基坑抽水后水头差引起的渗流

a）旱地施工　b）水下施工

2. 坑底隆起验算

开挖较深的软土基坑时，在坑壁土体自重和坑顶荷载作用下，坑底软土可能受挤而在坑底发生隆起现象。常用简化方法验算坑底隆起，即假定地基破坏时会产生如图 8-46 所示滑动面，滑动面圆心在最底层支撑点 A 处，半径为 x，垂直面上的抗滑阻力不予考虑，则滑动力矩为

$$M_d = (q + \gamma H)\frac{x^2}{2} \qquad (8\text{-}29)$$

稳定力矩为

$$M_\gamma = x \int_0^{\frac{\pi}{2}+\alpha} S_u(x d\theta) \qquad \left(\alpha < \frac{\pi}{2}\right) \qquad (8\text{-}30)$$

式中　S_u——滑动面上不排水抗剪强度；当土为饱和软黏土时，$\varphi = 0$，$S_u = C_u$。

M_γ 与 M_d 之比即为安全系数 K，如基坑处地层土质均匀，则安全系数为

$$K_s = \frac{(\pi + 2\alpha)S_u}{\gamma H + q} \geqslant 1.2 \qquad (8\text{-}31)$$

式中，（$\pi+2\alpha$）的单位以弧度（rad）表示。

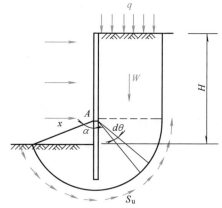

图 8-46　板桩支护的软土滑动面假设

六、封底混凝土厚度计算

有时，钢板桩围堰需在水下封底混凝土施工后在围堰内抽水修筑基础和墩身，在抽干水

后封底混凝土底面因围堰内外水头差而受到向上的静水压力，若板桩围堰和封底混凝土之间的黏结作用不会被静水压力破坏，则封底混凝土及围堰有可能被水浮起，或者封底混凝土产生向上的挠曲而折裂，因而封底混凝土应有足够的厚度，以确保围堰安全。

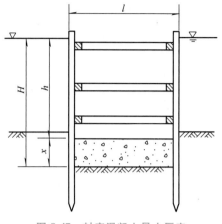

作用在封底层的浮力是由封底混凝土和围堰自重，以及板桩和土的摩阻力来平衡的。当板桩打入基底以下深度不大时，主要靠封底混凝土自重来平衡浮力，设封底混凝土最小厚度为 x，如图 8-47 所示，则有

$$\gamma_c x = \gamma_w(\mu h + x)$$

$$x = \frac{\mu \cdot \gamma_w h}{\gamma_c - \gamma_w} \qquad (8\text{-}32)$$

图 8-47　封底混凝土最小厚度

式中　μ——未计算桩土间摩阻力和围堰自重的修正系数，一般小于 1，具体数值由经验确定；

　　　γ_w——水的重度，取 10kN/m^3；

　　　γ_c——混凝土重度，取 23kN/m^3；

　　　h——封底混凝土顶面处水头高度（m）。

如板桩打入基坑下较深，板桩与土之间摩阻力较大，加上封底层及围堰自重，整个围堰不会被水浮起，此时封底层厚度应由其强度确定，一般按允许应力法并简化计算。假定封底层为一个简支单向板，其顶面在静水压力作用下产生弯曲拉应力，则有

$$\sigma = \frac{1}{8}\frac{pl^2}{W} = \frac{l^2}{8}\frac{\gamma_w(h+x) - \gamma_c x}{\frac{1}{6}x^2} \leqslant [\sigma]$$

经整理得

$$\frac{4}{3}\frac{[\sigma]}{l^2}x^2 + \gamma_c x - \gamma_w H = 0 \qquad (8\text{-}33)$$

由上式可解得封底混凝土最小厚度 x。

式中　W——封底层每米宽断面的截面系数（m^3）；

　　　l——围堰宽度（m）；

　　$[\sigma]$——水下混凝土允许弯曲应力，考虑水下混凝土表层质量较差、养护时间短等因素，不宜取值过高，一般用 $100 \sim 200\text{kPa}$。

灌注封底混凝土时的厚度宜比计算值多 $0.25 \sim 0.50\text{m}$，以便在抽水后将顶层浮浆、软弱层凿除，以保证质量。当需要进一步计算封底混凝土层厚度时，可参照学习情境 11 计算。

<h3 style="text-align:center">素质拓展——地基基础设计基本要求</h3>

对立统一规律是唯物辩证法的根本规律，又称为对立面的统一和斗争的规律。它揭示出自然界、人类社会和人类思维等领域的任何事物都包含着内在的矛盾性。矛盾双方相互依存是矛盾双方互为存在的前提，一方的存在以另一方的存在为条件，双方共处于一个统一体中。

上部建筑物与地基基础是矛盾的对立统一体，基底压力与地基承载力是矛盾双方互为存在的前提，没有上部建筑就无须考虑地基基础，没有适合的地基就无法建造上部建筑。因此，在进行建筑设计时，必须将地基基础与上部结构统一考虑，必须事先把握荷载变化的度，规划好地基承载能力，才不会发生地基破坏的事故。

我们在进行设计、计算、分析时，务必准确设计和计算、不出错，追求精益求精的职业精神，不怕麻烦、不怕困难，做到最好，实现质量和效益双收，避免不必要的损失。

思 考 题

8-1 浅基础与深基础有什么区别？常见浅基础有哪些形式？

8-2 刚性基础有什么特点？构造要求如何？

8-3 刚性角与什么因素有关？为何要限制刚性基础的宽高比？

8-4 基础埋深与哪些因素有关？

8-5 浅基础设计内容有哪些？地基强度应满足什么要求？

8-6 如何验算软弱下卧层强度？

8-7 刚性基础为何要验算基底合力偏心距？

8-8 基坑排水常用形式有哪些？

8-9 水中基坑开挖的围堰形式有哪些？使用条件如何？

习 题

8-1 某桥墩为混凝土实体墩刚性扩大基础，由荷载组合 II 控制设计，支座反力为 840kN 及 930kN；桥墩及基础自重为 5480kN，设计水位以下墩身及基础浮力为 1200kN，制动力为 84kN，墩帽与墩身的风荷载分别为 2.1kN 和 16.8kN。结构尺寸及地质、水文资料如图 8-48 所示，地基第一层为中密粉砂，重度为 20.5kN/m³；下层为黏土，重度为 $\gamma = 19.5$kN/m³，孔隙比 $e = 0.8$，液性指数 $I_L = 1.0$，基地宽 3.1m，长 9.9m。要求验算地基承载力、基底合力偏心距和基础稳定性。

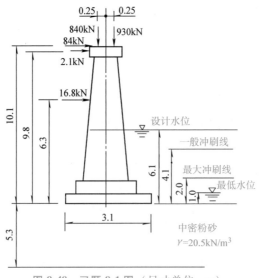

图 8-48 习题 8-1 图（尺寸单位：m）

8-2 有一桥墩的墩底为矩形，尺寸为 2m×8m，C20 混凝土刚性扩大基础，顶面设在河床下 1m，作用于基础顶面的荷载有：轴心垂直力 5200kN，弯矩 840kN·m，水平力 96kN。地基土为一般黏性土，第一层厚 2.0m（自河床算起），重度 $\gamma = 19.0\text{kN/m}^3$，孔隙比 $e = 0.9$，液性指数 $I_L = 0.8$；第二层厚 5.0m，重度 $\gamma = 19.5\text{kN/m}^3$，孔隙比 $e = 0.45$，液性指数 $I_L = 0.35$。最低水位在河床下 1.0m（第二层以下为泥质页岩），请确定基础埋置深度及底面尺寸，并经过验算说明其合理性。

8-3* 某基础施工时水深 3m，河床以下挖深基坑 10.8m。土质为粉砂，$\gamma = 19.5\text{kN/m}^3$，内摩擦角 $\varphi = 15°$，黏聚力 $c = 6.3\text{kPa}$，透水性良好，拟采用三层支撑钢板桩围堰，钢板桩为拉森Ⅳ型，其截面系数为 $W = 2200\text{cm}^3$，钢板桩允许弯曲应力为 240MPa。要求确定支撑间距，计算板桩入土深度，计算支撑轴向荷载，验算钢板桩强度，计算封底混凝土厚度。

学习情境 9
桩基础

学习目标与要求

1）掌握桩基础的组成与作用原理，桩的类型及适用条件。熟悉设计选型应考虑的因素。了解桩身和承台构造。

2）掌握竖向单桩承载力的概念及按照静荷载试验确定单桩竖向承载力特征值的方法，桩身承载力验算要点。熟悉单桩竖向承载力特征值的常规计算式。了解桩基础负摩阻力的产生原因，中性点的概念和位置确定。

3）理解桩基础内力和位移计算方法。

4）了解群桩工作原理。掌握群桩基础承载力和沉降验算方法。

5）了解桩型选择，桩基础参数的确定（包括桩长、桩径、平面布置等），承台验算内容和方法。

6）了解桩基础施工的一般方法。掌握钻孔灌注桩的施工工艺和注意事项，泥浆护壁的原理。熟悉桩基础施工质量评定的内容和标准。

7）能根据教师的指导编制钻孔灌注桩基础施工方案。

学习重点与难点

本学习情境重点是单桩承载力的确定，桩基础内力和位移验算，群桩承载力和沉降的验算以及桩基础施工方法等。难点是桩基础内力与位移计算、实际确定单桩承载力的方法。

单元 1　桩基础概述

一、桩基础组成与特点

桩基础是桥梁墩（台）常用的基础形式。桥梁墩（台）的桩基础由承台或帽梁与基桩组成，如图 9-1a 所示。桩基础中的桩通常称为基桩，桩身可以全部或部分埋入地基土中，当桩身外露在地面上较高时，在桩之间还应加横系梁，以加强各桩之间的横向联系。基桩将承台传来的荷载通过桩侧土、桩端土传递到地基土中，如图 9-1b 所示。承台或帽梁用于连结桩顶，将外荷载传递给基桩，并校正因基桩施工误差引起的墩（台）身和桩的设计位置偏差。与其他深基础相比，桩基础所需沉入的深度要比沉井、沉箱下沉的深度小；当与其他深基础的深度相等时，桩基础的用料比沉井、沉箱的用料少 40%~60%，因此桩基础的造价

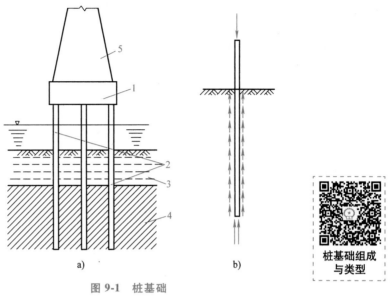

图 9-1　桩基础

1—承台　2—基桩　3—松软土层　4—持力层　5—墩身

一般较低。然而桩基础刚度比沉井、沉箱要小，尤其是在流速大、冲刷深的情况下，所需桩径将会随着冲刷深度的增大而增大，从而使它的优点随之减弱。

桩基础适宜用于下列条件：

1）荷载较大，地基上部土层软弱，地基持力层位置较深，采用浅基础或人工地基在技术上、经济上不合理时。

2）河床冲刷较深，河道不稳定或冲刷深度不易准确计算，如采用浅基础会导致施工困难或不能保证基础安全时。

3）当地基计算沉降量过大或结构物对不均匀沉降敏感时，采用桩基础穿过松软（高压缩性）土层，将荷载传到较坚实（低压缩性）的土层，以减少结构物沉降并使沉降较均匀。

4）当地下水位较高时采用桩基础可以减少施工困难。

5）在可液化地基中，采用桩基础穿越可液化土层可以消除或减轻地震对结构物的危害。

当上层软弱土层很厚，桩底不能到达坚实土层时，就需要用较多、较长的桩来传递荷载，这时的桩基础稳定性较差，沉降量也较大；当覆盖层很薄时，桩的稳定性会有问题。

二、桩和桩基础的类型

1. 根据桩基础承台底面位置分类

根据桩基础承台底面位置的不同可将桩基础分为高承台桩基础和低承台桩基础。高承台桩基础的承台底面位于地面（或局部冲刷线）以上，基桩部分入土，如图 9-2b 所示。低承台桩基础的承台底面位于地面（或局部冲刷线）以下，基桩全部沉入土中，低承台桩基础受力性能较好，能承受较大的水平外力，如图 9-2a 所示。对旱桥和季节性河流或冲刷深度较小的河床上的桥梁，一般采用低承台桩基础；对常年有水且水位较高，施工时不宜排水或冲刷较深的河床上的桥梁，则多采用高承台桩基础。近年来，由于大直径钻孔灌注桩的采用，桩的刚度、强度都较大，因而高承台桩基础在桥梁基础工程中已得到广泛采用。

2. 根据桩的承载性状分类

根据桩的承载性状不同可将桩基础分为端承桩与摩擦桩。依靠桩底土层抵抗力支撑垂直荷载的桩基础称为端承桩（图9-3a）。端承桩穿过较软弱土层，桩底支撑在岩层或硬土层（如密实的大块卵石层）等实际非压缩性土层上，沉降量甚微，故桩侧摩阻力可忽略不计，全部垂直荷载由桩底岩层承受。摩擦桩主要依靠桩侧土的摩阻力支撑垂直荷载（图9-3b），桩穿过并支撑在各种压缩性土层中。通常端承桩承载力较大，基础沉降小，较安全可靠。但若岩层埋置很深，沉桩困难时，则可采用摩擦桩。

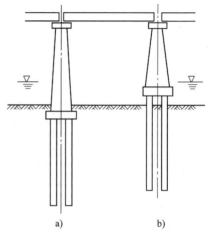

图 9-2 低承台桩基础和高承台桩基础
a）低承台桩基础 b）高承台桩基础

3. 根据桩的受力条件分类

根据桩基础所承受水平外力的大小不同，可设置成竖直桩（水平外力小）和斜桩（水平外力大），如图9-4所示。一般来说，当作用于承台板底面处的水平外力和外力力矩不大，或桩的自由长度不长，或桩身截面较大时，可考虑采用竖直桩桩基础，反之，宜采用带有斜桩的桩基础。目前，因施工方法有限，桥梁施工中的钻（挖）孔灌注桩均采用竖直桩，只有预制桩才可采用斜桩。

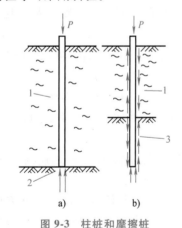

图 9-3 柱桩和摩擦桩

1—软弱土层 2—岩层或硬土层 3—中等土层

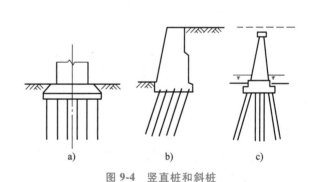

图 9-4 竖直桩和斜桩

a）竖直桩 b）单向斜桩 c）多向斜桩

4. 根据桩的施工方法分类

桩基础根据桩的施工方法通常可分为预制桩（沉桩）、灌注桩。预制桩是将各种预先制作好的桩以不同的沉桩方式沉入地基内并到达所需要的深度。预制桩体质量好，可工厂化大量生产，施工速度快，适用于一般地基。但预制桩钢筋用量大，成本高，较难沉入坚实地层，接桩、截桩困难，并有明显的挤土作用，应考虑对邻近结构的影响。灌注桩是在现场地基中采用钻孔、挖孔机械或人工成孔，然后浇筑钢筋混凝土或混凝土制成的桩。灌注桩桩径较大，承载力较高，钢筋用量较小，成本较低，在施工过程中可避免挤土及噪声等对周围环境的影响，但在成孔成桩过程应采取相应的措施和方法，以保证孔壁的稳定和提高桩体的质量。

5. 根据成桩对土层的影响分类

桩基础根据成桩对土层的影响可分为位移（挤土或部分挤土）桩和非位移（非挤土）桩两大类。位移桩是指沉入地层过程中造成土体位移的桩，如锤击沉桩、振动沉桩、静力压桩、锤击或振动配合射水沉桩、沉管灌注桩等。非位移桩是指沉桩过程中不造成土体位移，如钻（挖）孔灌注桩、钻埋大直径空心桩等。

此外，根据桩的功能可将桩划分为受压桩、横向受荷桩、锚桩、抗拔桩、护坡桩等类型；根据桩径可将桩分为小桩（$d \leqslant 250\text{mm}$）、中等直径桩（$250\text{mm} < d < 800\text{mm}$）和大直径桩（$d \geqslant 800\text{mm}$）等。

三、桩基础一般规定

1）各类桩基础须根据地质、水文等条件经比较后采用。钻（挖）孔桩适用于各类土层（包括碎石类土和岩石层），但应注意：钻孔桩用于淤泥及可能发生流砂的土层时，宜先做试桩；挖孔桩宜用于无地下水或地下水量不多的地层。沉桩可用于黏性土、砂土以及碎石类土等。

2）各类桩基础承台底面标高应符合下列要求：冻胀土地区，承台底面在土中时，其埋深应符合学习情境 8 单元 2 的有关规定；有流水的河流，其标高应在最低冰层底面以下不小于 0.25m；当有流筏、其他漂浮物或船舶撞击可能时，承台底面标高应保证桩不受直接撞击损伤。

3）在同一桩基础中，除特殊设计外，不宜同时采用摩擦桩和端承桩；不宜采用直径不同、材料不同和桩端深度相差过大的桩。

4）对于具有下列情况的大桥、特大桥，应通过静载荷试验确定单桩承载力：桩的入土深度远超过常用桩的尺寸；地质情况复杂，难以确定桩的承载力；有其他特殊要求的桥梁用桩。

四、桩身和承台构造

（一）桩身的构造

1. 灌注钢筋混凝土桩的构造

灌注钢筋混凝土桩常有钻孔灌注桩（图 9-5）和挖孔灌注桩，桩身常为实心断面，混凝土强度等级不应低于 C25。钻孔灌注桩的设计直径不宜  桩身与承台

小于 0.8m，挖孔灌注桩的直径或最小边的宽度不宜小于 1.2m。

钻（挖）孔桩应按桩身内力大小分段配筋，当按内力计算表明桩身不需要配筋时，应在桩顶 3.0~5.0m 范围内设置构造钢筋。为了保证钢筋骨架有一定的刚度，便于吊装及保证主筋受力后的纵向稳定，主筋直径不宜小于 16mm，每根桩不宜少于 8 根主筋，主筋净距不宜小于 80mm，且不应大于 350mm。如配筋较多，可采用束筋。组成束筋的单根钢筋直径不应大于 36mm，束筋直径不大于 28mm 时根数不应多于 3 根，束筋直径大于 28mm 时根数应为 2 根。束筋成束后的等代直径为 $d_e = (nd)^{0.5}$，式中 n 为单束钢筋根数，d 为单根钢筋直径。钢筋保护层厚度不应小于 60mm。闭合式箍筋或螺旋筋直径不应小于主筋直径的 1/4 且

不应小于 8mm，其中距不应大于主筋直径的 15 倍且不应大于 300mm。钢筋笼骨架上每隔 2.0~2.5m 设置直径 16~32mm 的加劲箍一道。钢筋笼四周应设置凸出的定位钢筋、定位混凝土块，或用其他定位措施。钢筋笼底部的主筋宜稍向内弯曲，作为导向筋。

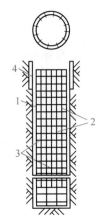

图9-5　钻孔灌注桩
1—钻孔　2—主筋
3—箍筋　4—护筒

2. 钢筋混凝土预制桩构造

传统钢筋混凝土预制桩有实心桩和空心桩两类，其截面形式有方形（少数为矩形）和圆形，其他形状的截面较少使用。预制方桩桩长在 10m 以内时，横断面不小于 35cm×35cm；桩长大于 10m 时，横断面不小于 40cm×40cm。通常，预制空心方桩的截面尺寸为 45cm×45cm ~ 60cm×60cm，相应的空心直径为 24~36cm，一般情况下，空心桩的长度不大于 12m。在距离桩顶 $4b$、桩底 $3b$ 范围内应做成实心截面，桩身应按运输、沉入和使用各阶段的内力要求配置通长钢筋，桩的两端和接桩区的箍筋或螺旋筋的间距须加密，其间距可取 40~50mm。

预应力钢筋混凝土管桩是目前常用的沉桩桩型，其直径可采用 0.4~0.8m，管壁最小厚度不宜小于 80mm，桩身混凝土强度等级不应低于 C25，管桩填芯混凝土不应低于 C15。桩身纵向预应力筋应采用预应力混凝土用低松弛螺旋槽钢棒，螺旋筋直径根据管桩型号可选 4~8mm。管桩两端 2000mm 范围内螺旋筋的间距为 45mm，其余部分螺旋筋的间距为 80mm，如图 9-6 所示。

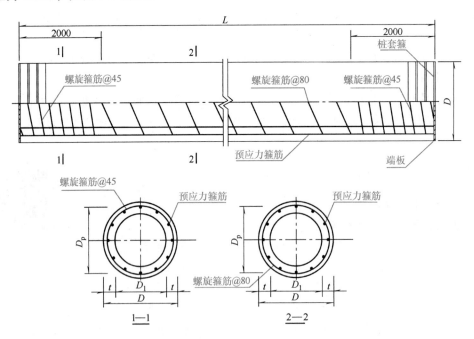

图9-6　预应力钢筋混凝土管桩结构配筋

钢筋混凝土预制桩柱的分节长度，应根据施工条件决定，应尽量减少接头数量。接头强度不应低于桩身强度，并有一定的刚度以减少锤振能量的损失。接头法兰盘的平面尺寸不得凸出管壁之外，在沉桩时和使用过程中接头不应松动和开裂。

（二）桩的布置

桩基础内基桩的布置应根据荷载、地基土质、基桩承载力等决定。采用大直径钻孔灌注桩的中小桥梁常用单排式，如图 9-7a 所示；在大型桥梁或水平力较大时，则采用行列式或梅花式，如图 9-7b、图 9-7c 所示；必要时也可采用环形布置，如图 9-7d 所示。如果考虑施工方便，宜采用行列式布置；若承台板的平面面积不大，而需要排列的桩数较多，按行列式布置不下时，可考虑梅花式布置，但桥台桩基础中基桩的布置以行列式为好。

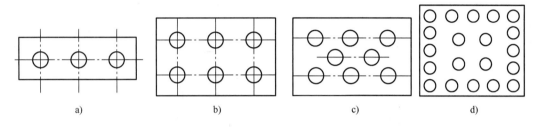

图 9-7　桩的平面布置

a）单排式　b）行列式　c）梅花式　d）环形布置

考虑桩与桩侧土的共同工作条件和施工的需要，钻（挖）孔桩的摩擦桩中心距不应小于桩径的 2.5 倍；锤击沉桩、静力压桩的中心距不应小于桩径（或边长）的 3 倍，在软土地区还需适当增大；振动沉入砂土内的桩，在桩端处的中心距不应小于桩径（或边长）的 4 倍。桩在承台底面处的中心距不应小于桩径（或边长）的 1.5 倍。支撑或嵌固在基岩上的钻（挖）孔桩的端承桩中心距不应小于 2 倍桩径。

为了避免承台边缘距桩身过近而发生破裂，边桩外侧到承台边缘的距离，对桩径小于或等于 1m 的桩不应小于 0.5 倍桩径且不小于 250mm；对于桩径大于 1m 的桩不应小于 0.3 倍桩径并不小于 500mm。

（三）承台构造、承台与桩的连接

承台的平面尺寸和形状应根据上部结构（墩、台身）底部尺寸和形状以及基桩的平面布置确定，一般采用矩形和圆形。

承台厚度应保证承台有足够的强度和刚度，公路桥梁墩（台）多采用钢筋混凝土或混凝土刚性承台，其厚度宜为桩直径的 1 倍及以上，且不宜小于 1.5m。混凝土强度等级不应低于 C25。桩顶主筋伸入承台连接时，桩身嵌入承台内的深度可采用 100mm，如图 9-8a、图 9-8b 所示。伸入承台的桩顶主筋可做成喇叭形（与竖直线夹角约为 15°）；伸入承台的主筋

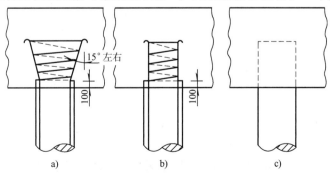

图 9-8　桩和承台的连接

长度，光圆钢筋不小于 30 倍钢筋直径（设弯钩），带肋钢筋不应小于 35 倍钢筋直径（不设弯钩）。对于不受轴向拉力的打入桩可不设桩头，将桩直接埋入承台内，如图 9-8c 所示。当桩径（或边长）小于 0.6m 时，埋入长度不应小于 2 倍桩径（或边长）；当桩径（或边长）为 0.6~1.2m 时，埋入长度不应小于 1.2m；当桩径（或边长）大于 1.2m 时，埋入长度不应小于桩径（或边长）。管桩与承台连接时，伸入承台内的纵向钢筋如采用插筋，插筋数量不应少于 4 根，直径不应小于 16mm，锚入承台长度不宜小于 35 倍钢筋直径，插入管桩顶填芯混凝土的长度不宜小于 1.0m，如图 9-9 所示。

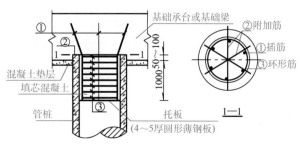

图 9-9　管桩与承台连接示意

当桩顶直接埋入承台连接时，应在每根桩的顶上设置 1~2 层钢筋网，如图 9-10 所示，当桩顶主筋伸入承台时，承台在桩身混凝土顶端平面内须设一层钢筋网，在每米内（按每一方向）设钢筋网 1200~1500mm^2，钢筋直径采用 12~16mm，钢筋网应通过桩顶且不应截断。承台的顶面和侧面应设置表层钢筋网，每个面在两个方向上的截面面积均不宜小于 400mm^2/m，钢筋间距不应大于 400mm。钢筋网也可根据基准和墩（台）的布置按带状布设，如图 9-10b 所示。

当用横系梁加强桩之间的整体性时，横系梁的高度可取 0.8~1.0 倍桩的直径，宽度可取 0.6~1.0 倍桩的直径。混凝土的强度等级不应低于 C25。纵向钢筋面积不应少于横系梁截面面积的 0.15%；箍筋直径不应小于 8mm，其间距不应大于 400mm。横系梁主筋应伸入桩内，其长度不小于 35 倍主筋直径。

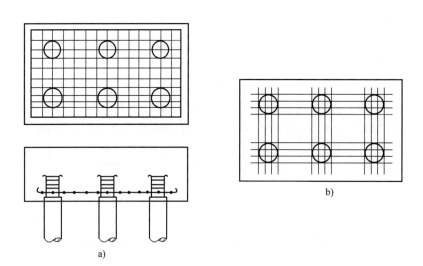

图 9-10　承台底钢筋网

墩（台）身与承台边缘的襟边尺寸一般按刚性角要求确定。当边桩中心位于墩（台）身底面以外时，应验算承台襟边的强度。

单元 2　单桩承载力

单桩在荷载作用下达到破坏状态或出现不适于承载的变形时所对应的最大荷载称为单桩极限承载力。它取决于土对桩的支撑力和桩身材料强度，一般由土对桩的支撑力控制，对于端承桩、超长桩和桩身材料有缺陷的桩，可能由桩身强度控制。

一、单桩轴向力传递机理

1. 桩的荷载传递

在轴向荷载作用下，桩身将发生弹性压缩，同时桩顶的部分荷载通过桩身传递到桩底，致使桩底土层发生压缩变形，这两者之和构成桩顶的轴向位移。桩与桩周土体紧密接触，当桩相对于土产生向下的位移时，土对桩产生向上作用的桩侧阻力。在桩顶荷载沿桩身向下传递的过程中，必须不断地克服这种阻力，故桩身截面的轴向力随深度增加逐渐减小。桩通过桩侧阻力和桩端阻力将荷载传递给土体，或者说土对桩的支撑力由桩侧阻力和桩端阻力两部分组成。

2. 桩侧阻力和桩端阻力

桩侧阻力 τ 是桩对桩周土相对位移 δ 的函数，当达到所需的桩-土相对滑移极限值 δ_U 后，基本只与土的类别有关，根据试验资料，一般黏性土的桩-土相对滑移极限值为 $4 \sim 6mm$，砂土为 $6 \sim 10mm$。

桩端阻力的发挥不仅滞后于桩侧阻力，而且充分发挥桩端阻力所需的桩底位移值比桩侧阻力到达极限所需的桩身截面位移值要大得多。在工作状态下，单桩桩端阻力的安全储备一般要大于桩侧阻力的安全储备。此外，桩长对荷载的传递也有着重要的影响。当桩长较大（例如 $L/d > 25$）时，因桩身压缩变形大，桩端反力尚未发挥，桩顶位移已超过实际所要求的范围，此时传递到桩端的荷载极为微小。因此，很长的桩实际上总是摩擦桩，用扩大桩端直径来提高承载力是徒劳的。

3. 单桩的破坏模式

单桩在轴向荷载作用下，其破坏模式主要取决于桩周土的抗剪强度、桩端支撑情况、桩的尺寸以及桩的类型等条件。图 9-11 所示为轴向荷载下可能的基桩破坏模式。

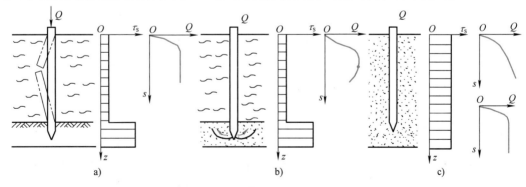

图 9-11　轴向荷载下基桩的破坏模式

（1）桩身材料破坏 当桩底支撑在坚硬的土层或岩层上，桩周土层极为软弱时，桩身无约束或无侧向抵抗力。桩在轴向荷载作用下，如同一根细长压杆出现纵向挠曲破坏，$Q\text{-}s$ 关系曲线为陡降型，其沉降量很小，具有明确的破坏荷载，如图 9-11a 所示，桩的承载力取决于桩身的材料强度。

（2）整体剪切破坏 当具有足够强度的桩穿过抗剪强度较低的土层，达到抗剪强度较高的土层，且桩的长度不大时，桩在轴向荷载作用下，由于桩底上部土层不能阻止滑动土楔的形成，桩底土体形成滑动面而出现整体剪切破坏。此时桩的沉降量较小，桩侧阻力难以充分发挥，主要荷载由桩端阻力承受，$Q\text{-}s$ 曲线也为陡降型，呈现明确的破坏荷载，如图 9-11b 所示。一般打入式短桩、钻扩短桩等均属于此种破坏，桩的承载力主要取决于桩端土的支撑力。

（3）刺入破坏 当桩的入土深度较大或桩周土层抗剪强度较均匀时，桩在轴向荷载作用下将出现刺入破坏，如图 9-11c 所示。此时桩顶荷载主要由桩侧阻力承受，桩端阻力极微，桩的沉降量较大。一般当桩周土质较软弱时，$Q\text{-}s$ 曲线为"渐进破坏"的缓变型，曲线无明显拐点，极限荷载难以判断，桩的承载力主要由上部结构所能承受的极限沉降来确定；当桩周土的抗剪强度较高时，$Q\text{-}s$ 曲线可能为陡降型，有明显拐点，桩的承载力主要取决于桩周土的强度。

二、按土的支撑确定单桩轴向承载力特征值

（一）用静载试验确定单桩轴向承载力特征值

单桩静载荷试验

静载试验一般利用基础中已筑好的基桩作为试桩进行试验，试桩数目应不少于基桩总数的 2%，且不应少于 2 根。根据试验测得的资料绘制试桩曲线，以此分析确定试桩的破坏荷载。可以在 $P\text{-}s$ 曲线上，以曲线出现明显下弯的转折点所对应的作用荷载作为极限荷载，当 $P\text{-}s$ 曲线的转折点不明显时，需借助其他方法辅助判定极限荷载，例如绘制各级荷载下的沉降-时间（$s\text{-}t$）曲线或用对数坐标绘制 $\lg P\text{-}\lg s$ 曲线，可使转折点显得明确些。

1. 试验装置

锚桩法试验装置是常用的一种加载装置，主要设备由锚梁、锚桩和千斤顶组成，如图 9-12 所示。锚桩可根据需要布设 4~6 根，锚桩的入土深度等于或大于试桩的入土深度。锚桩与试桩的间距应大于试桩桩径的 3 倍，以减小对试桩的影响。桩顶沉降常用指示表或位移计量测。观测装置的固定点（如基准桩）应与试桩、锚桩保持适当的距离。

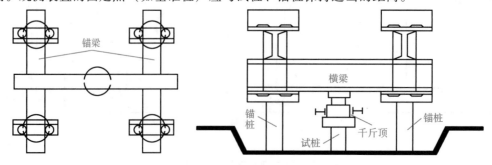

图 9-12 锚桩法试验装置

2. 测试方法

试桩加载应分级进行，每级荷载为极限荷载预估值的 1/15～1/10；有时也采用递变加载方式，开始阶段每级荷载取极限荷载预估值的 1/5～1/2.5，终了阶段取 1/15～1/10。

测读沉降时间，在施加每级荷载后的第一个小时内，每隔 15min 测读一次读数，以后每隔 30min 测读一次，直至稳定后方可施加下一级荷载。每级荷载下沉降稳定的标准通常规定为：砂土 30min 内沉降不超过 0.1mm；黏性土 1h 内沉降不超过 0.1mm。应逐级加载观测，直至桩达到破坏状态。

当出现下列情况之一时，一般认为桩已达破坏状态，可终止试验，其对应的荷载为破坏荷载：桩的沉降量突然增大，总沉降量大于 40mm，且本级荷载下的沉降量大于前一级荷载下沉降量的 5 倍；总位移量大于或等于 40mm，本级荷载作用后 24h，桩的沉降未趋稳定。

3. 极限荷载和轴向承载力特征值的确定

破坏荷载求得以后，可将其前一级荷载作为极限荷载，单桩轴向承载力特征值等于极限荷载除以安全系数（规范规定为 2），如因结构上对桩的沉降有特殊要求时，则按下沉量确定轴向承载力特征值。

对于大块碎石类土、密实砂类土及硬黏性土，总沉降量小于 40mm，但荷载已大于或等于设计荷载与设计规定的安全系数的乘积时，可取终止加载时的总荷载为极限荷载。

（二）按经验公式（规范法）确定单桩轴向承载力特征值

《公路桥涵地基与基础设计规范》（JTG 3363—2019）根据大量的静载试验资料，经过理论分析和统计整理，推荐了以经验公式计算单桩轴向承载力特征值的方法，结合土的类别、状态、埋置深度等有关土的经验系数和数据，给出了不同类型桩的承载力估算公式。

1. 摩擦桩

对于摩擦桩，土对桩的阻力包括桩侧阻力和桩端阻力两部分，所以单桩轴向承载力特征值的经验公式采用下列基本形式：

$$单桩轴向，容许承载力特征值 = \frac{极限桩侧阻力 + 极限桩端阻力}{安全系数}$$

由于沉桩与灌注桩的施工方法和埋在土中的条件不同，由试验所得的桩侧阻力和桩端阻力的数据也不同，所以计算式也有所区别，分述如下：

（1）钻（挖）孔灌注桩的承载力特征值

$$R_a = \frac{1}{2}u\sum_{i=1}^{n}q_{ik}l_i + A_p q_r \tag{9-1}$$

$$q_r = m_0\lambda[f_{a0} + k_2\gamma_2(h-3)] \tag{9-2}$$

式中　R_a——单桩轴向受压承载力特征值（kN），桩身自重与置换土重（当自重计入浮力时，置换土重也计入浮力）的差值作为荷载考虑；

u——桩身周长（m）；

n——桩所穿过的土层数；

l_i——承台底面或局部冲刷线以下各层土的厚度（m），扩孔部分不计；

q_{ik}——与 l_i 对应的各土层与桩侧的摩阻力标准值（kPa），宜采用单桩摩阻力试验确定，当无试验条件时可按表 9-1 选用；

A_p——桩端截面面积（m²），对于扩底桩，取扩底截面积；

q_r——桩端处土的承载力特征值（kPa），当持力层为砂土、碎石土时，若计算值超过下列值，宜按下列值采用：粉砂取 1000kPa，细砂取 1150kPa，中砂、粗砂、砾砂取 1450kPa，碎石土取 2750kPa；

f_{a0}——桩端处土的承载力特征值（kPa），可按《公路桥涵地基与基础设计规范》（JTG 3363—2019）第 4.3.3 条确定；

h——桩端的埋置深度（m），对有冲刷的桩基础，埋深由一般冲刷线起算；对无冲刷的桩基础，埋深由天然地面或实际开挖后的地面线起算，h 的计算值大于40m 时，按 40m 计算；

k_2——承载力特征值的深度修正系数，可按桩端处持力层的土类查表 7-16 确定；

γ_2——桩端以上土的加权平均重度（kN/m³），当持力层在水位以下且不透水时，不论桩端以上土层的透水性如何，一律用饱和重度；当持力层透水时，则水中部分土层用浮重度；

m_0——清底系数，按表 9-2 选用；表中 t、d 分别为桩底沉淀土的厚度和桩的直径；设计时宜限制 $t/d \leqslant 0.4$，确有必要时才可采用 $0.4 < t/d \leqslant 0.6$；

λ——考虑桩入土深度影响的修正系数，见表 9-3。

表 9-1　钻孔桩桩侧土的摩阻力标准值 q_{ik}

土　类		q_{ik}/kPa	土　类		q_{ik}/kPa
中密炉渣、粉煤灰		40~60	中砂	中密	45~60
黏性土	流塑($I_L \geqslant 1$)	20~30		密实	60~80
	软塑($0.5 < I_L \leqslant 1$)	30~50	粗砂、砾砂	中密	60~90
	可塑、硬塑($0 < I_L \leqslant 0.5$)	50~80		密实	90~140
	坚硬($I_L \leqslant 0$)	80~120	圆砾、角砾	中密	120~150
粉土	中密	30~55		密实	150~180
	密实	55~80	碎石、卵石	中密	160~220
粉砂、细砂	中密	35~55		密实	220~400
	密实	55~70	漂石、块石	—	400~600

注：挖孔桩的摩阻力标准值可参照本表采用。

表 9-2　清底系数 m_0 取值

t/d	0.3~0.1
m_0	0.7~1.0

注：$d \leqslant 1.5$m 时，$t \leqslant 300$mm；$d > 1.5$m 时，$t \leqslant 500$mm，且 $0.1 < t/d < 0.3$。

表 9-3　修正系数 λ 值

l/d		4~20	20~25	>25
桩端土情况	透水性土	0.7	0.70~0.85	0.85
	不透水性	0.65	0.65~0.72	0.72

（2）沉桩的承载力特征值

$$R_a = \frac{1}{2}\left(u\sum_{i=1}^{n}\alpha_i l_i q_{ik} + \alpha_r \lambda_p A_p q_{rk} \right) \tag{9-3}$$

式中　R_a——单桩轴向承载力特征值（kN），桩身自重与置换土重（当自重计入浮力时，置换土重也计入浮力）的差值作为荷载考虑；

　　　q_{ik}——与 l_i 对应的各土层与桩侧的摩阻力标准值（kPa），宜经单桩摩阻力试验确定或通过静力触探试验测定，当无试验条件时按表 9-4 选用；

　　　λ_p——桩端土塞效应系数，对闭口桩取 1.0；对开口桩，1.2m$<d\leqslant$1.5m 时取 0.3~0.4，$d>$1.5m 时取 0.2~0.3；

　　　q_{rk}——桩端处土的承载力标准值（kPa），按表 9-5 选用；

　　　α_i、α_r——分别为振动沉桩对各土层桩侧阻力和桩端阻力的影响系数，按表 9-6 采用，对于锤击沉桩、静力压桩其值均取 1.0。

表 9-4　沉桩桩侧土的摩阻力标准值 q_{ik}

土类	状态	q_{ik}/kPa	土类	状态	q_{ik}/kPa
黏性土	流塑（1≤I_L≤1.5）	15~30	粉土、粉砂、细砂	稍密	20~35
	软塑（0.75≤I_L<1）	30~45		中密	35~65
	可塑（0.5≤I_L<0.75）	45~60		密实	65~80
	可塑（0.25≤I_L<0.5）	60~75	中砂	中密	55~75
	硬塑（0≤I_L<0.25）	75~85		密实	75~90
	坚硬（I_L<0）	85~95	粗砂	中密	70~90
				密实	90~105

注：表中土的液性指数 I_L 是按 76g 平衡锥测定的数值。

表 9-5　沉桩桩端处土的承载力标准值 q_{rk}

土类	状态	q_{rk}/kPa		
黏性土	1≤I_L	1000		
	0.65≤I_L<1	1600		
	0.35≤I_L<0.65	2200		
	I_L<0.35	3000		
—		桩尖进入持力层的相对深度		
		$l>h_c/d$	4>h_c/d≥1	h_c/d≥4
粉土	中密	1700	2000	2300
	密实	2500	3000	3500
粉砂	中密	2500	3000	3500
	密实	5000	6000	7000
细砂	中密	3000	3500	4000
	密实	5500	6500	7500
中、粗砂	中密	3500	4000	4500
	密实	6000	7000	8000
圆砾石	中密	4000	4500	5000
	密实	7000	8000	9000

注：表中 h_c 为桩尖进入持力层的深度（不包括桩靴），d 为桩的直径或边长。

表 9-6　沉桩影响系数 α_i、α_r

桩径或边长 d/m	土　类			
	黏土	粉质黏土	粉土	砂土
$d \leqslant 0.8$	0.6	0.7	0.9	1.1
$0.8 < d \leqslant 2.0$	0.6	0.7	0.9	1.0
$d > 2.0$	0.5	0.6	0.7	0.9

2. 端承桩

支撑在基岩上或嵌入基岩内的灌注桩、沉桩的单桩轴向受压承载力特征值取决于桩底处岩石的强度与嵌入基岩的深度，按式（9-4）计算：

$$R_a = c_1 A_p f_{rk} + u \sum_{i=1}^{m} c_{2i} h_i f_{rki} + \frac{1}{2} \zeta_s u \sum_{i=1}^{n} l_i q_{ik} \tag{9-4}$$

式中　R_a——单桩轴向受压承载力特征值（kN），桩身自重与置换土重（当自重计入浮力时，置换土重也计入浮力）的差值作为荷载考虑；

f_{rk}——桩端岩石饱和单轴抗压强度标准值（kPa），黏土质岩取天然湿度单轴抗压强度标准值，当 f_{rk} 小于 2MPa 时按摩擦桩计算；

f_{rki}——第 i 层的 f_{rk} 值；

h_i——桩嵌入基岩各岩层部分的厚度（m），不包括强风化层和全风化层；

u——各土层或各岩层部分的桩身周长（m）；

A_p——桩端横截面面积（m^2），对于扩底桩，取扩底截面面积；

c_1、c_{2i}——端阻力发挥系数和第 i 层岩层的侧阻发挥系数，根据清孔情况、岩石破碎程度等因素确定，按表 9-7 选用。

表 9-7　系数 c_1、c_2 取值

条　件	c_1	c_2	备　注
良好的	0.6	0.05	①对钻孔桩，表值可降低 20% 采用
一般的	0.5	0.04	②$h \leqslant 0.5\mathrm{m}$ 时，c_1 采用表列数值的 0.75 倍，$c_2 = 0$
较差的	0.4	0.03	

【例 9-1】　某桥台基础采用钻孔灌注桩基础，设计桩径 1.30m，桩穿过土层情况如图 9-13 所示，桩长 $l = 20\mathrm{m}$，试按土的阻力求单桩轴向承载力特征值。

解：故 $u = \pi \times 1.3\mathrm{m} = 4.08\mathrm{m}$，桩截面面积 $A_p = (1.3^2 \pi)/4 = 1.33\mathrm{m}^2$，桩穿过各土层的厚度分别为 $l_1 = 10\mathrm{m}$、$l_2 = 10\mathrm{m}$。

桩侧土的摩阻力标准值查表 9-1，淤泥 $I_L = 1.1 > 1$ 处于流塑状态，取 $q_{1k} = 28\mathrm{kPa}$；黏土 $I_L = 0.3$ 属于硬塑状态，取 $q_{2k} = 68\mathrm{kPa}$。

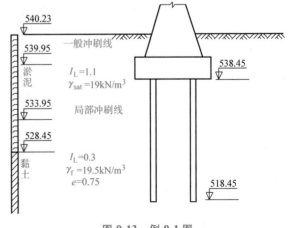

图 9-13　例 9-1 图

f_{a0} 按 $I_L = 0.3$、$e = 0.75$ 的黏土可查表得 $f_{a0} = 305\text{kPa}$、$k_2 = 2.5$，桩尖埋置深度应从一般冲刷线算起，桩长为 20m。清底系数按一般要求，取 $t = 300\text{mm}$，则 $t/d = 0.231$，查表 9-2 经内插得 $m_0 = 0.805$；由 $l/d = 15.38$、桩底土不透水，查表 9-3 得 $\lambda = 0.65$，于是由式（9-1）得

$$R_a = \frac{1}{2} \times 4.08 \times (10 \times 28 + 10 \times 68)\text{kN} + 0.65 \times 0.805 \times 1.33 \times$$

$$\left[305 + 2.5 \times \frac{11.5 \times 19 + 10 \times 19.5}{11.5 + 10} \times (21.5 - 3.0) \right]\text{kN}$$

$$= 2789.68\text{kN}$$

【例 9-2】　上题中，若桩长未知，已知单根桩桩顶所受的最大竖向力为 $P = 3092.17\text{kN}$，其他条件相同，试按土的阻力求桩长。

解：由式（9-1）反算桩长，该桩埋入最大冲刷线以下深度为 h_1，一般冲刷线以下深度为 h，则

$$N = R_a = \frac{1}{2}u\sum_{i=1}^{n} l_i q_{ik} + \lambda m_0 A_p [f_{a0} + k_2 \gamma_2 (h - 3)]$$

最大冲刷线以下（入土深度）桩重的一半作外荷载计算。$u = \pi \times 1.3\text{m} = 4.08\text{m}$，截面面积 $A_p = 1.33\text{m}^2$，桩每延米自重 $q = 0.65^2 \pi \times 25\text{kN} = 33.18\text{kN}$，每米增加荷载 $q_1 = 0.65^2 \pi (25 - 19) = 7.96\text{kN}$。

桩侧土的摩阻力标准值查表 9-1，淤泥 $I_L = 1.1 > 1$ 处于流塑状态，取 $q_{1k} = 28\text{kPa}$；黏土 $I_L = 0.3$ 属于硬塑状态，取 $q_{2k} = 62\text{kPa}$。

f_{a0} 按 $I_L = 0.3$、$e = 0.75$ 的黏土可查表得 $f_{a0} = 305\text{kPa}$、$k_2 = 2.5$，桩尖埋置深度应从一般冲刷线算起，先假定桩尖埋深为 25m。桩长 23.5m。清底系数按一般要求，取 $t = 300\text{mm}$，查表 9-2 经内插得 $m_0 = 0.805$；由 $l/d = 25/1.3 = 19.23$，桩端土不透水，查表 9-3 得 $\lambda = 0.65$，得

$$P + l_0 q + h_1 q_1 = \frac{1}{2}u\sum_{i=1}^{n} q_{ik} l_i + A_p m_0 \lambda [f_{a0} + k_2 \gamma_2 (h - 3)]$$

式中　l_0——局部冲刷线以上桩的长度（m）。

故上式为

$$3092.17 + 33.18 \times 4.5 + 7.96 h_1$$

$$= \frac{1}{2} \times 4.08 \times [10 \times 28 + (h_1 - 5.5) \times 68] + 0.65 \times 0.805 \times 1.13 \times$$

$$\left[305 + 2.5 \times \frac{11.5 \times 19 + (h_1 - 5.5) \times 19.5}{11.5 + h_1 - 5.5} (6.0 + h_1 - 3.0) \right]$$

解得 $h_1 = 19.0\text{m}$，故桩长 $= (19.0 + 4.5)\text{m} = 23.5\text{m}$，与假设桩长 23.5m 相同，可取桩长 23.5m，否则重新进行桩长计算。

（三）按静力触探试验成果确定单桩承载力特征值

静力触探法是借助触探仪的探头贯入土中时的贯入阻力与受压单桩在土中的工作状况相类似的特点，将探头压入土中测得探头的贯入阻力，将试验结果与试桩结果进行比较，通过大量资料的积累和分析研究，建立经验公式确定单桩承载力特征值。进行静力触探时，可采

用单桥或双桥探头。《公路桥涵地基与基础设计规范》（JTG 3363—2019）根据双桥探头试验成果按照式（9-5）确定沉入桩的承载力特征值，即

$$R_a = \frac{1}{2}\left(u\sum_{i=1}^{n} \alpha_i l_i \beta_i \bar{q}_i + \alpha_r A_p \beta_r \bar{q}_r \right) \tag{9-5}$$

式中　$\bar{q}_r$——桩端（不包括桩靴）标高以上和以下各 $4d$（d 为桩直径或边长）范围内静力触探端阻的平均值（kPa）；若桩端标高以上 $4d$ 范围内的端阻平均值大于桩端标高以下 $4d$ 的端阻平均值时，取桩端以下 $4d$ 范围内端阻的平均值；

$\bar{q}_i$——桩侧第 i 层土经静力触探测得的局部侧阻平均值，当 $\bar{q}_i$ 小于 5kPa 时，采用 5kPa；

β_i、β_r——分别为侧阻和端阻的综合修正系数；

其余符号意义同前。

当土层的 $\bar{q}_r$ 大于 2000kPa，且 $\bar{q}_i / \bar{q}_r \leqslant 0.014$ 时有

$$\beta_i = 5.067\bar{q}_i^{-0.45}$$

$$\beta_r = 3.975\bar{q}_r^{-0.25}$$

如不满足上述条件时，有

$$\beta_i = 10.045\bar{q}_i^{-0.55}$$

$$\beta_r = 12.064\bar{q}_r^{-0.35}$$

上述综合修正系数计算公式不适合城市杂填土条件下的短桩；综合修正系数用于黄土地区时，应做试桩校核。

（四）其他确定单桩承载力特征值的方法

除上述方法外，还可以按动测法确定单桩承载力特征值，或按静力分析法确定单桩承载力特征值。

动测法是指给桩顶施加一个动荷载（用冲击、振动等方式施加），量测桩土系统的响应信号，然后分析计算桩的性能和承载力，可分为高应变动测法与低应变动测法两种方法。低应变动测法由于施加于桩顶的荷载远小于桩的使用荷载，不足以使桩土之间发生相对位移，而只通过应力波沿桩身的传播和反射作分析，可用来检验桩身质量，不宜作桩的承载力测定。高应变动测法一般是以重锤敲击桩顶，使桩贯入，桩土之间产生相对位移，从而可以分析桩的外来抗力和测定桩的承载力，也可检验桩体质量。

静力分析法是根据土的极限平衡理论和土的强度理论，计算桩底阻力和桩侧阻力标准值，即利用土的强度指标计算桩的承载力标准值，然后将其除以安全系数从而确定单桩承载力特征值。

三、按桩身材料强度确定单桩承载力

在轴向压力作用下，单桩受力情况是一根全部或部分埋入土中的轴向受压杆件；若除轴向压力作用外，还作用有弯矩和横向力时，则单桩是一个偏心受压杆件。材料力学指出，对于细长的轴向或偏心受压杆件，在轴向荷载达到一定数值时，会发生纵向挠曲而压屈失稳，因此按桩身材料强度确定单桩承载力时，除需验算桩身截面强度外，还应进行桩身压屈稳定的验算。按极限状态设计方法对桩身承载能力进行验算，详见结构设计原理教材。

四、单桩横向承载力特征值的确定

桩的横向承载力是指桩受到与桩轴线垂直方向的力作用时的承载力。桩在横向力（包括弯矩）作用下，桩身必产生横向位移或挠曲，并与桩侧土共同变形。桩与土共同作用，相互影响，其工作情况较轴向受力时要复杂些，但仍然是从保证桩身材料和地基的强度与稳定性，保证桩顶水平位移满足使用要求，以及限制位移在允许范围内等方面来分析和确定桩的承载力特征值。确定单桩横向承载力特征值有横向静载试验和分析计算法两种途径。

桩的横向承载力按其工作性状分类通常有下列两种情况：

1）当桩径较大，入土深度较小或周围土层较松软时，由于桩的相对刚度较大，受横向力作用时桩身挠曲变形不明显，如同刚体一样围绕桩轴的某一点发生转动，如图 9-14a 所示。如果不断增大横向荷载，则可能由于桩侧土强度不够，桩丧失承载能力或发生破坏。因此，基桩的横向承载力特征值可能由桩侧土的强度决定。

2）当桩径较小，入土深度较大或周围土层较坚实，即桩的相对刚度较小时，由于桩侧土有足够大的抗力，桩身发生挠曲变形，其侧向位移随着入土深度的增大而逐渐减小，达到一定深度后几乎不受荷载影响，形成一端嵌固的地基梁，桩的变形

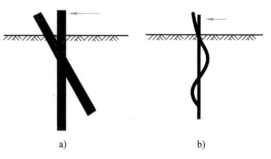

图 9-14　桩在横向力作用下变形示意
a）刚性桩　b）弹性桩

如图 9-14b 所示的波状曲线。如果不断增大横向荷载，可使桩身在较大弯矩处发生断裂或使桩发生过大的侧向位移并超过桩或结构物的允许变形值。因此，基桩的横向承载力特征值由桩身材料的抗弯强度或侧向变形条件决定。

以上是桩顶自由的情况，桩顶在承台中嵌固的条件，对桩在横向力作用下的抗弯及变形性状是有利的。

五、桩的负摩阻力

1. 负摩阻力产生的原因

在一般情况下，桩受轴向荷载作用后，桩相对于桩侧土体产生向下位移，使土对桩产生向上的摩阻力，称为正摩阻力。当某种原因引起桩周土相对桩有向下位移时，土对桩产生向下的摩阻力，称为负摩阻力。桩的负摩阻力的发生将使桩侧土的部分重力传递给桩，成为施加在桩上的外荷载，使基桩的支撑作用减小。当桩穿过软弱高压缩性土层而支撑在坚硬的持力层上时，最易发生负摩阻力。符合下列条件之一的桩基础，当桩周土层产生的沉降超过基桩沉降时，应考虑桩侧的负摩阻力：

1）桩周存在软弱土层，邻近桩侧地面承受局部较大的长期荷载，或地面有大面积堆载（包括填土）时。

2）由于降低地下水位，桩周土中有效应力增大，并产生显著压缩沉降时。

3）穿越较厚的松散填土、自重湿陷性黄土、欠固结土、液化土层进入相对较硬土层时。

4）桩的数量很多的密集群桩在打桩时，使桩周土中产生很大的超孔隙水压力，打桩停止后桩周土在再固结作用下产生下沉。

2. 中性点及其位置的确定

桩身负摩阻力一般不发生于整个软弱压缩土层中，产生负摩阻力的范围是桩侧土层相对于桩产生下沉的范围。它与桩侧土层的压缩、桩身弹性压缩变形和桩底下沉直接有关。桩侧土层的压缩决定于地表作用荷载（或土的自重）和土的压缩性质，并随深度的增加逐渐减小；桩在荷载作用下，由桩底下沉引起桩身各截面的位移都是定值，而桩身压缩变形引起的截面沉降随埋深的增大逐渐减少。因此，桩侧土下沉量有可能在某一深度处与桩身的位移量相等，在此深度以上，桩侧土下沉大于桩的位移，桩身受到向下作用的负摩阻力；在此深度以下，桩的位移大于桩侧土的下沉，桩身受到向上作用的正摩阻力。摩阻力为零的位置，称为中性点。

中性点的位置在初期随着桩沉降量的增大逐渐上移，当沉降趋于稳定时，中性点也稳定在某一深度 l_n 处。中性点深度随持力层的强度和桩身刚度的增大而增加，要按照桩周土沉降量与桩的沉降量相等的条件经计算确定。要精确地计算出中性点位置是比较麻烦和困难的，目前可按表 9-8 的经验值确定。

表 9-8　中性点深度 l_n

持力层性质	黏性土、粉土	中密以上砂	砾石、卵石	基　岩
中性点深度比 l_n/l_0	0.5~0.6	0.7~0.8	0.9	1.0

注：1. l_n、l_0 分别为中性点深度和桩周沉降变形土层的下限深度。

2. 桩穿越自重湿陷性黄土层时，l_n 按表列值增大 10%（持力层为基岩除外）。

3. 负摩阻力计算

单桩负摩阻力标准值可按式（9-6）计算：

$$q_{si}^n = \zeta_{ni} \sigma_i' \tag{9-6}$$

当填土、自重湿陷性黄土发生湿陷，欠固结土层产生固结和地下水降低时，有

$$\sigma_i' = \sigma_{ri}' \tag{9-7}$$

当地面分布有大面积荷载时，有

$$\sigma_i' = p + \sigma_{ri}' \tag{9-8}$$

$$\sigma_{ri}' = \sum_{e=1}^{i-1} \gamma_e \Delta z_e + \frac{1}{2} \gamma_i \Delta z_i \tag{9-9}$$

式中　q_{si}^n——第 i 层土的桩侧负摩阻力标准值（kPa）；当按式（9-6）的计算值大于正摩阻力标准值时，取正摩阻力标准值进行设计；

　　　ζ_{ni}——桩周第 i 层土的负摩阻力系数，可按表 9-9 取值；

　　　σ_i'——桩周第 i 层土的平均竖向有效应力（kPa）；

　　　σ_{ri}'——由土自重引起的桩周第 i 层土的平均竖向有效应力（kPa），桩群外围桩自地面算起，桩群内部桩自承台底起算；

　　γ_i、γ_e——分别为第 i 个计算土层和其上第 e 土层的重度（kN/m³），地下水位以下取浮重度；

　　Δz_i、Δz_e——第 i 层土、第 e 层土的厚度（m）；

p——地面均布荷载（kPa）。

表 9-9 负摩阻力系数 ζ_{ni}

土　类	饱 和 软 土	黏性土、粉土	砂　土	自重湿陷性黄土
ζ_{ni}	0.15 ~ 0.25	0.25 ~ 0.40	0.35 ~ 0.50	0.20 ~ 0.35

注：1. 在同一类土中，对于挤土桩，取表中较大值，对于非挤土桩取表中较小值。

2. 填土按其组成取表中相应较大值。

3. 当计算值大于正摩阻力时，取正摩阻力值。

群桩任一基桩的下拉荷载标准值 Q_g^n，可按下式计算：

$$Q_g^n = \eta_n u \sum_{i=1}^{n} (q_{si}^n l_i) \tag{9-10}$$

$$\eta_n = s_{ax} s_{ay}/[\pi d(q_s^n/\gamma_m' + d/4)] \tag{9-11}$$

式中　u——桩的周长（m）；

l_i——中性点以上各土层的厚度（m）；

η_n——负摩阻力群桩效应系数；对于单桩基础，当 $\eta_n > 1$ 时，取 $\eta_n = 1$；

s_{ax}、s_{ay}——分别为纵、横向桩的中心距；

q_s^n——中性点以上桩周土的厚度加权平均负摩阻力标准值；

γ_m'——中性点以上桩周土的厚度加权平均有效重度。

★ 单元 3　基桩内力和位移计算

上部结构传给桩基础的作用荷载通过承台传给基桩，再由基桩传递给地基。承台传递给基桩桩顶的作用力包括轴向力、横向力和弯矩。桩在受力后要发生轴向变形和由桩的挠曲所引起的横向变位。由于埋入土中的桩受到桩侧土的约束，所以桩在发生横向变位时，将受桩侧土横向抗力的作用。在计算时一般将作用于桩上的力分为轴向受力和横向受力两部分分别验算，在力的作用下桩基础的各基桩桩身内力和变形以及桩基础变位的计算是桩基础设计计算的主要内容之一。

一、土的横向抗力及其分布

将桩作为弹性构件考虑，不考虑桩土之间的黏着力和摩阻力对抵抗水平力的作用，当桩受到水平外力作用后，桩土协调变形，任一深度 z 处桩侧土所产生的水平抗力与该点的水平位移 χ_z 成正比，则有

$$\sigma_{zx} = C\chi_z \tag{9-12}$$

式中　σ_{zx}——土的横向抗力（kN/m²）；

C——地基系数（kN/m³），表示在弹性限度内桩侧土单位面积产生单位变形时所需施加的力；

χ_z——深度 z 处桩的横向位移（m）。

大量的试验表明，地基系数 C 值不仅与土的类别及其性质有关，而且也随着深度变化而变化。由于实测的客观条件和分析方法不尽相同等原因，所采用的 C 值随深度的分布规

律也各有不同。常采用的地基系数分布规律如图 9-15 所示，相应产生几种基桩内力和位移计算的方法。

（1）"m"法 假定地基系数 C 值随深度成正比例增长，相应于深度 z 处的基础侧面土的地基水平抗力系数 $C=mz$（图 9-15a），m 称为地基水平抗力系数的比例系数（kN/m^4）；基础底面土的地基竖向抗力系数 $C_0=m_0h'$，m_0 称为地基竖向抗力系数的比例系数（kN/m^4）。

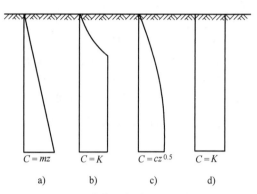

（2）"K"法 假定在桩身挠曲曲线上的第一挠曲零点以上，地基系数 C 随深度增加，呈凹形抛物线变化；在第一挠曲零点以下，地基系数 $C=K$（kN/m^3），不再随深度变化而为常数（图 9-15b）。

图 9-15 地基系数的几种分布形式

（3）"c 值"法 假定地基系数 C 随着深度的增加按抛物线规律增加，即 $C=cz^{0.5}$（图 9-15c），c 为地基土比例系数（kN/m^3）。

（4）"C"法（张有龄法） 假定地基系数 C 沿深度变化均匀分布，不随深度变化而变化，即 $C=K$ 为常数（图 9-15d）。

上述四种方法各自假定的地基系数随深度变化分布的规律不同，其计算结果是有差异的。从实测资料分析表明，宜根据土质特性来选择恰当的计算方法，下面介绍"m"法。

按"m"法计算时，地基水平抗力系数的比例系数 m 和竖向抗力系数的比例系数 m_0 可根据试验实测确定，无实测数据时可参考表 9-10 中的数值选用。m_0 为"m"法相应于深度 h 处基础底面土的地基竖向抗力系数 C_0 随深度变化的比例系数。研究分析认为，自地面至 10m 深度处土的竖向抗力几乎没有什么变化，因此当 $h\leqslant10m$ 时，取 $C_0=10\times m_0$；当 $h>10m$ 时，土的竖向抗力几乎与水平抗力相等，10m 以下取 $C_0=m_0h=mh$。对于岩石地基，抗力系数不随岩层埋深发生变化，取 $C=C_0$，其值可参考表 9-11 选用或通过试验确定。

表 9-10 非岩石类土的比例系数 m、m_0 值

土的名称	m 和 $m_0/(kN/m^4)$	土的名称	m 和 $m_0/(kN/m^4)$
流塑性黏土（$I_L>1.0$），软塑黏性土（$1.0\geqslant I_L>0.75$）、淤泥	3000～5000	坚硬、半坚硬黏性土（$I_L\leqslant0$），粗砂、密实粉土	20000～30000
可塑黏性土（$0.75\geqslant I_L>0.25$）、粉砂、稍密粉土	5000～10000	砾砂、角砾、圆砾、碎石、卵石	30000～80000
硬塑黏性土（$0.25\geqslant I_L\geqslant0$）、细砂、中砂、中密粉土	10000～20000	密实卵石夹粗砂、密实漂（卵）石	80000～120000

注：1. 本表用于基础在地面处的位移最大值不应超过 6mm 的情况，当位移较大时，应适当降低选用值。

2. 当基础侧面设有斜坡或台阶，且其坡度（横：竖）或台阶总宽与深度之比大于 1：20 时，表中 m 值应减小 50%选用。

表 9-11 岩石地基抗力系数 C_0

编号	f_{rk}/kPa	$C_0/(kN/m^3)$
1	1000	300000
2	≥25000	15000000

注：f_{rk} 为岩石的单轴饱和抗压强度标准值，对无法进行饱和的试样，可采用天然含水率单轴抗压强度标准值，当 $1000<f_{rk}<25000$ 时，可用直线内插法确定 C_0。

计算基桩内力时，先根据作用在承台底面的外力 N、H、M 计算出作用在每根桩顶的荷载 P_i、Q_i、和 M_i 值，然后再计算各桩在荷载作用下的各截面的内力与位移。

（一）单桩、单排桩与多排桩

桩基础按其水平作用力 Q 与基桩的布置方式之间的关系可分为单桩、单排桩及多排桩来计算各桩顶的受力，如图 9-16 所示。

单桩、单排桩是指在与水平外力相平行的平面上只有一根桩；而在与水平外力作用面相垂直的平面上，由单根或多根桩组成单根（排）桩的桩基础，如图 9-16a、图 9-16b 所示。

多排桩是指与水平外力作用方向的垂直面上布置有两排以上的桩，如图 9-16c 所示，或者说基桩布置在多个与水平力正交的平面内。

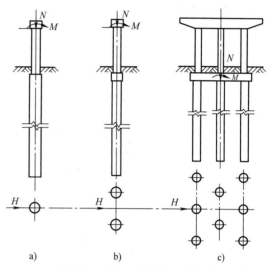

图 9-16　单桩、单排桩、多排桩

（二）桩顶的荷载 P_i、Q_i 和 M_i 值的计算

1. 单桩和单排桩

对桥墩进行纵向验算时，若作用于承台底面中心的荷载为 N、Q 和 M ，当 N 在承台横桥向无偏心时，则可以假定各荷载是平均分配在各桩上的，即

$$N_i = \frac{N}{n}; \quad Q_i = \frac{H}{n}; \quad M_i = \frac{M}{n} \tag{9-13}$$

式中　　n——每排垂直于水平作用力方向的桩数。

2. 多排桩

当外力作用于承台对称平面内时，由于各桩与荷载的相对位置不尽相同，桩顶在外荷载（N、Q、M）作用下其变位就会不同，外荷载分配到桩顶上的 P_i、Q_i 和 M_i 也就各异，因此 P_i、Q_i 和 M_i 的值就不能用简单的计算方法进行计算，一般可用位移法求解各桩桩顶的受力。

（三）桩的计算宽度

桩侧土产生横向抗力的范围大于桩的侧向尺寸，且与桩的横截面形状、大小和相邻桩的间距等因素有关。为了将空间受力简化为平面受力，并综合考虑桩的截面形状及多排桩桩间的相互遮蔽作用，将桩的设计宽度（直径）换算成实际工作条件下的矩形截面桩的宽度 b_1，b_1 称为桩的计算宽度。根据已有的试验资料分析，计算宽度的换算方法可用下列计算式表示：

当 $d \geqslant 1.0\text{m}$ 时　　　　　　　$b_1 = k_f k \ (d+1)$ 　　　　　　　　　　(9-14)

当 $d > 1.0\text{m}$ 时　　　　　　　　$b_1 = k k_f \ (1.5d+0.5)$ 　　　　　　　　(9-15)

对单排桩或 $L_1 \geqslant 0.6h_1$ 的多排桩　　　$k = 1.0$ 　　　　　　　　　　　　(9-16)

对 $L_1 < 0.6h_1$ 的多排桩　　　　　$k = b_2 + \dfrac{1-b_2}{0.6} \times \dfrac{L_1}{h_1}$ 　　　　　　　　(9-17)

式中　b_1——桩的计算宽度（m），$b_1 < 2d$；

　　　d——桩径或垂直于水平外力作用方向桩的宽度（m）；

　　　k_f——形状换算系数，视水平力作用面（垂直于水平力作用方向）而定，圆形或圆端截面取 0.9；矩形截面取 1.0；圆端形与矩形组合截面 $k_f = \left(1 - 0.1\dfrac{a}{d}\right)$（图 9-17）；

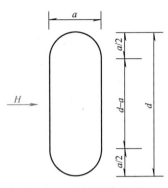

图 9-17　圆端形与矩形组合截面 k_f 值示意

　　　k——平行于水平力作用方向的桩间的相互影响系数。如图 9-18 所示；

　　　L_1——平行于水平力作用方向的桩间净距；

　　　h_1——地面或局部冲刷线以下桩的计算埋入深度，可取 $h_1 = 3(d+1)$，但不得大于地面或局部冲刷线以下桩的入土深度 h；

　　　b_2——与平行于水平力作用方向的一排桩的桩数 n 有关的系数；当 $n = 1$ 时，$b_2 = 1.0$；当 $n = 2$ 时，$b_2 = 0.6$；当 $n = 3$ 时，$b_2 = 0.5$；当 $n \geqslant 4$ 时，$b_2 = 0.45$。

在桩的平面布置中，若平行于水平力作用方向的各排桩数量不等，且相邻（任何方向）桩间中心距等于或大于 $(d+1)$，则所验算各桩可取同一个桩间影响系数 k，其值按桩数量最多的一排选取。此外，若垂直于水平力作用方向上有 n 根桩时，计算宽度取 nb_1，但须满足 $nb_1 \leqslant B+1$（B 为 n 根桩垂直于水平力作用方向的外边缘距离，以 m 计，如图 9-19 所示）。

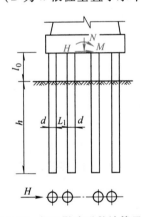

图 9-18　相互影响系数计算示意

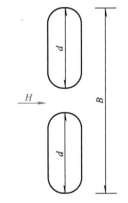

图 9-19　单桩宽度计算示意

以上 b_1 的计算方法比较繁杂，理论和实践的根据也是不够的，因此有学者建议简化计算：桩桩及桩身直径 0.8m 以下的灌注桩 $b_1 = (d+1)$，其余类型及截面尺寸的桩 $b_1 = (1.5d + 0.5)$。

（四）刚性桩与弹性桩

按照桩与土的相对刚度，将桩分为刚性桩和弹性桩。当桩的入土深度 $h \leqslant \dfrac{2.5}{\alpha}$（$\alpha$ 称为桩的变形系数）时，桩的相对刚度较大，需要按刚性桩计算。长径比较小或周围土层较松软，桩的刚度远大于土层刚度，受横向力作用时，桩身挠曲变形不明显，如同刚体一样围绕桩轴某一点转动，如果不断增大横向荷载，则可能由于桩侧土强度不够而失稳，使桩丧失承载能力或发生破坏。因此，基桩的横向承载力特征值可能由桩侧土的强度及稳定性决定。

当桩的入土深度 $h > \dfrac{2.5}{\alpha}$ 时，桩的相对刚度较小，必须考虑桩的实际刚度，按弹性桩来计算。长径比较大或周围土层较坚实时，桩的相对刚度较小，由于桩侧土有足够大的抗力，桩身发生挠曲变形时，其侧向位移随着入土深度的增大而逐渐减小，以至达到一定深度后几乎不受荷载影响，形成一端嵌固的地基梁，桩的变形呈波状曲线。如果不断增大横向荷载，可使桩身在较大弯矩处发生断裂或使桩发生过大的侧向位移，并超过了桩或结构物的允许变形值。因此，基桩的横向承载力特征值将由桩身材料的抗弯强度或侧向变形条件决定。一般情况下，桥梁桩基础的桩较长，多属弹性桩。

二、"m" 法弹性单排桩内力和位移计算★

在公式推导和计算中，对力和位移的符号作如下规定：横向位移顺 x 轴正方向为正值；转角逆时针方向为正值；弯矩当左侧受拉时为正值；横向力顺 x 轴方向为正值。

1. 桩的挠曲微分方程及其解

桩顶若与地面平齐（$z=0$），且已知桩顶作用有水平荷载 Q_0 及弯矩 M_0，此时桩将发生弹性挠曲，桩侧土将产生横向应力 σ_{zx}，桩的挠曲微分方程为

$$EI \frac{\mathrm{d}^4 x}{\mathrm{d}z^4} = -q = -\sigma_{zx} b_1 = -mz\chi_z b_1 \tag{9-18}$$

式中　E、I——桩的弹性模量及截面惯性矩；

　　　σ_{zx}——桩侧土的抗力，$\sigma_{zx} = C\chi_z = mz\chi_z$，$C$ 为地基系数；

　　　b_1——桩的计算宽度；

　　　χ_z——桩在深度 z 处的横向位移（即桩的挠度）。

将上式整理可得

$$\frac{\mathrm{d}^4 x}{\mathrm{d}z^4} + \alpha^5 z\chi_z = 0 \tag{9-19}$$

式中　α——桩的水平变形系数，$\alpha = \sqrt[5]{\dfrac{mb_1}{EI}}$。

式（9-19）为四阶线性变系数齐次常微分方程，可用幂级数展开的方法，并结合桩底的边界条件求出桩挠曲微分方程的解，桩底不同的边界条件可以得到不同的解答，对于 $\alpha h > 2.5$ 的摩擦桩和 $\alpha h > 3.5$ 的端承桩解答相同，$\alpha h > 2.5$ 的嵌岩桩与其他情况的解答不同。但对于 $\alpha h \geqslant 4$ 的桩，桩底边界条件对桩的受力变形影响很小，各种类型的桩比如摩擦桩、端承桩可统一用下述公式计算桩身在地面以下任一深度处的内力及位移：

挠度：

$$x_z = \frac{Q_0}{\alpha^3 EI} A_\chi + \frac{M_0}{\alpha^2 EI} B_\chi$$

转角：

$$\phi_z = \frac{Q_0}{\alpha^2 EI} A_\varphi + \frac{M_0}{\alpha EI} B_\varphi \tag{9-20}$$

弯矩：

$$M_z = \frac{Q_0}{\alpha} A_m + M_0 B_m$$

剪力：

$$Q_z = Q_0 A_Q + \alpha M_0 B_Q$$

式（9-20）中的 A_X、B_X、A_m、B_m、A_φ、B_φ、A_Q、B_Q 为无量纲系数，与桩的入土深度 h 和桩身计算截面深度 z 有关，均为 αh 和 αz 的函数，有关手册已将其制成表格以供查用。Q_0、M_0 是桩在地面或局部冲刷线处的垂直桥长方向的横向荷载，可按下式求得：

$$Q_0 = Q_i$$
$$M_0 = M_i + Q_i l_0 \tag{9-21}$$

式中　Q_i、M_i——作用于桩顶上的横向荷载；

l_0——桩顶到地面或局部冲刷线处的长度。

当桩顶露出地面或局部冲刷线的长度为 l_0 时，可进一步导出桩顶的水平位移 X_1 和转角 φ_1：

$$\begin{cases} X_1 = \dfrac{Q}{\alpha^3 EI} A_{X1} + \dfrac{M}{\alpha^2 EI} B_{X1} \\[3mm] \varphi_1 = -\left(\dfrac{Q}{\alpha^2 EI} A_{\varphi 1} + \dfrac{M}{\alpha EI} B_{\varphi 1} \right) \end{cases} \tag{9-22}$$

式（9-22）中的 Q、M 分别为作用于桩顶上的剪力和弯矩；A_{X1}、$A_{\varphi 1} = B_{X1}$、$B_{\varphi 1}$ 均为无量纲系数，A_{X1} 和 $B_{\varphi 1}$ 可按 αh 和 αz 查表 9-12 得到，$A_{\varphi 1}$、B_{X1} 可按 αh 和 αl_0 查表 9-12 得到。

表 9-12　桩置于土中（$\alpha h > 2.5$）或基岩（$\alpha h \geqslant 3.5$）的位移系数 A_{X1} 和

桩顶转角系数 $A_{\varphi 1} = B_{X1}$ 与 $B_{\varphi 1}$

αz 或 αl_0	A_{X1}			$A_{\varphi 1} = B_{X1}$			$B_{\varphi 1}$		
	$\alpha h = 4.0$	$\alpha h = 3.0$	$\alpha h = 2.4$	$\alpha h = 4.0$	$\alpha h = 3.0$	$\alpha h = 2.4$	$\alpha h = 4.0$	$\alpha h = 3.0$	$\alpha h = 2.4$
0.0	2.4407	2.7266	3.5256	1.6210	1.7576	2.3268	1.7506	1.8185	2.2269
0.2	3.1618	3.5050	4.5481	1.9911	2.1413	2.7922	1.9506	2.0185	2.4269
0.6	5.0881	5.5623	7.1915	2.8514	3.0286	3.8430	2.3506	2.4185	2.8269
1.0	7.7666	8.3935	10.7395	3.8716	4.0760	5.0537	2.7506	2.8185	3.2269
1.6	13.4747	14.3714	18.0376	5.7019	5.9471	7.1699	3.3506	3.4185	3.8269
2.0	18.5937	19.6974	24.4071	7.1222	7.3945	8.1806	3.7507	3.8185	4.2269
2.6	28.5625	30.0175	36.5376	9.5525	9.8656	11.4968	4.3506	4.4185	4.8269
3.0	36.9219	38.6383	46.5286	11.3727	11.7130	13.5075	4.7506	4.8185	5.2269
4.0	64.7513	67.2162	79.1039	16.6233	17.0315	19.2344	5.7506	5.8185	6.2269
5.0	104.0818	107.4310	124.1330	22.8939	23.3500	25.9614	6.7506	6.8185	7.2269
6.0	156.9135	161.2828	183.6160	30.1245	30.6685	38.6883	7.7506	7.8185	8.2269
8.0	311.0805	317.8974	353.9433	47.6256	48.3055	52.1421	9.7506	9.8185	10.2269
10.0	543.2520	553.0599	606.0860	69.1268	69.9425	74.5959	11.7506	11.8185	12.2269

注：z 为桩身计算截面深度，l_0 为桩顶到地面或最大冲刷线的高度。

在进行工程设计时，对桩身的每一个断面进行内力、变形验算是没有必要的，而只需要对几个控制断面进行验算，如最大位移和桩身最大弯矩截面。

要检验桩的截面强度和进行配筋计算，应以桩身最大弯矩截面为控制截面。因此，必须找出最大弯矩截面所在位置 Z_{max} 及相应的最大弯矩 M_{max} 值，一般有以下两种计算方法：

1）将各深度 z 处的 M 值求出后绘制 z-M_z 图，直接从图中得出。

2）根据桩身最大弯矩截面剪力为零，即 $Q_z = 0$，则 $Q_z = Q_0 A_Q + \alpha M_0 B_Q = 0$，得出

$$\frac{\alpha M_0}{Q_0} = -\frac{A_Q}{B_Q} = C_Q \quad 或 \quad \frac{Q_0}{\alpha M_0} = -\frac{B_Q}{A_Q} = D_Q \Rightarrow \frac{Q_0}{\alpha} = M_0 D_Q \quad 或 \quad M_0 = \frac{Q_0}{\alpha} C_Q$$

代入（9-20）得

$$M_{\max} = M_0 D_Q A_m + M_0 B_m = M_0 K_m$$

$$或 \quad M_{\max} = \frac{Q_0}{\alpha} A_m + \frac{Q_0}{\alpha} B_m C_Q = \frac{Q_0}{\alpha} K_Q \qquad (9\text{-}23)$$

式（9-23）中的 $K_m = A_m D_Q + B_m$，$K_Q = A_m + B_m C_Q$，均为与 αz 有关的系数，可按表 9-13 选用，然后代入式（9-23）中的一个即可得到 $M_{\max}$ 值；再由系数查表得 αz 值，即可求出 $M_{\max}$ 的位置 $Z_{\max}$。

表 9-13　确定桩身最大弯矩及其位置的系数

αz	C_Q	D_Q	K_Q	K_m	αz	C_Q	D_Q	K_Q	K_m
0.0	∞	0.00000	∞	1.00000	1.4	-0.14479	-6.90647	0.66552	-4.59637
0.1	131.25232	0.00760	131.31779	1.00050	1.5	-0.29866	-3.34827	0.56328	-1.87585
0.2	34.18640	0.02925	34.31704	1.00382	1.6	-0.43385	-2.30494	0.47975	-1.12838
0.3	15.54433	0.06433	15.73837	1.01248	1.7	-0.55497	-1.80189	0.41066	-0.73996
0.4	8.78145	0.11388	9.03739	1.02914	1.8	-0.66546	-1.50273	0.35289	-0.53030
0.5	5.53903	0.18054	5.85575	1.05718	1.9	-0.76797	-1.30213	0.30412	-0.39600
0.6	3.70896	0.26955	4.13832	1.10130	2.0	-0.86474	-1.15641	0.26254	-0.30361
0.7	2.56562	0.38977	2.99927	1.16902	2.2	-1.04845	-0.95379	0.19583	-0.18678
0.8	1.79134	0.55824	2.28153	1.27365	2.4	-1.22954	-0.81331	0.14503	-0.11795
0.9	1.23825	0.80759	1.78396	1.44071	2.6	-1.42038	-0.70404	0.10536	-0.07418
1.0	0.82435	1.21307	1.42448	1.72800	2.8	-1.63525	-0.61153	0.07407	-0.04530
1.1	0.50303	1.98795	1.15666	2.29939	3.0	-1.89298	-0.52827	0.04928	-0.02603
1.2	0.24563	4.07121	0.95198	3.87572	3.5	-2.99386	-0.33401	0.01027	-0.00343
1.3	0.03381	29.58023	0.79235	23.43769	4.0	-0.04450	-22.50000	-0.00008	0.01134

2. 计算步骤

1）求出每根桩桩顶的受力 P_i、Q_i 和 M_i，以及地面或局部冲刷线处的横向荷载。这里必须注意，计算轴向荷载和横向荷载时应选用不同的最不利荷载组合，因为这两部分荷载对桩的作用是分别验算的。

2）验算单桩轴向承载力。要求单桩轴向受力（桩顶轴向力加桩重）不超过承载力特征值。如桩的断面尺寸已定，需要选定桩的入土深度时，则可根据桩的轴向受力等于单桩轴向承载力特征值的原则，算出桩所需的入土深度。

3）计算桩的计算宽度 b_1 和桩的变形系数 α，并判别是否属弹性构件，若 $\alpha h > 2.5$ 则为弹性构件，可继续以下步骤。

4）计算桩的最大弯矩值及其截面位置，以便验算桩的截面强度或配置钢筋。

5）计算墩（台）顶水平位移。若桥墩墩顶即桩顶，可直接用式（9-22）计算出 χ_1，墩顶位移 $\Delta = \chi_1$；若桩顶上有截面不同于桩身的墩（台）柱，如图 9-20 所示，则可按式（9-24）计算墩（台）顶的水平位移：

$$\Delta = \chi_1 - \varphi_1 l_1 + \Delta_0 \qquad (9\text{-}24)$$

式中　χ_1、φ_1——桩顶的水平位移和截面转角，要注意当 Q、M 均为正值时，按式（9-22）算得的 φ_1 为负值，应以负值代入；

　　　l_1——墩（台）顶到桩顶的高度；

　　　Δ_0——墩柱部分由弹性挠曲引起的墩顶水平位移，一般按桩顶处为固定端的悬臂梁计算。

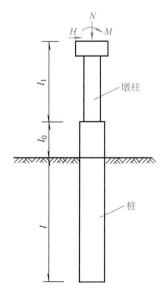

图 9-20　变截面桩柱示意

针对图 9-20 的受力情况，有

$$\Delta_0 = \frac{Hl_1^3}{3E_1I_1} + \frac{Ml_1^2}{2E_1I_1} \tag{9-25}$$

式中　E_1、I_1——墩柱的弹性模量和截面惯性矩。

三、弹性多排桩基桩内力与位移计算[*]

多排桩基桩属于超静定结构，一般将外力作用平面内的桩作为一个平面框架，用结构位移法解出各桩顶上的作用力 P_i、Q_i 和 M_i 后，即可应用单桩的计算方法来进行桩的承载力与强度验算。现就竖直对称多排桩的计算过程介绍如下：

1. 桩顶作用力 P_i、Q_i 和 M_i 的计算

为计算群桩在外荷载 N、H、M 作用下各桩桩顶的作用力 P_i、Q_i 和 M_i 的数值，先要假定绝对刚性承台变位后各桩顶之间的相对位置不变，各桩桩顶的转角与承台的转角相等。现设承台中心点 O 在外荷载 N、H、M 作用下，产生横轴向位移 a_0、竖轴向位移 b_0 及转角 β_0（a_0 以坐标轴正方向为正，以顺时针方向为正），以 a_i、b_i、β_i 分别代表第 i 排桩桩顶处沿桩轴向的位移、横轴向位移及转角，如果多排桩中的各桩竖直对称，则有

$$b_i = b_0 + x_i\beta_0 \quad a_i = a_0 \quad \beta_i = \beta_0 \tag{9-26}$$

式中　x_i——第 i 排桩桩顶至承台中心的水平距离。

设单桩桩顶刚度系数取值如下：

1）当第 i 排桩桩顶处仅产生单位轴向位移（即 $b_i=1$）时，在桩顶引起的轴向力为 ρ_1。

2）当第 i 排桩桩顶处仅产生单位横轴向位移（即 $a_i=1$）时，桩顶引起的横轴向力为 ρ_2。

3）当第 i 排桩桩顶处仅产生单位横轴向位移（即 $a_i=1$）时，在桩顶引起的弯矩为 ρ_3；或当桩顶产生单位转角（即 $\beta_i=1$）时，在桩顶引起的横轴向力为 ρ_3。

4）当第 i 排桩桩顶处仅产生单位转角（即 $\beta_i=1$）时，第 i 排桩桩顶引起的弯矩为 ρ_4。

若第 i 排桩桩顶产生的作用力为 P_i、Q_i 和 M_i，则根据单桩的桩顶刚度系数可以计算 P_i、Q_i 和 M_i 值：

$$\left.\begin{array}{l} P_i = \rho_1 b_i = \rho_1(b_0 + x_i\beta_0) \\ Q_i = \rho_2 a_0 - \rho_3\beta_0 \\ M_i = \rho_4\beta_0 - \rho_3 a_0 \end{array}\right\} \tag{9-27}$$

只要解出 a_0、b_0、β_0 和桩顶刚度系数 ρ_1、ρ_2、ρ_3、ρ_4 后，即可以从式（9-27）求解出任意桩桩顶的 P_i、Q_i 和 M_i 值，然后就可以利用单桩的计算方法求出桩的内力与位移。

2. 单桩桩顶的刚度系数 ρ_1、ρ_2、ρ_3、ρ_4 的计算

$$\left.\begin{array}{l} \rho_1 = \dfrac{1}{\dfrac{l_0 + \xi h}{AE} + \dfrac{1}{C_0 A_0}} \\[4mm] \rho_2 = \alpha^3 EI x_Q \\ \rho_3 = \alpha^2 EI x_m \\ \rho_4 = \alpha EI \varphi_m \end{array}\right\} \tag{9-28}$$

式中 ξ——系数，对于打入桩和振动桩，取 $\xi = \dfrac{2}{3}$；钻（挖）孔桩取 $\xi = \dfrac{1}{2}$；端承桩取 $\xi = 1$；

A——入土部分桩的面积；

C_0——桩底平面地基竖向抗力系数的比例系数，$C_0 = m_0 h$；

A_0——摩擦桩按公式 $A_0 = \pi S^2 / 4$ 和 $A_0 = \pi \left(\dfrac{d}{2} + h \tan \dfrac{\overline{\varphi}}{4} \right)^2$ 计算取小值，端承桩按 $A_0 = \pi d^2 / 4$ 计算，其中 S 为桩底面中心距，d 为桩底面直径，$\overline{\varphi}$ 为桩所穿过土层的平均内摩擦角；

E——桩身的受压弹性模量；

l_0——承台底面至地面的距离。

式（9-28）中的 x_Q、x_m、φ_m 是无量纲系数，均是 αh 及 αl_0 的函数，可查表 9-14 得到。

表 9-14　多排桩计算 ρ_2、ρ_3、ρ_4 的系数 x_Q、x_m、φ_m

αl_0	x_Q			x_m			φ_m		
	$\alpha h = 4.0$	$\alpha h = 3.0$	$\alpha h = 2.4$	$\alpha h = 4.0$	$\alpha h = 3.0$	$\alpha h = 2.4$	$\alpha h = 4.0$	$\alpha h = 3.0$	$\alpha h = 2.4$
0.0	1.0642	0.9728	0.9137	0.9855	0.9402	0.9547	1.4838	1.4586	1.4466
0.2	0.8856	0.8107	0.7487	0.9040	0.8600	0.8614	1.4354	1.4077	1.4031
0.6	0.6138	0.5651	0.5083	0.7445	0.7077	0.6910	1.3237	1.2197	1.2931
1.0	0.4316	0.4002	0.3540	0.6075	0.5788	0.5544	1.2190	1.1911	1.7782
1.6	0.2652	0.2484	0.2172	0.4513	0.4322	0.4069	1.0664	1.0444	1.0236
2.0	0.1973	0.1860	0.1622	0.3746	0.3601	0.3368	0.9780	0.9592	0.9363
2.6	0.1318	0.1252	0.1092	0.2894	0.2795	0.2602	0.8652	0.8503	0.8269
3.0	0.1031	0.0988	0.0860	0.2469	0.2391	0.2224	0.8016	0.7888	0.7659
4.0	0.0599	0.0576	0.0508	0.1731	0.1686	0.1569	0.6743	0.6654	0.6452
5.0	0.0376	0.0374	0.0324	0.1245	0.1247	0.1164	0.5802	0.5736	0.5564
6.0	0.0251	0.0244	0.0219	0.0976	0.0957	0.0897	0.5083	0.5033	0.4487
8.0	0.0128	0.0127	0.0114	0.0623	0.0613	0.0579	0.4066	0.4035	0.3927
10.0	0.0073	0.0072	0.0066	0.0431	0.0425	0.0404	0.3385	0.3363	0.3283

3. 低承台桩的承台作用计算

承台埋入地面或最大冲刷线以下时（图 9-21），可考虑承台侧面土的水平抗力与桩和桩侧土共同作用抵抗和平衡水平外荷载的作用。

若承台埋入地面或最大冲刷线以下的深度为 h_n，z 为承台侧面任一点距底面的距离（取绝对值），则 z 点的位移为 $a_0 + \beta_0 z$（a_0 为承台底中心的水平位移，β_0 为转角）。承台侧面（计算宽度 B_1）土作用在单位宽度上的水平抗力 E_x 及其对垂直于 xoz 平面 x 轴的弯矩 M_{Ex} 为

$$E_x = \int_0^{h_n} (a_0 + \beta_0 z) C \mathrm{d}z = \int_0^{h_n} (a_0 + \beta_0 z) \frac{C_n}{h_n} (h_n - z) \mathrm{d}z = a_0 \frac{C_n h_n}{2} + \beta_0 \frac{C_n h_n^2}{6} = a_0 F^c + \beta_0 S^c$$

（9-29）

$$M_{Ex} = \int_0^{h_n} (a_0 + \beta_0 z) C z \mathrm{d}z = a_0 \frac{C_n h_n^2}{6} + \beta_0 \frac{C_n h_n^3}{12} = a_0 S^c + \beta_0 I^c$$ （9-30）

式中 C_n——承台底面处侧向土的地基系数；

F^c——承台 B_1 侧面、地基系数 C 图形的面

积，$F^c = \dfrac{C_n h_n}{2}$；

S^c——承台 B_1 侧面、地基系数 C 图形的面积

对于承台底面的面积矩，$S^c = \dfrac{C_n h_n^2}{6}$；

I^c——承台 B_1 侧面、地基系数 C 图形的面积

对于底面的惯性矩，$I^c = \dfrac{C_n h_n^3}{12}$。

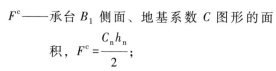

图 9-21　低承台桩的承台作用计算

4. 承台位移计算

a_0、b_0、β_0 可按结构力学的位移法求得。根据承台作用力的平衡条件，即 $\Sigma N = 0$，$\Sigma Q = 0$，$\Sigma M = 0$（对 O 点取矩），当桩基础中各桩直径相同时，可列出位移法的典型方程如下：

$$\left.\begin{aligned} n\rho_1 b_0 &= N \\ (n\rho_2 + B_1 F^c)a_0 - (n\rho_3 - B_1 S^c)\beta_0 &= H \\ -(n\rho_3 - B_1 S^c)a_0 + (\rho_1 \sum x_i^2 + n\rho_4 + B_1 I^c)\beta_0 &= M \end{aligned}\right\} \tag{9-31}$$

式中　n——桩的根数。

联解式（9-31）可得承台位移 b_0、a_0、β_0 各值：

$$b_0 = \frac{N}{n\rho_1} \tag{9-32}$$

$$a_0 = \frac{(n\rho_4 + \rho_1 \sum\limits_{i=1}^{n} x_i^2 + B_1 I^c)H + (n\rho_3 - B_1 S^c)M}{(n\rho_2 + B_1 F^c)(n\rho_4 + \rho_1 \sum\limits_{i=1}^{n} x_i^2 + B_1 I^c) - (n\rho_3 - B_1 S^c)^2} \tag{9-33}$$

$$\beta_0 = \frac{(n\rho_2 + B_1 F^c)M + (n\rho_3 - B_1 S^c)H}{(n\rho_2 + B_1 F^c)(n\rho_4 + \rho_1 \sum\limits_{i=1}^{n} x_i^2 + B_1 I^c) - (n\rho_3 - B_1 S^c)^2} \tag{9-34}$$

求得 ρ_1、ρ_2、ρ_3、ρ_4 及 a_0、b_0、β_0 各值后，可一并代入式（9-27）求出各桩桩顶所受作用力 P_i、Q_i 和 M_i 值，然后按单桩来计算桩身内力与位移。如果是高承台桩或不考虑承台侧面土的作用，则 F^c、S^c、I^c 均为0。

单元4　群桩基础验算

一、群桩基础的工作原理

群桩基础工作性状的竖向分析主要取决于竖向荷载的传递特征，不同受力条件的基桩有

着不同的荷载传递特征，这也就决定了不同类
型基桩的群桩基础呈现出不同的工作性状与
特点。

1. 端承桩群桩基础

端承桩群桩基础通过承台分配到各基桩桩
顶的荷载，绝大部分或全部由桩身直接传递到
桩底，由桩底岩层（或坚硬土层）支撑。由于
桩底持力层坚硬，桩底贯入变形较小，低桩承
台的承台底面地基反力与桩侧阻力和桩底反力
相比所占比例很小，可忽略不计。因此，承台

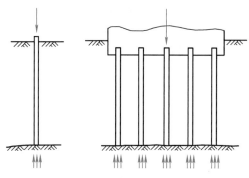

图 9-22　端承桩桩底平面的应力分布

分担荷载的作用和桩侧阻力的扩散作用一般不予考虑。桩底压力分布面积较小，各桩的压力
叠加作用也小（只可能发生在持力层深部），群桩基础中的各基桩的工作状态近似于单桩，
如图 9-22 所示，可以认为端承桩群桩基础的承载力等于各单桩承载力之和，其沉降量等于
单桩沉降量，即不考虑群桩效应。因此，群桩效应是针对摩擦桩群桩基础而言的。

2. 摩擦桩群桩基础

由摩擦桩组成的群桩基础，在竖向荷载作用下，桩顶上的作用荷载主要通过桩侧土的摩

阻力传递到桩周土体。由于桩侧阻力的扩散
作用，桩底处的压力分布范围要比桩身截面
面积大得多（图 9-23），群桩中各桩传到桩
底处的应力可能叠加，群桩桩底处地基土受
到的压力比单桩要大；且由于群桩基础的基
础尺寸较大，荷载传递的影响范围也比单桩
更深（图 9-23）。因此，桩底地基土产生的
压缩变形和群桩基础的沉降量要比单桩大。
在桩的承载力方面，群桩基础的承载力也不
是等于各单桩承载力总和的简单关系。工程
实践也说明群桩基础的承载力常小于各单桩

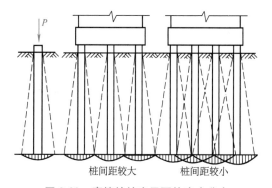

图 9-23　摩擦桩桩底平面的应力分布

承载力之和，但有时也可能会大于或等于各单桩承载力之和，群桩的沉降量也明显大于
单桩。

影响群桩基础承载力和沉降量的因素很复杂，与土的性质、桩长、桩距、桩数、群桩的
平面排列和桩径大小等因素有关。通过模型试验研究和野外测定表明，上述因素中，桩距的
影响是主要的，其次是桩数；通常认为当桩间中心距离大于等于 6 倍桩径时，可不考虑群桩
效应。桩的群桩效应与天然地基上在相同基底压力下的基础面积效应一样，就强度稳定而
言，面积越大越好，但对沉降而言，则面积越大沉降也越大。

二、群桩基础承载力验算

规范规定，9 根桩及 9 根桩以上的多排摩擦群桩在桩端平面内桩距小于 6 倍桩径时，
群桩作为整体基础验算桩端平面处土的承载力。当桩端平面以下有软土层或软弱地基时，还
应验算软弱下卧层的承载力。

1. 桩端持力层承载力验算

群桩（摩擦桩）作为整体基础时，将桩基础视为相当于 *acde* 范围内的实体基础（图 9-24），可按式（9-35）和式（9-36）验算桩端平面处土的承载力。

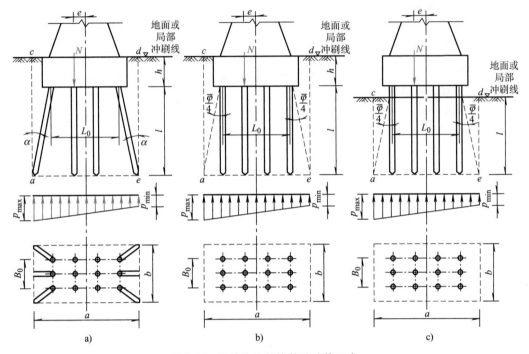

图 9-24　群桩作为整体基础验算示意

当轴心受压时：

$$p = \overline{\gamma}l + \gamma h + \frac{BL\gamma h}{A} + \frac{N}{A} \leqslant f_a \tag{9-35}$$

当偏心受压时，除满足式（9-35）外，还应满足式（9-36）的要求，即

$$p_{max} = \overline{\gamma}l + \gamma h - \frac{BL\gamma h}{A} + \frac{N}{A}\left(1 + \frac{eA}{W}\right) \leqslant \gamma_R f_a \tag{9-36}$$

$$A = a \times b \tag{9-37}$$

当桩的斜度 $\alpha \leqslant \dfrac{\varphi}{4}$ 时：

$$a = L_0 + d + 2l\tan\frac{\overline{\varphi}}{4} \tag{9-38}$$

$$b = B_0 + d + 2l\tan\frac{\overline{\varphi}}{4} \tag{9-39}$$

当桩的斜度 $\alpha > \dfrac{\varphi}{4}$ 时：

$$a = L_0 + d + 2l\tan\alpha \tag{9-40}$$

$$b = B_0 + d + 2l\tan\alpha \tag{9-41}$$

$$\overline{\varphi} = \frac{\varphi_1 l_1 + \varphi_2 l_2 + \cdots + \varphi_n l_n}{l} \tag{9-42}$$

式中　p、p_{max}——桩端平面处的平均压应力、最大压应力（kPa）；

$\quad\quad \overline{\gamma}$——承台底面包括桩的重力在内至桩端平面土的平均重度（kN/m³）；

$\quad\quad l$——桩的深度（m）；

$\quad\quad \gamma$——承台底面以上土的重度（kN/m³）；

$\quad\quad N$——作用于承台底面合力的竖直分力（kN）；

$\quad\quad e$——作用于承台底面合力的竖直分力对桩端平面处计算面积重心轴的偏心矩（m）；

$\quad\quad A$——假想的实体基础在桩端平面处的计算面积（m²）；

$\quad\quad W$——假想的实体基础在桩底平面处的截面抵抗矩（m³）；

$\quad L_0$、B_0——外围桩中心围成的矩形轮廓的长度、宽度（m）；

$\quad\quad L$、B——承台的长度、宽度（m）；

$\quad\quad \overline{\varphi}$——基桩所穿过各土层内摩擦角的加权平均值；

$\quad\quad f_a$——修正后桩端平面处土的承载力特征值（kPa）；

$\quad\quad \gamma_R$——抗力系数。

2. 软弱下卧层强度验算

软弱下卧层强度验算方法是按学习情境 3 的附加应力分布规律计算出软弱土层顶面处的总应力不得大于该处地基土的承载特征力，具体验算方法可参见学习情境 8 有关内容。

三、群桩基础沉降验算

超静定结构桥梁或建于软土、湿陷性黄土地基或沉降较大的其他土层上的静定结构桥梁墩（台）的群桩基础，应计算沉降量并进行验算。

当桩基础为端承桩或桩端平面内桩的中心距大于 6 倍桩径的摩擦桩群桩基础时，桩基础的总沉降量可取单桩的沉降量。在其他情况下则作为实体基础考虑，采用分层总和法计算沉降量，如图 9-25 所示。规范规定相邻墩台间的不均匀沉降差值（不包括施工中的沉降）不应使桥面形成大于 0.2% 的附加纵坡（折角）。

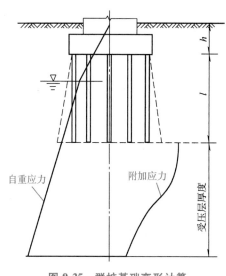

图 9-25　群桩基础变形计算

单元 5　桩基础设计简介

进行桩基础设计时，应根据上部结构的形式与使用要求，荷载的性质与大小，地质和水文资料，以及材料供应和施工条件等，确定适宜的桩基础类型和各组成部分的尺寸，保证承台、基桩和地基在强度、变形和稳定性方面满足安全和使用要求，并应同时考虑技术和经济上的可能性和合理性。桩基础设计一般先根据收集的资料拟定出设计方案（包括选择桩基础的类型、桩长、桩径、桩数，以及桩的布置、承台位置与尺寸等），然后进行基桩和承台以及桩基础整体的强度、稳定、变形检验，经过计算、比较、修改直至符合各项要求，最后确定最佳的设计方案。

一、桩基础类型的选择

选择桩基础类型时应根据设计要求和现场的条件，同时要考虑到各种类型桩和桩基础具有的不同特点，注意扬长避短，进行综合考虑后选定。

1. 承台底面标高的考虑

承台底面的标高应根据桩的受力情况，桩的刚度和地形、地质、水流、施工等条件确定。承台低，稳定性较好，但在水中施工难度较大，因此可用于季节性河流、冲刷较小的河流或岸滩上的墩（台）及旱地上其他结构物基础。当承台埋于冻胀土层中时，为了避免土的冻胀引起桩基础的损坏，承台底面应位于冰冻线以下不少于 0.25m。对于常年有流水、冲刷较深或水位较高、施工排水困难的墩（台），在受力条件允许时，应尽可能采用高桩承台。承台如在水中，对于有流冰的河道，承台底面应位于最低冰层底面以下不少于 0.25m；在有其他漂流物或通航的河道，承台底面也应适当放低，以保证基桩不会直接受到撞击，否则应设置防撞装置。当作用在桩基础上的水平力和弯矩较大，或桩侧土质较差时，为减少桩身所受的内力可适当降低承台底面高度；为节省墩（台）身圬工数量，则可适当提高承台底面。

2. 端承桩桩基础和摩擦桩桩基础的考虑

端承桩与摩擦桩的选择主要根据地质和受力情况确定。端承桩桩基础承载力大，沉降量小，较为安全可靠，因此当基岩埋深较浅时应考虑采用端承桩。若理想的岩层埋置较深或受到施工条件的限制不宜采用端承桩时，则可采用摩擦桩，但在同一桩基础中不宜同时采用端承桩和摩擦桩，也不宜采用不同材料、不同直径和长度相差过大的桩，以免桩基础产生不均匀沉降或丧失稳定性。

当采用端承桩时，除桩端支撑在基岩上外，如覆盖层较薄，或水平荷载较大时，还需将桩端嵌入基岩中一定深度成为嵌岩桩，以增加桩基础的稳定性和承载能力。为保证嵌固牢靠，嵌入新鲜岩层的最小深度不应小于 0.5m；若新鲜岩层埋藏较深，微风化层、弱风化层厚度较大，需计算其嵌入深度。

3. 单排桩桩基础和多排桩桩基础的考虑

单排桩桩基础与多排桩桩基础的确定主要根据受力情况考虑，并与桩长、桩数的确定密切相关。多排桩稳定性好，抗弯刚度较大，能承受较大的水平荷载，水平位移小，但多排桩的设置将会增大承台的尺寸，增加施工难度，有时还影响航道；单排桩与此相反，能较好地与柱式墩（台）结构相配合，可节省圬工数量，减小作用在桩基础的竖向荷载。因此，当桥跨不大、桥高较矮时，或单桩承载力较大，需用桩数不多时常采用单排排架式桩基础。公路桥梁自采用了具有较大刚度的钻孔灌注桩后，也可选用盖梁式承台双柱基础或多柱式单排墩（台）桩柱基础；对较高的桥台，以及拱桥桥台、制动墩和单向水平推力墩基础，则常选用多排桩桩基础。在桩基础受有较大水平力作用时，无论是单排桩还是多排桩，若能选用斜桩或竖直桩配合斜桩的形式，则将明显增加桩基础抵抗水平力的能力和稳定性。

4. 施工方式的选择

设计时，应根据地质情况、上部结构要求、施工技术、设备条件等因素选择桩基础的施工方式。

二、桩径、桩长的拟定

桩径与桩长的设计即基桩的外部尺寸设计，它应综合考虑荷载的大小、土层性质及桩周土阻力状况、桩基础类型与结构特点、桩的长径比以及施工设备与技术条件等因素优选确定，力求做到既满足使用要求又造价经济，能有效地利用和发挥地基土和桩身材料的承载性能。

当桩的类型选定后，桩的横截面（桩径）可根据各类桩的特点与常用尺寸，并考虑工程地质情况和施工条件确定。预制桩截面规格前面已述，钻孔桩则以钻头直径作为设计直径，钻头直径常用规格为 0.8m、1.0m、1.25m 和 1.5m 等。

确定桩长的关键在于选择桩端持力层，因为桩端持力层对于桩的承载力和沉降有着重要影响。一般把桩端置于岩层或坚实的土层上，以得到较大的承载力和较小的沉降量。如在施工条件允许的深度内没有坚实土层存在，应尽可能选择压缩性较低、强度较高的土层作为持力层，避免把桩端坐落在软土层上或离软弱下卧层的距离太近，以免桩基础发生过大的沉降。

对于摩擦桩，有时桩端持力层可能有多种选择，此时确定桩长与桩数两者相互牵连，遇此情况，可通过试算比较后选用较合理的桩长。摩擦桩的桩长不应拟定太短，一般不宜小于 4m。因为桩长过短会达不到把荷载传递到深层或减小基础下沉量的目的，且必然增加桩数，扩大了承台尺寸，也影响施工的速度。此外，为保证发挥摩擦桩桩端土层的支撑作用，桩端应插入持力层一定深度，插入深度与持力层土质、厚度及桩径等因素有关，一般不宜小于 1m。

三、基桩数确定及平面布置

一个基础所需桩的数量可根据承台底面上的竖向荷载和单桩承载力特征值估算。估算的桩数是否合适，应待验算各桩的受力状况后经验证确定。单桩承载力特征值确定以后，可按式（9-43）估算所需桩数：

$$n \geqslant \mu \frac{N}{R_a} \tag{9-43}$$

式中　N——作用于承台底面的竖向荷载（kN）；

　　　R_a——单桩轴向受压承载力特征值（kN）；

　　　μ——考虑有偏心荷载时各桩受力不等的提高系数，按经验可取 1.1~1.3。

钻（挖）孔灌注桩的摩擦桩中距不应小于桩径的 2.5 倍；锤击沉桩、静力压桩在桩端处的中距不应小于桩径（或边长）的 3 倍，在软土地区宜适当增大；振动沉入砂土内的桩在桩端处的中距不应小于桩径（或边长）的 4 倍。桩在承台底面处的中距不应小于桩径（或边长）的 1.5 倍。支撑或嵌固在基岩上的钻（挖）孔桩的中距不应小于 2 倍桩径。

边桩外侧到承台边缘的距离，对于桩径小于或等于 1.0m 的桩不应小于 0.5 倍桩径且不应小于 0.25m；对于桩径大于 1.0m 的桩不应小于 0.3 倍桩径并不应小于 0.5m。

桩数确定后，可根据桩基础受力情况选用单排桩桩基础或多排桩桩基础。一般墩（台）基础，多以纵向荷载控制设计，控制方向上桩的布置应尽可能使各桩受力相近，且考虑施工的可能性和方便性。当作用于桩基础的弯矩较大时，宜尽量将桩布置在离承台形心较远处，采用外密内疏的布置方式，以增大基桩对承台形心或合力作用点的惯性矩，提高桩基础的抗弯能力，若 $\sigma_{max}/\sigma_{min}$ 值不大，宜用等距排列；非控制方向上一般采用等距排列。

单元 6　桩基础的施工

桩基础施工前应根据已定出的墩（台）纵、横中心轴线直接定出桩基础轴线和各基桩桩位。目前，已普遍应用全站仪设置固定标志或控制桩，以便施工时随时校核。桩基础常用的施工方法有预制沉桩法、钻孔灌注法、挖孔灌注法等，下面分别介绍。

一、预制沉桩施工

（一）预制桩施工技术要求

1. 预制桩的制作要求

1）钢筋混凝土桩和预应力混凝土桩在制作时，预制场的设置，以及模板、钢筋、混凝土和预应力的施工除应符合相应施工技术规定外，尚应符合下列规定：

① 钢筋混凝土桩的主筋宜采用整根钢筋，如需接长，宜采用对焊连接或机械连接，接头应相互错开，在桩尖、桩顶各 2m 长范围内的主筋不应有接头。箍筋或螺旋筋与纵筋的交接处宜采用点焊焊接；当采用矩形绑扎筋时，箍筋末端应有 135°弯钩，或 90°弯钩加焊接；桩两端的加密箍筋均应点焊成封闭箍。

② 采用焊接连接的混凝土桩，应按设计要求准确预埋连接钢板。采用法兰盘连接的混凝土桩，法兰盘应对准位置连接在钢筋或预应力筋上；先张法预应力混凝土桩采用法兰盘连接时，应先将法兰盘连接在预应力筋上，然后再进行张拉。法兰盘应保证焊接质量。

③ 每根或每一节桩的混凝土应连续浇筑，不得留施工缝。混凝土浇筑完毕后，应及时覆盖养护，并应在桩上标明编号、浇筑日期和吊点位置，同时应填写制桩记录。

2）钢筋混凝土桩和预应力混凝土桩的制作质量应符合表 9-15 的规定；采用法兰盘接头的预制桩，其法兰盘制成后的允许偏差应符合表 9-16 的规定，同时应符合下列规定：

表 9-15　混凝土预制实测项目质量标准

项次	检查项目		规定值或允许偏差	检查方法和频率
1	混凝土强度/MPa		在合格标准内	—
2	长度/mm		±50	尺量:每桩测量
3	横截面尺寸/mm	桩径或边长	±5	尺量:抽查桩数的 10%,每桩测 3 个断面
		空心中心与桩中心偏差	≤5	
4	桩尖与桩的纵轴线偏差/mm		≤10	尺量:抽查桩数的 10%,每桩测量
5	桩纵轴线弯曲矢高/mm		≤0.1%S,且≤20	沿桩长拉线测量,取最大矢高;抽查桩数的 10%

（续）

项次	检查项目	规定值或允许偏差	检查方法和频率
6	桩顶面与桩纵轴线倾斜偏差/mm	$\leqslant 1\%D$，且$\leqslant 3$	角尺：抽查桩数的10%，各测2个垂直方向
7	接桩的接头平面与桩轴线垂直度	$\leqslant 0.5\%$	角尺：抽查桩数的20%，各测2个垂直方向

注：S为桩长，D为桩径或边长，计算规定值或允许偏差时以mm计。

表 9-16　法兰盘的允许偏差

项　　目	允许偏差/mm
法兰盘顶面任意两点高差	$\leqslant 2$
螺栓孔中心对法兰盘中心径向偏差	± 0.5
法兰盘顺圆周方向相邻两孔间距偏差	± 0.5
法兰盘顺圆周方向任意不相邻两孔间距偏差	$\leqslant 1$

① 钢筋混凝土桩的收缩裂缝宽度不得大于0.2mm，深度不得大于20mm，裂缝长度不得大于1/2桩宽；预应力混凝土桩桩身不得有裂缝。

② 桩的表面不应有蜂窝麻面，若因特殊情况出现蜂窝麻面时，其深度不得大于5mm，每面蜂窝麻面面积不得超过该面总面积的0.5%。

③ 有棱角的桩，棱角破损深度应在5mm以内，且每10m长的边棱角上只能有1处破损，在1根桩上边棱破损的总长度不得大于500mm。

④ 预制桩出场前应进行检验，出场时应具备出场合格检验记录。

先张法预应力混凝土管桩的制作应符合《先张法预应力混凝土管桩》（GB/T 13476—2009）的规定；后张法预应力混凝土大直径管桩的制作应符合《码头结构施工规范》（JTS 215—2018）的规定。用于水上沉设的大直径管桩宜在预制场内按设计桩长拼接成整根长桩。

2. 桩的吊运、存放和运输

钢筋混凝土桩和预应力混凝土桩的吊运、存放和运输应符合下列规定：

1）桩在厂（场）内吊运时，桩身混凝土强度应符合设计规定，否则应经验算确认不会对桩身混凝土产生损伤时方可进行吊运。吊运时桩身上的吊点位置距设计规定位置的允许偏差不应超过±20mm，并应使各吊点同时均匀受力；吊点处应采取适当措施进行保护，避免绳扣或桩角处发生损伤。

2）桩的存放场地应平整、坚实，不应有不均匀沉降，且场地应有防（排）水设施。堆放时应设置垫木，支垫位置宜按设计吊点位置确定，其偏差不应超过200mm；多层堆放时，各层垫木应位于同一垂直面上，且层数不宜超过3层。

3）桩在运输时，应采用多个支垫堆放，垫木应均匀放置，且其顶面应在同一平面上；桩的堆放形式应使装载工具在装卸和运输过程中保持平稳。采用驳船装运时，对桩体应采取加撑和系绑等措施，防止在风浪的影响下发生倾斜；对管桩应采用特殊支架进行固定，防止其滚动和坠落。

3. 试桩与桩基础承载力

1）沉桩施工应在施工前进行工艺试桩和承载力试桩，确定沉桩的施工工艺、技术参数和检验桩的承载力。

2）试桩应有附近的地质钻探资料；试桩的规格应与工程桩一致，所用桩机应与正式施工时相同。试桩试验技术要求应符合《公路桥涵施工技术规范》（JTG/T 3650—2020）附录 L 的规定。

3）特大桥和地质复杂的大（中）桥，宜采用静压试验方法确定单桩承载力，一般大（中）桥的试桩，可采用静载试验法，在条件适宜时，亦可采用可靠的动力检测法。锤击沉入的中（小）桥试桩，在缺乏上述试验条件时，可结合具体情况选用适当的动力公式计算单桩承载力。当确定的单桩承载力不能满足设计要求时，应会同监理和设计单位研究处理。

4. 沉桩施工要求

（1）一般技术要求　沉桩前应在陆域或水域建立平面测量与高程测量的控制网点，桩基础轴线的测量定位点应设置在不受沉桩作业影响处；应根据桩的类型、地质条件、水文条件及施工环境条件等确定沉桩的方法和机具，并应对地上和地下的障碍物进行妥善处理。

（2）沉桩顺序　沉桩顺序一般从一端向另一端进行，当桩基础尺寸较大时，宜由中间向两端或四周进行；如桩的埋置深度不同，宜先沉深的、后沉浅的；在斜坡地段应先沉坡顶的、后沉坡脚的。在桩的沉入过程中，应始终保持锤、桩帽和桩身在同一轴线上。

（3）锤击沉桩施工技术要求

1）预制钢筋混凝土桩和预应力混凝土桩在锤击沉桩前，桩身混凝土强度应达到设计要求。

2）桩锤的选择应根据地质条件、桩形、土的密实程度、单桩承载力、锤的性能和施工条件确定。沉桩时，锤垫、桩垫的弹性和厚度应与锤、桩相匹配，在施工过程中应及时修理或更换，以避免损坏桩身。

3）开始沉桩时，宜采用较低落距，且桩锤、送桩与桩宜保持在同一轴线上；在锤击过程中，应采用重锤低击。

4）沉桩过程中，若遇到贯入度剧变，桩身突然发生倾斜、移位或有严重回弹，桩身出现严重裂缝、破碎，桩身开裂等情况时，应暂停沉桩，查明原因，采取有效措施后方可继续沉桩。

5）锤击沉桩应考虑锤击振动对新浇筑混凝土结格物的影响，当结构物混凝土未达到 5MPa 时，距结构物 30m 范围内不得进行沉桩；锤击能量超过 280kN·m 时，应适当加大沉桩处与结构物的距离。

6）锤击沉桩控制应根据地质情况、设计承载力、锤型、桩型和桩长综合考虑，并应符合下列规定：

① 设计桩尖土层为一般黏性土时，应以高程控制。桩沉入后，桩顶高程的允许偏差为（+100mm，0）。

② 设计桩尖土层为砾石、密实砂土或风化岩时，应以贯入度控制。当沉桩贯入度已达到控制贯入度，而桩端未达到设计高程时，应继续锤击贯入 100mm 或锤击 30～50 击，其平均贯入度应不大于控制贯入度，且桩端距设计高程宜不超过 1～3m（硬土层顶面高程相差不大时取小值）。超过上述规定时，应会同监理和设计单位研究处理。

③ 设计桩尖土层为硬塑状黏性土或粉细砂时，应以高程控制为主，贯入度作为校核。当桩尖已达到设计高程而贯入度仍较大时，应继续锤击使其贯入度接近控制贯入度，但继续

下沉时，应考虑施工水位的影响；当桩尖距离设计高程较大，而贯入度小于控制贯入度时，可按上述步骤②执行。

7）对发生"假极限""吸入""上浮"现象的桩，应进行复打。

（4）振动沉桩施工技术要求

1）振动沉桩在选锤或换锤时，应验算振动上拔力对桩身结构的影响。振动沉桩机、机座、桩帽应连接牢固，沉桩和桩的中心轴线应保持在同一直线上。

2）开始沉桩时，宜利用桩自重下沉或射水下沉，待桩身入土达一定深度并确认稳定后，再采用振动下沉。每一根桩的沉桩作业宜一次完成，不可中途停顿过久，避免土的阻力恢复，使继续下沉变得困难。

3）在沉桩过程中，若发生贯入度剧变，桩身突然发生倾斜、移位或有严重回弹，桩身出现严重裂缝、破碎，桩身开裂或振动沉桩机的振幅有异常现象时，应暂停沉桩，查明原因，采取有效措施后再恢复施工。

4）振动沉桩时，应以设计或通过试桩验证的桩尖标高控制为主，以最终贯入度作为校核。如果桩尖已达到设计标高，而与最终的贯入度相差较大时，应查明原因，会同监理和设计单位研究处理。

（5）射水沉桩施工技术要求

1）在砂类土层、碎石类土层中，锤击沉桩困难时，宜采用射水锤击沉桩，以射水为主、锤击配合；在黏性土、粉土中采用射水沉桩时，应以锤击为主、射水配合；在湿陷性黄土中采用射水沉桩时，应符合设计要求。

2）射水锤击沉桩时，应根据土质情况随时调节射水压力，控制沉桩速度。当桩尖接近设计高程时，应停止射水，改用锤击以保证桩的承载力。停止射水的桩尖高程可根据沉桩试验确定的数据及施工情况决定；当缺乏资料时，距设计高程不应小于 2m。

3）钢筋混凝土桩或预应力混凝土桩采用射水配合锤击沉桩时，宜采用较低落距锤击。

4）采用中心射水法沉桩时，应在桩垫和桩帽上留有排水通道；采用侧面射水法沉桩时，射水管应对称设置。

5）采用射水沉桩后，应及时将其与邻桩或稳定结构夹紧固定，防止桩倾斜、移位。

（6）水上沉桩施工技术要求

1）水上沉桩应根据地形、水深、风向、水流和船舶性能等具体情况，充分利用有利条件，使沉桩施工能正常进行。沉桩应根据水上施工的特点采取有效措施，保证作业安全。

2）在浅水中沉桩，可采用设置筑岛围堰或固定平台等方法进行施工；在深水或有潮汐影响的水域沉桩，宜采用打桩船施打，在宽阔水域宜采用具有卫星测量定位功能的打桩船施工；在风浪条件恶劣的深水水域，宜采用自升式平台进行施工。

3）沉桩应设置导向设施，防止桩发生偏移或倾倒。若桩的自由长度较大，应适当增设支点。

4）采用固定平台的沉桩施工应符合锤击沉桩、振动沉桩、射水沉桩施工的相关规定；采用打桩船沉桩可按照《码头结构施工规范》（JTS 215—2018）的规定执行。

5）已沉好的水中桩，宜采用钢制杆件把相邻桩连成一体加以防护，并在水面设置标志。严禁在已沉好的桩上系缆。

5. 桩的连接要求

桩的连接应符合设计要求，并应符合下列规定：

1）在同一墩（台）的桩基础中，同一水平面内的桩接头数不得超过基桩总数的1/4，但采用法兰盘按等强度设计的接头，可不受此限制。

2）接桩时，应保持各节桩的轴线在同一直线上，接好后应进行检查，符合要求后方可进行下道工序。

3）接桩可采用焊接或法兰盘连接。当采用焊接连接时，焊接应牢固、位置应准确；采用法兰盘接桩时，法兰盘的结合处应密贴；法兰螺栓应对称逐个拧紧，并加设弹簧垫圈或辅以焊接，锤击时应采取有效措施防止螺栓松动。

4）在宽阔水域沉设的大直径管桩和钢管桩，宜在厂内制作时按设计桩长拼接成整根，不宜在现场连接接长；必须在现场连接时，每根桩的接头数不得超过1个。

6. 沉桩施工质量标准

沉桩施工的允许偏差应符合表9-17的规定。

表 9-17　沉桩施工质量标准

项次	检查项目			规定值或允许偏差	检查方法和检查频率
1	桩位/mm	群桩	中间桩	$\leq D/2$ 且 ≤ 250	全站仪：抽查占总数20%的桩，测桩中心坐标
			外缘桩	$\leq D/4$ 且 ≤ 150	
		排架桩	顺桥方向	≤ 40	
			垂直桥轴方向	≤ 50	
2	桩尖高程/mm			$\leq$设计值	水准仪测桩顶面高程后反算；每桩测量
3	贯入度/mm			$\leq$设计值	与控制贯入度相比较；每桩测量
4	倾斜度	直桩		$\leq 1\%$	采用铅锤法进行检查；每桩测量
		斜桩		$\leq 15\%\tan\theta$	

注：1. 深水中采用打桩船沉桩时，其允许偏差应满足设计要求。

2. D 为桩径或短边长度，以 mm 计。

3. θ 为斜桩轴线与垂线间的夹角。

4. 当贯入度满足设计要求但桩尖高程未达到设计高程时，应按施工技术规范的规定进行检验，得到设计认可后，桩尖高程为合格。

（二）沉桩前准备

桩可在预制厂预制，当预制厂距离较远而运桩不经济时，宜在现场选择合适的场地进行预制，但应注意：场地布置要紧凑，尽量靠近打桩地点，要考虑到防止被洪水所淹；地基要平整密实，并应铺设混凝土地坪或专设桩台；制桩材料的进场路线与成桩运往打桩地点的路线不应互受干扰。

预制桩的混凝土必须连续一次筑注完成，宜用机械进行搅拌和振捣，以确保桩的质量。桩上应标明编号、制作日期，并填写制桩记录。此外，应备好沉桩地区的地质和水文资料、沉桩工艺施工方案以及试桩资料等。

预制的钢筋混凝土桩由预制场地吊运到桩架内，在起吊、运输、堆放时，都应该按照设计计算的吊点位置起吊（吊点处应在桩内预埋直径20～25mm的钢筋吊环），否则可能引起桩身混凝土开裂。预制钢筋混凝土桩的主筋是沿桩长按设计内力配置的，吊运时的吊点位置，常根据吊点处由桩重产生的负弯矩与吊点间由桩重产生的正弯矩相等的原则确定，这样较为经济。一般的桩在吊运时，采用两个吊点，如桩长为 L，吊点离每端的距离为 0.207L，如图 9-26a 所示；插桩时为单点起吊，为了使桩内正、负弯矩相等，可将吊点设在 0.293L 处，如图 9-26b 所示，如桩长不超过 10m，也可利用 0.207L 吊点。吊运较长的桩，为减少内力，节省钢筋，可采用三点或四点起吊，吊点的布置如图 9-26c 所示。根据相应的弯矩值，可进行桩身配筋或验算其吊运时的强度。

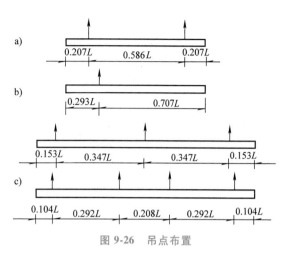

图 9-26　吊点布置

桩位定线时，应将所有的纵、横向位置固定牢固，如桩的轴线位于水中，应在岸上设置控制桩。打钢筋混凝土桩时，应采用与桩的断面尺寸相适应的桩帽。桩就位后如发现桩顶不平，应以麻袋等垫平。桩锤压住桩顶后，检查锤与桩的中心线是否一致，桩位、桩帽有无移动，桩的垂直度或倾斜度是否符合规定要求。

（三）沉桩施工工艺

预制桩沉桩有锤击沉桩法、振动沉桩法、射水沉桩法、静力压桩法等，常用沉桩施工工艺如图 9-27 所示。

1. 锤击沉桩法

锤击沉桩法是靠桩锤的冲击能量将桩打入土中，因此桩径不能太大（在一般土质中桩径不大于 0.6m），桩的入土深度也不宜太深（在一般土质中不超过 40m），否则打桩设备要求较高，打桩效率很差，一般适用于松散的中密砂土、黏性土。所用的基桩主要为预制的钢筋混凝土桩或预应力混凝土桩。锤击沉桩常用的设备是桩锤和桩架。此外，还有射水装置、桩帽和送桩等辅助设备。

（1）桩锤　常用的桩锤有坠锤、单动汽锤、双动汽锤、柴油锤等几种。坠锤是最简单的桩锤，它是由铸铁或其他材料做成的锥形或柱形重块，重 2~20kN，用绳索或钢丝绳通过吊钩由人力或卷扬机沿桩架导杆提升 1~2m，然后使锤自由落下锤击桩顶。此法打桩效率低，每分钟仅能打数次，但设备较简单，适用于小型工程中打木桩或小直径的钢筋混凝土预制桩。

单动汽锤、双动汽锤是利用蒸汽或压缩空气将桩锤在桩架内顶起、下落锤击基桩，单动汽锤锤重 10~100kN，每分钟冲击 20~40 次，冲程 1.5m 左右；双动汽锤锤重 3~10kN，每

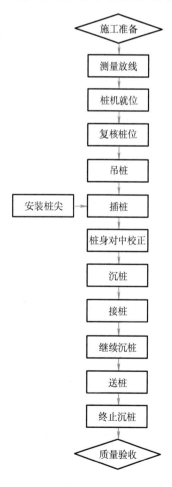

图 9-27　常用沉桩施工工艺

分钟冲击 100~300 次，冲程数百毫米，打桩效率高。单动汽锤适用于打钢桩和钢筋混凝土实心桩；双动汽锤冲击频率高，一次冲击动能较小，适用于打较轻的钢筋混凝土桩或钢板桩，它除了打桩外还可以拔桩。

柴油锤实际上是一个柴油汽缸，工作原理同柴油机，汽缸沿导向杆顶起，下落时锤击桩顶。导杆式柴油锤适用于打木桩、钢板桩；简式柴油锤适用于打钢筋混凝土管桩、钢管桩。柴油锤不适宜在过硬或过软的土中沉桩。另外，施工中还应考虑噪声问题，从能准确地获得桩的承载力看，锤击法是一种较为优秀的施工方法，但因噪声高而在市区内难以采用。防声罩可将整个柴油锤包裹起来，可达到防止噪声扩散和油烟发散的目的。

锤击沉桩施工时，应适当选择桩锤重量，桩锤过轻，桩难以打下，效率太低，还可能将桩头打坏，所以一般认为应重锤轻打；但桩锤过重，各机具、动力设备的投入较大，不经济。

（2）桩架　桩架的作用是吊装桩锤、插桩、打桩、控制桩锤的上下方向。桩架由导杆、起吊设备（滑轮、卷扬机、动力设备等）、撑架（支撑导杆）及底盘（用于承托上述设备）等组成。桩架在结构上必须有足够的强度、刚度和稳定性，保证在打桩过程中的动力作用下不会发生移动和变位。桩架的高度应保证桩吊立就位时的需要及锤击的必要冲程。

常用的桩架有木桩架和钢桩架，木桩架只适用于坠锤或小型的单动汽锤。柴油锤本身带有钢制桩架，由型钢制成。桩移动时可在底盘托板下面垫上辊筒，或用轮子和钢轨等组件利用动力装置牵引移动。

钢制万能打桩架的底盘带有转台和车轮（下面铺设钢轨），撑架可以调整导向杆的斜度，因此它能沿轨道移动，能在水平面作 360° 旋转，也能打斜桩，施工很方便，但桩架本身较笨重，拆装、运输较困难。

在水中的墩（台）桩基础，应先打好水中支架桩（小型的钢筋混凝土桩或木桩），再在上面搭设打桩工作平台。当水中墩（台）较多或河水较深时，也可在船上设置打桩架进行施工。

（3）射水装置　在锤击沉桩过程中，若下沉遇到困难，可用射水装置助沉，因为高压水流通过射水管冲刷桩尖或桩侧的土，可减小桩的下沉阻力，从而提高桩的下沉效率。图 9-28 所示的设置于管桩中的射水装置，高压水流由高压水泵提供。

（4）桩帽与送桩　桩帽的作用是直接承受锤击、保护桩顶，并保证锤击力作用于桩的断面中心。因此，要求桩帽构造坚固，桩帽尺寸与锤底、桩顶及导向杆相匹配，顶面与底面均平整且与中轴线垂直，还应设吊耳以便吊起。桩帽上部是由硬木制成的垫木，下部套在桩顶上，桩帽与桩顶间宜填麻袋或草垫等缓冲物。送桩构造如图 9-29 所示，可用硬木、钢或钢筋混凝土制成。当桩顶位于水下或地面以下，或打桩机位置较高时，可将一定长度的送桩套连在桩顶上，可使桩顶沉到设计标高。送桩长度应按实际需要确定，为施工方便，应多备几根不同长度的送桩。

（5）锤击沉桩施工要点及注意事项

1）桩帽与桩周围应有 5~10mm 间隙，以便锤击时桩在桩帽内可有微小的自由转动，避免桩身产生超过允许值的扭转应力。

2）打桩机的导向杆件应固定，以便施打时稳定桩身。

3）桩在导向杆件上不应钳制过紧，更不允许施打时导向杆件发生位移或转动，使桩身产生超过允许值的拉力或扭矩。

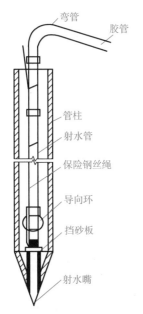

图 9-28　空心管桩中的射水装置

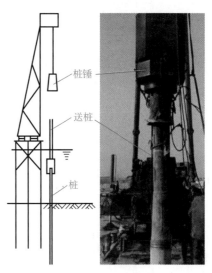

图 9-29　送桩构造

4）导向杆件的设置应使桩锤上、下活动自由。

5）在有条件的情况下，导向杆件宜有足够的长度，以便不再使用送桩。

6）钢筋混凝土桩或预应力混凝土桩的顶面，应附有适合桩帽大小的桩垫，其厚度视桩垫材料、桩长及桩尖所受抗力大小决定，桩垫因承受高压而碳化或破碎时，应及时更换。

7）如桩顶的面积比桩锤底面面积小，则应采用适当的桩帽将锤的冲击力均匀分布到整个顶面上。

沉桩施工常遇问题及预防与处理措施见表 9-18。

表 9-18　沉桩施工常遇问题及预防与处理措施

问　　题	产 生 原 因	一般预防与处理措施
桩顶破损	1. 桩顶部分混凝土质量差，强度低 2. 锤击偏心，即桩顶面与桩轴线不垂直，锤与桩面不垂直 3. 未安置桩帽或帽内无缓冲垫或缓冲垫失效但没有及时调换 4. 遇坚硬土层，或中途停歇后土质阻力增大，用重锤猛打	1. 加强桩的预制、装、运的管理，确保桩的质量要求 2. 施工中及时纠正桩位，使锤击力顺桩轴方向 3. 采用合适的桩帽，并及时调换缓冲垫 4. 正确选用合适的桩锤，且施工时每个桩要一气呵成
桩身破裂	1. 桩质量不符合设计要求 2. 吊装时吊点或支点不符合规定要求，悬臂过长或中跨过多 3. 打桩时，桩的自由长度过大，产生较大的纵向挠曲和振动 4. 锤击或振动能量过大	1. 加强桩的预制、装、运、卸的管理 2. 木桩可用镀锌钢丝捆绕加强 3. 混凝土桩的破裂位置位于水上部位时，用钢夹箍加螺栓拉紧后焊接补强加固；位于水中部位时，用套筒横板浇筑混凝土加固补强 4. 适当减小桩锤落距或降低锤击频率
桩身扭转或移位	桩尖制造不对称，或桩身有弯曲	用撬棍、慢锤低击纠正；偏心不大时可不处理
桩身倾斜或移位	1. 桩头不平，桩尖倾斜过大 2. 桩接头发生破坏 3. 一侧遇石块等障碍物，土层有较陡的倾角 4. 桩帽与桩身不在一条直线上	1. 偏差过大，应拔出后移位再打 2. 入土深小于 1m，偏差不大时，可利用木架顶正，再慢锤打入 3. 障碍物如不深时，可挖除回填后再继续沉桩

225

（续）

问　题	产　生　原　因	一般预防与处理措施
桩涌起	在较软土中施工或遇流砂	应选择涌起量较大的桩做静载试验,如合格可不再复打;如不合格,进行复打或重打
桩急剧下沉,有时同时发生倾斜或移位	1. 遇软土层、土洞 2. 接头破裂或桩尖劈裂 3. 桩身弯曲或有严重的横向裂缝 4. 落锤过高,接桩不垂直	1. 应暂停沉桩并查明原因,再决定处理措施 2. 如不能查明原因时,可将桩拔起,检查后重打,或在靠近原桩位进行补桩处理
桩贯入深度突然减小	1. 桩由软土层进入硬土层 2. 桩尖遇到石块等障碍物	1. 查明原因,不能硬打 2. 改用能量较大的桩锤 3. 配合射水沉桩
桩不易沉入或达不到设计标高	1. 遇障碍物、坚硬土夹层或砂夹层 2. 打桩间歇时间过长,摩阻力增大 3. 定错桩位	1. 遇障碍物或硬土层,用钻孔机钻透后再复打 2. 根据地质资料正确确定桩长,如确实已达要求标高时,可将桩头截除
桩身跳动,桩锤回弹	1. 桩尖遇障碍物如树根或坚硬土层 2. 接桩过长 3. 落锤过高 4. 冻土地区沉桩困难	1. 检查原因,穿过或避开障碍物 2. 如入土不深,应将桩拔起避开障碍物或换桩重打 3. 应先将冻土挖除或解冻后进行施工。如用电热解冻,应在切断电源后沉桩

2. 振动沉桩法

振动沉桩法是用振动打桩机（振动桩锤）将桩打入土中的施工方法。其原理是由振动打桩机使桩产生上下方向的振动,在清除桩与周围土层间摩擦力的同时使桩尖地基松动,从而使桩贯入或拔出,一般适用于砂土、硬塑及软塑的黏性土和中密及较软的碎石土。振动沉桩法的特点:不仅可有效地用于打桩,也可用于拔桩;虽然是振动沉桩,但噪声较小;在砂土中施工十分有效,但在硬地基中难以打进;施工速度快;不会损坏桩头;不用导向架也能打进;移位操作方便;需要的电源功率较大。采用振动沉桩法施工时,桩的断面较大和桩身较长的,桩锤重量应加大;随着地基的硬度加大,桩锤的重量也应增大;振动能量大,则桩的贯入速度也快。

振动沉桩施工要点及注意事项:

1) 振动时间的控制。每次振动时间应根据土质情况及振动能量,通过实地试验决定,一般不宜超过 10~15min。振动时间过短,对土的结构尚未彻底破坏;振动时间过长,则振动机的部分零件易磨损。在有射水配合的情况下,振动持续时间可以减短。当振动下沉速度由慢变快时,可以继续振动;由快变慢,如下沉速度小于 5cm/min 或桩头冒水时,即应停振。当振幅已经很大（一般不应超过 16mm）而桩不下沉时,则表示桩尖端土层坚实或桩的接头已振松,应停振继续射水,或另做处理。

2) 振动沉桩停振控制标准,应以通过试桩验证的桩尖标高控制为主,以最终贯入度或经可靠的振动承载力公式计算的承载力作为校核。如果桩尖已达设计标高而最终贯入度与计算承载力相差较大时,应查明原因,报有关单位研究后另行处理。

3) 当桩基础土层中含有大量卵石、碎石或破裂岩层,如采用高压射水振动沉桩难以下沉时,可将锥形桩尖改为开口桩靴,并在桩内用吸泥机配合吸泥施工。

4) 振动沉桩机、机座、桩帽应连接牢固,沉桩机和桩中心轴应尽量保持在同一直线上。

5) 开始沉桩时宜自重下沉或射水下沉,桩身有足够稳定性后再采用振动下沉。

3. 射水沉桩法

射水沉桩法是利用小孔喷嘴以 300~500kPa 的压力喷射水流，使桩尖和桩周围土松动的同时，桩受自重作用而下沉的施工方法。它极少单独使用，常与锤击沉桩法或振动沉桩法联合使用。当射水沉桩到距设计标高尚差 1~1.5m 时，停止射水，用锤击或振动恢复其承载力。这种施工方法对黏性土、砂土都适用，在细砂中特别有效。射水沉桩不会损坏较小尺寸的桩，施工时噪声和振动均较小。

射水沉桩施工注意事项：

1）射水沉桩前，应对射水设备与桩身的连接进行设计、组装和检验，符合要求后，方可进行射水施工。

2）水泵应尽量靠近桩位，以减少水头损失，确保有足够的水压和水量。采用桩外射水时，射水管应对称等距离地装在桩周围，并使其能沿着桩身上下移动，以便能在任何高度处冲刷土壁。为检查射水管嘴位置与桩长的关系和射水管的入土深度，应在射水管上自上而下标记尺寸。

3）沉桩过程中，不能任意停水，如因停水导致射水管或管桩被堵塞，可将射水管提起几十厘米，再用高压水冲刷疏通水管。

4）在细砂地层中采用射水沉桩时，应注意避免桩下沉过快造成射水嘴堵塞或扭坏。

5）射水管的进水管应设安全阀，以防射水管被堵塞时损坏水泵设备。

6）管桩下沉到位后，如设计需要以混凝土填芯时，应用吸泥等方法清除泥渣后，用水下混凝土填芯。在受到管外水压影响时，管桩内的水头必须保持高出管外水面 1.5m 以上。

4. 静力压桩法

静力压桩法是用液压千斤顶或桩头加重物以施加顶进力将桩压入土层中的施工方法。其特点为：施工时产生的噪声和振动较小；桩头不易损坏；桩在贯入时相当于给桩做静载试验，故可准确知道桩的承载力；不仅可用于竖直桩，也可用于斜桩和水平桩的施工；机械的拼装、移动等需要较多的时间。

5. 植桩法

植桩法又分为钻孔取土植桩法、高压旋喷（或深层搅拌）植桩法和中掘植桩法等类型。钻孔取土植桩法是利用钻孔设备成孔，将预制管桩用砂浆或细石混凝土埋入孔内。高压旋喷（或深层搅拌）植桩法是先用高压旋喷（或深层搅拌）法形成水泥土桩，在水泥土未凝固前，将管桩插入旋喷桩内。采用以上两种方法施工时，如有必要，可利用锤击、振动或静压等方法将桩下沉，使桩尖有效地进入较好的持力层，防止出现吊脚桩和桩底承载力不足的情况。中掘植桩法又称为桩中钻孔法，施工时在开口的预应力混凝土管桩、预应力高强度混凝土管桩或钢管桩的中空部位插入带有扩底功能的专用钻具，边钻孔边将桩埋入土中，为增加桩周摩阻力，可用水泥浆或其他固桩液填充桩周间隙。

二、钻孔灌注桩的施工

（一）一般规定

1）灌注桩施工前应具有工程地质和水文地质资料，对地质情况复杂地区的大直径嵌岩桩，宜适当增加地质钻孔数量。

灌注桩施工流程

2）施工前应制订专项施工方案。对工程地质、水文地质或技术条件特别复杂的灌注桩，宜在施工前进行工艺试桩，获得相应工艺参数后再正式施工。

3）钻孔灌注桩施工前应制订环境保护方案，施工过程中产生的泥浆应妥善处理，不得随意排放，污染环境。

4）邻近堤坝及其他水利、防洪设施进行灌注桩施工时，应符合相关部门的有关规定。

5）施工至一定深度但暂时不进行作业的桩孔，应对其孔口进行遮蔽防护，防止人、物坠入孔内。

6）相邻两桩孔不得同时成孔施工，应间隔交错进行作业。

（二）钻孔灌注桩施工流程

钻孔灌注桩施工应根据土质、桩径大小、入土深度和机具设备等条件选用适当的钻具和钻孔方法，以保证能顺利到达预计孔深；然后清孔、吊放钢筋笼、灌注水下混凝土。钻孔灌注桩施工工艺流程如图9-30所示。

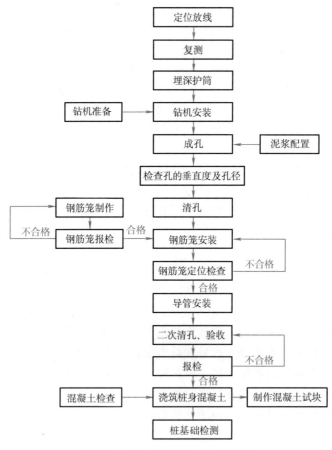

图9-30　钻孔灌注桩施工工艺流程

（三）准备工作

1. 场地准备

1）如图9-31所示，桩位位于旱地时，可在桩位处适当平整并填土压实，形成施工平台；位于浅水区时，宜采用筑岛法施工；位于深水区时，宜搭设钢制平台，当水位变动不大时，也可采用浮式施工平台，但在水流湍急或潮位涨落较大的水域，不应采用浮式平台。各类施工平台的平面面积大小，应满足钻孔成桩作业的需要；其顶面高程应高于桩施工期间可能的最高水位 1.0m 以上，在受波浪影响的水域，尚应考虑波高的影响。

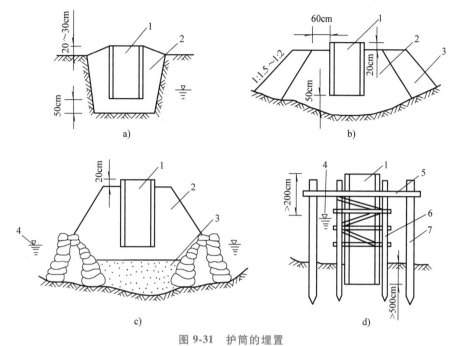

图 9-31　护筒的埋置

1—护筒　2—夯实黏土　3—砂土　4—施工水位　5—施工平台　6—导向架　7—脚手桩

2）钢制固定式施工平台应牢固、稳定，应能承受钻孔桩施工期间的全部静荷载和动荷载。平台应进行专项施工设计，并应符合下列规定：

① 对钢管桩施工平台，钢管桩的位置偏差宜在 300mm 以内，倾斜度宜在 1% 以内；平台的顶面应平整，各连续处应牢固。

② 利用双壁钢围堰或钢套箱等作为钻孔桩的施工平台时，其施工应符合承台施工的相关规定；利用钢护筒搭设钻孔施工平台时，除应对钢护筒的受力情况进行验算外，尚应保持其位置准确，相互连接稳定，倾斜度不超过允许偏差；采用冲击钻成孔时，钢护筒不宜兼作施工平台。

③ 平台位于有冲刷作用的河流或水域，当有超过设计冲刷深度的风险时，应采取必要的措施对其基础进行冲刷防护；位于有流冰、漂浮物的河段时，应设置临时防撞设施，保证平台在施工期间的稳定性。

④ 在通航水域中搭设的平台，除应有临时防撞设施外，还应设置明显的通航标志。水中施工平台均应配备水上救生设施。

3）组成浮式平台的船舶大小宜根据水流情况、平台尺寸及作用荷载等因素确定，所有船舶均应在四个方向抛锚定位，并应在钻孔桩施工期间每天进行监测，以控制其位置的准确性。

2. 埋置护筒

护筒的作用是固定钻孔位置；开始钻孔时对钻头起导向作用；保护孔口，防止孔口土层坍塌；隔离孔内、孔外表层水，并保持钻孔内水位高出施工水位，以便产生足够的静水压力稳固孔壁。护筒制作要求坚固、耐用、不易变形、不漏水、装卸方便和能重复使用。护筒的埋置应符合下列规定：

1）护筒宜采用钢板卷制。在陆上或浅水区筑岛处的护筒，其内径应大于桩径至少200mm，壁厚应能使护筒保持圆筒状且不变形；在水中以机械沉设的护筒，其内径和壁厚的大小，应根据护筒的平面形状、垂直度偏差要求及长度等因素确定，并应在护筒的顶、底口处采取适当的加强措施，保证其在沉设过程中不变形；对参与结构受力的护筒，其内径、壁厚及长度应符合设计的规定。

2）护筒在埋设定位时，除设计另有规定外，护筒中心与桩中心的平面位置偏差应不大于50mm，护筒在竖直方向的倾斜度应不大于1%；对深水基础中的护筒，在竖直方向的倾斜度宜不大于1/150；平面位置的偏差可适当放宽，但应不大于80mm。在旱地和筑岛处设置护筒时，可采用挖坑埋设法实测定位，如图9-31a、b、c所示，且护筒的底部和外侧四周应采用黏质土回填并分层夯实，使护筒底口处不致漏失泥浆；在水中沉设护筒时，宜采用导向架定位，并应采取有效措施保证其平面位置、倾斜度符合要求。护筒接长连接处的焊接质量应得到保证，焊接连接处的内壁应无突出物，且应耐拉、压，不漏水。

3）护筒顶宜高于地面0.3m或水面1.0~2.0m，同时应高于桩顶设计高程1m。在有潮汐影响的水域，护筒顶应高出施工期最高潮汐水位1.5~2.0m，并应在施工期间采取稳定孔内水头的措施；当桩孔内有承压水时，护筒顶应高于稳定后的承压水位2.0m以上。

4）护筒的埋置深度在旱地或筑岛处宜为2~4m，在水中或特殊情况下应根据设计要求或桩位的水文、地质情况经计算确定。对有冲刷影响的河床，护筒宜沉入施工期局部冲刷线以下1.0~1.5m，且宜采取防止河床在施工期过度冲刷的防护措施。

5）永久钢护筒的制作、运输和沉入应符合《公路桥涵施工技术规范》（JTG/T 3650—2020）中对钢管桩的相关规定。

3. 钻孔泥浆制备、使用与处理

泥浆在钻孔过程中的作用是：在孔内产生较大的静水压力，可防止坍孔；泥浆向孔外土层渗漏，在钻进过程中，由于钻头的活动，孔壁表面形成一层胶泥，具有护壁作用；同时，将孔内外的水流切断，能稳定孔内水位；泥浆比重大，具有挟带钻渣的作用，利于钻渣的排出。钻孔泥浆应符合下列规定：

1）泥浆的配合比和配制方法宜通过试验确定，其性能应与钻孔方法、土层情况相适应。当缺乏泥浆的性能指标参数时，可按表9-19选用。泥浆各种性能指标的测定方法应符合《公路桥涵施工技术规范》（JTG/T 3650—2020）的规定。

表 9-19　泥浆性能指标

钻孔方法	地层情况	泥浆性能指标							
		相对密度	黏度/(Pa·s)	含砂率/(%)	胶体率/(%)	失水率/(mL/30min)	泥皮厚度/(mm/30min)	静切力/Pa	酸碱度pH
正循环	一般地层	1.05~1.20	16~22	9~4	≥96	≤25	≤2	1.0~2.5	8~10
	易坍塌地层	1.20~1.45	19~28	9~4	≥96	≤15	≤2	3.0~5.0	8~10
反循环	一般地层	1.02~1.06	16~20	≤4	≥95	≤20	≤3	1.0~2.5	8~10
	易坍塌地层	1.06~1.10	18~28	≤4	≥95	≤20	≤3	1.0~2.5	8~10
	卵石土	1.10~1.15	20~35	≤4	≥95	≤20	≤3	1.0~2.5	8~10
旋挖	一般地层	1.02~1.10	18~22	≤4	≥95	≤20	≤3	1.0~2.5	8~11
冲击	易坍塌地层	1.20~1.40	22~30	≤4	≥95	≤20	≤3	3.0~5.0	8~11

注：1. 地下水位较高或其流速较大时，指标取高限，反之取低限。

2. 地质状态较好，孔径或孔深较小的取低限，反之取高限。

2）钻孔过程中，应随时对孔内泥浆的性能进行检测，不符合要求时应及时调整。

3）钻孔泥浆宜进行循环处理后重复使用，以减小排放量。对重要工程的钻孔桩施工，宜采用泥沙分离器进行泥浆的循环利用。

4）施工完成后废弃的泥浆应采取先集中沉淀后再处理的措施，严禁随意排放，污染环境。

4. 机具选择与安装

钻机的选型宜根据孔径、孔深、桩位处的水文和地质情况、施工环境条件等因素综合确定，所选用的钻机及钻孔方法应能满足施工质量和施工安全的要求。

钻机按其成孔原理可分为冲击（抓）式、回旋式、复合式等类型。冲击（抓）式钻机靠钻具的垂直往复运动，使钻头冲击井底以破碎岩层，冲击式钻机成孔如图 9-32 所示，其结构简单，没有循环洗井系统，岩屑的清除与钻机不能同时进行，因而功效较低。冲抓式钻机成孔如图 9-33 所示。回旋式钻机依靠钻具的旋转运动破碎岩层而成孔，潜孔回转钻机成孔、旋挖钻机成孔、锥钻钻机成孔、全叶式螺旋钻机成孔分别如图 9-34～图 9-37 所示。复合

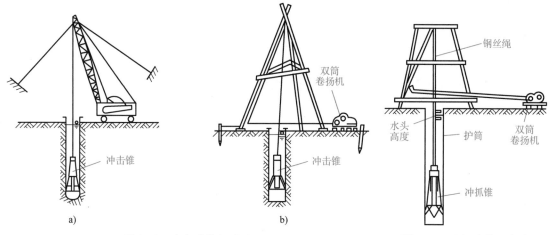

a)   b)

图 9-32 冲击式钻机成孔   图 9-33 冲抓式钻机成孔

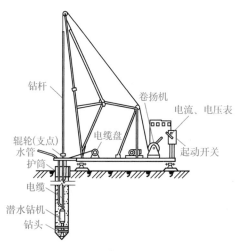

图 9-34 潜孔回转钻机成孔

图 9-35 旋挖钻机成孔

231

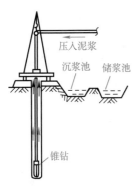

图 9-36　锥钻钻机成孔（正循环）

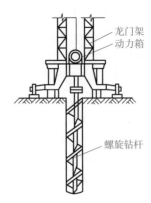

图 9-37　全叶式螺旋钻机成孔

式钻机有两种：一种是冲击与回旋作用相结合钻进的钻机，如风动潜孔锤钻机；另一种是在转盘回旋式钻机的基础上增设冲击机构，平时施工以回旋钻进为主，当遇到卵石层时用冲击钻施工。

钻架是钻孔、吊放钢筋笼、灌注混凝土的支架，定型旋挖钻机和冲击式钻机一般附有定型钻架，其他还有木制的和钢制的四脚架、三脚架或人字扒杆。

在钻孔过程中，成孔中心必须对准桩位中心，钻机（架）必须保持平稳，不发生位移、倾斜和沉陷。钻机（架）安装就位时，应详细测量，底座应用枕木垫实塞紧，顶端应用缆风绳固定平稳，并在钻进过程中经常检查。

（四）钻孔

1. 钻孔方法

（1）冲击钻进成孔　如图 9-32 所示，利用钻锥（重为 10~35kN）不断地提锥、落锥，反复冲击孔底土层，把土层中的泥沙、石块挤向四壁或打成碎渣（钻渣），钻渣悬浮于泥浆中，利用掏渣筒取出，重复上述过程完成成孔。主要采用的机具有定型冲击式钻机（包括钻架、动力装置、起重装置等）、冲击钻头、转向装置和掏渣筒等，也可用 30~50kN 的带离合器的卷扬机配合钢（木）钻架及动力装置组成简易冲击式钻机，如图 9-32b 所示。冲击钻进成孔适用于含有漂（卵）石、大块石的土层及岩层，也能用于其他土层，成孔深度一般不宜大于 50m。

（2）冲抓钻进成孔　此法是利用冲抓锥张开的锥瓣向下冲击切入土石中，收紧锥瓣将土石抓入锥中，提升出孔外卸去土石，然后再向孔内冲击抓土，如此循环钻进完成成孔。施工时，泥浆仅起护壁作用，当土层较好时，可不用泥浆，而用水头护壁。冲抓钻进成孔适用于较松软或紧密的黏性土、砂土及夹有碎卵石的砂砾土层，成孔深度一般小于 30m。如图 9-33 所示，用冲抓锥钻进时，应以小冲程开孔，待锥具全部进入护筒后，再松锥进行正常冲抓。提锥应缓慢，冲击高度一般为 1.0~2.5m。

（3）回旋钻进成孔　由于回旋钻进成孔的施工方法受到机具和动力的限制，适用于较细、较软的土层，如各种塑性状态的黏性土、砂土、夹少量粒径小于 100~200mm 的砂卵石的土层，在软岩中也可使用，这种钻孔方法的作业深度可达 100m 以上。回旋钻进成孔包括普通回旋钻机成孔法、人工机动推钻与全叶式螺旋钻机成孔法和潜水钻机钻孔法。

1）普通回旋钻机成孔法（正、反循环回转钻）利用钻具的旋转切削体钻进，并在钻进的同时采用循环泥浆护壁、排渣，完成钻进成孔。回旋钻机成孔按泥浆循环的程序有正、反循环回转之分。泥浆以高压通过空心钻杆，从底部射出，随着泥浆上升而溢出流至井外沉浆池，待沉淀净化后再循环使用的方式，称为正循环，如图 9-36 所示；泥浆由钻杆外流入井孔，旧泥浆由钻杆吸走的方式，称为反循环。反循环钻机的钻进及排渣效率较高，但在接长钻杆时的装卸较麻烦，如钻渣粒径超过钻杆内径时（一般为 120mm）易堵塞管路。

钻孔灌注桩
泥浆循环

2）全叶式螺旋钻机钻孔时利用电动机带动钻杆转动，使钻头螺旋叶片旋转削土成孔，土块随叶片上升排出孔外，一般孔深为 8～12m，钻进速度较慢，遇大卵石、漂石土层不易钻进，如图 9-37 所示。

3）潜水钻机钻孔法利用密封的电动机、变速机构带动钻头在水中旋转削土，并在端部喷出高速水流冲刷土体，以水力排渣。采用普通回旋钻机成孔法的正循环方式压入泥浆，钻渣随泥浆上升溢出井口；如此连续钻进、排土而成孔，如图 9-34 所示。

（4）旋挖钻进成孔　旋挖钻进成孔是以钻机带动钻头，以一定的旋转频率在一定深度范围内反复旋挖，依靠不同钻头掏出钻渣，常用钻头有螺旋钻头、筒式取芯钻头、旋挖斗（锥式）钻头等。

2. 钻孔施工要求

钻孔施工应符合下列规定：

1）钻机就位前，应对钻孔的各项准备工作进行检查；钻机安装后，其底座和顶端应平稳。不论采用何种方法钻孔，开孔的孔位必须准确；开钻时应慢速钻进，待导向部位或钻头全部进入地层后，方可正常钻进。钻机在钻进施工时不应产生位移或沉陷，否则应及时处理。分级扩孔钻进施工时应保持桩轴线一致。

2）采用正、反循环回旋钻机（含潜水钻）钻孔时，宜根据成孔的不同阶段、不同地层及岩层坡面等情况，采取不同的钻进工艺。减压钻进时，钻机的主吊钩始终应承受部分钻具的重力，孔底承受的钻压应不超过钻具重力之和（扣除浮力）的 80%。

3）采用冲击钻机冲击成孔时，应小冲程开孔，并应使初成孔的孔壁坚实、竖直、圆顺，以起到导向的作用。待钻进深度超过钻头全高加冲程距离后，方可进行正常的冲击。冲击钻进过程中，应采取有效措施防止坍孔；掏取钻渣和停钻时，应及时向孔内补浆，以保持水头高度。

4）采用全护筒法钻进时，钻机应安装平正，压进的首节护筒应竖直。钻孔开始后应随时检测护筒的水平位置和垂直度，如发现偏移超出允许范围，应将护筒拔出，调整后重新压入钻进。

5）采用旋挖钻进成孔时，应根据不同的地质条件选用相应的钻头。钻进过程中应采取有效措施严格控制钻进速度，避免进尺过快造成坍孔埋钻事故。钻头的升降速度宜控制在 0.75～0.80m/s；在粉砂层或亚砂土层中，升降速度应更加缓慢。泥浆初次注入时，应垂直向桩孔中间进行注浆。

6）在钻孔排渣、提钻头除土或因故停钻时，应保持孔内具有规定的水位及要求的泥浆稠度。处理孔内事故或因故停钻时，必须将钻头提出孔外。

3. 钻孔注意事项

在钻孔过程中应防止出现坍孔、孔形扭歪或倾斜、钻孔漏水、钻杆折断，甚至把钻头埋住或掉进孔内等事故，因此钻孔时应注意下列事项：

1）在钻孔过程中，始终要保持孔内外的水位差和泥浆稠度，以起到护壁、固壁作用，防止坍孔。若发现有漏水（漏浆）现象，应查找原因及时处理。如是护筒本身漏水或因护筒埋置太浅而发生漏水，应堵塞漏洞或用黏土在护壁周围夯实加固，或重埋护筒；若因孔壁土质松散，泥浆加固孔壁作用较差导致漏水，应在孔内重新回填黏土，待沉淀后再钻进，以加强泥浆护壁。

2）在钻孔过程中，应根据土质等情况控制钻进速度、调整泥浆稠度，以防止出现坍孔及钻孔偏斜、卡钻和旋挖钻机负荷超载等情况。

3）钻孔宜一气呵成，不宜中途停钻以避免坍孔，若坍孔严重应回填重钻。

4）钻孔过程中应加强对桩位、成孔情况的检查工作。终孔时应对桩位、孔径、孔形、孔深、倾斜度及孔底土质等情况进行检验，合格后立即清孔、吊放钢筋笼，灌注混凝土。

4. 钻孔中常见的施工事故及预防与处理措施

钻孔中常见的施工事故及预防与处理措施见表9-20。

表 9-20 钻孔中常见的施工事故及预防与处理措施

事故种类	原因分析	预防与处理措施
坍孔	1. 护筒埋置太浅，周围封填不密实而漏水 2. 操作不当，如提升钻头、冲抓锥或掏渣筒倾倒，或放钢筋笼时碰撞孔壁 3. 泥浆稠度较小，起不到护壁作用 4. 泥浆水位高度不够，对孔壁压力较小 5. 向孔内加水时流速过大，直接冲刷孔壁 6. 在松软砂层中钻进，进尺太快	1. 孔口坍塌时，可拆除护筒，回填钻孔并重新埋设护筒后再钻 2. 对于轻度坍孔，可加大泥浆稠度和提高水位 3. 对于严重坍孔，可投入黏土泥膏，待孔壁稳定后采用低速钻进 4. 汛期或潮汐地区水位变化过大时，应采取升高护筒、增加水头或采用虹吸管等措施保证水头相对稳定 5. 提升钻头、放钢筋笼时应保持垂直，尽量不要碰撞孔壁 6. 在松软砂层钻进时，应控制进尺速度，且用较好的泥浆护壁 7. 坍塌情况不严重时，可回填至坍孔位置以上1~2m，加大泥浆稠度继续钻进 8. 遇流砂及坍孔情况严重时，可用砂夹黏土或小砾石夹黏土，甚至是块（片）石加水泥回填，再行钻进
钻孔偏斜	1. 桩架不稳，钻杆导架不垂直，钻机磨耗，部件松动 2. 土层软硬不匀，致使钻头受力不匀 3. 钻进过程中遇有较大孤石或探头石 4. 扩孔较大处，钻头摆偏向一方 5. 钻杆弯曲，接头不正	1. 将桩架重新安装牢固，并对导架进行水平和垂直校正，检修钻孔设备 2. 偏斜过大时，填入石子、黏土，重新钻进，注意控制钻速，要慢速提升、下降，反复扫孔纠正 3. 如有探头石，宜用钻机钻透，采用冲击钻进成孔时用低锤密击，把石打碎；基岩倾斜时，可用混凝土填平，待凝固后再钻
卡钻	1. 孔内出现梅花孔、探头石、缩孔等未及时处理 2. 钻头被坍孔落下的石块或误落入孔内的大工具卡住 3. 入孔较深的钢护筒发生倾斜或下端被钻头撞击严重变形 4. 钻头尺寸不统一，焊补的钻头过大 5. 下钻头太猛，或吊绳太长，使钻头发生倾斜卡在孔壁上	1. 对于向下能活动的上卡可用上下提击法进行处理，即上下提动钻头，并配以钢丝绳左右拨移、旋转 2. 上卡时还可用小钻头冲击法进行处理 3. 对于下卡和不能活动的上卡，可采用强提法进行处理，除用钻机上的卷扬机提拉外，还可采用滑车组、杠杆、千斤顶等设备强提
掉钻	1. 卡钻时强提强拉、操作不当，使钢丝绳或钻杆断裂 2. 钻杆接头不良或滑丝 3. 电动机接线错误，使不应反转的钻机反转，钻杆松脱	1. 卡钻时应设保护绳后才准强提，严防钻头空打 2. 经常检查钻具、钻杆、钢丝绳和连接装置 3. 掉钻后可采用打捞叉、打捞钩、打捞活套、偏钩和钻锥平钩等工具打捞

（续）

事故种类	原因分析	预防与处理措施
扩孔及缩孔	1. 扩孔是因孔壁坍塌造成的结果 2. 缩孔原因有三种：钻锥补焊不及时；磨耗后的钻锥直径缩小；地层中有软塑土，遇水膨胀后使孔径缩小	1. 如扩孔不影响进尺，可不必处理；如影响钻进，则按坍孔事故处理 2. 对缩孔可采用上下反复扫孔的方法来扩大孔径

（五）清孔及吊装钢筋笼

清孔的目的是除去孔底沉淀的钻渣和泥浆，以保证灌注的钢筋混凝土质量，保证桩的承载力。

1. 常用清孔方法

（1）抽浆清孔　该法是用空气吸泥机吸出含钻渣的泥浆，由风管将压缩空气输进排泥管，使泥浆形成密度较小的泥浆－空气混合物，在水柱压力下沿排泥管向外排出泥浆和孔底沉渣；同时，用水泵向孔内注水，保持水位不变直至喷出清水或沉渣厚度达到设计要求为止。此法清孔较彻底，适用于孔壁不易坍塌的各种钻孔方法的端承桩和摩擦桩，一般用反循环钻机、空气吸泥泵（图9-38）、水力吸泥机或真空吸泥泵（图9-39）等进行施工。

（2）掏渣清孔　该法是用抽渣筒、大锅锥或冲抓锥清掏孔底的粗钻渣，仅适用于机动推钻、冲击钻进成孔、冲抓钻进成孔的各类土层摩擦桩的初步清孔。掏渣前可先投入水泥1~2袋，再以钻锥冲击数次，使孔内泥浆、钻渣和水泥形成混合物，然后用掏渣工具掏渣。当要求清孔质量较高时，可使用高压水管插入孔底射水，使泥浆相对密度逐渐降低。

（3）换浆清孔　该法适用于正循环钻孔的摩擦桩，钻孔完成后，提升钻锥距孔底10~20cm，继续循环，以相对密度较低（1.1~1.2）的泥浆压入，把钻孔内的悬浮钻渣和相对密度较大的泥浆换出。

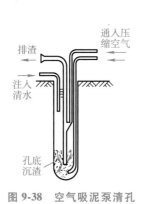

图 9-38　空气吸泥泵清孔

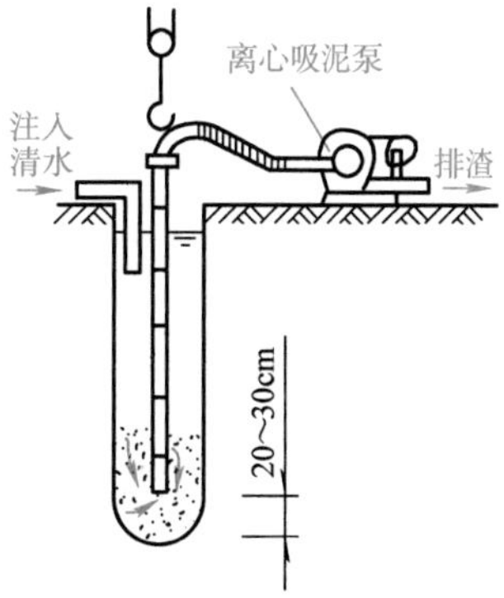

图 9-39　真空吸泥泵清孔

（4）喷射清孔　该法只宜配合其他清孔方法使用，是在灌注混凝土前对孔底进行高压射水或射风数分钟，使剩余少量沉淀物飘浮后，立即灌注水下混凝土。

2. 清孔要求

清孔应符合下列规定：

1）钻孔深度达到设计高程后，应对孔径、孔深和孔的倾斜度进行检验，符合要求后方可清孔。

2）清孔方法应根据设计要求、钻孔方法、机具设备条件和地层情况决定。不论采用何种清孔方法，在清孔排渣时，必须保持孔内水头，防止坍孔。

3）清孔后，泥浆的相对密度宜控制在1.03~1.10，对冲击成孔的桩可适当提高，但以不超过1.15为宜，黏度宜为17~20Pa·s，含砂率宜小于2%，胶体率宜大于98%。孔底沉淀厚度应不大于设计的规定；设计未规定时，对桩径小于或等于1.5m的摩擦桩宜不大于200mm，对桩径大于1.5m或桩长大于40m以及土质较差的摩擦桩宜不大于300mm，对端承桩不宜大于50mm。

4）在吊入钢筋笼后、灌注水下混凝土之前，应再次检查孔内泥浆的性能指标和孔底沉淀厚度，如超过上述3）的规定，应进行第二次清孔，符合要求后方可灌注水下混凝土。

5）不得采用加深钻孔深度的方式代替清孔。

3. 钢筋笼制作、运输与安装

钻孔桩的钢筋应按设计要求预先焊成钢筋笼，整体或分段就位，吊入钻孔。钢筋笼吊放前应检查孔底深度是否符合设计要求；孔壁有无妨碍钢筋笼吊放和正确就位的情况。钢筋笼吊装可利用钻架或另立扒杆进行。吊放时应避免钢筋笼碰撞孔壁，并保证钢筋笼外混凝土保护层厚度，应随时校正钢筋笼位置。钢筋笼达到设计标高后，将钢筋笼牢固定位于孔口，立即灌注混凝土。

灌注桩钢筋笼的制作、运输与安装应符合下列规定：

1）制作时应采取必要措施，保证钢筋笼的刚度，主筋的接头应错开布置。大直径长桩的钢筋笼宜在胎架上分段制作，且宜编号，安装时应按编号顺序连接。

2）应在钢筋笼外侧设置控制混凝土保护层厚度的垫块，垫块的间距在竖向应不大于2m，在横向圆周应不少于4处。

3）钢筋笼在运输过程中，应采取适当的措施防止其变形。

4）钢筋笼在安装时，其顶端应设置吊环。

安装钢筋笼时，不得直接将钢筋笼支撑在孔底，应将其吊挂在孔口的钢护筒上，或在孔口地面上设置扩大受力面积的装置进行吊挂，且不应采用钢丝绳或其他容易变形的材料进行吊挂。安装时应采取有效的定位措施，减小钢筋笼中心与桩中心的偏位，使钢筋笼的混凝土保护层满足要求。

钻（挖）孔灌注桩、地下连续墙钢筋安装实测项目见表9-21。钢筋外观应无裂皮、油污、颗粒状或片状锈蚀及焊渣、烧伤，绑扎或焊接的钢筋网和钢筋笼不得松脱和开焊。焊接接头、连接套筒不得出现裂纹。

表9-21　钻（挖）孔灌注桩、地下连续墙钢筋安装实测项目

项次	检查项目	规定值或允许偏差	检查方法和检查频率
1	主筋间距/mm	±10	尺量：每段测2个断面
2	箍筋或螺旋筋间距/mm	±20	尺量：每段测10个断面
3	钢筋笼外径或厚度、宽度/mm	±10	尺量：每段测2个断面
4	钢筋笼长度/mm	±100	尺量：每段测2个断面
5	钢筋笼长度方向底端高程/mm	±50	水准仪测顶端高程，以钢筋笼长度计算
6	保护层厚度/mm	−10，+20	尺量：测每段钢筋笼外侧的定位块处

（六）灌注水下混凝土

1. 灌注方法及器具

应按水下混凝土灌注数量和灌注速度的要求配齐施工机具设备，设备的能力应能满足桩孔在规定时间内灌注完毕的要求，且应保证其完好率，对主要设备应有备件。

水下混凝土宜采用导管法灌注，导管内径宜为 200~350mm。导管使用前应进行水密承压和接头抗拉试验，严禁采用压气试压。进行水密试验的水压应不小于孔内水深 1.3 倍的压力，同时应不小于导管壁和焊缝可能承受灌注混凝土时最大内压力 p 的 1.3 倍，p 可按下式计算：

$$p = \gamma_c h_c - \gamma_w H_w \tag{9-44}$$

式中　p——导管可能受到的最大内压力（kPa）；

γ_c——混凝土拌合物的重度（kN/m³）；

h_c——导管内混凝土柱最大高度（m），以导管全长或预计的最大高度计；

γ_w——桩孔内水或泥浆的重度（kN/m³）；

H_w——桩孔内水或泥浆的深度（m）。

导管法灌注水下混凝土的施工过程如图 9-40 所示，将导管居中插入到离孔底 0.30~0.40m 处（不能插入孔底沉积的泥浆中），导管上口接漏斗，在接口处设隔水栓，以隔绝混凝土与导管内水的接触。在漏斗中储备足够数量的混凝土后，放开隔水栓，储备的混凝土连同隔水栓向孔底猛落，这时孔内水位骤涨外溢，说明混凝土已灌入孔内。当落下有足够数量的混凝土时，将导管内的水全部压出，并使导管下口埋入孔内混凝土内 1m 以上，保

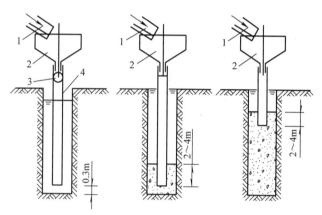

图 9-40　导管法灌注水下混凝土的施工过程
1—混凝土储料槽　2—漏斗　3—隔水栓　4—导管

证钻孔内的水不可能重新流入导管。随着混凝土不断通过漏斗、导管灌入钻孔，钻孔内初期灌注的混凝土及其上面的水或泥浆不断被顶托升高，相应地不断提升导管和拆除导管，这时应保持导管的埋入深度为 2~4m，最大不宜大于 4m，拆除导管时间不超过 15min，直至钻孔灌注混凝土完毕。

导管一般是内径 0.20~0.40m 的钢管，壁厚 3~4mm，每节长度为 1~2m，最下面一节导管应较长，一般为 3~4m。导管两端用法兰盘及螺栓连接，并垫橡胶圈以保证接头不漏水，导管内壁应光滑，内径大小应一致，连接应牢固，在压力下不漏水。

隔水栓常用直径小于导管内径 20~30mm 的木球、混凝土球、沙袋等，以粗钢丝悬挂在导管上口或近水面处，要求能在管内滑动自如不卡管。也有在漏斗与导管接头处设置活门或铁抽板等来代替隔水栓的。

2. 对混凝土的要求

1）水下混凝土的配制应符合下列规定：水泥可采用火山灰质硅酸盐水泥、粉煤灰硅酸盐水泥、普通硅酸盐水泥或硅酸盐水泥，采用矿渣硅酸盐水泥时应采取防离析的措施。粗集

料宜选用卵石；如采用碎石，宜适当增加混凝土配合比中的含砂率。粗集料的最大粒径应不大于导管内径的 1/8~1/6 和钢筋最小净距的 1/4，同时应不大于 37.5mm；细集料宜采用级配良好的中砂。

2）混凝土的配合比，可在保证水下混凝土顺利灌注的条件下，按《公路桥涵施工技术规范》（JTG/T 3650—2020）的有关规定计算确定。掺用外加剂、粉煤灰等材料，其技术条件及掺量应符合《公路桥涵施工技术规范》（JTG/T 3650—2020）的规定。混凝土的初凝时间应根据气温、运距及灌注时间等因素确定，并满足现场使用要求。混凝土可经试验掺配适量的缓凝剂。

3）混凝土拌合物应具有良好的和易性，灌注时应能保持足够的流动性，坍落度宜为 160~220mm，且应充分考虑气温、运距及施工时间的影响导致的坍落度损失。

3. 水下混凝土灌注

灌注水下混凝土应符合下列规定：

1）水下混凝土的灌注时间不得超过首批混凝土的初凝时间。

2）混凝土运至灌注地点时，应检查其均匀性和坍落度等，不符合要求时不得使用。

3）首批灌注混凝土的数量应能满足导管首次埋置深度 1.0m 以上的需要，所需混凝土数量可按式（9-45）和图 9-41 计算。

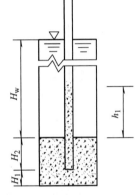

图 9-41 首批灌注混凝土的数量计算

$$V = \frac{\pi D^2}{4}(H_1 - H_2) + \frac{\pi d^2}{4}h_1 \tag{9-45}$$

$$h_1 = H_w \gamma_w / \gamma_c \tag{9-46}$$

式中 V——灌注首批混凝土所需数量（m^3）；

     D——桩孔直径（m）；

     H_1——桩孔底至导管底端间距，一般为 0.4m；

     H_2——导管初次埋置深度（m）；

     d——导管内径（m）；

     h_1——桩孔内混凝土达到埋深 H_2 时，导管内混凝土柱平衡导管外（或泥浆）压力所需的高度（m）；

     H_w——桩内水或泥浆的深度（m）；

     γ_w——桩内水或泥浆的重度（kN/m^3）；

     γ_c——混凝土拌合物的重度（kN/m^3）。

4）首批混凝土入孔后，应连续灌注，不得中断。

5）在灌注过程中，应保持孔内的水头高度。导管的埋置深度宜控制在 2~6m，并应随时测探桩孔内混凝土面的位置，及时调整导管埋深；在确保能将导管顺利提升的前提下，方可根据现场的实际情况适当放宽导管的埋深，但最大埋深应不超过 9m。应将桩孔内溢出的水或泥浆引流至适当地点处理，不得随意排放。

6）灌注时应采取措施防止钢筋笼上浮。当灌注的混凝土顶面距钢筋笼底部以下 1m 左右时，宜降低灌注速度；混凝土顶面上升到钢筋笼底部 4m 以上时，宜提升导管，使其底口高于钢筋笼底部 2m 以上后再恢复正常灌注速度。

7）对变截面桩，应在灌注过程中采取措施，保证变截面处的水下混凝土灌注密实。

8）采用全护筒钻机施工的桩在灌注水下混凝土时，护筒应随导管的提升逐步上拔，上拔过程中除应保证导管的埋置深度外，同时应使护筒底口始终保持在混凝土面以下。施工时应边灌注、边排水，并应保持护筒内的水位稳定。

9）混凝土灌注至桩顶部位时，应采取措施保持导管内的混凝土压力，避免桩顶泥浆因密度过大而产生泥团或桩顶混凝土不密实、松散；在灌注要结束时，应核对混凝土的灌入数量，确定所测混凝土的灌注高度是否正确。灌注桩桩顶高程应比设计高程高出不小于 0.5m，当存在地质条件较差、孔内泥浆密度过大、桩径较大等情况时，应适当提高其超灌的高度；超灌的多余部分在承台施工前或接桩前应凿除，凿除后的桩头应密实、无松散层，混凝土应达到设计规定的强度等级。

10）灌注过程因故停歇时，应尽快查明原因，确定合适的处置方案进行处理。

（七）桩底压浆施工

1）桩底压浆施工应符合下列规定：

① 桩身混凝土灌注后应及时采用高压水冲洗压浆管，注意打开压浆阀疏通压浆通道。

② 压浆作业应在桩身混凝土达到设计强度的 75%，且桩身的无损检测合格后方可进行。正式压浆前，宜选取至少一根桩做压浆工艺试验，获得相关的经验参数后再进行大面积施工。

③ 对群桩基础的桩实施压浆作业时，宜按先周边、后中间的顺序，且宜按对称、间隔的原则依次进行。

④ 采取桩底和桩侧组合方式压浆时，应按先桩侧、后桩底的顺序进行。在桩的多个断面实施桩侧压浆时，应按先上、后下的顺序进行。

⑤ 在压浆施工的影响范围内，不得同时进行其他灌注桩的施工作业。压浆作业与其他灌注桩作业点的距离宜不小于 10m 或 10 倍桩径。

⑥ 拌制浆液时，应先加水，然后加入外加剂，混合均匀后再加入水泥进行充分搅拌。浆液搅拌的时间应不少于 3min，拌制好的浆液应具有良好的流动性，不离析、不沉淀。

⑦ 压浆时，宜遵循"细流慢注"的原则，最大压浆流量宜不超过 100L/min。同一根桩中的全部压浆管宜同时均匀压入水泥浆，并应随时监测桩顶的位移和桩周土层的变化情况。

⑧ 桩底压浆时，对同一根桩的压浆宜分 3 次进行，且宜依次按 40%、40%、20% 的压浆量循环等量压入。

⑨ 采用 U 形管法压浆时，每次循环压浆完成后，应立即采用清水将压浆软管清洗干净，再关闭阀门；压浆停顿时间超过 30min 的，应对管路进行清洗。压浆完成后，应在阀门关闭 40min 后，方可拆卸阀门。

⑩ 对多根桩进行压浆时，各桩压浆的间隔时间宜不少于 2h。

⑪ 压浆作业时，实际的压浆压力应小于控制压力。

⑫ 桩底压浆施工应记录压浆的起止时间、压浆量、压浆流量、压浆压力及桩的上抬量等参数。

2）桩底压浆施工控制应符合下列规定：

① 宜采用压浆量与压浆压力的双控模式，以压浆量控制为主，压浆压力控制为辅。

② 压浆量和压浆压力均应按单个回路或单个管路分别控制。

239

③ 符合下列条件之一时，可终止压浆：压浆量满足设计要求，同时压浆的平均压力达到设计要求的终止压力并持荷 5min；压浆量满足设计要求，但压浆的平均压力未达到设计要求的终止压力，在大于或等于 0.8 倍设计要求的终止压力的情况下，增加压浆量至 120% 后；压浆量满足设计要求，但压浆的平均压力未达到设计要求的终止压力，在小于 0.8 倍的设计要求终止压力的情况下，增加压浆量至 150% 后；压浆的平均压力大于设计要求的终止压力，当压浆总量大于设计要求的 80% 时。

④ 当一根桩中某一压浆管的压浆量达不到设计要求，而压力值过大无法继续正常压浆时，其不足的量可通过该桩中的其他压浆管均匀分配压入。

（八）钻孔灌注桩质量检验及标准

1）钻孔灌注桩应符合下列要求：

① 成孔后应清孔，并测量孔径、孔深、孔位和沉淀厚度，确定满足设计要求并复核施工技术规范规定后，方可灌注水下混凝土。

② 水下混凝土应连续灌注，灌注时钢筋笼不应上浮。

③ 嵌入承台的锚固钢筋长度不得小于设计要求的锚固长度。

2）钻孔灌注桩实测项目质量标准应符合表 9-22 的规定，且任一排架桩的桩位不得有超过表中数值 2 倍的偏差。

3）钻孔灌注桩外观质量应符合下列规定：

① 凿除桩头预留混凝土后，桩顶应无残余的松散混凝土。

② 外露混凝土表面不应存在《公路工程质量检验评定标准 第一册 土建工程》（JTG F80/1—2017）附录 P 所列的限制缺陷。

表 9-22 钻孔灌注桩实测项目质量标准

项次	检查项目		规定值或允许偏差	检查方法和检查频率
1	混凝土强度/MPa		在合格标准内	按《公路工程质量检验评定标准 第一册 土建工程》(JTG F80/1—2017)附录 D 检查
2	桩位/mm	群桩	≤100	用全站仪检查，每桩检查重心坐标
		排架桩	≤50	
3	孔深/mm		≥设计值	用测绳检查，每桩检查
4	孔径/mm		≥设计值	用探孔器或超声波成孔检测仪检查，每桩检查
5	钻孔倾斜度/mm		≤1%S 且≤500	用钻杆垂线法或超声波成孔检测仪检查，每桩检查
6	沉淀厚度/mm		满足设计要求	用沉淀盒或测渣仪检查，每桩检查
7	桩身完整性		每桩满足设计要求；设计未要求时，每桩不低于Ⅱ类	满足设计要求；设计未要求时，采用低应变反射法或超声波透射法检查，每桩检查

注：表中 S 为桩长，计算规定值或允许偏差时以 mm 为单位。

三、挖孔灌注桩施工

在无地下水或有少量地下水且较密实的土层或风化岩层中，或无法采用机械成孔或机械成孔非常困难且水文、地质条件允许的地区，可采用人工挖孔施工；岩溶地区和采空区不宜采用人工挖孔施工；孔内空气污染物超过《环境空气质量标准》（GB 3095—2012）规定的三级标准浓度限值，且无通风措施时，不得采用人工挖孔施工；桩径或最小边宽度小于1200mm 时不得采用人工挖孔施工。

（一）挖孔灌注桩施工程序

每一个桩孔开挖、提升出土、排水、支撑、立模板、吊装钢筋笼、灌注混凝土等作业，都应事先准备好，各工种应紧密配合。

1. 开挖桩孔

开挖之前应清除现场四周及山坡上的悬石、浮土等，排除一切不安全的因素，做好孔口四周临时围护和排水设备。孔口应采取措施防止土石掉入孔内，并安排好排土提升设备（卷扬机等），布置好弃土通道，必要时孔口应搭雨篷。

挖孔过程中应经常检查桩孔尺寸、平面位置和竖轴线的倾斜情况，防止产生误差。下孔人员注意施工安全，必须配戴安全帽和安全绳，提取土渣的机具必须经常检查。人工挖孔作业时，应经常检查孔内空气情况。孔内遇到岩层需爆破时，应专门设计，宜采用浅眼爆破法，严格控制炸药用量并在炮眼附近要加强支护，以防止振塌孔壁。孔深大于 5m 时，必须采用电雷管引爆，爆破后应先通风排烟 15min 并经检查孔内无有害气体后，施工人员方可下孔继续开挖。

2. 护壁和支撑

挖孔桩开挖过程中，开挖和护壁两个工序必须连续作业，以确保孔壁不坍塌。应根据地质、水文条件，材料来源等情况因地制宜选择支撑及护壁方法。桩孔较深，土质较差，出水量较大或遇流砂等情况时，宜就地灌注混凝土护壁（图 9-42a），每下挖 1~2m 灌注一次，随挖随支。护壁厚度一般采用 0.15~0.20m，混凝土强度不低于 C25 或 C30，必要时可配置少量的钢筋，也可采用下沉预制钢筋混凝土圆管护壁的方法加强护壁工

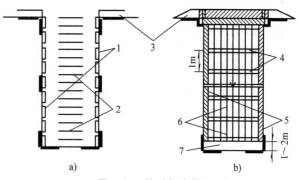

图 9-42　护壁与支撑

a）混凝土护壁　b）木支撑护壁

1—就地灌注混凝土护壁　2—固定在护壁上供人上下用的钢筋
3—孔口围护　4—木框架支撑　5—支撑木板（满铺或间隔铺）
6—木框架间支撑　7—不设支撑地段

作。如土质较松散而渗水量不大时，可考虑木支撑护壁，如图 9-42b 所示。木框架或木框架与木板间应用扒钉钉牢，木板后面也应与土面塞紧。如土质情况尚好，渗水不大时也可用荆条、竹笆制作护壁，随挖随支，以保证挖土安全进行。

3. 排水

孔内如渗水量不大，可采用人工排水（小型卷扬机配合提升）；渗水量较大，可用高扬程抽水机或将抽水机吊入孔内抽水。若同一墩（台）有几个桩孔同时施工，可以安排一孔超前开挖，使地下水集中在孔中排除。

4. 吊装钢筋笼及灌注桩身混凝土

挖孔达到设计深度后，应进行孔底处理。必须做到孔底表面无松渣、泥、沉淀土，以保证桩身混凝土与孔壁及孔底密贴，受力均匀。如地质复杂，应钎探了解孔底以下地质情况是否能满足设计要求，否则应与监理、设计单位研究处理。吊装钢筋笼及灌注水下混凝土的有关方法及注意事项与钻孔灌注桩基本相同。

人工挖孔灌注桩除满足钻孔灌注桩的一般规定外，还要满足安全、技术等要求。

（二）人工挖孔施工安全规定

人工挖孔的施工安全应符合下列规定：

1）施工前应编制专项施工方案，并应对作业人员进行安全技术交底。

2）挖孔作业前，应详细了解地质、地下水文等情况，不得盲目施工。

3）桩孔内的作业人员必须戴安全帽、系安全带，人员上下时必须系安全绳。

4）桩孔内应设防水带罩灯泡进行照明，电压应为安全电压，电缆应为防水绝缘电缆，并应设置漏电保护器。当需要设置水泵、电钻等动力设备时，应严格接地。

5）人工挖孔作业时，应始终保持孔内空气质量不得超过规范要求的限值。孔深大于 10m 或空气质量不符合要求时，孔内作业必须采取机械强制通风措施。

6）桩孔内遇岩层需爆破作业时，应进行爆破的专门设计，且宜采用浅眼爆破法，并应严格控制炸药用量，在炮眼附近应对孔壁加强防护或支护。孔深大于 5m 时，必须采用导爆索或电雷管引爆。桩孔内爆破后应先通风排烟 15min 并经检查确认无有害气体后，施工人员方可进入孔内继续作业。爆破作业的安全管理应符合《爆破安全规程》（GB 6722—2014）的有关规定。

（三）挖孔灌注桩技术要求

挖孔灌注桩施工应符合下列规定：

1）人工挖孔施工应根据工程地质和水文地质情况，因地制宜选择孔壁支护方式。

2）孔口处应设置高出地面不小于 300mm 的护圈；并应设置临时排水沟，防止地表水流入孔内。

3）挖孔施工时相邻两桩孔不得同时开挖，宜间隔交错跳挖。

4）采用混凝土护壁支护的桩孔，护壁混凝土的强度等级，当桩径小于或等于 1.5m 时应不小于 C25，桩径大于 1.5m 时应不小于 C30。挖孔作业时必须挖一节、浇筑一节护壁，护壁的节段高度必须严格按专项施工方案执行，严禁只挖而不及时浇筑护壁的冒险作业。护壁外侧与孔壁间应填实，不密实或有空洞时，应采取措施进行处理。

5）桩孔直径应符合设计规定，孔壁支护不得占用桩径尺寸。挖孔过程中，应经常检查桩孔尺寸、平面位置和竖轴线的倾斜情况，如偏差超出规定范围应随时纠正。

6）挖孔的弃土应及时转运，孔口四周作业范围内不得堆积弃土及其他杂物。

7）挖孔达到设计高程并经确认后，应将孔底的松渣、杂物和沉淀泥土等清除干净。当孔底地质条件复杂且与设计条件不符时，应进一步探明孔底以下的地质能否满足设计要求，并采取适当的处置措施。

8）孔内无积水时，混凝土的灌注可按有关规定进行干作业施工；孔内有积水且无法排净时，宜按水下混凝土灌注的要求施工。

四、桩基础施工质量检验

桩基础类型和施工方法不同，检验的内容和侧重点也不相同，总体来说应该从以下三方面进行检查：

1. 桩的几何受力条件检验

桩的几何受力条件检验主要是检验桩的平面位置、桩身倾斜度、桩顶和桩底标高等，各项内容都应该满足设计要求，实际偏差应该在规范允许范围内。钻（挖）孔灌注桩施工质量应符合表 9-21 的规定。

2. 桩身质量检验

桩身质量检验主要是检验桩的制作和成桩质量，包括桩的尺寸、构造及其完整性。

沉桩施工应对钢筋笼、几何尺寸、混凝土强度和浇筑方法等方面进行检验。检验项目有主筋间距、箍筋间距、吊环位置与露出桩表面的高度、桩顶钢筋网片位置、桩尖中心线、桩的横截面尺寸、桩长、桩顶平整度及与轴线的垂直度偏差、保护层厚度等；混凝土材料质量、计量精度、配合比及坍落度、桩身混凝土试块强度等级，以及成桩表面是否有蜂窝、麻面、收缩裂缝的情况；此外，还有分段制桩时的接桩、接头的质量等。

钻孔灌注桩施工应对钻孔的成孔与清孔、钢筋笼制作与安放、水下混凝土配制与灌注等过程进行质量监测与检查，如孔径不应小于设计孔径；孔深应略大于设计深度，摩擦桩的孔深应大于设计深度 0.6m，柱桩的孔深应大于设计深度 0.05m；小桥的摩擦桩，桩底沉淀厚度不得大于 0.4~0.6 倍桩径，大（中）桥的摩擦桩，桩底沉淀厚度按设计文件规定；成孔是否有扩孔和颈缩现象；钢筋笼顶面、底面标高与设计值误差不大于 ±50mm。成桩后的桩身完整性检测一般用低应变动测法。

3. 桩身强度与单桩承载力检验

检测桩身混凝土抗压强度，要求预留试块的抗压强度应不低于设计强度等级，水下浇筑混凝土则应高出 20%。大桥应对灌注桩钻取混凝土样芯检测抗压强度，同时要检查混凝土桩头的抗压强度。

打入桩的承载力可以通过最后贯入度和桩底标高进行控制，钻孔灌注桩目前无法在施工中直接控制承载力。大桥及重要工程，地质条件复杂或桩质量可靠性较低的桩基础工程，成桩后均应通过静载荷试验或高应变动力试验确定单桩承载力。

素质拓展——"中国标准"与"工匠精神"

"中国标准"与"工匠精神"并不是现在才有的，古代中国不但有精益求精的能工巧匠，而且很早就发展出了维护产品质量、夯实工匠精神的质量制度，其中可圈可点的就有我国古代的"勒名制"和宋代的"国家质量标准"——《营造法式》。

现在，我国的质量制度已有长足的发展，形成了自己的质量制度体系，各种工程的施工都是以对应的质量制度——各种规范、标准为依据。其中，桩基础施工有多种工艺，各种工艺的各个环节都应严格按照《公路桥涵施工技术规范》（JTG/T 3650—2020）的要求施工，每一个构件都要按照《公路工程质量检验评定标准　第一册　土建工程》（JTG F80/1—2017）进行检验、评定。

我们在今后的工作学习中要传承和发扬"中国标准"与"工匠精神"，在工作中爱岗、敬业、耐心、专注，在细节上精益求精，在安全文明施工的同时确保高质量地完成施工作业。

思 考 题

9-1　桩基础有何特点？各类桩的优缺点和适用条件是什么？

9-2　端承桩和摩擦桩的受力情况有什么不同？各种条件具备时，哪种桩应优先考虑采用？

9-3　高承台桩和低承台桩各有什么优缺点？它们各自适用于什么情况？

9-4　轴向荷载在桩身是怎样传递的？影响桩侧阻力和桩端阻力的因素有哪些？

9-5 单桩轴向承载力特征值如何确定？比较各方法优缺点。

9-6 什么是桩的负摩阻力？它产生的条件是什么？对基桩有什么影响？

9-7 什么叫"群桩效应"？请说明单桩承载力与群桩中一根桩的承载力有什么不同。

9-8 如何保证钻孔灌注桩的施工质量？

习　题

9-1 某一桩基础工程，每根基桩顶（齐地面）作用轴向荷载 $P = 1500$kN，地基土第一层为塑性黏性土，厚 2m，含水率 $w = 28.8\%$，$w_L = 36\%$，$w_p = 28\%$，$\gamma = 19$kN/m³；第二层为中密中砂，$\gamma = 20$kN/m³，砂层厚数十米，地下水在地面下 20m，现采用打入桩（预制钢筋混凝土方桩 45cm×45cm），试确定其入土深度。

9-2 上题如改用钻孔灌注桩（旋挖钻进施工），设计桩径 1m，请确定其入土深度。

9-3 双柱式桥墩钻孔桩基础主要设计资料如图 9-43 所示，上部结构静活荷载经组合后，沿纵桥向作用于墩柱顶标高处的竖向力、水平力和弯矩分别为 $\Sigma N = 2915$kN，$\Sigma H_y = 110$kN，$\Sigma M_x = 85$kN·m。

试求：1. 桩的计算宽度和桩的变形系数。

2. 最大冲刷线以下的桩身最大弯矩。

3. 墩顶水平位移。令桥梁跨度 $L = 25$m。

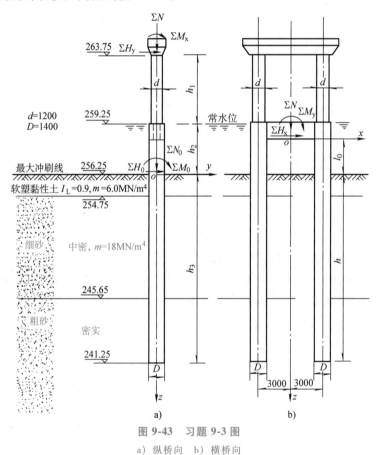

图 9-43　习题 9-3 图

a）纵桥向　b）横桥向

9-4 对上题中的双柱式桥墩钻孔桩基础进行横桥向验算。已知换算到承台底面中心 o 点的横桥向荷载为：$\Sigma N = 6500$kN，$\Sigma H_x = 20$kN，$\Sigma M_y = 2400$kN·m。承台厚 1000mm，试求各桩桩顶内力 N_i、Q_i 和 M_i。

学习情境 10
沉井基础及地下连续墙

🔆 **学习目标与要求**

1）掌握沉井的基础形式和适用范围。

2）掌握各类型沉井的特点和各部分构造的作用。熟悉各类型沉井的分类依据。

3）掌握旱地沉井和水中沉井施工的步骤，泥浆润滑套和壁后压气沉井施工的特点。熟悉筑岛法和浮运法沉井施工的主要过程。了解沉井施工中的问题及处理措施。

4）掌握沉井设计内容，岩基和非岩基上沉井计算的内容和方法。熟悉沉井验算内容。了解有关计算原理。

5）了解地下连续墙的概念、特点和作用。掌握地下连续墙的类型和接头的构造。熟悉地下连续墙的施工方法和过程。

🔆 **学习重点与难点**

本学习情境重点是沉井的构造、沉井施工方法和沉井验算等。难点是沉井的设计计算理论和方法，沉井施工程序和施工控制。

单元 1 概述

沉井是一个井筒状的结构物，如图 10-1 所示。常用混凝土或钢筋混凝土在施工地点预制好，然后在井内不断挖土，井体借自重克服外壁与土的摩阻力而不断下沉至设计标高，并经过封底、填芯以后，使其成为桥梁墩（台）或其他结构物的基础，如图 10-2 所示。

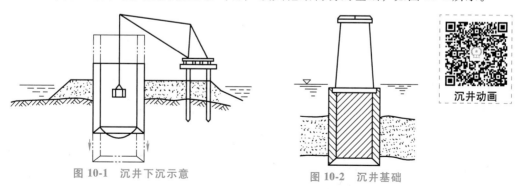

图 10-1 沉井下沉示意 　　　　　　　图 10-2 沉井基础

沉井动画

沉井在下沉过程中，作为坑壁围护结构，起挡土、挡水的作用；施工中不需要很复杂的机械设备，施工技术也较简单。沉井基础是深基础的一种，主要特点是埋置深度可以很大，整体性强、稳定性好，有较大的承载面积，能承受较大的垂直荷载和水平荷载。因此，沉井在桥梁工程中得到广泛的应用，也常用作工业建筑物尤其是软土中地下建筑物的基础。但沉井施工工期较长；在饱和细砂、粉砂和粉土中的沉井施工，井内抽水易发生流砂现象，造成沉井倾斜；沉井下沉过程中遇到大孤石、树根或井底岩层表面倾斜过大时，均会给施工带来一定的困难。

一般在下列情况，可以采用沉井基础：

1）上部荷载较大、而表层地基土的允许承载力不足，采用扩大基础开挖工程量大，以及支撑困难，但在一定深度下有较好的持力层；采用沉井基础与其他基础相比，经济上较为合理时。

2）在山区河流中，虽然土质较好，但冲刷大，或河中有较大卵石不便进行桩基础施工时。

3）岩层表面较平坦且覆盖层较薄，但河水较深，采用扩大基础围堰有困难时。

单元 2　沉井的类型和构造

一、沉井的类型

1. 按沉井的平面形状分类

沉井类型
与构造

沉井的平面形状应与桥墩、桥台底部的形状相适应，平面形状有圆端形和矩形，也有用圆形的。根据平面尺寸的大小，沉井井孔又分单孔、双孔和多孔，双孔和多孔沉井中间设有隔墙，如图 10-3 所示。

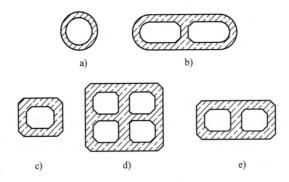

a)　　　　　　　　　b)

c)　　　　　　　d)　　　　　　　e)

图 10-3　沉井平面形状

a) 圆形　b) 圆端形　c) 正方形　d) 多孔矩形　e) 双孔矩形

（1）圆形沉井　当墩身是圆形或河流流向不定以及桥位与河流主流方向斜交程度较大时，采用圆形沉井可减少阻力和冲刷。圆形沉井在下沉过程中井内没有影响机械抓土的死角部位，易使沉井均匀下沉，方向易控制，下沉摩阻力较小。但桥梁墩（台）底面形状多为圆端形或矩形，因此在桥梁工程中圆形沉井使用较少，但在其他建筑或构筑物中常有采用。例如，市政工程的水泵站常采用单孔圆形沉井。

（2）矩形沉井　矩形沉井具有制造简单、基础受力有利的特点，能配合墩、台（或其他结构物）底部平面形状。四角一般做成圆角，以减小井壁摩阻力和取土清孔的困难。矩形沉井在侧压力作用下，井壁受较大的挠曲力矩。另外，矩形沉井的阻水系数较大，冲刷现象较严重；下沉过程中井壁的摩阻力也较大。为保证下沉的稳定性，矩形沉井的长边与短边之比不宜大于 3。

（3）圆端形沉井　圆端形沉井能够很好地与桥墩平面形状相适应，且控制下沉、受力条件、阻水冲刷均较矩形沉井有利，故应用较多，但制造复杂。对平面尺寸较大的圆端形沉井，可在沉井中设隔墙，使沉井由单孔变成双孔或多孔。

2. 按沉井的使用材料分类

（1）混凝土沉井　混凝土的特点是抗压强度高，抗拉能力低，因此这种沉井宜做成圆形，适用于下沉深度不大于 7m 的软土层中。

（2）钢筋混凝土沉井　这种沉井的抗压及抗拉能力均较好，下沉深度可达数十米。当下沉深度不很大时，井壁上部用混凝土，下部（刃脚）用钢筋混凝土，在桥梁工程中得到较广泛的应用。当沉井平面尺寸较大时，可做成薄壁结构，沉井外壁采用泥浆润滑套、壁后压气等施工辅助措施就地下沉或浮运下沉。此外，钢筋混凝土沉井井壁隔墙可分段（块）预制，工地拼装，做成装配式。

（3）竹筋混凝土沉井　沉井在下沉过程中受力较大因而需设置钢筋，一旦完工后，它就不承受太大的拉力，因此在南方产竹地区，可以采用耐久性差但抗拉能力好的竹筋代替钢筋，南昌赣江大桥等曾用这种沉井。但在沉井分节接头处及刃脚内仍用钢筋。

（4）钢沉井　用钢材制造沉井具有强度高、重量轻、易于拼装的特点，适合制作浮运沉井，但用钢量较大，国内较少采用。

（5）砖石沉井　在缺乏水泥地区，可就地取材做成砖石沉井，适用于深度较小的小型沉井或临时性沉井。例如，房屋纠倾工作井可用砖石沉井，深度为 4~5m。

3. 按沉井的立面形状分类

沉井按立面形状主要分为竖直式、台阶式及倾斜式等形式，如图 10-4 所示。

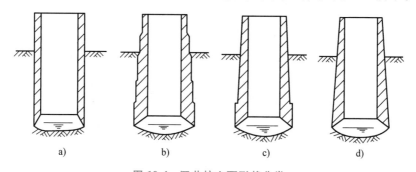

图 10-4　沉井按立面形状分类

a）竖直式　b）、c）台阶式　d）倾斜式

（1）竖直式沉井　这种沉井构造简单，模板可重复使用，当土质较松软，沉井埋置深度不大时，可采用这种形式。由于井壁外侧竖直，在下沉时井壁外侧土层紧贴沉井，故在下沉时不易产生过大的倾斜。由于土体对井壁有较大的摩阻力，故可提高基础的承载力，但当摩阻力过大时，会增加沉井下沉时的困难。

（2）台阶式沉井　这种沉井除第一节沉井外，其他各节井壁与土体间有一定间隙，沉井所受土压力与水压力随深度而增大，为了合理利用材料，可将沉井井壁随深度分为几段，做成阶梯形，下部井壁厚度大，上部厚度小。这种沉井由于井壁外侧的约束力较小，故下沉时容易产生较大的倾斜。根据经验，台阶宽度以 100~200mm 为宜，台阶高度可为沉井全高的 1/4~1/3。

（3）倾斜式沉井　为了减小沉井施工下沉过程中井壁外侧土的摩阻力，或为了避免沉井由硬土层进入下部软土层时沉井上部被硬土层夹住，使沉井下部悬挂在软土中发生拉裂，可将沉井井筒制成非等截面结构，成为井筒上小下大的锥形，制成倾斜式沉井。倾斜式沉井井壁的坡度一般取 1:50~1:20。

此外，沉井按施工方法可以分为一般沉井和浮运沉井两种。在深水区筑岛有困难、不经济或有碍通航时，可以在岸边浇筑完成后再浮运就位，称为浮运沉井；就地浇筑并下沉的沉井称为一般沉井。

二、沉井基础的构造

一般沉井主要由井壁、刃脚、隔墙、井孔、凹槽、射水管、封底和盖板等组成，如图 10-5 所示。当沉井顶面低于施工水位时，还应加设临时的井顶围堰。沉井通常分节制作，每节高度视沉井全高、地基土质和施工条件而定，应能保证制作时沉井本身的稳定性，并有足够的重量使沉井顺利下沉。每节高度不宜高于 5m。

（1）井壁　井壁是沉井的主体部分，在沉井下沉过程中，井壁是挡土、挡水的围堰，应有足够的强度承受四周的土压力和水压力。一般根据施工时的受力条件，在井壁内配以竖向和水平向的受力钢筋，混凝土的强度不应低于 C15。同时，井壁需要有足够的重量以克服井壁外侧土的摩阻力和刃脚踏面底部土的阻力徐徐下沉。为了满足重量要求，井壁应有足够的厚度，一般为 0.8~1.5m，以便绑扎钢筋和浇筑混凝土。薄壁钢筋混凝土沉井井壁厚度由计算确定。

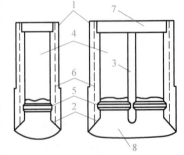

图 10-5　一般沉井结构示意

1—井壁　2—刃脚　3—隔墙
4—井孔　5—凹槽　6—射水管
7—盖板　8—封底

（2）刃脚　沉井井壁下端形如刀刃状的部分称为刃脚，如图 10-6 所示，在沉井下沉过程中起切土下沉的作用，刃脚底面（踏面）的宽度一般为 0.1~0.2m，对软土可适当放宽。当土质坚硬时，刃脚踏面用钢板或角钢加以保护。刃脚内侧斜面与水平面的夹角应大于 45°。刃脚高度视井壁厚度和便于抽除垫木而定，一般在 1.0m 以上。刃脚宜采用强度等级不低于 C25 的混凝土加配钢筋制作而成。

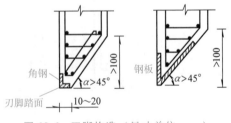

图 10-6　刃脚构造（尺寸单位：cm）

（3）隔墙　大型沉井通常在沉井内部设置隔墙，可以减小井壁的跨度，从而减小井壁承受的弯矩和剪力，增加沉井的刚度。同时，内隔墙把整个沉井分成若干个井孔，各井孔分别挖土，便于控制下沉和纠倾处理。隔墙间距一般不大于 6m，厚度一般小于井壁。隔墙底面应高出刃脚底面 0.5m 以上。如为人工挖土，应在隔墙下端设置过人孔，便于工作人员往来。

（4）井孔　井孔是指挖土排土的工作场所和通道。井孔尺寸应满足施工要求，宽度（直径）不宜小于 3m，井孔布置应对称于沉井中心轴，便于对称挖土使沉井均匀下沉。

（5）凹槽　凹槽设在井孔下端靠近刃脚处，其作用是增加封底混凝土与井壁的黏结，使封底混凝土底面的反力更好地传给井壁。如是井孔全部填实的实心沉井，可不设凹槽，凹槽的深度为 0.15~0.25m，高约 1.0m。

（6）射水管　当沉井下沉深度较大，穿过的土质又较好，估计下沉会产生困难时，可在井壁中预埋射水管组。射水管组应均匀布置，以利于控制水压和水量来调整下沉方向。一般水压不小于 600kPa。

（7）封底　当沉井下沉到设计标高后，将底面挖平，浇筑封底混凝土，以防地基土和地下水进入井内，这就是封底。封底混凝土强度等级，非岩石地基不应低于 C25，岩石地基不应低于 C20。最好采用干封底，这样成本低、工期短、质量好。如排水时遇流砂，可采用水下灌注混凝土的办法施工，待封底混凝土达到设计强度，抽干水后在井孔内填充片石混凝土、贫混凝土，其强度等级不应低于 C15。封底混凝土的厚度由计算确定，封底混凝土顶面应高出刃脚根部不小于 0.5m。

（8）盖板　盖板采用钢筋混凝土的制作，强度不低于 C15，厚度一般为 1.5~2m，配筋按计算或构造确定。

单元3　沉井的施工

　　沉井的施工方法与墩（台）基础所在地点的地质和水文情况有关。如沉井要在水中施工，则应对河流汛期、通航、河流冲刷、航道等情况进行调查研究，并制订施工计划，尽量安排在枯水季节施工。对需在施工中度汛的沉井，应有可靠的措施以确保安全。沉井常用施工方法有旱地施工、水中施工等，一般根据水深、流速、施工设备及施工技术等条件选用。沉井施工内容可以概括为首节沉井制作（就位）、挖土下沉沉井、接高沉井、地基检验及处理、封底、填充井孔及浇筑盖板等。沉井施工基本流程如图 10-7 所示。

一、旱地沉井施工

（一）施工工艺

　　旱地沉井施工可以就地进行，施工顺序如图 10-8 所示，施工要点如下：

旱地沉井施工

1. 测量放样

　　根据沉井设计图纸和工程地质报告所反映的地质情况，确定沉井基坑开挖深度、沉井刃脚外侧面至基坑边的工作距离，以及基坑边坡等。整平场地后，根据沉井的中心坐标确定沉井中心桩，

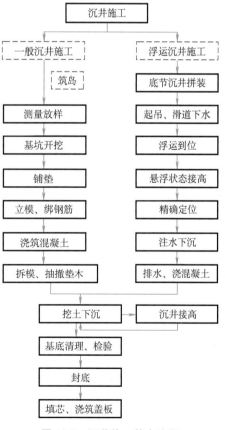

图 10-7　沉井施工基本流程

纵、横轴线控制桩及基坑开挖边线。施工放样结束后，须复核以保证准确无误。

2. 基坑开挖

沉井在地下水位较低的岸滩上施工时，若土质较好，为了减少下沉的深度，一般可开挖基坑制作沉井，基坑的位置应根据设计的坐标确定，基坑底的平面尺寸应满足施工的需要。基坑底面四周应设断面不小于 30cm×30cm 的排水沟，并接入基坑内的集水井中，集水井应比排水沟深 50cm，用排水泵将集水井内的水排到基坑外指定的地方。基坑开挖的深度应根据土质、地下水位、现场施工条件等确定。

3. 铺垫

在定位放样以后，应将基础所在地的地面进行整平和夯实，在地面上铺设厚度不小于 0.5m 的砂或砂砾垫层；然后铺垫木，立底节沉井模板和绑扎钢筋。在砂垫层上先在刃脚踏面处对称地铺设垫木，垫木一般为方木（尺寸为 200mm×200mm），其数量可按垫木底面压力不大于 100kPa 计算。垫木的布置应考虑抽除方便。

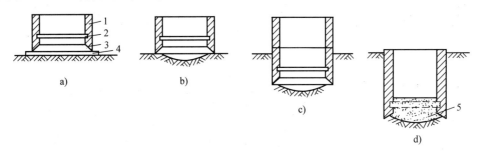

图 10-8　沉井施工顺序

a）制作第一节沉井　b）抽垫木、挖土下沉　c）沉井接高下沉　d）封底

1—井壁　2—凹槽　3—刃脚　4—垫木　5—混凝土封底

4. 立模、绑钢筋

在垫木上面放出刃脚踏面大样，铺上踏面底模，安放刃脚的型钢，立刃脚斜面底模、隔墙底模和沉井内模，绑扎钢筋，最后立外模和模板拉杆，如图 10-9 所示。在场地土质较好处，也可采用土模。

5. 浇筑混凝土

在浇筑混凝土之前，必须检查核对模板各部尺寸和钢筋布置是否符合设计要求，支撑件及各种紧固件的联系是否安全可靠。浇筑混凝土要随时检查有无漏浆和支撑是否良好。混凝土浇好后要注意养护，夏季防暴晒，冬季防冻结。

6. 拆模和抽撤垫木

混凝土达到设计强度的 25% 时可拆除内外侧模，达到设计强度的 75% 时可拆除各墙底面和刃脚斜面的模板，强度达到设计强度的 100% 后才能抽撤垫木。抽撤垫木应按一定的顺序进行，以免引起沉井开裂、移动或倾斜，其顺序是：先撤除内隔墙下的垫木，再撤除沉井短边下的垫木，最后撤除长边下的垫木。撤除长边下的垫木时，以定位垫木（最后抽撤的垫木）为中心，对称地由远到近撤除，最后撤除定位垫木。注意在抽

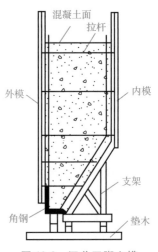

图 10-9　沉井刃脚立模

垫木的过程中，抽撤一根垫木后应立即用砂回填并捣实。

7. 沉井挖土下沉

垫木抽完后，应检查沉井位置是否有移动或倾斜，位置应正确，之后即可在井内挖土。沉井下沉施工可分为排水下沉和不排水下沉。当沉井穿过稳定的土层，不会因排水产生流砂时，可采用排水下沉，可采用人工挖土或机械除土。人工挖土时应采取施工安全措施，挖土要有规律、分层、对称、均匀地开挖，使沉井均匀下沉。通常是先挖井孔中心，再挖隔墙下的土，后挖刃脚下的土，一般情况下挖土高差不宜超过 50cm。挖到一定程度，沉井即可借自重切土下沉一定深度，这样不断地挖土、下沉。不排水下沉一般采用抓土斗或水力吸泥机施工。使用吸泥机时要不断向井内补水，使井内水位高出井外水位 1~2m，以免发生流砂或涌土现象。在井孔内需均匀除土，否则易使沉井产生较大的偏斜。不排水下沉可参考表 10-1 选用合适的机械和方法。

表 10-1　不排水下沉的除土方法

土质	除土方法	说　明
砂土	抓土、吸泥	抓土时宜用两瓣式抓斗
卵石	吸泥、抓土	以直径大于卵石粒径的吸泥机为好;若采用抓土,宜用四瓣抓斗
黏性土	吸泥、抓土	一般以高压射水冲散土层
风化岩	射水、冲击锤	以冲击锤钻进,碎块用抓斗或吸泥机除去

在沉井下沉过程中，要经常检查沉井的平面位置和垂直度，有偏斜时要及时纠正，否则下沉越深纠偏越难。

8. 接高沉井

当沉井顶面离地面 1~2m 时，如还要下沉，应停止挖土，接筑上一节沉井。接高的沉井中轴应与底节沉井中轴重合。为防止沉井在接高时突然下沉或倾斜，必要时应回填刃脚下的土，接高时应尽量对称均匀加重。混凝土施工接缝应按设计要求布置好接缝钢筋，清除浮浆并凿毛，然后立模浇筑混凝土，待接筑沉井达到设计强度即可继续挖土下沉，直至井底达到设计标高。如最后一节沉井顶面在地面或水面以下，应在沉井上加筑井顶围堰，围堰的平面尺寸略小于沉井，其下端与井顶预埋锚杆相连，视其高度大小分别用混凝土或砌石或砌砖制成。围堰是临时性的，当墩（台）身高出水面后即可拆除。

9. 地基检验及处理

沉井下沉至设计标高后，必须检验基底的地质情况是否与设计资料相符，地基是否平整，能抽干水的可直接检验，否则要由潜水员下水检验，必要时用钻机取样鉴定。如检验符合要求，宜尽可能在排水的情况下立即清理和处理地基。基底应尽量整平，清除污泥，并使基底没有软弱夹层；基底为砂土或黏性土时，应铺一层砾石或碎石垫层至刃脚踏面以上 20cm；基底为风化岩时，应将风化层凿掉，以保证封底混凝土、沉井与地基连接紧密。

10. 封底、填充井孔及浇筑盖板

地基经检验、处理合格后，应立即封底，宜在排水情况下进行；抽干水有困难时可用水下浇筑混凝土的方法施工，待封底混凝土达到设计强度后方可抽水，然后填充井孔。对填砂砾或空孔的沉井，必须在井顶浇筑钢筋混凝土盖板。盖板达到设计强度后，方可砌筑墩（台）。

（二）成品保护

1）沉井下沉第一节混凝土应达到设计强度的 100%，其上各节混凝土达到设计强度的 70% 以后，方可开始下沉。

2）沉井支架拆除、下沉系数、封底厚度和封底后的抗浮稳定性，均应通过施工验算，应满足设计要求，避免沉井出现裂缝、下沉或上浮。

（三）安全措施

1）沉井施工前，应查清沉井部位的水文地质及地下障碍物情况，摸清对邻近建筑物的影响情况，并采取有效措施防止施工中出现问题，影响正常、安全施工。

2）严格遵循沉井支架拆除和土方开挖程序，均匀控制挖土速度，防止发生突然性下沉、严重倾斜现象，以免发生人身事故。

3）做好沉井下沉中的降（排）水工作，设置备用电源以保证沉井挖土过程中不出现大量涌水、涌泥或流砂现象，以免造成淹井事故。

4）沉井上部应设安全平台，周围设栏杆，井内上下层立体交叉作业时应设安全网、安全挡板；避开出土的垂直下方作业；井下作业应戴安全帽、穿橡胶鞋。

5）沉井内土方吊运，应由专人操作和专人指挥、统一信号，以防碰撞或脱钩；起重机吊运土方和材料靠近沉井边坡行驶时，应加强对地基稳定性的检查，防止发生塌陷、倾翻事故。

6）沉井挖土应分层、分段、对称、均匀地进行，破土下沉时，操作人员要离开刃脚一定距离，防止突然性下沉而造成事故。

7）加强机械设备的维护、检查、保养；机电设备由专人操作，认真遵守用电安全操作规程，防止超负荷作业，并设漏电保护器；夜间作业，沉井内外应有足够的照明，沉井内应采用 36V 安全电压。

（四）施工注意事项

1）沉井壁中如预留孔洞，为防止下沉时泥土和地下水大量涌入井内，影响施工操作，或因每边重量不等导致重心偏移，使沉井产生倾斜，在下沉前应进行填塞封闭处理，使之下沉均匀。

2）沉井下沉位置的正确与否，头两节的因素占 70%，下沉开始的 5m 以内，要特别注意保持平面位置与垂直度正确，以免继续下沉时不易调整。

3）沉井下沉极慢或不下沉时，可采取继续浇灌混凝土增加重量或在井顶加载；或挖除刃脚下的土，或在井内继续进行第二层破土；或在井外壁装射水管冲刷井周围土，减少摩阻力；或在井壁与土之间灌入触变泥浆或黄土，降低摩擦力；或清除障碍物；采取控制流砂、管涌等措施。

4）沉井下沉如速度过快，超过挖土速度，或出现其他异常情况时，可用木垛在定位支架处给以支撑，并重新调整挖土；在刃脚下不挖或部分不挖土；在沉井外壁之间填粗糙材料，或将井筒外的土夯实，加大摩阻力；如沉井外部的土液化发生虚坑时，可填碎石处理；或减少每一节筒身高度，减轻沉井重量。

5）沉井下沉易发生倾斜或移位，施工中应加强下沉过程中的观测和资料分析，发现倾斜和移位时应及时纠正。当沉井垂直度偏差超过允许值时，可采取在刃脚高的一侧加强取土，低的一侧少挖土或不挖土，待正位后再均匀分层取土；或在刃脚较低的一侧适当回填砂石或石块，延缓下沉速度；或在井外深挖倾斜反面的土并回填到倾斜一面，以增加倾斜面的摩阻力等措施。当沉井轴线与设计轴线不重合时，因移位大多由倾斜引起，应控制沉井不再向偏移方向倾斜，并使沉井向偏位的相反方向倾斜，经过数次倾斜纠正后，即可恢复到正确位置。

二、水中沉井施工

当沉井下沉施工处于水中时，可以采用筑岛法和浮运法施工，一般根据水深、流速、施工设备及施工技术等条件选用。

（一）筑岛法

在河流的浅滩或施工最高水位不超过 4m 时，可用筑岛法施工，即先修筑人工岛，再在岛上进行沉井的制作和挖土下沉。筑岛材料为砂或砾石，常称作砂岛，砂岛分无围堰和有围堰两种。无围堰砂岛应保证施工期在水流冲刷作用下，砂岛本身有足够的稳定性，一般用于水深不超过 2m，水流速度不大于表 10-2 规定时。砂岛边坡坡度通常为 1:2，周围用草袋、卵石、竹笼等护坡。砂岛岛面的宽度应比沉井周围宽出 2.0m 以上，岛面高度应高出施工最高水位 0.5m 以上。当河流较深或流速超过表 10-2 规定时，宜用钢板桩围堰筑岛。

表 10-2　无围堰砂岛允许水流速度

筑岛材料	细　砂	粗　砂	中粒砾石	粗粒砾石
允许水流速度/(m/s)	0.3	0.8	1.2	1.5

考虑沉井对围堰产生侧向压力的影响，可按式（10-1）确定围堰距井壁外缘的距离。b 作为护道宽度一般不小于 2.0m（图 10-10），其余施工方法与旱地施工相同。

$$b \geqslant H\tan\left(45° - \frac{\varphi}{2}\right) \qquad (10\text{-}1)$$

式中　H——砂岛高度；

φ——砂在水中的内摩擦角。

（二）浮运法

1. 浮运沉井的类型

在深水河流中，水深如超过 10m，当用筑岛法有困难或不经济时，可采用浮运沉井的方法进行施工。采用浮运法施工的沉井，在陆地上先制作最下一节，以减轻重量，在浮运到位后再接筑上部。为增加沉井的浮力便于浮运，常采取以下三种浮运沉井类型：

1）临时井底浮运沉井：将普通沉井在刃脚处安装临时性不漏水的底板以增加浮力（图 10-11a），就位后再在井内灌水下沉，沉到河底后再拆除底板，挖泥下沉。

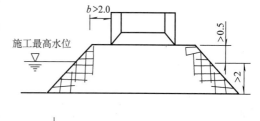
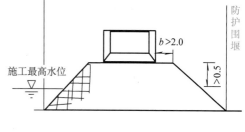
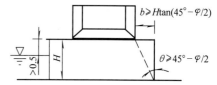

图 10-10　筑岛法施工（尺寸单位：m）

2）双壁式自浮沉井：将沉井做成双壁式，使沉井能自浮（图 10-11b），井壁可用钢筋混凝土、水泥钢丝网或钢壳制成，空腹中设置支撑，到位后在壁内灌水或浇筑混凝土下沉。这种沉井内部可用钢、木或钢筋混凝土支撑。

3）带充气筒的浮运沉井（图 10-12）：在钢沉井内加装气筒，浮运到位后，在沉井内部空间填充混凝土并接高沉井。为控制吃水深度，可在气筒内充压缩空气，待沉入河底预定位置后，再除去气筒顶盖，挖泥（或吸泥）下沉。此法用钢量较大，制造、安装较复杂，宜用于深水大型沉井。

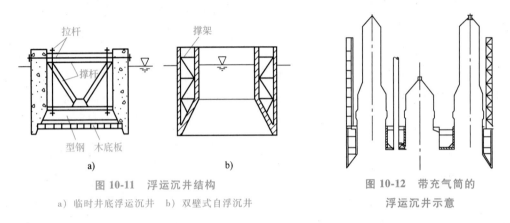

图 10-11　浮运沉井结构

a）临时井底浮运沉井　b）双壁式自浮沉井

图 10-12　带充气筒的
浮运沉井示意

2. 最下一节沉井的制作、拼装

（1）临时井底的浮运沉井制作　临时井底的沉井采用假底结构，一般在最下一节的井孔下端刃脚处装设木制底板及支撑。假底必须保证不漏水和能承受工作水压。装有假底的沉井在就位后，即可接高最下一节沉井混凝土使其逐步下沉，必要时可以向井孔内注水。当沉到河底后，应向井孔内注水使其与井外水面齐平，即可拆除假底继续下沉。

（2）钢筋混凝土薄壁浮式沉井的制作　钢筋混凝土薄壁浮式沉井的结构如图 10-13 所示，制作程序如下：

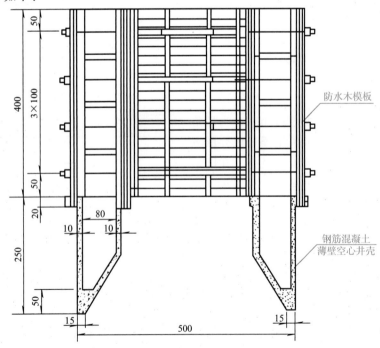

图 10-13　钢筋混凝土薄壁浮式沉井的结构（尺寸单位：cm）

1）刃脚踏面角钢的成型：有条件的可在弯曲机上成型；设备不足的可在烘烤炉内热弯成型，即在炉上预热后用大号扳手人工弯曲成型。此时，应注意掌握角钢的翘曲变形并随时整平。

2）刃脚踏面钢筋与踏面角钢的焊接及其分布钢筋的绑扎：与一般的钢筋绑扎作业相同。

3）内外井壁及隔墙的钢筋焊接与绑扎：与一般的钢筋焊接、绑扎作业相同。

4）立模：除腔室内应预留泄水孔外，还应留有混凝土浇筑的侧窗，以便操作并保证混凝土质量，使混凝土密实不漏水。同时，应注意外壁混凝土的平整和光滑，既不能鼓腰，顶部又不得向外倾斜，以便顺利下沉。因此，要求模板在制作、安装、浇筑混凝土时必须精密、坚固、不易变形。

5）浇筑混凝土：混凝土浇筑要保证混凝土密实不漏水，同时要做密实检查，否则会给浮运带来很大困难。

（3）钢丝网水泥薄壁浮式沉井的制作　钢丝网水泥薄壁浮式沉井的结构如图 10-14 所示，制作程序如下：

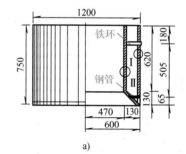

1）刃脚踏面角钢的成型：与钢筋混凝土薄壁浮式沉井制作中刃脚踏面角钢的成型相同。

2）沉井骨架的架设：沉井骨架由刃脚踏面角钢、竖向骨架角钢与内外箍筋组焊而成。首先焊好刃脚踏面，其次架设竖向骨架，待其就位后用支撑缆绳等给予临时固定，待正位后即可加装箍筋焊接成整体沉井骨架。为增强其刚度，在横隔板及横撑骨架间设刃脚加撑骨架。

3）铺网：铺网前的准备工作是在沉井骨架上设置蚂蟥钉（预埋钉），此钉用 8 号钢丝弯成 U 形，焊在沉井骨架上。在沉井骨架的箍筋上临时绑扎水平钢筋，悬出壁外作为临时脚手架用，以便用于铺网和抹灰。

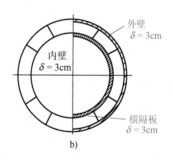

图 10-14　钢丝网水泥薄壁
浮式沉井的结构（尺寸单位：cm）
a）沉井立面图　b）平面图

4）抹水泥砂浆：铺网工作结束后，即可进行抹灰工作。抹灰水泥砂浆宜采用强度不低于 42.5 级的硅酸盐水泥，水泥与砂浆的配合比可采用 1∶1.5。抹灰由下至上进行，先将砂浆从沉井腔内向外用力挤压，透过外层钢丝网为止。待砂浆初凝后再用砂浆抹腔外，这时用力不能太大，以免已经抹好的内层砂浆脱落。随着抹灰工作的开展，养护工作要跟上。

（4）钢壳浮式沉井的制作　钢壳浮式沉井的施工内容包括：施工准备、钢壳节段拼装、胎架制作、进场材料检验、钢材预处理、放样及下料、水平桁架及小单元件制作、内外壁及底板单元件制作、节段在胎架上拼装成型、钢壳现场安装等。钢壳浮式沉井的结构如图 10-15 所示。

1）钢壳加工制作前的准备工作：胎架制作；钢壳材料的进场与材料检验；钢壳加工焊接工艺试验评定；材料的放样和号料，以及下料的准备工作；内、外壁板单元，底板单元，水平桁架单元及其他单元制作。

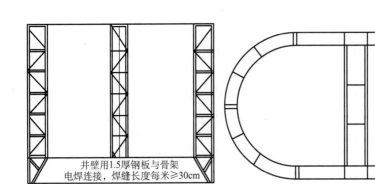

井壁用1.5厚钢板与骨架
电焊连接,焊缝长度每米≥30cm

a) b)

图 10-15 钢壳浮式沉井的结构
a) 纵剖面 b) 平面图

2) 钢壳沉井加工:

① 钢壳节段拼装胎架制作。根据钢壳沉井节段的重量、结构形式、外形轮廓、设计线形及钢沉井转运等因素进行胎架的设计和制作。胎架由型钢和钢面板组成。胎架结构应有足够的刚度,以满足承载钢沉井及施工荷载的要求,确保钢沉井节段不变形。

② 钢壳桁架下料。

③ 水平桁架加工。水平桁架杆件在专用的加工胎架上定位,水平桁架由异型钢条和角钢组成,按焊接工艺进行焊接,原则是先中间后两边,对称进行焊接。

④ 壁板加工及型钢加劲肋装配。

⑤ 节段装配。在组装完成的下壁板单元上装配水平桁架并按要求施焊,应满足焊接桁架角钢和壁板加劲肋角钢的焊缝要求。

3) 焊接工艺:

① 为了保证钢沉井的焊接质量,钢壳的焊接可选用半自动 CO_2 焊的焊接方法施焊。钢板的对接焊缝和钢板的拼接焊缝应采用等强度原则,经焊接工艺评定试验后,方可应用于钢壳的制造。在制作过程中必须严格执行焊接工艺的要求,保证钢壳沉井预期的焊接质量。对焊接材料进行严格的复验,保证原材料可靠。

② 为了确保沉井钢壳的正常使用和安全性,根据设计要求,制作中应严格保证钢壳各部分的焊接质量,对关键受力焊缝进行超声波探伤和渗透探伤。所有熔透性焊缝应进行超声波探伤,按《焊缝无损检测 超声检测 技术、检测等级和评定》(GB/T 11345—2013) 的有关规定进行检查;所有角焊缝进行渗透探伤抽检,应符合设计要求。

4) 沉井钢壳的现场拼装:

① 地基处理。对地基进行适当加固,并设置土模。

② 垫块的设置。为了消除钢壳拼装时地基的不均匀沉降,需在刃脚下设置垫块,根据钢壳节段结构的差异,混凝土垫块在平面尺寸上可选不同类型,分别对应刃脚、刃脚角部以及隔墙。在首层土换填的过程中,当砂层碾压至设计标高后,铺放垫块。施工中严格控制垫块的顶标高,垫块布置如图 10-16 所示。

③ 吊装拼接。钢壳沉井节段加工完成后在现场进行拼装。首先吊装一角的某一节段,进行纵、横、高度方向的定位调整,临时固定后以此节段作为定位基准段,再在其四周吊装,定位其他节段。

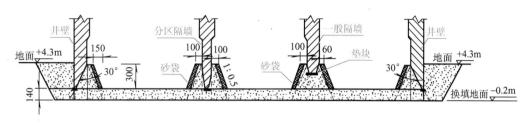

图 10-16　素混凝土垫块布置立面示意（尺寸单位：cm）

5）沉井钢壳的测量控制：

① 测量方法。荷载试验后进行换填，同时进行土模制作。根据设计图纸，计算出沉井刃脚及隔墙轮廓线的设计坐标和高程，用全站仪放样出边线，打上木桩，在木桩上放样出设计标高，并用白灰画出轮廓线，然后按照放样出来的形状开挖成槽，如图 10-17 所示，以确保沉井钢壳的拼装精度。然后安装后场预制的厚度为 25cm 的素混凝土垫块，

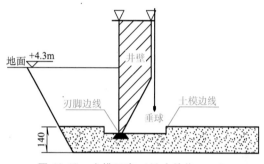

图 10-17　土模示意（尺寸单位：cm）

再在土模中安放首节沉井钢壳的拼装件。在拼装过程中，加强对平面位置、高程、垂直度（吊线检查）、扭转度的控制，编制几何数据表格，实时反映其空间位置，保证信息共享，指导施工，做到精细化施工、精细化管理。

② 控制点的布设。利用加密控制点对轴线及标高进行放样，加密导线为三级导线，加密水准网为三等控制网，其成果经审核，确定精度满足施工规范要求后方可使用。

③ 沉井拼装误差。由于是首节钢壳施工，为了给下一阶段沉井接高施工提供比较精确的三维坐标基准，现场必须精组织、精细施工、精细测量和精细检验。

④ 沉井钢壳的拼装误差。沉井钢壳的拼装误差应符合《钢结构工程施工质量验收标准》（GB 50205—2020）的规定。

3. 浮运沉井的下水、浮运到位

（1）浮运沉井的下水　浮运沉井一般先在岸上预制，再用滑道等方法将沉井放入水中（图 10-18）。在沉井落床位置的下游处利用有利地形条件建造滑道，尤其是利用旧道口或码头。在水下用条石或砌块砌筑两排石凳，石凳上铺设两根方木卧梁，卧梁上铺设钢轨组成水下滑道。沉井下水滑块用槽钢、钢板焊接而成并扣放在滑道钢轨上，如图 10-19 所示，滑块与钢轨顶面之间有润滑脂助滑。

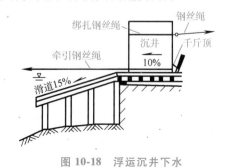

图 10-18　浮运沉井下水

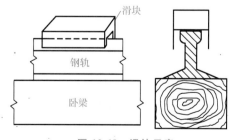

图 10-19　滑块示意

沉井的下水方式有：牵引下水、索道吊运下水、涨水自浮下水和挖土下沉下水等方式。沉井浮于水面上，最后拉运到墩位处，也可用船只浮运沉井。

（2）沉井浮运到位的注意事项

1）浮式沉井必须对浮运、就位和灌水着床时的稳定性进行验算。

2）浮运和灌水着床应在沉井混凝土达到设计要求的强度后，并尽可能安排在能保证浮运工作顺利进行的低水位或水流平稳时进行。

3）沉井浮运宜在白昼无风或小风时，以拖轮拖运或卷扬机牵引的方式进行。对水深和流速大的河流，为增加沉井稳定，可在沉井两侧设置导向船于沉井下沉前初步锚固于墩位的上游处。沉井在浮运、下沉的过程中，露出水面的高度均不应小于1m。

4. 浮运沉井的定位、下沉

浮运沉井到位后应进行定位，落床前应对所有的缆绳、锚链、锚碇和导向设备进行检查调整，以保证沉井落床工作顺利进行，并注意水位涨落时对锚碇的影响。

布置锚碇体系时，尽可能使锚绳受力均匀，锚绳规格和长度应相差不大，边锚预拉力要适当，避免导向船和沉井产生过大摆动或折断锚绳。准确定位后，应向井孔内或在井壁腔格内迅速、对称、均衡地灌水或混凝土，使沉井徐徐下沉至河底或在悬浮状态下接长沉井及填充混凝土使沉井逐步下沉至河底。在沉井下沉过程中，应注意防止沉井偏斜。沉井着床后，应采取措施使其尽快下沉，随时观测由沉井下沉的阻力和压缩流水断面引起的流速增大造成的河床局部冲刷。必要时可在沉井位置处用卵（碎）石垫填整平，以改变河床上的粒径，减小冲刷深度，增加沉井着床后的稳定性。应加强对沉井上游侧冲刷情况的观测和沉井平面位置及偏斜的检查，发现问题时立即采取措施并予调整。

三、沉井下沉过程中常遇到的问题及处理方法

1. 突然下沉

在软土地基沉井施工中，常发生突然下沉现象。如某工程的一个沉井，一次突沉3m之多。突沉的原因是井壁外的摩阻力很小，当刃脚附近土体挖除后，沉井失去支撑而剧烈下沉，这样容易使沉井产生较大的倾斜或超沉，应予避免。可采用均匀挖土、增大踏面宽度或加设底梁等措施来解决沉井突然下沉的问题。

2. 沉井偏斜

沉井开始下沉阶段，井体入土不深，下沉阻力较小，且由于沉井大部分还在地面上，外侧土体的约束作用很小，容易产生偏斜。这一阶段应控制挖土的程序和深度，注意均匀挖土。继续挖土时，可在沉井高的一侧集中挖土。还可以采取不对称加重、不对称射水和施加侧向力把沉井扶正等措施，沉井开始阶段要经常检查沉井的平面位置，注意防止较大的倾斜。在沉井中间阶段，可能会出现下沉困难的现象，但接高沉井后，下沉又变得顺利，但易出现偏移。如沉井中心位置发生偏移，可先使沉井倾斜；均匀挖土让沉井斜着下沉，直到井底中心位于设计中心线上，再将沉井扶正。

沉井沉至设计标高时，其位置误差不应超过下述规定：底面中心和顶面中心在纵、横方向的偏差不大于沉井高度的1/50，对于浮式沉井，允许偏差值还可增加25cm；沉井最大倾斜度不大于1/50；矩形沉井的平面扭角偏差不大于1°，浮式沉井不得大于2°。

3. 沉井下沉困难

沉井下沉至最后阶段，主要问题是下沉困难。沉井发生下沉困难的主要原因有：井外壁摩阻力太大，超过了自重，或刃脚下遇到大的障碍物。当刃脚遇到障碍物时，必须予以清除后再下沉。清除方法可以是人工排除，如遇树根或钢材可锯断或烧断，遇大孤石宜用炸药炸碎，以免损坏刃脚。在不能排水的情况下，可由潜水员进行水下切割或水下爆破。解决摩阻力过大而使下沉困难的方法可从增加沉井自重和减小井壁摩阻力两方面来考虑。

四、沉井下沉的助沉措施

1. 增加沉井自重

增加沉井自重可以在沉井顶面铺设平台，然后在平台上放置重物，如沙袋、块石、铁块等，但应防止重物倒塌。对不排水下沉的沉井，可从井孔中抽出一部分水，从而减小浮力，增加向下的压力使沉井下沉。此法对渗水性较大的砂层、卵石层效果不大，对易发生流砂的土也不宜用此法。

2. 压重下沉

压重下沉可根据不同情况及下沉高度、施工设备、施工方法等，采用压钢轨、压型钢、接高混凝土筒壁等加压方法使沉井下沉，但要注意均匀对称加重。

3. 减小沉井外壁的摩阻力

减小沉井外壁的摩阻力可以将沉井设计成台阶形、倾斜形，或在施工中尽量使外壁光滑；也可在井壁内埋设高压射水管组，利用高压水流冲松井壁附近的土，水沿井壁上升润滑井壁，减小井壁摩阻力，帮助沉井下沉。沉井下沉至一定深度后，如有下沉困难，可用炮震法施工，此法是在井孔的底部埋置适量的炸药，一般每个爆炸点用药 0.2kg 左右为宜，引爆产生的振动迫使沉井下沉，但要避免振坏沉井。对下沉较深的沉井，为减小井壁摩阻力常用泥浆润滑套或空气幕帮助沉井下沉。

（1）泥浆润滑套下沉　泥浆润滑套是在沉井外壁周围与土层之间设置膨润土泥浆隔离层，形成一个具有润滑作用的泥浆套，从而减少土壤与井壁间的摩阻力（一般泥浆润滑套与井壁的摩阻力为 3～5kPa），有利于沉井下沉。采用泥浆润滑套下沉时应注意以下几点：沉井外壁可制成台阶作为泥浆槽；泥浆所用黏土宜为颗粒较细、分散性较高并具有一定触变性的微晶高岭土；泥浆是用泥浆泵、砂浆泵或气压罐通过预埋在井壁内或设在井内的垂直压浆管压入，使外壁泥浆槽内充满触变泥浆，其液面接近于自然地面；为了防止漏浆，在刃脚台阶上宜钉一层 21mm 厚的橡胶层；在挖土时注意不要使刃脚底部脱空。

采用泥浆润滑套施工的沉井，沉井刃脚踏面宽度不宜大于 10cm，最好采用钢板包护无踏面的尖刃脚，以利于减小下沉时的正面阻力，并可防止漏浆。沉井外壁应做成单台阶形。为防止泥浆穿过沉井侧壁而渗漏到井内，并保持沉井下沉的稳定性，对直径不大于 8m 的圆形沉井，台阶位置多设在距刃脚底面 2～3m 处；对面积较大的沉井，台阶可设在最下一节与倒数第二节的接缝处。台阶的宽度就是泥浆润滑套的宽度，一般宜为 10～20cm。

泥浆润滑套的构造主要包括射口挡板、地表围圈及压浆管（胶管），如图 10-20 所示。射口挡板的作用是防止泥浆管射出的泥浆直冲土壁和土壁局部坍落堵塞出浆口。射口挡板可用角钢弯制而成，置于每个泥浆射出口处并固定在井壁台阶上，如图 10-21 所示。地表围圈埋设在沉井周围（图 10-22），它的作用是保护泥浆的围壁，确保下沉时润滑套的正确宽度，

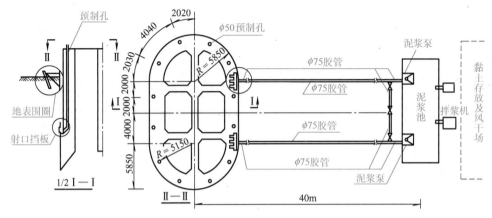

图 10-20　泥浆润滑套沉井结构示意

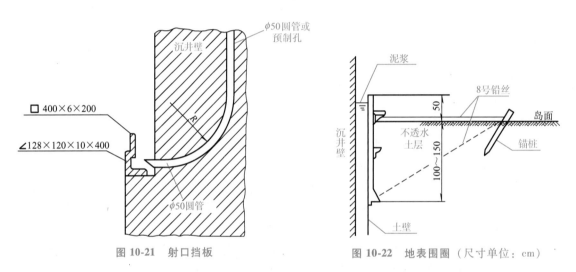

图 10-21　射口挡板　　　　　　图 10-22　地表围圈（尺寸单位：cm）

防止地表土坍落，储存泥浆等。泥浆在围圈内可流动，用以调整各压浆管出浆量不均衡的状况。地表围圈的高度即沉井台阶的宽度，一般为 1.5~2.0m，顶面高出地表约 0.5m。地表围圈可用木板或钢板制成，圈顶面可加盖，以防止土石落入或流水冲蚀。地表围圈外围用不透水的土回填夯实。泥浆润滑套的施工按压浆管与井壁的位置关系分为内管法和外管法。厚壁沉井多采用内管法施工，把压浆管埋在井壁内，管径为 38~50mm，间距3~4m，射口方向与井壁成 45°角；薄壁沉井用外管法施工，把压浆管布置在井壁外侧，如图 10-23 所示。

　　沉井在下沉过程中，泥浆泵房内要储备一定数量的泥浆，以便下沉时不断补浆，保证泥浆面不低于地表围圈的底面。同时要注意使沉井孔内外水位相近，以防发生流砂、漏水而使泥浆润滑套受到破坏。当沉井到达设计标高时，应压进水泥砂浆把触变泥浆挤出，使井壁与四周的土获得新的摩阻力。一般采用水泥浆、水泥砂浆或其他材料来置换触变泥浆，即将水泥浆、水泥砂浆或其他材料从泥浆润滑套的底部压入，使压进的水泥浆、水泥砂浆等凝固材料挤出触变泥浆，待其凝固后，沉井即可稳定。在卵石、碎石层中采用泥浆润滑套的效果一般较差。

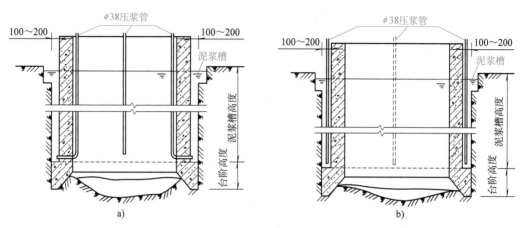

图 10-23　泥浆润滑套施工布置（尺寸单位：cm）

a）内管法　b）外管法

（2）空气幕下沉　空气幕下沉是指在井壁四周按喷气管分担范围设置空气管喷射高压气流，气流沿喷气孔喷出，再沿沉井外井壁上升，形成一圈空气幕，从而使井壁周围的土发生松动，减少井壁摩阻力，促使沉井顺利下沉，如图 10-24 所示。空气幕下沉主要适用于细（粉）砂土和黏性土环境。与普通沉井相比，可节省坼工工程量 30% ~ 50%，提高下沉速度 20% ~ 60%；与泥浆润滑套下沉相比，可在水中施工而不受水深限制，下沉完毕后井壁摩阻力可以得到恢复。

空气幕下沉施工时，输气管分层设置，由竖直气管和环形气管组成。每层环形气管上钻有很多小孔（喷气孔），压缩空气通过小孔向外喷射。空气幕下沉所需的压力可取静水压力的 2.5 倍。空气幕下沉的下沉量易于控制，施工设备简单，可以水下施工，经济效果好。

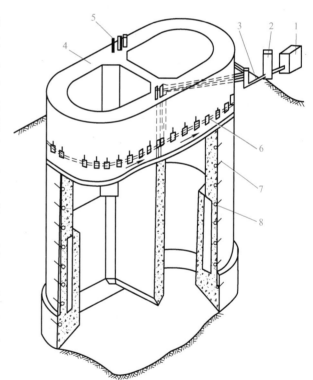

图 10-24　空气幕沉井压气系统示意

1—空气压缩机　2—储气筒　3—输气管路
4—沉井　5—井壁竖直气管
6—井壁环形气管　7—气龛　8—气龛中的喷气孔

单元 4　沉井质量检控

沉井施工前，必须掌握确切的水文地质资料，并应根据设计单位提供的水文地质资料决定是否增加、补充施工钻探，为编制施工技术方案提供准确依据；沉井下井前，应对附近的堤坝、建筑物和施工设备采取有效的防护措施，并在下沉过程中，经常进行沉降观测并观察基线、基点的设置情况；沉井施工前，应对洪汛、凌汛、河床冲刷、通航及漂流物等做好调查研究，需要在施工中度汛、度凌的沉井，应制订必要的措施，确保安全；沉井的制造与施工应由具有专业施工经验的单位承担；与沉井的结构、功能、施工工艺等类似的沉箱、永久性钢围堰、混凝土围堰等基础形式的施工，无规定时可参照沉井施工技术规范的规定。

一、沉井施工质量标准

1. 沉井制作允许偏差

沉井的制作以及封底、填充、封顶等检验内容及质量标准，应符合《公路桥涵施工技术规范》（JTG/T 3650—2020）第 11.2 节的相关规定。

2. 沉井基础的质量标准

沉井基础施工应分阶段进行质量检验并填写检查记录。沉井基础的质量应符合下列规定：

1）混凝土的强度应符合设计要求。沉井混凝土强度的检验应采用标准试模制作试块，每次应制作三组试块并按规定进行养护。试块 28d 的抗压强度应达到设计要求。

2）沉井刃脚底面标高应符合设计要求。

3）底面、顶面中心与设计中心的偏差应符合设计要求，当设计无要求时，其允许偏差在纵、横方向为沉井高度 H 的 1/50（包括因倾斜而产生的位移）。对于浮式沉井，允许偏差值可增加 250mm，即 $1/50H+250$mm。

4）沉井的最大倾斜度为 1/50。

5）矩形、圆端形沉井的平面扭转角偏差，就地制作的沉井不得大于 1°，浮式沉井不得大于 2°。

6）平面误差与倾斜值可同时存在。

二、沉井施工质量检验及质量评定

（一）质量检验项目及检测方法

《公路工程质量检验评定标准　第一册　土建工程》（JTG F80/1—2017）中对沉井的质量检验内容如下：

1）沉井应符合下列基本要求：

① 沉井下沉应在井壁混凝土达到规定强度后进行。浮式沉井在下水、浮运前，应进行水密性试验。

② 沉井接高时，各节的竖向中轴线应与第一节竖向中轴线相重合。接高前应纠正沉井的倾斜。

③ 沉井下沉到设计高程时，应检查基底，确认满足设计要求后方可封底。

④ 沉井下沉中出现开裂时，应查明原因，进行处理后方可继续下沉。

2）沉井实测项目应符合表 10-3 的规定。

3）沉井外观质量应符合下列规定：

① 井壁应无渗漏，井壁外侧应无鼓胀外凸。

② 混凝土表面不应存在《公路工程质量检验评定标准　第一册　土建工程》（JTG F80/1—2017）附录 P 所列限制缺陷。

表 10-3　沉井实测项目

项次	检查项目		规定值或允许偏差	检查方法和检查频率
1	混凝土强度/MPa		在合格标准内	按《公路工程质量检验评定标准 第一册 土建工程》(JTG F80/1—2017)附录 D 检查
2	沉井平面尺寸/mm	长、宽	$B \leqslant 24m$ 时，$\pm 0.5\% B$ $B > 24m$ 时，± 120	尺量：每节段测顶面
		半径	$R \leqslant 12m$ 时，$\pm 0.5\% R$ $R > 12m$ 时，± 60	
		非圆形沉井对角线差	对角线长度的 $\pm 1\%$，最大 ± 180	
3	井壁厚度/mm	混凝土	$+40, -30$	尺量：每节段沿边线测 8 处
		钢壳和钢筋混凝土	± 15	
4	顶面高程/mm		± 30	用水准仪测量：测 5 处
5	沉井刃脚高程/mm		满足设计要求	尺量：测沉井高度，共 5 处，以顶面高程反算
6	中心偏位（纵、横向）/mm	一般	$\leqslant H/100$	用全站仪测量：测沉井每节段顶面边线与两轴线的交点
		浮式	$\leqslant H/100 + 250$	
7	垂直度/mm		$\leqslant H/100$	铅锤法：测两轴线位置，共 4 处

注：B 为边长，R 为半径，H 为井高，计算规定值或允许偏差时均以 mm 计。

4）水泥混凝土抗压强度评定。评定水泥混凝土抗压强度时，应以标准养护 28d 龄期的试件在标准条件下测得的极限强度为准，每组试件 3 个。水泥混凝土抗压强度评定应符合下列要求：

① 试件 ≥10 组时，应以数理统计方法按下述条件评定：

$$m_{fcu} \geqslant f_{cu,k} + \lambda_1 S_n$$
$$f_{cu,min} \geqslant \lambda_2 f_{cu,k}$$

式中　　n——同批混凝土试件组数；

m_{fcu}——同批 n 组试件强度的平均值（MPa），精确到 0.1MPa；

S_n——同批 n 组试件强度的标准差（MPa），精确到 0.1MPa，当 $S_n < 2.5$MPa 时，取 $S_n = 2.5$MPa；

$f_{cu,k}$——混凝土设计强度等级（MPa）；

$f_{cu,min}$——n 组试件中强度最低一组的强度值（MPa），精确到 0.1 MPa；

λ_1、λ_2——合格判定系数，见表 10-4。

表 10-4　λ_1、λ_2 的值

n	10~14	15~19	≥20
λ_1	1.15	1.05	0.95
λ_2	0.9	0.85	0.85

② 试件 <10 组时，可用非数理统计方法评定，并满足下述条件：

$$m_{fcu} \geqslant \lambda_3 f_{cu,k}$$
$$f_{cu,min} \geqslant \lambda_4 f_{cu,k}$$

式中 λ_3、λ_4——合格判定系数，见表10-5。

表10-5 λ_3、λ_4 的值

混凝土强度等级	<C60	≥C60
λ_3	1. 15	1. 10
λ_4	0. 95	0. 95

③ 实测项目中，水泥混凝土抗压强度评为不合格时，相应分项工程为不合格。

（二）沉井施工质量检验标准

《建筑地基基础工程施工质量验收标准》（GB 50202—2018）规定，沉井与沉箱施工前应对砂垫层的地基承载力进行检验。沉井与沉箱施工中的验收应符合下列规定：

1）混凝土浇筑前应对模板尺寸、预埋件位置、模板的密封性进行检验。

2）拆模后应检查混凝土浇筑质量。

3）下沉过程中应对下沉偏差进行检验。

4）下沉后的接高应对地基强度、接高稳定性进行检验。

5）封底结束后，应对底板的结构及渗漏情况进行检验，并应符合《地下防水工程质量验收规范》（GB 50208—2011）的规定。

6）浮运沉井应进行起浮可能性检验。

沉井与沉箱质量检验标准见表10-6。

表10-6 沉井与沉箱质量检验标准

项	序	检查项目			允许值		检查方法
					单位	数值	
主控项目	1	混凝土强度			不小于设计值		28d 试块强度或钻芯法
	2	井（箱）壁厚度			mm	±15	用钢尺量
	3	封底前下沉速率			mm/8h	≤10	水准测量
	4	刃脚平均标高	沉井		mm	±100	测量计算
			沉箱		mm	±50	
	5	终沉后	刃脚中心线位移	沉井	$H_3 \geq 10m$	mm	≤1%H_3	测量计算
					$H_3 < 10m$	mm	≤100	
				沉箱	$H_3 \geq 10m$	mm	≤0.5%H_3	
					$H_3 < 10m$	mm	≤50	
	6		四角中任意两角高差	沉井	$L_2 \geq 10m$	mm	≤1%H_2 且≤300	测量计算
					$L_2 < 10m$	mm	≤100	
				沉箱	$L_2 \geq 10m$	mm	≤0.5%H_2 且≤150	
					$L_2 < 10m$	mm	≤50	
一般项目	1	平面尺寸	长度		mm	±0.5%L_1 且≤50	用钢尺量
			宽度		mm	±0.5%B 且≤50	用钢尺量
			高度		mm	±30	用钢尺量
			直径（圆形沉箱）		mm	±0.5%D_1 且≤100	用钢尺量（互相垂直）
			对角线		mm	≤0.5%线长且≤100	用钢尺量（两端点之间各取一点）

（续）

项	序	检查项目		允许值		检查方法
				单位	数值	
一般项目	2	垂直度			≤1/100	用经纬仪测量
	3	预埋件中心线位置		mm	≤20	用钢尺量
	4	预留孔(洞)位移		mm	≤20	用钢尺量
	5	下沉过程中	四角高差	沉井	≤(1.5%~2.0%)L_1 且≤500mm	水准测量
				沉箱	≤(1.0%~1.5%)L_1 且≤450mm	水准测量
	6		中心位置	沉井	≤1.5%H_2 且≤300mm	用经纬仪测量
				沉箱	≤1.0%H_2 且≤150mm	用经纬仪测量

注：L_1 为设计沉井与沉箱长度（mm）；L_2 为矩形沉井两角的距离，圆形沉井为互相垂直的两条直径（mm）；B 为设计沉井（箱）宽度（mm）；H_2 为下沉深度（mm）；H_3 为下沉总深度，指下沉前后刃脚的高差（mm）；D_1 为设计沉井与沉箱直径（mm）；检查中心线位置时，应沿纵、横两个方向测量，并取其中较大值。

三、沉井下沉质量监控

（一）沉井下沉观测

1. 沉井井筒垂线倾斜度的观测

沉井井筒垂线倾斜度的观测方法为观测在井筒内壁预先设定的 4 个垂球的锥尖是否分别在相应位置上的标盘中心。当井筒发生偏斜时，垂球锥尖就会偏离标盘中心点，垂球吊线就偏离了井筒内壁上的垂线，然后根据垂球偏离标盘中心及偏离井筒内壁的垂线的方位和大小进行纠偏。一般在沉井每次下沉前后各观测一次。

2. 沉井刃脚踏面高程及下沉量的观测

沉井刃脚踏面高程及下沉量的观测方法，是利用在沉井外地面上的轴线位置处预先设置的水平标尺，测出下沉时刃脚踏面的高程，前、后两次分别测得的刃脚踏面高程差即为下沉量；刃脚踏面下沉前高程减去测得的下沉时踏面高程即为总下沉量；两个相对点高差读数的正、负差，可表示沉井井筒倾斜的方向及倾斜程度。一般在沉井每次下沉前后各观测一次。

3. 井筒倾斜度的测量

井筒倾斜度的测量一般用水准仪或激光水平仪观测在井外壁事先设置的 4 个对称点的高程，然后算出踏面的高程，用对称点的高程差算出井筒倾斜角。

（二）沉井的纠偏

1. 沉井倾斜

（1）原因分析

1）沉井四周土质软硬不均。

2）没有均匀挖土，使沉井内高差悬殊。

3）刃脚一侧被障碍物拦住。

4）沉井外面有弃土或堆物，井上附加荷载分布不均造成对井壁的偏压。

（2）纠正方法

1）由沉井四周土质软硬不均和没有均匀挖土引起的倾斜，可采用三种方法进行纠偏：

① 挖土纠偏，通过调整挖土的高差及调整沉井刃脚处保留土台的宽度进行纠偏。

② 射水纠偏，向下沉较慢一侧的沉井井筒外部沿外壁四周注射压力水，使该处的土成为泥浆，以减少土的抗力；并且泥浆还起了润滑作用，减少了沉井外壁与土之间的摩擦阻力，促使沉井较高的一侧迅速下沉。

③ 局部增加荷载纠偏，在井筒较高的一侧增加荷载（一般采用铁块、砂石袋加压）或用振动机振动，促使井筒较高侧较快下沉。

2）因刃脚一侧被障碍物拦住引起沉井倾斜的纠偏方法：

① 如遇较小孤石，可将四周土掏空后将孤石取出；较大孤石可用风动工具或松动爆破方法将大孤石破碎成小块取出。

② 不排水下沉时，爆破孤石除打眼爆破外，也可用射水管在孤石下面掏洞，装药爆破将孤石破碎。

3）沉井外面有弃土或堆物，井上附加荷载分布不均造成倾斜的纠偏方法：将井外弃土或堆物清除；调整井上附加荷载的位置，使荷载均匀。

2. 沉井移位

（1）原因分析　沉井发生移位大多是由倾斜引起的，当发生倾斜和纠正倾斜时，井身常向倾斜一侧的下部增加较大的压力，因而会产生一定的移位。

（2）纠正方法　控制沉井不再向偏移的方向倾斜；有意使沉井向移位的相反方向倾斜，当几次倾斜纠正后，即可恢复到正确位置。

★ 单元5　沉井施工计算

沉井在施工过程中的计算内容包括：使沉井顺利下沉所必需的重力；沉井井壁及刃脚；混凝土封底层的厚度；浮运沉井在浮运过程中的横向稳定性；沉井在施工过程中，其截面应进行短暂状况验算。

一、沉井顺利下沉验算

（一）摩阻力的计算

沉井下沉时，作用在沉井外壁上的土的摩阻力及其沿筒高的分布，应根据施工现场水文地质条件、井筒的外形及施工方法确定。

1. 极限摩阻力标准值的确定

为使沉井顺利下沉，沉井重力（不排水下沉时，应计浮重度）须大于井壁与土体间的摩阻力标准值。土与井壁间的摩阻力标准值应根据实践经验或实测资料确定；当缺少上述资料时，可根据土的性质、施工措施，按表10-7选用。

表10-7　土与井壁间的摩阻力标准值

土的名称	摩阻力标准值/kPa	土的名称	摩阻力标准值/kPa
黏性土	25~50	砾石	15~20
砂土	12~25	软土	10~12
卵石	15~30	泥浆润滑套	3~5

注：泥浆润滑套为灌注在井壁外侧的触变泥浆，是一种助沉材料。

2. 土体作用在沉井上的摩阻力计算

土体作用在沉井上的摩阻力可按式（10-2）或式（10-3）计算。

1）土体作用在筒柱形沉井上的摩阻力：

$$T_f = \pi \sum D h_i f_i \qquad (10\text{-}2)$$

式中　D——沉井的外径（m）；

　　　h_i——第 i 土层的厚度（m）；

　　　f_i——第 i 土层的极限摩阻力标准值，对地面以下 5m 范围内为平均值（kPa）。

2）沉井外壁呈阶梯形时，土体作用在沉井上的摩阻力：

$$T_f = \pi \sum D_1 h_{1i} f_i + 0.6\pi \sum D_2 h_{2i} f_i \qquad (10\text{-}3)$$

式中　D_1——阶梯形沉井下部的外径（m）；

　　　D_2——阶梯形沉井上部的外径（m）；

　　　h_{1i}——阶梯下部第 i 土层的厚度（m）；

　　　h_{2i}——阶梯上部第 i 土层的厚度（m）。

（二）沉井下沉系数的计算

沉井按自重下沉时，下沉系数按下式计算：

$$(G - P_{fw})/T_f \geq K \qquad (10\text{-}4)$$

式中　G——沉井自重（kN）；

　　　P_{fw}——沉井承受的水的浮托力（kN）；

　　　T_f——沉井外壁承受的土的总摩擦力（kN）；

　　　K——下沉系数，$K \geq 1.05$；当沉井在软土层中下沉时，宜取 1.05；在其他一般土层中下沉时，宜取 1.15。

二、沉井井壁及刃脚验算

（一）沉井井壁验算

沉井井壁应按下列规定验算，其中薄壁浮式沉井的井壁应根据实际可能发生的情况进行验算。

1. 施工下沉时最下一节沉井验算

施工下沉时，沉井最下一节应按下列情况验算其竖向弯曲强度：

1）当排水挖土下沉时，沉井最下一节假定支撑在四个支点"1"上，如图 10-25 所示，验算其竖向弯曲。

2）当不排水挖土下沉时，由于挖土不均匀，沉井最下一节假定支撑在长边的中心支点"2"上或支撑在短边两端的四角支点"3"上，如图 10-26 所示，验算其竖向弯曲。

2. 施工下沉过程中井壁的验算

施工下沉过程中井壁的验算分为竖直方向和水平方向两部分。

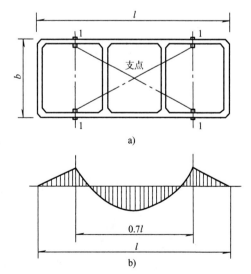

图 10-25　排水挖土下沉沉井最下一节验算

a）平面图　b）弯矩图

267

（1）竖直方向验算 当沉井被四周土体摩阻力所嵌固而刃脚下的土已被挖空时，应验算井壁接缝处的竖向抗拉强度。在接缝处假定混凝土不承受拉力而由接缝处的钢筋承受。

1）等截面井壁。井壁摩阻力可假定沿沉井总高按三角形分布，即在刃脚底面处为零，在地面处为最大。此时，最危险的截面在沉井入土深度的 1/2 处，如图 10-27a 所示，最大竖向拉力 $P_{\max}$ 为沉井全部重力 G_K 的 1/4，即

$$P_{\max} = G_K/4 \tag{10-5}$$

2）台阶形井壁（图 10-27b）。每段井壁的变阶处均应进行计算，变阶处的井壁拉力为

$$P_x = G_{xk} - uq_x x/2 \tag{10-6}$$

$$q_x = xq_d/h \tag{10-7}$$

式中　P_x——距离刃脚底面 x 高度处的井壁拉力（kN）；

　　　G_{xk}——x 高度范围内的沉井自重（kN）；

　　　u——井壁周长（m）；

　　　q_x——距离刃脚底面 x 高度处的摩阻力（kPa）；

　　　q_d——沉井顶面摩阻力（kPa）；

　　　h——沉井总高（m）；

　　　x——刃脚底面至变阶处（或验算截面）的高度。

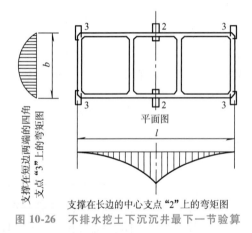

图 10-26　不排水挖土下沉沉井最下一节验算

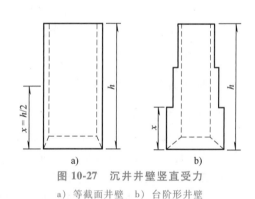

图 10-27　沉井井壁竖直受力

a）等截面井壁　b）台阶形井壁

（2）水平方向验算

1）水平方向应验算刃脚根部以上高度等于该处壁厚的一段井壁，计算时除计入该段井壁范围内的水平荷载外，还应考虑由刃脚悬臂传来的水平剪力。

2）根据排水或不排水的情况，沉井井壁在水压力和土压力等水平荷载作用下，应作为水平框架验算其水平方向的弯曲。

3）采用泥浆润滑套下沉的沉井，泥浆压力大于上述水平荷载，井壁压力应按泥浆压力计算。采用空气幕下沉的沉井，井壁压力与普通沉井的计算相同。

（二）沉井刃脚验算

沉井刃脚可分别作为悬臂梁和水平框架验算其竖向和水平向的弯曲强度。

1. 刃脚竖向作为悬臂梁计算

刃脚根部可认为与井壁嵌固，刃脚高度作为悬臂长度，并可根据以下两种不利情况分别计算：

（1）刃脚竖向向外弯曲　沉井下沉途中，刃脚内侧已切入土中约 1m，沉井顶部露出水面尚有一定高度（多节沉井约为一节沉井高度）时，验算刃脚因受井孔内土体的侧向压力而向外弯曲时的强度。在上述情况下，作用于井壁外侧的计算侧土压力和水压力的总和不应大于静水压力的 70%，井壁外侧的计算摩阻力取 $0.5E$（E 为井壁所受的主动土压力）或按表 8-10 计算的较小值。

（2）刃脚竖向向内弯曲　沉井已沉到设计标高，刃脚下的土已被挖空的情况下，验算刃脚因受井壁外侧全部水压力和侧土压力而向内弯曲时的强度。水压力可按下列情况计算：不排水下沉时，井壁外侧水压力值按 100% 计算，内侧水压力值按 50% 计算，但也可按施工中可能出现的水头差计算。排水下沉时，在透水不良的土中，可按静水压力的 70% 计算；在透水土中，可按静水压力的 100% 计算。

2. 刃脚竖向作为水平框架计算

沉井已沉到设计标高，刃脚下的土已被挖空的情况下，将刃脚作为闭合的水平框架，计算其水平方向的抗弯强度。

3. 沉井刃脚上作用的水平力分配系数计算

1）刃脚沿竖向视为悬臂梁，其悬臂长度等于斜面部分的高度。当内隔墙的底面距刃脚底面 0.5m 或大于 0.5m 而采用竖向承托加强时，作用于悬臂部分的水平力可乘以分配系数 α，即

$$\alpha = \frac{0.1l_1^4}{h^4 + 0.05l_1^4} \leqslant 1.0 \tag{10-8}$$

式中　l_1——支撑在内隔墙间的外壁最大计算跨径（m）；

　　　h——刃脚斜面部分的高度（m）。

悬臂部分的竖直钢筋应伸入悬臂根部以上 $0.5l_1$ 的高度，并在悬臂总高按剪力和构造要求设置箍筋。

2）刃脚水平部分可视为闭合框架，当刃脚悬臂的水平力乘以分配系数 α 时，作用于框架的水平力应乘以分配系数 β，即

$$\beta = \frac{h^4}{h^4 + 0.05l_2^4} \tag{10-9}$$

式中　l_2——支撑在内隔墙间的外壁最大计算跨径（m）；

　　　h——刃脚斜面部分的高度（m）。

三、混凝土封底层的厚度

混凝土封底层的厚度应根据基底的水压力和地基土的向上反力计算确定。井孔不填充混凝土的沉井，封底混凝土须承受由沉井基础全部荷载产生的基底反力。井孔内如填砂，应扣除其重力；井孔内如填充混凝土（或片石混凝土），封底混凝土须承受填充混凝土前的沉井底部的静水压力。

四、浮运沉井在浮运过程中的横向稳定性验算

1）薄壁浮运沉井在浮运过程中（沉入河床前），应验算横向稳定性。沉井在浮运阶段的倾斜角 φ 可按式（10-10）计算，即

$$\varphi = \tan^{-1} \frac{M}{\gamma_w V(\rho - a)} \tag{10-10}$$

式中　φ——沉井在浮运阶段的倾斜角，不应大于6°，并满足 $(\rho - a) > 0$；

　　　M——外力矩（$kN \cdot m$）；

　　　V——力矩排水体积（m^3）；

　　　a——沉井重心至浮心的距离（m），重心在浮心之上为正，反之为负；

　　　ρ——定倾半径，即定倾中心至浮心的距离（m）；

　　　γ_w——水的重度，取 $\gamma_w = 10 kN/m^3$。

2）最下一节以上沉井应按静水压力、流水压力、风力、导向结构反力、锚缆拉力、井内填充混凝土侧压力等，分别验算井壁和内隔墙。

五、沉井施工过程中的抗浮稳定验算

抗浮稳定验算应根据可能出现的最高水位按式（10-11）计算，即

$$(G + 0.5T_f)/P_{fw} \geq K_w \tag{10-11}$$

式中　G——沉井自重（kN）；

　　　T_f——沉井外壁的总摩阻力（kN）；

　　P_{fw}——沉井承受的浮力（kN），采用不排水下沉时，为沉井壁浸入水或泥水中的体积乘以水或泥水的比重；排水封底后，为沉井浸入地下水面的体积；

　　　K_w——沉井抗浮安全系数，一般取 1.1~1.25。

六、沉井的抗滑移和抗倾覆计算

沉井下沉封底后，由于使用的需要，常开挖进（出）水管道的基槽，或由于其他原因造成的沉井侧面土压力不均匀时，需进行抗滑移和抗倾覆计算，计算方法同浅基础稳定验算（见学习情境8单元6），计算简图如图10-28所示。

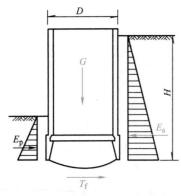

图 10-28　抗滑移和抗倾覆计算简图

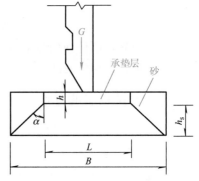

图 10-29　砂垫层厚度计算简图

七、砂垫层厚度、宽度的计算

1. 砂垫层厚度的计算

砂垫层厚度按式（10-12）计算，即

$$P \geqslant G_0 / (L + 2h_s \tan\alpha) + \gamma_s h_s \tag{10-12}$$

式中　P——砂垫层下地基土的承载力（kN/m^2）；

　　　G_0——沉井下沉前单位长度的重量（kN）；

　　　L——素混凝土垫层的宽度（m）；

　　　h_s——砂垫层的厚度（m）；

　　　α——砂垫层的压力扩散角（°）；

　　　γ_s——砂的重度（kN/m^3），一般取 $\gamma_s = 18kN/m^3$。

砂垫层厚度的计算简图如图 10-29 所示。

2. 砂垫层宽度的计算

砂垫层宽度按式（10-13）计算，即

$$B \geqslant L + 2h_s \tan\alpha \text{ 且 } B \geqslant b + 2L \tag{10-13}$$

式中　b——沉井刃脚踏面的宽度（m）；

　　　B——砂垫层底面的宽度（m）；

　　　L——素混凝土垫层的宽度（m）。

八、承垫层的计算

采用素混凝土垫层时，根据《混凝土结构设计规范》（GB 50010—2010）附录 D 的规定，应进行抗压和抗弯强度计算。

1. 抗压强度计算

抗压强度按式（10-14）计算，即

$$N \leqslant \psi f_{cc} A_c' \tag{10-14}$$

式中　N——轴向压力设计值，即素混凝土垫层上的荷载设计值（N）；

　　　ψ——素混凝土构件的稳定系数；

　　　f_{cc}——素混凝土轴心抗压强度设计值（MPa），按 $0.8f_c$ 取用；

　　　A_c'——混凝土受压区面积（mm^2）；

　　　f_c——混凝土轴心抗压强度设计值（MPa）。

2. 抗弯强度计算

抗弯强度按式（10-15）计算，即

$$M \leqslant \gamma f_{ct} W \tag{10-15}$$

式中　M——弯矩设计值，即由沉井单位长度自重和模板等引起的地基反力对素混凝土垫层产生的最大弯矩；

　　　γ——截面抵抗矩塑性影响系数，对矩形截面取 1.55；

　　　f_{ct}——素混凝土轴心抗拉强度设计值（MPa），按 $0.55f_t$ 取用；

　　　W——截面受拉边缘的弹性抵抗矩；

　　　f_t——混凝土轴心抗拉强度设计值（MPa）。

3. 弯矩设计值计算

素混凝土受弯构件的受弯承载力应符合下列规定：

1）对称于弯矩作用平面的截面，其弯矩设计值为

$$M \leqslant \gamma f_{\mathrm{ct}} W \tag{10-16}$$

2）矩形截面，其弯矩设计值为

$$M \leqslant \frac{\gamma f_{\mathrm{ct}} b h^2}{6} \tag{10-17}$$

式中　M——弯矩设计值；其他符号含义同前。

单元 6　　地下连续墙简介

一、地下连续墙的概念、特点及其应用

地下连续
墙简介

地下连续墙是在地面用特殊的挖槽设备，沿着深挖工程的周边，在泥浆护壁的情况下，开挖一条狭长的深槽，在槽内放置预先制作好的钢筋笼并浇筑水下混凝土，筑成一段钢筋混凝土墙段；然后，将若干墙段连接成整体，形成一条连续的地下墙体，如图 10-30 所示。

地下连续墙结构刚度大，整体性、防渗性和耐久性好；施工时基本上无噪声、无振动，建造深度大，能适应较复杂的地质条件；能在建筑物、构筑物密集的地区施工；能兼作临时性设施和永久性的地下主体结构；能结合"逆筑法"施工，缩短施工工期。因此，地下连续墙被广泛地应用于市政工程的各种地下工程、房屋基础、竖井、船坞、船闸、码头、堤坝等。但是，地下连续墙施工要求现场管理水平较高，管理不当可能会造成现场潮湿和泥泞而影响施工，增加对废弃泥浆的处理工作；如施工不当或土层条件特殊，容易出现不规则超挖和槽壁坍塌；对施工队伍的技术水平要求较高；地下连续墙的造价高于钻孔灌注桩和深层搅拌桩，必须经过认真的技术经济比较后才可决定是否采用。近年来，地下连续墙在我国得到了广泛的应用，如高层建筑的深大基坑、大型地下商场和地下停车场、地铁车站以及地下泵站、地下变电站、地下油库等地下特殊建筑物，采用地下连续墙的基坑，长宽规模已达几百米，基坑开挖深度已达 30m 以上。

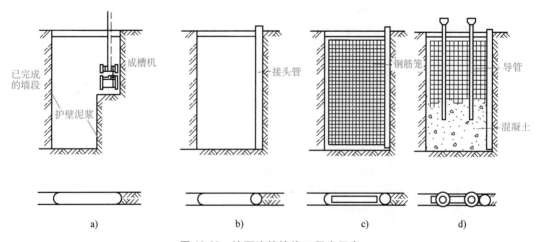

图 10-30　地下连续墙施工程序示意

a）成槽　b）放入接头管　c）放入钢筋笼　d）浇筑混凝土

二、地下连续墙的类型与接头构造

（一）地下连续墙的类型

地下连续墙按其填筑的材料分为土质墙、混凝土墙、钢筋混凝土墙（又有现浇与预制之分）和组合墙（预制钢筋混凝土墙板和现浇混凝土的组合，或预制钢筋混凝土墙板和自凝水泥膨润土泥浆的组合）等；按成墙方式可以分为桩排式、壁板式、桩壁组合式。

桩排式地下连续墙实际上就是把钻孔灌注桩并排连接形成的地下连续墙，在上海地区的深基坑围护结构中使用相当广泛。目前，我国应用较多的是现浇的钢筋混凝土壁板式地下连续墙，它多用于防渗挡土结构并常作为主体结构的一部分。作为挡土结构的地下连续墙，按其支护结构方式可以分为以下四种类型：

（1）自立式地下连续墙挡土结构　该结构在开挖修建过程中不需设置锚杆或支撑系统，其最大的自立高度与墙体厚度和土质条件有关。一般在开挖深度较小的情况下应用；在开挖深度较大又难以采用支撑或锚杆支护的工程，可采用 T 形或 I 形断面以提高自立高度。

（2）锚碇式地下连续墙挡土结构　该结构的锚碇方式一般采用斜拉锚杆，锚杆层数及位置取决于墙体的支点、墙后滑动土体的条件及地质情况。在软弱的土层或水位较高处，也可在地下连续墙顶附近设置拉杆和锚碇块体。

（3）支撑式地下连续墙挡土结构　它与板桩挡土的支撑相似，常采用 H 型钢、钢管等构件支撑地下连续墙。钢筋混凝土支撑式地下连续墙挡土结构较常见，因其取材较方便，且水平位移较少，稳定性好；其缺点是撤除时较困难，开挖时需要待混凝土强度达到要求后才可进行。有时，也可采用主体结构的钢筋混凝土结构梁兼作施工支撑。当基坑开挖较深时，可采用多层支撑方式。

（4）逆筑法地下连续墙挡土结构　该结构是利用地下主体结构梁板体系作为挡土结构的支撑，逐层进行开挖，逐层进行梁、板、柱的施工，形成地下连续墙挡土结构。其工艺原理是：先沿建筑物地下室轴线或周围施工地下连续墙，同时在建筑内部的有关位置浇筑或打下中间支撑柱，作为施工期间底板封底前承受上部结构自重和施工荷载的支撑，然后施工地面一层的梁板楼面结构，作为地下连续墙的支撑，再逐层向下开挖土方和浇筑各层地下结构直至底板封底。

（二）地下连续墙的接头构造

1. 施工接头

地下连续墙一般分段浇筑，墙段间需设施工接头；另外，地下连续墙与内部结构也需要设置结构接头。施工接头要求随工程目的而异，作为基坑开挖时的防渗挡土结构，要求接头密合不夹泥；作为主体结构的侧墙或结构的一部分，除了具有防渗、挡土作用外、还要求具有抗剪能力。常见施工接头有以下几种：

1）接头管接头（图 10-31），这是目前应用较广泛的接头形式。

2）接头箱接头（图 10-32），它可以使地下连续墙形成整体，接头的刚度较好，具有抗剪能力。

此外，还有隔板式接头等。

2. 结构接头

地下连续墙与内部结构的楼板、柱、梁、底板等连接的结构接头，既要承受剪力或弯

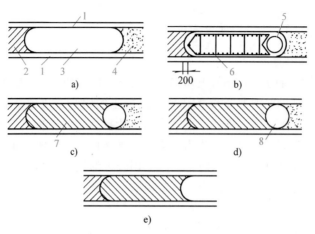

图 10-31 接头管接头的施工程序

a) 开挖槽段 b) 吊放接头管和钢筋笼 c) 浇筑混凝土 d) 拔出接头管 e) 形成接头

1—导墙 2—已浇注混凝土的单元槽段 3—开挖的槽段 4—未开挖的槽段 5—接头管

6—钢筋笼 7—正浇筑混凝土的单元槽段 8—接头管拔出后的孔洞

矩，又要考虑施工的局限性。目前常用的结构接头有预埋连接钢筋、预埋连接钢板、预埋剪力连接构件等，可根据接头的受力条件选用，并参照《混凝土结构设计规范》（GB 50010—2010）对构件接头的构造要求布设钢筋或钢板。

三、地下连续墙的施工

地下连续墙
施工工艺

现浇钢筋混凝土壁板式连续墙单元槽段的主要施工工序有修筑导墙、泥浆护壁、挖掘深槽、混凝土墙体浇筑等。

1. 修筑导墙

在地下连续墙施工以前，必须沿地下墙的墙面线开挖导槽，修筑导墙。导墙是临时结构，主要起到挡土，防止槽口坍塌，作为连续墙施工的基准，作为重物的支撑结构，存蓄泥浆等作用。

导墙常采用钢筋混凝土制作（现浇或预制），也有钢板导墙。常用钢筋混凝土导墙断面如图 10-33 所示。

导墙埋深一般为 1~2m，墙顶宜高出地面 0.1~0.2m，导墙的内壁应垂直并与地下连续墙的轴线平行，内外导墙间的净距应比连续墙厚度大 3~5cm，墙底应与密实的土紧贴，以防止泥浆渗漏。墙的配筋多为 Φ12@200mm，水平钢筋应有效连接，使导墙形成整体。在导墙混凝土未达到设计强度前，禁止任何重型机械在其旁行驶或停置，以防止导墙开裂或变形。

2. 泥浆护壁

地下连续墙施工的基本特点是利用泥浆护壁进行成槽。泥浆的主要作用除护壁外，还有携渣、冷却钻具和润滑作用。常用的护壁泥浆的种类及主要成分见表 10-8。

3. 挖掘深槽

挖掘深槽是地下连续墙施工中的关键工序，约占地下连续墙整个工期的一半，它是用专用的挖槽机来完成的，应按不同地质条件及现场情况选择挖槽机械。目前，国内外常用的挖槽机械按其工作原理分为抓斗式冲击式和回转式三大类。我国应用较多的是吊索式蚌式抓斗、导杆式蚌式抓斗及回转式多头钻等。

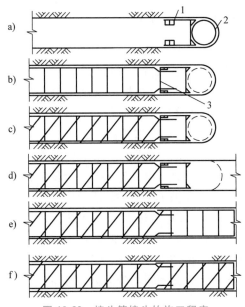

图 10-32　接头箱接头的施工程序
a）插入接头箱　b）吊放钢筋笼　c）浇筑混凝土
d）吊出接头箱　e）吊放下一槽段的钢筋笼
f）浇筑后一槽段混凝土
1—接头箱　2—接头管　3—焊在钢筋笼上的钢板

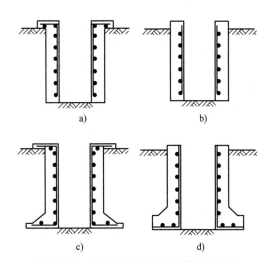

图 10-33　常用钢筋混凝土导墙断面示意
a）倒 L 形导墙　b）I 形导墙　c）C 形导墙　d）L 形导墙

表 10-8　常用护壁泥浆的种类及主要成分

泥 浆 种 类	主 要 成 分	常用的外加剂
膨润土泥浆	膨润土、水	分散剂、增黏剂、加重剂、防漏剂
聚合物泥浆	聚合物、水	
羧甲基纤维素（CMC）泥浆	羧甲基纤维素、水	膨润土
盐水泥浆	膨润土、盐水	分散剂、特殊黏土

挖槽是以单元槽段逐个进行挖掘的，单元槽段的长度除考虑设计要求和结构特点外，还应考虑地质、地面荷载、起重能力、混凝土供应能力及泥浆池容量等因素。施工时发生槽壁坍塌是严重的事故，当挖槽过程中出现坍塌迹象（如泥浆大量流失、泥浆内有大量泡沫上冒或出现异常扰动、排土量超过设计断面的土方量、导墙及附近地面出现裂缝及沉陷等）时，应首先将挖槽机械提至地面，然后迅速查清槽壁坍塌的原因，采取抢救措施，以控制事态的发展。

4. 混凝土墙体浇筑

槽段挖至设计标高并进行清底后，应尽快进行墙段钢筋混凝土浇筑，主要工作包括吊放接头管及其他接头构件；吊放钢筋笼；插入浇筑混凝土的导管，并将混凝土连续浇筑到设计要求的标高；拔出接头管。

对于长度超过 4m 的槽段宜双导管同时浇筑，导管间距根据混凝土和易性及导管浇筑的有效半径确定，一般为 2~3.5m，最大为 4.5m。每个槽段混凝土的浇筑速度一般为每小时上升 3~4m。

素质拓展——武汉杨泗港长江大桥沉井施工

武汉杨泗港长江大桥从 2015 年 7 月开工，到 2019 年 9 月通车，是武汉市第十座长江大桥，是长江上的首座双层公路大桥，是世界上跨度第二大的悬索桥，采用双向 12 车道布置，主跨 1700m，居世界第二，在双层桥梁结构中则是世界第一。两个桥塔基础均为钢沉井基础，其中 2 号沉井平面尺寸为 77.2m×40m，超过 7 个标准篮球场的面积，总高 50m，下部 28m 为钢壳混凝土结构，上部 22m 为钢筋混凝土结构，沉井持力层为硬塑黏土层，沉井下沉需要穿过不同厚度（1.8~10.8m）的硬塑黏土层。沉井施工过程中采用了气囊整体平移技术、底托板助浮技术、无导向船重锚锚碇定位技术等，解决了沉井施工的多个复杂技术难题，为以后的桥梁深水基础在超厚黏土层中采用沉井基础提供了宝贵的施工经验。

工程技术人员一次又一次地展示着"中国速度"：168 天将重达 12.3 万 t 的沉井浮运下沉到位，300 天完成高达 241.2m 的塔柱施工，82 天完成主缆 271 根索股的架设，36 天完成 49 片千吨级钢梁架设……我们为祖国的发展而倍感自豪，在今后的工作学习中要不断钻研，开拓创新，为祖国工程建设事业的高质量发展添砖加瓦，为实现强国梦而努力奋斗。

思 考 题

10-1 什么是沉井基础？沉井基础有什么特点？在什么条件下使用沉井基础？

10-2 沉井有哪些类型？构造形式有哪些？

10-3 沉井在施工中可能出现哪些问题？应如何处理？

10-4 泥浆润滑套的特点和作用是什么？

10-5 地下连续墙接头如何处理？

10-6 什么叫作筑岛法？有何作用？适用于什么情况？

10-7 沉井浮运过程中应注意哪些问题？

10-8 地下连续墙有何优缺点？简述地下连续墙的施工步骤。

10-9 如何减小沉井井壁与土的摩阻力？

10-10 沉井施工过程中需要从哪些方面控制质量？

学习情境 11
地基处理简介

学习目标与要求

1）理解人工地基的概念、地基处理的目的和基本方法。

2）掌握换填垫层法的基本原理、适用条件，垫层的施工方法和质量检查内容。理解垫层设计参数的确定方法。

3）掌握强夯法、砂石桩法、振动压实法的加固原理和参数确定。了解常用挤密压实法的适用条件、不同方法之间的区别。

4）掌握排水固结法砂井的布孔方法、参数确定、固结度计算方法。理解各种排水固结方法的原理和区别。了解堆载预压、真空预压和降水预压法的基本要点。

5）了解深层搅拌法的加固机理、常用胶结材料、施工程序等。理解深层搅拌法的适用情况、设计计算内容，以及面积置换率的概念、沉降计算方法。掌握单桩承载力、复合地基承载力等参数的确定方法。

6）了解灌浆、旋喷和土工聚合物加固地基的实用性，并熟悉基本要点。

学习重点与难点

本学习情境重点是各种加固方法的加固机理、参数确定、施工程序等，难点是如何根据实际条件选择合适的加固方法。

单元 1 概述

一、人工地基的概念和适用条件

工程建设中，不可避免地会遇到天然地基不能满足工程结构对地基的强度及稳定性等方面的要求的问题，应先经人工处理，加固并改善其力学性质后，再建造结构物。经人工处理或加固后的地基称为人工地基。

《建筑地基基础设计规范》（GB 50007—2011）规定，软弱地基是指地基压缩层主要由淤泥、淤泥质土、冲填土、杂填土或其他高压缩性土构成的地基。

软土一般是指第四纪后期在滨海、湖泊、河滩、三角洲、冰碛等静水或缓流环境中以细颗粒为主的沉积土。工程上常将淤泥和淤泥质土统称为软土，这类土是一种呈软塑状态的饱和（或接近饱和）的黏性土或粉土，常含有机质，含水率大于液限，孔隙比 $e \geqslant 1$。当 $e \geqslant$

1.5 时，称为淤泥；当 $1 \leqslant e < 1.5$ 时，称为淤泥质土。

冲填土（吹填土）是指在水利建设或江河整治中，用挖泥船或泥浆泵将江河或港湾底部的泥砂用水力冲填（吹填）形成的沉积土。冲填土的物质成分比较复杂，若以粉土、黏土为主，则属于欠固结的软弱土；若以中砂以上的粗颗粒为主，则不属于软弱土范畴。

杂填土是指因人类活动而填积形成的无规则堆积物，包括建筑垃圾、工业废料和生活垃圾等。其特点是强度低、压缩性高、均匀性差。

其他高压缩性土如松散饱和的粉（细）砂、松散的粉土、湿陷性黄土、膨胀土和振动液化土，以及在基坑开挖时有可能产生流砂、管涌等不良工程地质现象的土，都需要进行地基处理。

二、地基处理的目的

地基处理的目的是针对在软弱地基上建造结构物时有可能产生的问题，采用人工的方法改善地基土的工程性质，以满足结构物对地基稳定和变形的要求。地基处理的主要工作包括：提高地基土的抗剪强度，增加地基土的稳定性；降低地基土的压缩性，减少沉降和不均匀沉降；改善软弱土的渗透性，加速固结沉降过程；改善土的动力特性并提高土的抗震性能；消除或减少特殊土的不良工程特性，如黄土的湿陷性、膨胀土的膨胀性等。

三、地基处理方法分类及适用情况

地基处理的方法很多，各有其适用范围和优缺点。此外，不同工程的地基条件差别很大，具体工程对地基的要求也各不相同，且施工单位、地区施工条件差异较大。因此，对每一个具体工程都要进行具体分析，应从地基条件、处理要求（包括经处理后地基应达到的各项指标、处理的范围、工程进度等）、工程费用，以及材料、机具来源等方面进行综合分析比较，以确定合适的地基处理方法。表 11-1 列出一些常用的地基处理方法。本学习情境对部分地基处理方法作简要介绍。

表 11-1　常用地基处理方法及适用范围

处理方法	细分处理方法	适用范围
换填垫层法	垫层法	浅层非饱和土和软弱土层、湿陷性黄土、膨胀土、季节性冻土、素填土和杂填土
	强夯挤淤法	厚度较小的淤泥和淤泥质土地基
振密、挤密法	表层压实法	接近于最优含水率的浅层疏松黏性土、松散砂性土、湿陷性黄土及杂填土
	重锤夯实法	无黏性土、杂填土、非饱和黏性土和湿陷性黄土
	强夯法	碎石土、砂土、素填土、杂填土、低饱和度的粉土与黏性土及湿陷性黄土
	振冲挤密法	砂性土和黏粒含量小于 10% 的粉土
	土（或灰土）桩法	湿陷性黄土、新近沉积黄土、素填土和杂填土
	砂桩法	松砂地基和杂填土地基
	夯实水泥土桩	地下水位以上的粉土、素填土、杂填土、黏性土和淤泥质土
	爆破法	饱和净砂、非饱和但灌水饱和的砂、粉土和湿陷性黄土
排水固结法	堆载预压法	软黏土地基
	砂井法	透水性低的软黏土，但不适应于有机质沉积物地基

（续）

处理方法	细分处理方法	适用范围
排水固结法	真空预压法	能在加固区形成稳定负压边界条件的软土地基
	真空-堆载预压法	软黏土地基
	降低地下水位法	饱和粉砂、细砂地基
	电渗排水法	饱和软黏土地基
置换法	碎石桩法	不排水抗剪强度大于20kPa的淤泥、淤泥质土、砂土、粉土、黏性土和人工填土
	石灰桩法	软弱黏性土
	强夯置换法	软黏土
	水泥粉煤灰碎石（CFG）桩法	填土，饱和、非饱和黏性土，砂土，粉土等地基
	柱锤冲扩法	杂填土、黏性土、粉土黏性素填土、黄土等地基
	聚苯乙烯泡沫（EPS）超轻质填料法	软弱地基上的填方工程
加筋法	土工聚合物	砂土、黏性土和软土
	加筋土	人工填土的路堤和挡土结构
	土层锚杆	需要将应力传递到稳定土层中的工程
	土钉	开挖支护和天然边坡支护
	树根桩法	软弱黏性土和杂填土
胶结法	注浆法	岩基、砂土、粉土淤泥质土、黏土和一般人工填土，也可用于暗滨环境和既有建筑的托换
	高压喷射注浆法	砂土、粉土、淤泥和淤泥质土、黏性土、黄土、人工填土等，也可用于既有建筑的托换
	水泥土搅拌法	淤泥、淤泥质土、粉土和含水率较高且承载力不大于140kPa的黏性土
冷热处理法	冻结法	饱和砂土和软黏土的临时处理
	烧结法	非饱和黏性土、粉土和湿陷性黄土
其他方法	锚杆静压桩	淤泥质土、黏性土、人工填土和松散粉土
	沉降控制复合桩基础	较深厚的软弱地基，以沉降控制为主的8层以下建筑的地基

单元 2　换填垫层法

一、换填垫层法的概念

换填垫层法是常用且较为简单的地基处理方法之一，其做法是将基础下一定深度内的软弱或不良土层挖去，回填砂、碎石或灰土等强度较高的材料，并夯至密实。当建筑物荷载不大，软弱或不良土层较薄时，采用换填垫层法能取得较好的效果。

常用换填垫层的材料有：砂、砂卵石、碎石、灰土或素土、煤渣以及其他性能稳定，无侵蚀性的材料。对不同的地基和填料，垫层所起的作用

换填垫层法
地基处理

是有差别的，其作用主要表现在以下几个方面：

1）浅基础的地基如果发生剪切破坏，一般是从基础底面开始，逐渐向深处和四周发展，破坏区主要在地基上部浅层范围内；由于地基中附加应力随深度增大而减小，所以在总沉降量中，浅层地基的沉降量占较大比例。所以用抗剪强度较高，压缩性较低的密实材料置换地基上部的软弱土，从而提高地基承载力、防止地基破坏并减小沉降量。

2）在渗透性低的软弱地基中用砂、碎石等渗透性高的材料作换填垫层，垫层作为透水面可以起到加速软弱下卧土层固结的作用。但其固结效果常常限于下卧层的上部，对深处的影响不大。

3）粗颗粒的垫层材料孔隙较大，不易产生毛细管现象，因此可以防止寒冷地区土壤因冻结产生冻胀，并具有消除膨胀土的胀缩作用。

二、垫层的设计

为使换填垫层达到预期效果，应保证垫层本身的强度和变形满足设计要求，同时垫层下的地基所受压力和地基变形应在允许范围内，且应符合经济合理的原则。《建筑地基处理技术规范》（JGJ 79—2012）对垫层设计的主要要求是确定垫层的合理厚度和宽度。

1. 垫层厚度的确定

垫层厚度的确定应符合下列规定：

1）垫层厚度应根据需置换软弱土（层）的深度或下卧土层的承载力确定，并符合式（11-1）的要求：

$$p_z + p_{cz} \leqslant f_{az} \tag{11-1}$$

式中　p_z——相应于作用的标准组合时，垫层底面处的附加应力（kPa）；

　　　p_{cz}——垫层底面处土的自重压力值（kPa）；

　　　f_{az}——垫层底面处经深度修正后的地基承载力特征值（kPa）。

2）垫层底面处的附加应力值 p_z 可按式（11-2）和式（11-3）计算：

条形基础

$$p_z = \frac{b(p_k - p_c)}{b + 2z\tan\theta} \tag{11-2}$$

矩形基础

$$p_z = \frac{bl(p_k - p_c)}{(b + 2z\tan\theta)(l + 2z\tan\theta)} \tag{11-3}$$

式中　b——矩形基础或条形基础底面的宽度（m）；

　　　l——矩形基础底面的长度（m）；

　　　p_k——相应于作用的标准组合时，基础底面处的平均压力值（kPa）；

　　　p_c——基础底面处土的自重压力值（kPa）；

　　　z——基础底面下垫层的厚度（m）；

　　　θ——垫层（材料）的压力扩散角（°），宜通过试验确定；无试验资料时，可按表 11-2 采用。

表 11-2　垫层（材料）的压力扩散角 θ

z/b	换填材料		
	中砂、粗砂、砾砂、圆砾、角砾、石屑、卵石、碎石、矿渣	粉质黏土、粉煤灰	灰土
0.25	20°	6°	28°
≥0.50	30°	23°	28°

注：当 z/b<0.25 时，除灰土取 θ=28°外，其他材料均取 θ=0°，必要时宜由试验确定；当 0.25<z/b<0.5 时，θ 值由内插确定。

计算时，一般先初步拟定一个垫层厚度，再用式（11-1）验算。不符合要求时，改变厚度重新验算，直至满足要求为止。垫层的厚度一般不宜太薄，但也不宜太厚。当垫层厚度小于 0.5m 时，其作用效果不明显；当垫层厚度大于 3m 时，施工较困难，且在经济上、技术上不合理。故一般选择垫层厚度为 0.5~3m 较为合适。

2. 垫层宽度的确定

垫层的宽度除应满足基础底面应力扩散的要求外，还应防止垫层向两边挤动。若垫层宽度不足，四周侧面土质又较软弱时，垫层就有可能部分挤入侧面软弱土中，使基础沉降增大。垫层宽度计算通常用扩散角法按式（11-4）确定：

$$b' \geqslant b + 2z\tan\theta \tag{11-4}$$

式中　b'——垫层底面宽度（m）。

垫层顶面每边超出基础底边缘不应小于 300mm，且从垫层底面两侧向上，按当地基坑开挖的经验及要求放坡。

3. 基础沉降量计算

垫层断面确定后，对于比较重要的建筑物，还要按分层总和法计算基础的沉降量，使建筑物的最终沉降量小于相应的允许值。换填垫层地基的变形包括垫层自身变形和下卧层变形两部分之和。按照上述方法设计的垫层，垫层自身变形一般较小，可以忽略不计；对地基沉降有严格限制或垫层较厚的建筑，应计算垫层自身的变形。垫层下卧层的变形量计算方法同学习情境 4 相关内容。

4. 施工要点

1）垫层施工应根据不同的换填材料选择施工机械。粉质黏土、灰土垫层宜采用平碾、振动碾或羊足碾，以及蛙式夯、柴油夯；砂石垫层宜采用振动碾；粉煤灰垫层宜采用平碾、振动碾、平板振动器、蛙式夯；矿渣垫层宜采用平板振动器或平碾，也可采用振动碾。

2）垫层的施工方法、分层铺填厚度、每层压实遍数宜通过现场试验确定。除下卧软土层的垫层底部应根据施工机械设备及下卧层土质条件确定厚度外，其他垫层的分层铺填厚度宜为 200~300mm。为保证分层压实质量，应控制机械碾压速度。

3）粉质黏土和灰土垫层的施工含水率宜控制在最优含水率 w_{op}±2%的范围内，粉煤灰垫层的施工含水率宜控制在最优含水率 w_{op}±4%的范围内。最优含水率可通过击实试验确定，也可按照当地经验取用。

4）基坑开挖时应避免坑底土层受扰动，可保留 180~220mm 厚的土层暂不挖去，待铺填垫层前再由人工开挖至设计标高。严禁扰动垫层下的软弱土层，应防止软弱土层的垫层被践踏、受冻或受水浸泡。在碎石或卵石垫层底部宜设置 150~300mm 厚的砂垫层或铺一层土工织物，并应防止基坑边坡的塌土混入垫层中。

5）垫层的压实标准可按表11-3选用。

6）矿渣垫层的压实指标可按最后两遍压实的压陷差小于2mm控制。

表 11-3　垫层的压实标准

施工方法	换填材料类别	压实系数 λ_c
碾压、振密或夯实	碎石、卵石	≥0.97
	砂夹石（其中碎石、卵石占全重的 30%~50%）	
	土夹石（其中碎石、卵石占全重的 30%~50%）	
	中砂、粗砂、砾砂、角砾、圆砾、石屑	
	粉质黏土	
	灰土	≥0.95
	粉煤灰	≥0.95

注：1. 压实系数为土的控制干密度与最大干密度的比值；土的最大干密度宜采用击实试验确定；碎石或卵石的最大干密度可取 $2.1 \sim 2.2 t/m^3$。

2. 表中压实系数是使用轻型击实试验测定土的最大干密度时给出的压实控制标准；采用重型击实试验时，对粉质黏土、灰土、粉煤灰及其他材料的压实标准应为 $\lambda_c \geqslant 0.94$。

5. 质量检验

1）对于粉质黏土、灰土、粉煤灰和砂石垫层的施工质量，可选用环刀取样、静力触探、轻型动力触探或标准贯入试验等方法进行检验；对碎石、矿渣垫层的施工质量，可采用重型动力触探试验进行检验。压实系数可采用灌砂法、灌水法或其他方法进行检验。

2）换填垫层的施工质量检验应分层进行，并应在每层的压实系数符合设计要求后铺设下一层。

3）采用环刀法检验垫层的施工质量时，检验点应选在位于每层垫层厚度的2/3深度处。检验点数量，条形基础下垫层每10~20m不应少于1个点，独立柱基础、单个基础下垫层不应少于1个点，其他基础下垫层每50~100m²不应少于1个点。采用标准贯入试验或动力触探法检验垫层的施工质量时，每个分层平面上检验点的间距不应大于4m。

4）竣工验收应采用静载荷试验检验垫层承载力，且每个单体工程不宜少于3个检验点；对于大型工程，应按单体工程的数量或工程划分的面积确定检验点数量。

单元3　挤密压实法

一、机械碾压法

机械碾压法是利用压路机、羊足碾、平碾、振动碾等碾压机械将地基土压实。通过处理，可使填土或地基表层疏松土的孔隙体积减小，密实度提高，从而降低土的压缩性，提高其抗剪强度和承载力。这种方法常用于大面积填土和杂填土地基的压实。

在工程实践中，除了进行室内击实试验外，还应进行现场碾压试验。通过试验，确定在一定压实能条件下土的含水率，恰当地确定分层碾压的厚度和遍数，以便确定满足设计要求的工艺参数。压实黏性土前，被碾压的土料应先进行含水率测定，只有含水率在合适范围内的土料才允许进场，每层铺土厚度约为300mm。

二、振动压实法

振动压实法是通过在地基表面施加振动把浅层松散土振实的地基处理方法，这种方法可用于处理砂土和由炉灰、炉渣、碎砖等组成的杂填土地基。

振动压实的效果与振动力的大小、填土的成分和振动时间有关。当杂填土的颗粒或碎块较大时，应采用振动力较大的机械。一般来说，振动时间越长，效果越好。但振动超过一定时间后振实效果将趋于稳定。因此，在施工前应进行试振，找出振实稳定所需要的时间。振实范围应从基础边缘放出 0.6m 左右，先振基槽两边，后振中间。经过振实的杂填土地基，地基承载力基本值可达 100～120kPa。

三、重锤夯实法

重锤夯实法是利用起重机械将夯锤提到一定高度（2.5～4.5m）后，让其自由下落，通过不断重复夯击使地基浅层得到加固。这种方法可用于处理地下水位埋深超过 0.8m 的非饱和黏性土或杂填土，提高其强度，降低其压缩性和不均匀性；也可用于处理湿陷性黄土，消除其湿陷性。

重锤夯实法的效果与锤重、锤底直径、落距、夯击遍数、夯实土的种类和含水率有一定的关系。施工中宜由现场夯击试验确定有关参数，当土质和含水率变化时，这些参数相应加以调整。夯锤一般为截头圆锥体，锤重大于 15kN，锤底直径为 0.7～1.5m，落距为 2.5～4.5m，其有效夯实深度为 1.1～1.2m（与锤径相当）。其地基承载力基本值一般可达 100～150kPa。

需要注意的是，拟加固土层必须高出地下水位 0.8m 以上，且该范围内不宜存在饱和软土层，否则可能将表层土夯成橡皮土，反而破坏土的结构和增大压缩性。因此，当地下水位埋藏深度在夯击的影响深度范围内时，需采取降水措施。

停夯标准是随着夯击遍数的增加，每遍夯的夯沉量逐渐减少，一般要求最后两遍平均夯沉量对于黏性土及湿陷性黄土不大于 2.0cm，对于砂土不大于 1.0cm。

四、强夯法

强夯法又称为动力固结法，这种方法是将重型锤（一般为 100～600kN）提升到 6～40m 高度后，自由下落，以强大的冲击能对地层进行强力夯实加固。此法可提高地基承载力，降低其压缩性，减轻甚至消除砂土的振动液化危险，以及消除湿陷性黄土的湿陷性等，同时还能提高土层的均匀程度，减少地基的不均匀沉降，是常用的深层地基处理方法之一。

强夯法加固
地基

1. 强夯法的加固机理

土的类型不同，其强夯加固机理亦不相同。一般认为，强夯时地基在极短的时间内受到夯锤的高能量冲击，激发压缩波、剪切波和瑞利波等应力波传向地基深处和夯点周围。其中，压缩波可以使土受压或受拉，能引起瞬间的孔隙水应力，导致土的抗剪强度大为降低，紧随其后的剪切波进而使土的结构受到破坏，瑞利波的传播则在夯点附近引发土的隆起。在此过程中，土颗粒重新排列而趋于更加稳定、密实。强夯法的加固原理相当于"强夯+碎石墩+特大直径排水井"之和。

2. 强夯法的特点及适用范围

强夯法的特点：施工工艺简单、设备简单、适用土质范围广、加固效果显著、可取得较高的承载力、地基土强度可提高 2~5 倍、地基土压缩性可降低到原来的 1/10~1/2、加固深度可达 6~10m、土粒结合紧密、土粒有较高的结合强度、工效高、施工速度快（一套设备每月可加固 5000~10000m² 的地基）、节省加固材料、施工费用低、节省投资、劳动力消耗少等。

强夯法适用于处理碎石土、砂土、低饱和度的粉土与黏性土、湿陷性黄土、杂填土及素填土等地基。强夯置换法适用于高饱和度的粉土与软塑~流塑的黏性土地基上对变形要求不严格的工程。

3. 强夯设计参数

（1）有效加固深度　强夯法的有效加固深度主要取决于单击夯击能量，也与地基土的性质及其在夯实过程中的变化有关，可用经验公式估算，即

$$H = \alpha \sqrt{\frac{Wh}{10}} \qquad (11-5)$$

式中　H——有效加固深度（m）；

W——夯锤重（kN）；

h——落距（m）；

α——折减系数，黏性土取 0.5；砂土取 0.7；黄土取 0.35~0.5。

按式（11-5）计算的 H 能否得到符合实际情况的计算结果，决定于采用的 α 值。

《建筑地基处理技术规范》（JGJ 79—2012）规定，强夯法的有效加固深度应根据现场试夯或当地经验确定。当缺少试验资料或经验时，可按表 11-4 预估有效加固深度。

表 11-4　强夯法有效加固深度

单击夯击能量/(kN·m)	有效加固深度/m	
	碎石土、砂土等粗颗粒土	粉土、粉质黏土、湿陷性黄土等细颗粒土
1000	4.0~5.0	3.0~4.0
2000	5.0~6.0	4.0~5.0
3000	6.0~7.0	5.0~6.0
4000	7.0~8.0	6.0~7.0
5000	8.0~8.5	7.0~7.5
6000	8.5~9.0	7.5~8.0
8000	9.0~9.5	8.0~8.5
10000	9.5~10.0	8.5~9.0
12000	10.0~11.0	9.0~10.0

注：强夯法的有效加固深度应从最初起夯面算起；单击夯击能量大于 12000kN·m 时，强夯法的有效加固深度应通过试验确定。

（2）夯击点的布置、夯击次数及遍数的确定　夯击点位置可根据基础底面形状，采用等边三角形、等腰三角形或正方形布置。第一遍夯击点间距可取夯锤直径的 2.5~3.5 倍，第二遍夯击点位于第一遍夯击点之间，以后各遍夯击点间距可适当减小。对处理深度较深或单击夯击能量较大的工程，第一遍夯击点间距宜适当增大。

夯点的夯击次数应根据现场试夯的夯击次数和夯沉量的关系曲线确定，并应同时满足下列条件：

1）最后两击的平均夯沉量，宜满足表 11-5 的要求，当单击夯击能量大于 12000kN·m 时，应通过试验确定。

表 11-5　强夯法最后两击的平均夯沉量

单击夯击能量 $E/(kN \cdot m)$	最后两击的平均夯沉量不大于/mm
$E<4000$	50
$4000 \leqslant E<6000$	100
$6000 \leqslant E<8000$	150
$8000 \leqslant E<12000$	200

2）夯坑周围地面不应发生过大的隆起。

3）不因夯坑过深而发生提锤困难。

夯击遍数应根据地基土的性质确定，可采用点夯 2~4 遍，对于渗透性较差的细颗粒土，应适当增加夯击遍数；最后以低能量满夯 2 遍。满夯可采用轻锤或低落距锤多次夯击，锤印应搭接。两遍夯击之间应有一定的时间间隔，间隔时间取决于土中超静孔隙水压力的消散时间。缺少实测资料时，可根据地基土的渗透性确定，对于渗透性较差的黏性土地基，间隔时间不应少于 2 周；对于渗透性较好的地基可连续夯击。

根据初步确定的强夯参数，提出强夯试验方案，进行现场试夯。根据不同土质条件，待试夯结束一周至数周后，对试夯场地进行检测，并与夯前测试数据进行对比，确定工程采用的各项强夯参数。

（3）强夯处理范围　强夯处理范围应大于建筑物基础范围，每边超出基础外缘的宽度宜为基底下设计处理深度的 1/2~2/3，且不应小于 3m。对可液化地基，基础边缘的处理宽度不应小于 5m。

4. 强夯处理地基的施工

强夯夯锤质量可取 10~60t，其底面形式宜采用圆形，锤底面积宜按土的性质确定。锤底静接地压力值可取 25~80kPa，单击夯击能量较高时取大值，单击夯击能量较低时取小值，对于细颗粒土宜取小值。锤的底面宜对称设置若干个上下贯通的排气孔，孔径宜为 300~400mm。

强夯法施工应按下列步骤进行：

1）清理并平整施工场地。

2）标出第一遍夯点位置，并测量场地高程。

3）起重机就位，夯锤置于夯点位置。

4）测量夯前锤顶高程。

5）将夯锤起吊到预定高度，开启脱钩装置，待夯锤脱钩自由下落后，放下吊钩，测量锤顶高程；若发现因坑底倾斜而造成夯锤歪斜时，应及时将坑底整平。

6）重复步骤 5），按设计规定的夯击次数及控制标准，完成一个夯点的夯击。当夯坑过深出现提锤困难，又无明显隆起，且尚未达到控制标准时，宜将夯坑回填至与坑顶齐平后继续夯击。

7）换夯点，重复步骤 3）~6），完成第一遍全部夯点的夯击。

8）用推土机将夯坑填平，并测量场地高程。

9）在规定的间隔时间后，按上述步骤逐次完成全部夯击遍数，最后用低能量满夯，将场地表层松土夯实，并测量夯后场地高程。

5. 夯实地基的质量检验

1）检查施工过程中的各项测试数据和施工记录，不符合设计要求时应补夯或采取其他有效措施。

2）强夯处理后的地基承载力检验，应在施工结束后间隔一定时间进行，对于碎石土和砂土地基，间隔时间可取 7~14d；粉土和黏性土地基，间隔时间可取 14~28d；对于强夯置换地基，间隔时间可取 28d。

3）强夯地基均匀性检验，可采用动力触探试验或标准贯入试验、静力触探试验等原位测试，以及室内土工试验。检验点的数量，可根据场地复杂程度和建筑物的重要性确定。对于简单场地上的一般建筑物，每 $400m^2$ 不少于 1 个检验点，且不少于 3 点；对于复杂场地或重要的建筑地基，每 $300m^2$ 不少于 1 个检验点，且不少于 3 点。强夯置换地基，可采用超重型或重型动力触探试验等方法，检测置换墩的着底情况及承载力与密度随深度的变化，检验数量不应少于墩点数的 3%，且不少于 3 点。

4）强夯地基承载力检验的数量，应根据场地复杂程度和建筑物的重要性确定。对于简单场地上的一般建筑物，每个建筑地基的载荷试验检验点不应少于 3 点；对于复杂场地或重要建筑地基应增加检验点数量。检测结果的评价，应考虑夯点之间位置的差异。强夯置换地基的单墩载荷试验数量不应少于墩点数的 1%，且不应少于 3 点。

五、砂石桩法

砂石桩法根据成孔方式的不同可分为振冲法、振动沉管法等，根据桩体材料可分为碎石桩、砂石桩。砂石桩法适用于处理松散砂土、粉土、粉质黏土、素填土、杂填土等地基，也可以处理可液化地基。

（一）作用原理

砂石桩法是用振动、冲击或打入套管等方法在地基中成孔（振冲法的成孔桩径宜为 800~1200mm，振动沉管法的成孔桩径宜为 300~600mm），然后向孔中填入硬质散体材料，经振密或夯挤密实形成土中桩体，从而加固地基。

对于松散的砂土层，砂石桩法的主要作用是挤密地基土，减小孔隙比，增加重度，从而提高地基土的抗剪强度，减少沉降；对于松软黏性土，砂石桩法的挤密效果不如在砂土中明显，但由于砂石桩与土体组成复合地基，共同承担荷载，从而提高了地基的承载力和稳定性；对于砂土与黏性土互层的地基及冲填土，砂石桩法也能起到一定的挤密加固作用。

（二）砂石桩的设计、计算

砂石桩的设计、计算主要应解决以下问题：砂石桩的加固范围；加固范围内需要砂石桩的总截面面积；砂石桩的数量及布置；砂石桩的长度及灌砂量的估算。

1. 砂石桩加固范围的确定

砂石桩的加固范围根据建筑物的重要性、场地条件及基础形式而定，一般应比基底面积大，宜在基础外缘扩大 1~3 排桩。对可液化地基，在基础外缘的扩大宽度不应小于基底下可液化土层厚度的 1/2，且不应小于 5m，如图 11-1 所示。加固范围平面面积为

$$A = BL = (b_1 + 2b')(l_1 + 2l') \tag{11-6}$$

式中 A——加固范围平面面积（m^2）；

        B——加固宽度（m）；

        L——加固长度（m）；

        b_1——基础宽度（m）；

        l_1——基础长度（m）；

        b'——宽度方向加固范围每边超过基础的宽度（m）；

        l'——长度方向加固范围每边超过基础的长度（m）。

2. 加固范围内所需砂石桩的总截面面积

在加固范围内砂石桩占有的面积称为挤密砂石桩的总截面面积 A_1，其大小除与加固范围 A 有关外，主要与土层加固后所需达到的地基承载力特征值相对应的孔隙比有关。

如图 11-2a 所示，设砂石桩加固前地基上的孔隙比为 e_0，拟处理的地基面积为 A，加固深度为 l_0；加固后土的孔隙比为 e_1，地基土面积为 A_2，则 $A = A_1 + A_2$。从加固前后的地基中取相同大小的土样（图 11-2b），由于加固前后原地基土颗粒所占体积是不变的，由此得

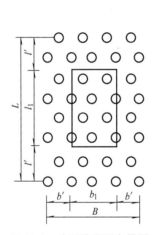

图 11-1   砂石桩平面布置图

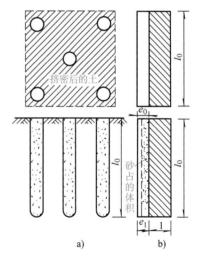

图 11-2   砂石桩加固地基

$$Al_0 \frac{1}{1+e_0} = A_2 l_0 \frac{1}{1+e_1}$$

所以

$$A_2 = \frac{1+e_1}{1+e_0} A \tag{11-7}$$

挤密砂石桩的总截面面积为

$$A_1 = A - A_2 = \frac{e_0 - e_1}{1+e_0} A \tag{11-8}$$

式中 e_1——地基挤密后要求达到的孔隙比，可根据工程对地基的承载力要求按照 $e_1 = e_{\max} - D_r (e_{\max} - e_{\min})$ 计算；

  $e_{\max}$、$e_{\min}$——砂土的最大和最小孔隙比；

D_r——地基挤密后要求达到的相对密实度，可取 0.7~0.85。

3. 砂石桩的桩数确定

设砂石桩直径为 d，一根砂石桩截面面积 a 和所需砂石桩数量 n 按式 (11-9) 和式 (11-10) 计算。

$$a = \frac{\pi d^2}{4} \tag{11-9}$$

$$n = \frac{A_1}{a} = \frac{4A_1}{\pi d^2} \tag{11-10}$$

砂石桩数量 n 也可以按式 (11-11) 估算，即

$$n = \frac{A}{A_e} = \frac{4A}{\pi d_e^2} \tag{11-11}$$

式中 d—— 砂石桩直径 (m)；

d_e—— 一根桩分担的地基处理面积的等效直径 (m)，等边三角形布桩时 d_e 为桩间距的 1.05 倍，正方形布孔时 d_e 为桩间距的 1.13 倍；

A_e—— 一根桩所承担的地基处理面积 (m^2)，$A_e = \pi d_e^2/4$。

4. 砂石桩的长度与布置

(1) 桩长的确定 当相对硬土层埋深较浅时，应按相对硬土层的埋深确定；当相对硬土层埋深较大时，应按建筑物地基变形允许值确定；对按稳定性控制的工程，桩长不应小于最危险滑动面以下 2.0m 的深度；在可液化地基中，桩长应按要求处理液化的深度确定；桩长不宜小于 4m。在桩顶和基础之间宜铺设厚度为 300~500mm 的垫层，垫层材料宜用中砂、粗砂、级配砂石和碎石等。

(2) 砂石桩的布置 砂石桩布置形式常用等边三角形、正方形两种，桩间距应通过现场试验确定，并应符合下列规定：

1) 振冲砂石桩的间距应根据上部结构荷载和场地土层情况，并结合所采用的振冲器功率综合考虑。使用 30kW 振冲器的布桩间距可采用 1.3~2.0m；使用 55kW 振冲器的布桩间距可采用 1.4~2.5m；使用 75kW 振冲器的布桩间距可采用 1.5~3.0m；不加填料的振冲挤密，布桩间距可为 2~3m。

2) 沉管砂石桩的间距 s，不宜大于砂石桩桩径的 4.5 倍；初步设计时，对松散粉土和砂土地基，应根据挤密后要求达到的孔隙比确定，估算公式为

等边三角形布置

$$s = 0.95\xi d \sqrt{\frac{1+e_0}{e_0 - e_1}} \tag{11-12}$$

正方形布置

$$s = 0.89\xi d \sqrt{\frac{1+e_0}{e_0 - e_1}} \tag{11-13}$$

式中 ξ——修正系数，当考虑振动下沉密实作用时，可取 1.1~1.2；不考虑振动下沉密实作用时，可取 1.0。

(三) 砂石桩的施工

振冲桩桩体材料可用泥含量不大于 5% 的碎石、卵石、矿渣或其他性能稳定的硬质材料，不宜使用风化易碎的石料。使用 30kW 振冲器的填料粒径宜为 20~80mm；使用 55kW 振冲器的填料粒径宜为 30~100mm；使用 75kW 振冲器的填料粒径宜为 40~150mm。振动沉管桩桩体材料可用碎石、卵石、角砾、圆砾、砾砂、粗砂、中砂或石屑等硬质材料，最大粒径不宜大于 50mm。

1. 振冲法施工

振冲法又称为振动水冲法，其主要的施工机具是振冲器、卷扬机和水泵。振冲器是一个类似插入式混凝土振捣棒的机具，其外壳直径为 0.2~0.37m，长 2~5m，重 20~50kN，筒内主要由一组偏心块、潜水电动机和通水管三部分组成，如图 11-3 所示。振冲法施工应符合下列规定：

1) 振冲法施工可根据设计荷载的大小、地基土强度、设计桩长等条件选用不同功率的振冲器。施工前应在现场进行试验，以确定水压、振密电流和留振时间等各种施工参数。

2) 升降振冲器的机械可用起重机、自行井架式施工平车或其他合适的设备。施工设备应配有电流表、电压表和留振时间自动信号仪表。

3) 振冲法施工可按下列步骤进行：

① 清理并平整施工场地，布置桩位。

② 施工机具就位，使振冲器对准桩位。

③ 起动供水泵和振冲器，水压宜为 200~600kPa，水量宜为 200~400L/min，将振冲器徐徐沉入土中，造孔速度宜为 0.5~2.0m/min，直至达到设计深度；记录振冲器经各深度的水压、电流和留振时间。

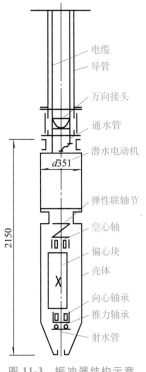

图 11-3　振冲器结构示意

（图中标注：电缆、导管、万向接头、通水管、潜水电动机、*d*351、2150、弹性联轴节、空心轴、偏心块、壳体、向心轴承、推力轴承、射水管）

④ 造孔后边提升振冲器边冲水直至孔口，再放至孔底，重复两三次以扩大孔径并使孔内泥浆变稀，开始填料制桩。

⑤ 使用大功率振冲器投料时可不提出孔口，使用小功率振冲器下料有困难时，可将振冲器提出孔口填料，每次填料厚度不宜大于 50cm。将振冲器沉入填料内进行振密制桩，当电流达到规定的密实电流值且留振时间满足要求后，将振冲器提升 30~50cm。

⑥ 重复以上步骤，自下而上逐段制作桩体直至孔口，记录各段深度的填料量、最终电流值和留振时间。

⑦ 关闭振冲器和水泵。

4) 施工现场应事先开设泥水排放系统，或组织好运浆车辆将泥浆运至预先安排的存放地点，应设置泥浆沉淀池沉淀泥浆，重复使用上部清水。

5) 桩体施工完毕后，应将顶部预留的松散桩体挖除，铺设垫层并压实。

6) 不加填料的振冲挤密宜采用大功率振冲器，造孔速度宜为 8~10m/min，到达设计深度后宜将射水量减至最小，留振至密实电流达到规定时，上提振冲器 0.5m，逐段振密直至孔口，每米振密时间约 1min。在粗砂中施工如遇下沉困难，可在振冲器两侧增焊辅助水管，加大造孔水量，以降低造孔水压。

7）振冲法的施工顺序宜沿直线逐点、逐行进行。

2. 振动沉管法施工

振动沉管法施工应符合下列规定：

1）砂石桩施工可采用振冲法、振动沉管法等成桩方法，当用于消除粉细砂及粉土液化时，宜用振动沉管法施工。

2）施工前应进行成桩工艺和成桩挤密试验。当成桩质量不能满足设计要求时，应调整施工参数后，重新进行试验或设计。

3）振动沉管法施工应根据沉管和挤密情况，控制填砂石的量、提升高度和速度、挤压次数和时间、电动机的工作电流等。

4）施工中应选用能顺利出料和有效挤压桩孔内砂石料的桩尖结构。当采用活瓣桩靴时，对砂土和粉土地基宜选用尖锥形桩尖；一次性桩尖可采用混凝土锥形桩尖。

5）砂石桩桩孔内材料的填料量，应通过现场试验确定；估算时，可按设计桩孔体积乘以充盈系数确定，充盈系数可取 1.2~1.4。

6）砂石桩的施工顺序，对砂土地基宜从外围或两侧向中间进行。

7）施工时桩位偏差不应大于 0.3 倍套管外径；套管垂直度偏差应为 ±1% 以内。

8）砂石桩施工后，应将表层的松散层挖除或夯压密实，随后铺设并压实砂石垫层。

（四）砂石桩的质量检验

1）砂石桩施工后应检查各项施工记录，如有遗漏或不符合要求的桩，应补桩或采取有效的补救措施。

2）施工结束后，应间隔一定时间方可进行质量检验。间隔时间对粉质黏土地基不宜少于 21d，对粉土地基不宜少于 14d，对砂土和杂填土地基不宜少于 7d。

3）桩的施工质量检验，对桩体可采用重型动力触探试验；对桩间土可采用标准贯入、静力触探、动力触探或其他原位测试等方法；对消除液化的地基检验应采用标准贯入试验。桩间土质量的检测位置应在等边三角形或正方形的中心，检测深度不应小于处理地基深度，检测数量不应少于桩孔总数的 2%。

4）竣工验收时，地基承载力检验应采用复合地基静载荷试验，试验数量不应少于总桩数的 1%，且每个单体建筑不应少于 3 点。

单元 4　预压地基

砂井预压法
地基处理

预压地基是指采用堆载预压、真空预压或真空和堆载联合预压处理淤泥质土、淤泥、冲填土等饱和黏性土地基。其原理是利用软弱地基土排水固结的特性，通过在地基土中采用各种排水技术措施（设置竖向排水体和水平排水体），加快饱和软黏土的固结发展。该法常用于解决软黏土的沉降和稳定问题，可以使地基沉降在预压期内基本完成或大部分完成，同时提高土体的强度和稳定性。真空预压适用于处理以黏性土为主的软弱地基。对于塑性指数大于 25 且含水率大于 85% 的淤泥，应通过现场试验确定其适用性。加固土层上覆盖有厚度大于 5m 以上的回填土或承载力较高的黏性土时，不宜采用真空预压处理。

一、堆载预压法

堆载预压法对于深厚软黏土地基，应设置塑料排水带或砂井等排水竖井。当软土层厚度较小或软土层中含较多薄粉砂夹层，且固结速率能满足工期要求时，可不设置排水竖井。在砂井顶部设置不小于 500mm 厚的砂垫层作为水平排水通道，形成排水系统；在砂垫层上部堆载，以增加软弱土中的附加应力，使土体中孔隙水在较短的时间内通过竖向砂井和水平砂垫层排出，达到加快土体固结、提高软弱地基土承载力的目的。

（一）排水系统设计

1. 竖井的直径和间距

排水竖井分为普通砂井、袋装砂井和塑料排水带。普通砂井直径宜为 300~500mm；袋装砂井直径宜为 70~120mm；塑料排水带的当量换算直径公式为

$$d_p = \frac{2(b+\delta)}{\pi} \tag{11-14}$$

式中　d_p——塑料排水带当量换算直径（mm）；

b——塑料排水带宽度（mm）；

δ——塑料排水带厚度（mm）。

排水竖井的间距可根据地基土的固结特性和预定时间内所要求达到的固结度确定。设计时，竖井的间距可按井径比选用，其公式为

$$n = d_e / d_w \tag{11-15}$$

式中　n——井径比；

d_e——竖井的有效排水直径（mm）；

d_w——竖井直径（mm），对于塑料排水带可取 $d_w = d_p$。

塑料排水带或袋装砂井的间距可按井径比为 15~22 选用，普通砂井的间距可按井径比为 6~8 选用。

排水竖井的直径和间距主要取决于土的固结性质和施工期限要求，一般"细而密"比"粗而稀"的排水效果更佳，但过细会导致施工困难，且不易保证质量。

2. 竖井的深度

竖井的深度主要取决于软土层的厚度及工程对地基的要求。当软土层不厚，底部有透水层时，竖井应尽可能穿透软土层；当软土层较厚，但其间有砂层或透镜体时，竖井应尽可能打至砂层或透镜体；当软土层很厚，其中又无透水层时，可按地基的稳定性及建筑物变形要求处理的深度来决定。对于以地基的稳定性为控制标准的工程，如路堤、土坝、岸坡等，竖井应伸至最危险滑动面以下一定长度。《建筑地基处理技术规范》（JGJ 79—2012）规定，对以地基抗滑稳定性控制的工程，竖井深度应大于最危险滑动面以下 2.0m；对以变形控制的工程，竖井深度应根据在限定的预压时间内需完成的变形量确定，竖井宜穿透受压土层。

3. 竖井的平面布置

在平面上竖井常按等边三角形（梅花形）或正方形布置（图 11-4），设每个竖井的有效影响

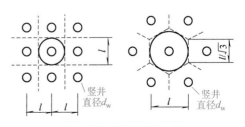

图 11-4　竖井平面布置

面积为圆面积，若竖井间距为 l，则竖井的有效排水直径 d_e 与间距 l 的关系为

等边三角形布置时：

$$d_e = \sqrt{\frac{2\sqrt{3}}{\pi}} \, l = 1.05l \tag{11-16}$$

方形布置时：

$$d_e = \sqrt{\frac{4}{\pi}} \, l = 1.13l \tag{11-17}$$

由于等边三角形排列较正方形紧凑和有效，故应用较多。竖井的布置范围应稍大于建筑物基础范围，扩大的范围可由基础轮廓线向外增大 2~4m。

4. 砂垫层的设置

为保证竖井排水畅通，在竖井顶部还应设置砂垫层，宽度应超出堆载宽度，并伸出竖井区外边线 2 倍砂井直径；厚度不应小于 0.5m，水下施工时为 1m 左右，以免地基沉降时切断排水通道。砂垫层的砂料宜用中粗砂，黏粒含量不应大于 3%，砂料中可混有少量粒径不大于 50mm 的砾石。砂垫层的干密度应大于 1.5t/m³，渗透系数应大于 $1×10^{-2}$cm/s。在预压区边缘应设置排水沟，在预压区内宜设置与砂垫层相连的排水盲沟，其间距不宜大于 20m。

（二）预压加载

加载方法应根据建筑物类型、加载材料来源及施工条件等因素确定。对于路堤、土坝等填土工程，可采用分期填筑的方式以其自重作为预压荷载；对于房屋、码头等的地基，一般用土石堆载预压；在缺少加载材料、预压后弃土场地难以解决或运输能力不足的情况下，可用水袋充水预压或利用结构本身（如建成后的空油罐）的蓄水能力充水预压。

预压荷载应不小于建筑物基础底面的设计压力，一般情况下可取二者相等；对于要求严格限制地基沉降的建筑物，应采用超载预压，其超载的大小应根据预定时间内要求消除的地基变形量通过计算确定。

（三）地基固结度计算

《建筑地基处理技术规范》（JGJ 79—2012）规定一级或多级等速加载条件下，当固结时间为 t 时，对应总荷载的地基平均固结度可按式（11-18）计算，即

$$\overline{U}_t = \sum_{i=1}^{n} \frac{\dot{q}_i}{\sum \Delta p} \left[(T_i - T_{i-1}) - \frac{\alpha}{\beta} e^{-\beta t} (e^{\beta T_i} - e^{\beta T_{i-1}}) \right] \tag{11-18}$$

瞬时加载时　　　　　　　　　　$$\overline{U}_t = 1 - \alpha e^{-\beta t} \tag{11-19}$$

式中　$\overline{U}_t$——t 时间地基的平均固结度；

$\dot{q}_i$——第 i 级荷载的加载速率（kPa/d）；

$\sum \Delta p$——各级荷载的累加值（kPa）；

T_{i-1}、T_i——第 i 级荷载加载的起始和终止时间（d）（从零点起算），当计算第 i 级荷载加载过程中某时间 t 的固结度时，T_i 改为 t；

α、β——参数，根据地基土排水固结条件按表 11-6 选用；对竖井地基，表中所列 β 为不考虑涂抹和井阻影响的参数值。

表 11-6　参数 α、β 取值

参　数	排水固结条件		
	竖向排水固结 $\overline{U}_z>30\%$	内径向排水固结	竖向和内径向排水固结（竖井穿透受压土层）
α	$8/\pi^2$	1	$8/\pi^2$
β	$\dfrac{\pi^2 C_v}{4H^2}$	$\dfrac{8C_h}{F_n d_e^2}$	$\dfrac{8C_h}{F_n d_e^2}+\dfrac{\pi^2 C_v}{4H^2}$

注：C_v——土的竖向排水固结系数（cm^2/s）；

C_h——土的径向排水固结系数（cm^2/s）；

H——土层竖向排水距离（cm），双面排水时为土层厚度的一半，单面排水时为土层厚度；

$\overline{U}_z$——双面排水土层或固结应力均匀分布的单面排水土层的平均固结度；

$F_n=\dfrac{n^2}{n^2-1}\ln n-\dfrac{3n^2-1}{4n^2}$，井径比 $n=d_e/d_w$，其余符号同前。

当排水竖井采用挤土方式施工时，应考虑涂抹对土体固结的影响。当竖井的纵向通水量 q_w 与天然土层水平渗透系数 k_h 的比值较小，且长度较长时，还应考虑井阻影响。瞬时加载条件下，考虑涂抹和井阻影响时，竖井地基径向排水平均固结度的计算公式为

$$\overline{U}_r=1-e^{-\frac{8C_h}{Fd_e^2}t} \tag{11-20}$$

$$F=F_n+F_s+F_r \tag{11-21}$$

$$F_n=\ln n-\frac{3}{4} \tag{11-22}$$

$$F_s=\left(\frac{k_h}{k_s}-1\right)-\ln s \tag{11-23}$$

$$F_r=\frac{\pi^2 L^2}{4}\frac{k_h}{q_w} \tag{11-24}$$

式中　　　　$\overline{U}_r$——固结时间 t 时竖井地基径向排水平均固结度；

k_h——天然土层水平向渗透系数（cm/s）；

k_s——涂抹区土的水平向渗透系数（cm/s），可取 $k_s=(1/5\sim1/3)k_h$；

F、F_n、F_s、F_r——考虑涂抹效应的综合影响系数；

s——涂抹区直径 d_e 与竖井直径 d_w 的比值，可取 $s=2.0\sim3.0$，对于中等灵敏黏性土取低值，对高灵敏黏性土取高值；

L——竖井深度（cm）；

q_w——竖井纵向通水量，为单位水头梯度下单位时间的排水量（cm^3/s）。

一级或多级等速加载条件下，考虑涂抹和井阻影响时竖井范围穿透受压土层地基的平均固结度可以按式（11-18）计算，其中 $\alpha=8/\pi^2$，$\beta=\dfrac{8C_h}{Fd_e^2}+\dfrac{\pi^2 C_v}{4H^2}$。

【例 11-1】　某建筑地基采用预压排水固结法加固地基，软土厚度为 10m，软土层上下均为砂土层，未设置竖井排水。为了简化计算，假定预压是一次瞬时施加的。已知该土层的

孔隙比为 1.60，压缩系数为 $0.8MPa^{-1}$，竖向渗透系数为 $5.8 \times 10^{-7} cm/s$。试计算预压时间为多少天时软土地基固结度达到 0.8。

解： $\overline{U}_t = 1 - \alpha e^{-\beta t}$，$\alpha = 8/\pi^2$，$\beta = \dfrac{\pi^2 C_v}{4H^2}$，$k_v = 5.8 \times 10^{-7} cm/s = 5.0 \times 10^{-4} m/d$，则有

$$C_v = \frac{k_v(1+e)}{\alpha\gamma_w} = \frac{5.0 \times 10^{-4} \times (1+1.6)}{0.8 \times 10^{-3} \times 10} cm^2/d = 0.1625 m^2/d$$

$$\beta = \frac{\pi^2 \times 0.1625}{4 \times 5^2} = 0.01604/d（双面排水 H = 10/2m = 5m）$$

$$t = \frac{\ln\left[\dfrac{\pi^2}{8}(1-\overline{U}_t)\right]}{-\beta} = \frac{\ln\left[\dfrac{\pi^2}{8}(1-0.8)\right]}{-0.01604} d = 87d$$

【例 11-2】 某地基下分布有 15m 厚的软黏土层，其下为粉细砂层，采用砂井加固，井径 $d_w = 0.4m$，井距 $s = 2.5m$，等边三角形布桩，土的固结系数 $C_v = C_h = 1.5 \times 10^{-3} cm^2/s$。在大面积荷载作用下，按径向固结考虑，当固结度达到 80% 时需要的时间为多少天？

解： 由平均固结度公式可知：$t = \dfrac{\ln(1-\overline{U}_t)}{-8C_h} \cdot F_n d_e^2$

$$C_h = 1.5 \times 10^{-3} cm^2/s = 1.5 \times 10^{-3} \times 10^{-4} \times 24 \times 3600 m^2/d = 0.013 m^2/d$$

$$d_e = 1.05s = 2.625m，\quad d_e^2 = 6.89 m^2，\quad n = d_e/d_w = 2.625/0.4 = 6.5625$$

$$F_n = \frac{n^2}{n^2-1}\ln n - \frac{3n^2-1}{4n^2} = \frac{6.5625^2}{6.5625^2-1}\ln(6.56) - \frac{3 \times 6.5625^2-1}{4 \times 6.5625^2} = 1.182$$

$$t = \frac{\ln(1-0.8)}{-8 \times 0.013} \times 1.182 \times 6.89 d = 126.03 d$$

（四）地基中某点的抗剪强度

计算预压荷载下饱和黏性土地基中某点的抗剪强度时，应考虑土体原来的固结状态。对于正常固结饱和黏性土地基，某点某一时间的抗剪强度计算公式为

$$\tau_{ft} = \tau_{f0} + \Delta\sigma_z U_t \tan\varphi_{cu} \tag{11-25}$$

式中　τ_{ft}——t 时刻该点土的抗剪强度（kPa）；

　　　τ_{f0}——地基土的天然抗剪强度（kPa）；

　　　$\Delta\sigma_z$——预压荷载引起的该点的竖向附加应力（kPa）；

　　　U_t——该点土的固结度；

　　　φ_{cu}——三轴固结不排水压缩试验求得的土的内摩擦角（°）。

（五）预压荷载下地基的最终变形量

预压荷载下地基的最终变形量计算公式为

$$S_f = \xi \sum_{i=1}^{n} \frac{e_{0i} - e_{1i}}{1 + e_{0i}} h_i \tag{11-26}$$

式中　S_f——最终竖向变形量（m）；

e_{0i}——第 i 层中点土自重应力所对应的孔隙比，由室内固结试验 $e\text{-}p$ 曲线查得；

e_{1i}——第 i 层中点土自重应力与附加应力之和所对应的孔隙比，由 $e\text{-}p$ 曲线查得；

h_i——第 i 层土的厚度（m）；

ξ——经验系数，可按地区经验确定；无经验时，对正常固结饱和黏性土地基可取 $\xi=$ 1.1～1.4，荷载较大或地基软弱土层较厚时应取较大值。

二、真空预压法

真空预压法的加压方式不同于堆载预压法，真空预压法是以大气压力作为预压荷载，它是先在需加固的软土地基表面铺设一层透水砂垫层或砂砾层，再在其上覆盖一层不透气的塑料薄膜或橡胶布，将其周边埋入土中密封，使之与大气隔绝，并在砂垫层内埋设渗水管道；然后用真空泵通过埋设于砂垫层内的管道将薄膜下的空气抽出，达到一定的真空度，使排水系统中的气压维持在大气压以下一定数值；此时，土中的气压仍为大气压，于是在土与排水系统之间的压力差作用下，孔隙水向排水系统渗流，地基土发生固结，直至该压力差消失。

在真空预压过程中，周围土体内孔隙水的渗流和土体的位移均朝向预压区，故无须像堆载预压那样为防止地基失稳破坏而控制加载速率，可以在短时间内使薄膜下的真空度达到预定数值。这是真空预压的突出特点，有利于缩短预压工期，降低造价。但由于薄膜下能达到的真空度有限，其当量荷载一般不超过 80kPa。如需更大荷载，可以与堆载预压联合使用。

真空预压法处理地基应设置排水竖井，其设计内容包括：竖井断面尺寸、间距、排列方式和深度的选择；预压区面积和分块大小；真空预压施工工艺；要求达到的真空度和土层的固结度；真空预压和建筑物荷载下地基的变形计算；真空预压后的地基承载力增长计算。详述如下：

1）排水竖井的间距选用同堆载预压法。砂井的砂料应选用中粗砂，其渗透系数应大于 1×10^{-2}cm/s。真空预压竖向排水通道宜穿透软土层，但不应进入下卧透水层。当软土层较厚、且以地基抗滑稳定性控制的工程，竖向排水通道的深度不应小于最危险滑动面下 2.0m。对以变形控制的工程，竖井深度应根据在限定的预压时间内需完成的变形量确定，且宜穿透主要受压土层。

2）真空预压区边缘应大于建筑物基础轮廓线，每边增加量不得小于 3.0m。

3）真空预压的膜下真空度应稳定地保持在 86.7kPa（650mmHg）以上，且应均匀分布，排水竖井深度范围内土层的平均固结度应大于 90%。

4）对于表层存在良好的透气层或在处理范围内有充足水源补给的透水层，应采取有效措施隔断透气层或透水层。

5）真空预压固结度计算同堆载预压法，地基强度增长按式（11-25）计算；最终竖向变形按式（11-26）计算，ξ 可按当地经验取值，无当地经验时 ξ 可取 1.0～1.3。

6）真空预压地基加固面积较大时，宜采取分区加固，每块预压面积应尽可能大且呈方形，分区面积宜为 20000～40000m²。

7）真空预压所需抽真空设备的数量，可按加固面积的大小、形状和土层的结构特点，按每套设备可加固地基的面积为 1000～1500m² 确定。

8）真空预压的膜下真空度应符合设计要求，且预压时间不宜低于 90d。

三、真空和堆载联合预压

当设计地基预压荷载大于 80kPa 时，且进行真空预压处理地基不能满足设计要求时，可采用真空和堆载联合预压对地基进行处理。堆载体的坡肩线宜与真空预压边线一致。对于一般软黏土，当膜下真空度稳定地达到 86.7kPa（650mmHg），且抽真空时间不少于 10d 时，可进行上部堆载施工。对于高含水率的淤泥类土，当膜下真空度稳定地达到 86.7kPa（650mmHg）且抽真空 20~30d 后可进行上部堆载施工。

当堆载较大时，真空和堆载联合预压施工应采用分级加载，分级数应根据地基土稳定计算确定。分级加载时，应待前期预压荷载下地基土的承载力增长满足下一级荷载下地基的稳定性要求时方可加载。真空和堆载联合预压地基固结度和强度增长的计算同堆载预压。真空和堆载联合预压的最终竖向变形按式（11-26）计算，ξ 可按当地经验取值，无当地经验时 ξ 可取 1.0~1.3。

采用真空和堆载联合预压时，应先抽真空，当真空压力达到设计要求并稳定后，再进行堆载，并继续抽真空。堆载前应在膜上铺设土工编织布或无纺布等土工编织布保护层，其上铺设 100~300mm 厚的砂垫层。堆载时应采用轻型运输工具，不得损坏密封膜。

在进行上部堆载施工时，应监测膜下真空度的变化，发现漏气时应及时处理。堆载加载过程中，应满足地基稳定性设计要求；对竖向变形、边缘水平位移及孔隙水压力等项目的监测应满足如下要求：地基向加固区外的侧移速率不大于 5mm/d；地基竖向变形速率不应大于 10mm/d；根据上述观察资料综合分析、判断地基的稳定性。

单元 5　水泥土搅拌桩复合地基

水泥搅拌桩复合地基

水泥土搅拌桩复合地基（也可称为水泥搅拌桩复合地基）是以水泥作为固化剂的主要材料，通过深层搅拌机械将固化剂和地基土强制搅拌，利用固化剂和软土发生一系列物理、化学反应，使其凝结形成具有较高强度，整体性和水稳定性都较好的水泥加固土增强体，与周围天然土体共同形成复合地基。

一、水泥土搅拌桩复合地基的适用性及要求

1）水泥土搅拌桩的施工工艺分为浆液搅拌法（以下简称湿法）和粉体搅拌法（以下简称干法）。水泥土搅拌桩适用于处理正常固结的淤泥、淤泥质土、素填土、软塑~可塑的黏性土、稍密~中密的粉土、松散~中密的粉细砂、松散~稍密的中粗砂和饱和黄土等土层；不适用于含大孤石或障碍物较多且不易清除的杂填土、欠固结的淤泥和淤泥质土、硬塑及坚硬的黏性土、密实的砂土，以及地下水渗流影响成桩质量的土层。当地基土的含水率小于30%（黄土的含水率小于 25%）时不宜采用干法。冬期施工时，应考虑低温对地基处理效果的影响。

2）水泥土搅拌桩用于处理泥炭土、有机质土、pH 值小于 4 的酸性土、塑性指数大于25 的黏土，或在腐蚀性环境中以及无工程经验的地区采用时，必须通过现场和室内试验确定其适用性。

3）水泥土搅拌桩可采用单轴、双轴、三轴、多轴搅拌或连续成槽搅拌形成水泥土加固体；湿法搅拌可插入型钢形成排桩（墙）；加固体形状可分为柱状、壁状、格栅状或块状。

4）拟采用水泥土搅拌桩处理地基的工程，除按现行规范规定进行岩土工程详细勘察外，尚应查明拟处理地基土层的 pH 值、塑性指数、有机质含量、地下障碍物及软土分布情况、地下水位及其运动规律等。

5）在进行水泥土搅拌桩复合地基设计之前应先进行地基土的室内配合比试验，针对现场拟处理地基土层的性质，选择合适的固化剂、外掺剂及其掺量，为设计提供不同龄期、不同配合比的强度参数。对竖向承载的水泥土强度宜取 90d 龄期试块的立方体抗压强度平均值。

6）增强体的水泥掺量不应小于 12%，块状加固时的水泥掺量不应小于加固天然土质量的 7%；湿法的水泥浆水灰比可取 0.5~0.6。

7）水泥土搅拌桩复合地基宜在基础和桩之间设置褥垫层，厚度可取 200~300mm。褥垫层材料可选用中粗砂、级配砂石等，最大粒径不宜大于 20mm，褥垫层的夯填度不应大于 0.9。

8）竖向承载的水泥土搅拌桩复合地基承载力特征值不宜大于 180kPa。

9）型钢水泥土搅拌墙（桩）的设计和施工应符合《型钢水泥土搅拌墙技术规程》（JGJ/T 199—2010）的规定。型钢水泥土搅拌桩或水泥土中插入混凝土预制桩时，单桩竖向抗压承载力应通过单桩静载荷试验确定，桩身强度的计算不应考虑水泥土的作用。

二、水泥土搅拌桩复合地基的设计

1. 搅拌桩的长度

搅拌桩的长度应根据上部结构对地基承载力和变形的要求确定，并应穿透软弱土层到达地基承载力相对较高的土层；当设置的搅拌桩还要提高地基稳定性时，其桩长应超过危险滑弧以下不少于 2.0m。干法的加固深度不宜大于 15m，湿法的加固深度不宜大于 20m。

2. 承载力特征值

水泥土搅拌桩复合地基的承载力特征值，应通过现场单桩或多桩复合地基静载荷试验确定。初步设计时的估算公式为

$$f_{spk} = \lambda m \frac{R_a}{A_p} + \beta(1-m) f_{sk} \tag{11-27}$$

式中　f_{spk}——复合地基承载力特征值（kPa）；

　　　λ——单桩承载力发挥系数，可取 1.0；

　　　m——面积置换率，$m = d^2/d_e^2$；

　　　R_a——单桩竖向承载力特征值（kN）；

　　　A_p——桩的截面面积（m²）；

　　　f_{sk}——处理后桩间土承载力特征值（kPa），可取天然地基承载力特征值；

　　　β——桩间土承载力发挥系数，对淤泥、淤泥质土和流塑状软土等处理土层，可取 0.1~0.4；其他土层可取 0.4~0.8。

3. 单桩承载力特征值

单桩承载力特征值应通过现场单桩静载荷试验确定，初步设计时可按照式（11-28）估

算，并应同时满足式（11-29）的要求，应使由桩身材料强度确定的单桩承载力不小于由桩周土和桩端土的抗力所提供的单桩承载力。

$$R_a = u_p \sum_{i=1}^{n} q_{si} l_i + \alpha_p q_p A_p \qquad (11\text{-}28)$$

$$R_a = \eta f_{cu} A_p \qquad (11\text{-}29)$$

式中　u_p——桩的周长（m）；

$\quad l_i$——桩长范围内第 i 层土的厚度（m）；

$\quad q_{si}$——桩周第 i 层土的侧阻力特征值，可按地区经验确定；

$\quad \alpha_p$——桩端端阻力发挥系数，可取 0.4~0.6；

$\quad q_p$——桩端端阻力特征值（kPa），可取桩端土未修正的地基承载力特征值；

$\quad \eta$——桩身强度折减系数，干法可取 0.20~0.25，湿法可取 0.25；

$\quad f_{cu}$——与搅拌桩桩身水泥土配合比相同的室内加固土试块（边长 70.7mm 的立方体）在标准养护条件下 90d 龄期的立方体抗压强度平均值（kPa）。

4. 地基变形计算

地基变形计算深度应大于复合土层的厚度，并符合《建筑地基基础设计规范》（GB 50007—2011）和《建筑地基处理技术规范》（JGJ 79—2012）中对地基变形计算深度的有关规定。

三、施工工艺

水泥土搅拌桩复合地基施工应符合下列规定：

1）水泥土搅拌桩施工现场施工前应予以平整，清除地上和地下的障碍物。遇有池塘及洼地时应抽水和清淤，回填土料应压实，不得回填生活垃圾。

2）水泥土搅拌桩施工前应根据设计进行工艺性试桩，试桩数量不得少于 3 根，多轴搅拌施工不得少于 3 组，应对工艺试桩的质量进行检验，以确定施工参数。

3）搅拌头翼片的数量、宽度、与搅拌轴的垂直夹角，搅拌头的回转数，提升速度等应相互匹配，干法搅拌时钻头每转一圈的提升（或下沉）量以 10~15mm 为宜，以确保加固深度范围内土体的任何一点均能经过 20 次以上的搅拌。

4）搅拌桩施工时，停浆（灰）面应高于桩顶设计标高 300~500mm。在开挖基坑时，应将桩顶以上 500mm 土层及搅拌桩顶端施工质量较差的桩段用人工挖除。

5）施工中应保持桩机底盘的水平和导向架的竖直，搅拌桩的垂直度允许偏差应为 ±1%；桩位施工允许偏差，对条形基础的边桩沿轴线方向应为桩径的 ±1/4，沿垂直轴线方向应为桩径的 ±1/6，其他情况应为桩径的 ±40%；成桩直径和桩长不得小于设计值。

6）水泥土搅拌桩复合地基施工作业顺序示意如图 11-5 所示，施工应包括下列主要步骤：搅拌机械就位、调平；预搅下沉至设计加固深度；边喷浆（粉）、边搅拌，提升至预定的停浆（灰）面；重复搅拌下沉至设计加固深度；根据设计要求喷浆（粉）或仅搅拌，提升至预定的停浆（灰）面；关闭搅拌机械。在预（复）搅下沉时，也可采用喷浆（粉）的施工工艺，要确保全桩长上下至少再重复搅拌一次。对地基土进行干法咬合加固时，如复搅困难，可采用慢速搅拌，以保证搅拌的均匀性。

7）湿法施工应符合下列规定：

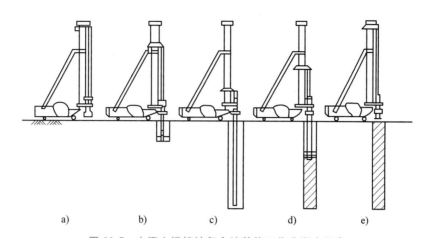

图 11-5　水泥土搅拌桩复合地基施工作业顺序示意
a）搅拌桩对准设计桩位　b）下钻　c）钻进结束　d）提升并喷射搅拌　e）提升结束

① 湿法施工配备的注浆泵的额定压力不宜小于 5MPa。

② 施工前应确定灰浆泵的输浆量、灰浆经输浆管到达搅拌机喷浆口的时间和起吊设备的提升速度等施工参数，并根据设计要求通过工艺性成桩试验确定施工工艺。

③ 施工中所使用的水泥都应过筛，制备好的浆液不得离析，泵送必须连续。拌制水泥浆液的罐数、水泥和外掺剂用量以及泵送浆液的时间应有专人记录；喷浆量及搅拌深度必须采用经国家计量部门认证的监测仪器进行自动记录。

④ 搅拌机喷浆提升的速度和次数应符合施工工艺要求，并设有专人记录。

⑤ 当水泥浆液到达出浆口后，应喷浆搅拌 30s，在水泥浆与桩端土充分搅拌后，再开始提升搅拌头。

⑥ 搅拌机预搅下沉时不宜冲水，当遇到硬土层下沉太慢时，可适量冲水，但应考虑冲水对桩身强度的影响。

⑦ 施工时如因故停浆，应将搅拌头下沉至停浆点以下 0.5m 处，待恢复供浆时再喷浆搅拌并提升；若停机超过 3h，宜先拆卸输浆管路，并加以清洗。

⑧ 进行壁状加固时，相邻桩的施工时间间隔不宜超过 12h。

8）干法施工应符合下列规定：

① 干法施工的最大送粉压力不应小于 0.5MPa。

② 喷粉施工前应仔细检查搅拌机械、供粉泵、送气（粉）管路、接头和阀门的密封性、可靠性，送气（粉）管路的长度不宜大于 60m。

③ 干法施工机械必须配置经国家计量部门认证的具有能瞬时检测并记录出粉量及搅拌深度功能的自动记录仪。

④ 搅拌头每旋转一周，其提升高度不得超过 15mm。

⑤ 搅拌头的直径应定期复核检查，其磨耗量不得大于 10mm。

⑥ 当搅拌头到达设计桩底以上 1.5m 时，应开启喷粉机提前进行喷粉作业；当搅拌头提升至地面下 500mm 时，喷粉机应停止喷粉。

⑦ 成桩过程中因故停止喷粉时，应将搅拌头下沉至停灰面以下 1m 处，待恢复喷粉时再喷粉搅拌并提升。

四、水泥土搅拌桩复合地基的质量检验

水泥土搅拌桩复合地基的质量检验应符合下列规定：

1）水泥土搅拌桩应进行施工全过程的施工质量控制。施工过程中应随时检查施工记录和计量记录，并对照规定的施工工艺对每根桩进行质量评定。检查重点是喷浆压力、水泥用量、桩长、搅拌头转数和提升速度、复搅次数和复搅深度、停浆处理方法等。

2）水泥土搅拌桩的施工质量检验可采用下列方法：

① 成桩 3d 内，可用轻型动力触探（N_{10}）检查上部桩身的均匀性，检验数量为施工总桩数的 1%，且不少于 3 根。

② 成桩 7d 后，采用浅部开挖桩头进行检查，开挖深度宜超过停浆（灰）面下 0.5m，检查搅拌的均匀性，量测成桩直径，检查数量不少于总桩数的 5%。

③ 静载荷试验宜在成桩 28d 后进行。水泥土搅拌桩复合地基承载力检验应采用复合地基静载荷试验和单桩静载荷试验，验收检验数量不少于总桩数的 1%，复合地基静载荷试验数量不少于 3 台（多轴搅拌为 3 组）。

④ 对变形有严格要求的工程，应在成桩 28d 后，采用双管单动取样器钻取芯样作水泥土抗压强度检验，检验数量为施工总桩数的 0.5%，且不少于 6 点。

⑤ 基槽开挖后，应检验桩位、桩数与桩顶及桩身的质量，如不符合设计要求，应采取有效补强措施。

单元 6　水泥粉煤灰碎石桩复合地基

水泥粉煤灰碎石桩（CFG 桩）是指在碎石桩桩体中掺加适量石屑、粉煤灰和水泥，加水拌和制成的一种黏结强度较高的桩体。水泥粉煤灰碎石桩、桩间土和褥垫层一起构成水泥粉煤灰碎石桩复合地基（CFG 桩复合地基），如图 11-6 所示。

CFG桩复合地基

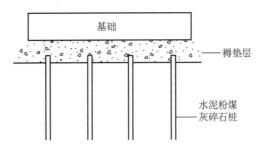

图 11-6　水泥粉煤灰碎石桩复合地基示意

一、水泥粉煤灰碎石桩复合地基的性能与适用性

水泥粉煤灰碎石桩的桩体，以碎石作为粗集料，石屑为中等粒径集料，粉煤灰作为细集料，低强度等级水泥作为黏结剂，使桩体具有较高的后期强度。褥垫层是由粒状材料组成的散体垫层，其作用主要是保证桩、土共同承担荷载；调整桩、土荷载的分担比例；减小基础底面的应力集中；调整桩、土水平荷载的分担比例。

水泥粉煤灰碎石桩复合地基适用于处理黏性土、粉土、砂土和自重固结已完成的素填土地基。对淤泥和淤泥质土应按地区经验或通过现场试验确定其适用性。

二、水泥粉煤灰碎石桩复合地基的设计

水泥粉煤灰碎石桩复合地基的设计应符合下列规定：

1. 桩的几何尺寸及布置

水泥粉煤灰碎石桩应选择承载力和压缩模量相对较高的土层作为桩端持力层。长螺旋钻中心压灌成桩、干成孔成桩和振动沉管灌注成桩的桩径宜取 350~600mm；泥浆护壁成孔灌注桩的桩径宜取 600~800mm。

桩间距应根据基础形式、设计要求的复合地基承载力、复合地基变形、土性及施工工艺确定。采用非挤土成桩工艺和部分挤土成桩工艺的，桩间距宜取 3~5 倍桩径；采用挤土成桩工艺和墙下条形基础单排布桩的，桩间距宜取 3~6 倍桩径。桩长范围内有饱和粉土、粉细砂、淤泥、淤泥质土层，采用长螺旋钻中心压灌成桩施工可能发生窜孔时，宜采用较大的桩距。

桩顶和基础之间应设置褥垫层，褥垫层厚度宜取 0.4~0.6 倍桩径。褥垫层材料宜用中砂、粗砂、级配砂石和碎石等，最大粒径不宜大于 30mm。

水泥粉煤灰碎石桩可只在基础内布桩，应根据建筑物荷载分布、基础形式和地基土性状，合理确定布桩参数：

1）对框架核心筒结构，核心筒部位可采用减小桩距、增大桩长或桩径的方式布桩。

2）对相邻柱荷载水平相差较大的独立基础，应按变形控制确定桩长和桩间距。

3）对筏形基础，筏板厚度与跨距之比小于 1/6 的平板式筏形基础、梁的高跨比大于 1/6 且板的厚跨比（筏板厚度与梁的中心距之比）小于 1/6 的梁板式筏形基础，应在柱（平板式筏形基础）和梁（梁板式筏形基础）边缘每边外扩 2.5 倍板厚的面积范围内布桩。

4）对墙下条形基础，当荷载水平不高时，可采用墙下单排布桩。

2. 承载力特征值的确定

水泥粉煤灰碎石桩复合地基承载力特征值应按《建筑地基处理技术规范》（JGJ 79—2012）第 7.1.5 条确定。地基初步设计时可按式（11-27）估算，其中单桩承载力发挥系数 λ 在无经验时可取 0.8~0.9。处理后的桩间土承载力特征值 f_{sk}，对非挤土成桩工艺，可取天然地基承载力特征值；对挤土成桩工艺，一般黏性土可取天然地基承载力特征值，松散砂土、粉土可取天然地基承载力特征值的 1.2~1.5 倍，原土强度低的取大值。桩间土承载力发挥系数 β 可取 0.9~1.0。

3. 单桩承载力特征值

水泥粉煤灰碎石桩复合地基的单桩承载力特征值应通过现场单桩静载荷试验确定，初步设计时可按照式（11-28）估算，其中桩端端阻力发挥系数 α_p 可取 1.0。

4. 地基变形计算

水泥粉煤灰碎石桩复合地基的地基变形计算深度应大于复合土层的厚度，并符合《建筑地基基础设计规范》（GB 50007—2011）和《建筑地基处理技术规范》（JGJ 79—2012）中对地基变形计算深度的有关规定。

三、水泥粉煤灰碎石桩复合地基的施工

水泥粉煤灰碎石桩复合地基的施工应符合下列规定：

1. 施工工艺选择

1）长螺旋钻孔灌注成桩，适用于地下水位以上的黏性土、粉土、素填土、中等密实以上的砂土地基。

2）长螺旋钻中心压灌成桩，适用于黏性土、粉土、砂土和素填土地基，对噪声或泥浆污染要求严格的场地可优先选用；穿越卵石夹层时应通过试验确定适用性。

3）振动沉管灌注成桩，适用于粉土、黏性土及素填土地基。

4）泥浆护壁成孔灌注成桩，适用于地下水位以下的黏性土、粉土、砂土、填土、碎石土及风化岩层等地基；桩长范围和桩端有承压水的土层应通过试验确定其适应性。

2. 成桩施工要求

长螺旋钻中心压灌成桩施工和振动沉管灌注成桩施工应符合下列规定：

1）施工前应按设计要求由实验室进行配合比试验，施工时按配合比配制混合料。长螺旋钻中心压灌成桩施工的坍落度宜为 160~200mm，振动沉管灌注成桩施工的坍落度宜为 30~50mm。振动沉管灌注成桩后的桩顶浮浆厚度不宜超过 200mm。

2）长螺旋钻中心压灌成桩施工钻至设计深度后，应控制提拔钻杆的时间，混合料泵送量应与拔管速度相配合，不得在饱和砂土或饱和粉土层内停泵待料。振动沉管灌注成桩施工的拔管速度宜为 1.2~1.5m/min，如遇淤泥或淤泥质土，拔管速度应适当减慢。遇有松散饱和粉土、粉细砂或淤泥质土，当桩距较小时，宜采用隔桩跳打措施。

3）施工桩顶标高宜高出设计桩顶标高不宜少于 0.5m；当施工作业面高出桩顶设计标高较大时，宜增加混凝土灌注量。

4）成桩过程中，应抽样制作混合料试块，每台机械每台班不应少于一组（3 块）。

3. 其他施工要求

1）冬期施工时混合料入孔温度不得低于 5℃，对桩头和桩间土应采取保温措施。

2）清土和截桩时，应采取小型机械或人工剔除等措施，防止桩顶标高以下的桩身发生断裂或桩间土发生扰动。

3）褥垫层铺设宜采用静力压实法，当基础底面下桩间土的含水率较低时，也可采用动力夯实法，夯填度不应大于 0.9。

4）泥浆护壁成孔灌注成桩和锤击、静压预制桩施工，应符合《建筑桩基技术规范》（JGJ 94—2008）的有关规定。

四、质量检测

水泥粉煤灰碎石桩复合地基质量检测应符合下列规定：

1）施工质量检测主要应检查施工记录、混合料坍落度、桩数、桩位偏差、褥垫层厚度、夯填度和桩体试块抗压强度等。

2）水泥粉煤灰碎石桩复合地基竣工验收时，承载力检验应采用复合地基载荷试验和单桩静载荷试验。

3）水泥粉煤灰碎石桩复合地基检测应在施工结束 28d 后进行，其桩身强度应满足试验

荷载条件；试验数量不应少于总桩数的 1%，且每个单体工程的复合地基静载荷试验的试验数量不应少于 3 点。

4）采用低应变动力试验检测桩身完整性时，检查数量不低于总桩数的 10%。

单元 7　其他地基加固方法简介

一、旋喷桩复合地基

旋喷桩复合地基施工工艺流程如图 11-7 所示，图 11-7a 表示钻机安装就位后先进行射水试验；图 11-7b、c 表示钻杆旋转的同时射水下沉，直至设计标高为止；图 11-7d、e 表示压力升高到 20MPa 时喷射浆液，钻杆以 20r/min 的速度旋转，提升速度为每喷射三圈提升 25~50mm（根据喷嘴直径及加固土体所需加固浆液的数量确定）；图 11-7f 表示已喷射成桩；再移动钻机重复图 11-7b~e 的程序加固其他土层。

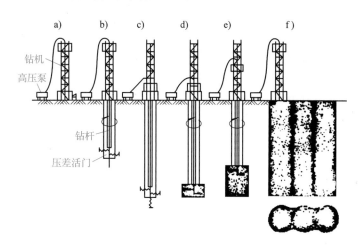

图 11-7　旋喷桩复合地基施工工艺流程

1. 旋喷桩复合地基的适用条件

旋喷桩复合地基适用于处理淤泥、淤泥质土、黏性土（流塑、软塑和可塑）、粉土、砂土、黄土、素填土和碎石土等地基。对土中含有较多的大直径块石、大量植物根茎和高含量的有机质，以及地下水流速较大的工程，应根据现场试验结果确定其适应性。

2. 旋喷桩加固体的设计

旋喷桩施工应根据工程需要和土质条件选用单管法（单轴）、双管法（双轴）和三管法（三轴）。在制订旋喷桩施工方案时应搜集邻近建筑物和周边地下埋设物等资料。旋喷桩施工方案确定后，应结合工程情况进行现场试验，以确定施工参数及工艺。

旋喷桩加固体的强度和直径，应通过现场试验确定。当无现场试验资料时，可参照相似土质条件的工程经验进行初步设计。旋喷桩的平面布置可根据上部结构和基础特点确定，独立基础下的桩数不应少于 4 根。

旋喷桩复合地基的单桩竖向承载力特征值应通过现场载荷试验确定。进行初步设计时，可按式（11-27）估算，并应同时满足式（11-28）的要求。

旋喷桩复合地基的地基变形计算深度应大于复合土层的厚度，并符合《建筑地基基础设计规范》（GB 50007—2011）和《建筑地基处理技术规范》（JGJ 79—2012）中对地基变形计算深度的有关规定。

当旋喷桩复合地基范围以下存在软弱下卧层时，应按《建筑地基基础设计规范》（GB 50007—2011）的有关规定进行软弱下卧层承载力验算。

旋喷桩复合地基宜在基础和桩顶之间设置褥垫层。褥垫层厚度宜为 150～300mm，其材料可选用中砂、粗砂和级配砂石等，褥垫层最大粒径不宜大于 20mm。褥垫层的夯填度不应大于 0.9。

3. 旋喷桩复合地基的施工

旋喷桩复合地基的施工应符合下列规定：

1）施工前应根据现场环境和地下埋设物的位置等情况，复核旋喷桩的设计孔位。

2）旋喷桩的施工工艺及参数应根据土质条件、加固要求，通过试验或根据工程经验确定，并在施工中严格加以控制。单管法、双管法高压水泥浆和三管法高压水的压力应大于20MPa，流量应大于 30L/min，气流压力宜大于 0.7MPa，提升速度宜为 0.1～0.2m/min。

3）旋喷注浆宜采用强度等级为 42.5 级的普通硅酸盐水泥，可根据需要加入适量的外加剂及掺合料。外加剂和掺合料的用量，应通过试验确定。

4）水泥浆液的水灰比宜为 0.8～1.2。

5）旋喷桩的施工工序为机具就位、贯入喷射管、喷射注浆、拔管和冲洗等。

6）喷射孔与高压注浆泵的距离不宜大于 50m。钻孔位置的允许偏差应为 ±50mm，垂直度允许偏差应为 ±1%。

7）当喷射注浆管贯入土中，喷嘴达到设计标高时，即可喷射注浆。在喷射注浆参数达到规定值后，随即按旋喷的工艺要求提升喷射管，由下而上旋转喷射注浆。喷射管分段提升的搭接长度不得小于 100mm。

8）对需要局部扩大加固范围或提高强度的部位，可采用复喷措施。

9）在旋喷注浆过程中出现压力骤然下降、骤然上升或冒浆异常时，应查明原因并及时采取措施。

10）旋喷注浆完毕，应迅速拔出喷射管。为防止浆液凝固收缩影响桩顶高程，可在原孔位采用冒浆回灌或二次注浆等措施。

11）施工中应做好废泥浆处理，及时将废泥浆运出或在现场短期堆放后作为土方运出。

12）施工中应严格按照施工参数和材料用量施工，用浆量和提升速度应采用自动记录装置进行控制，并做好各项施工记录。

4. 旋喷桩复合地基的质量检验

旋喷桩复合地基的质量检验应符合下列规定：

1）旋喷桩可根据工程要求和当地经验采用开挖检查、钻孔取芯、标准贯入试验、动力触探和静载荷试验等方法进行检验。

2）检验点应布置在下列部位：有代表性的桩位；施工中出现异常情况的部位；地基情况复杂，可能对旋喷桩质量产生影响的部位。

3）成桩质量检验点的数量不少于施工孔数的 2%，并不应少于 6 点。

4）承载力检验宜在成桩 28d 后进行。

5）旋喷桩复合地基竣工验收时，承载力检验应采用复合地基静载荷试验和单桩静载荷试验。检验数量不得少于总桩数的 1%，且每个单体工程的复合地基静载荷试验的数量不得少于 3 台。

二、注浆法

注浆法是利用压力（液压或气压）或电化学原理，通过浆管把浆液均匀注入地层中，浆液以填充、渗透和挤密等方式，赶走土粒间或岩石裂隙中的水分和气体后占据其位置，经人工控制一定时间后，浆液将原来松散的土粒或裂隙胶结成一个整体，形成一个结构新、强度大、防水性能强和化学稳定性良好的"结石体"。注浆法在水利、煤炭、建筑、交通和铁道等部门的各类岩土工程治理中有着广泛的应用。

注浆法的注浆材料有粒状浆材（水泥浆、黏土浆等）及化学浆材（水玻璃、氢氧化钠、环氧树脂、丙烯酰胺等）两大类。注浆法的注浆材料按照工艺性质分为单浆液和双浆液，按浆液状态分为真溶液、悬浮液和乳化液。注浆法可分为压力注浆和电动注浆两类。压力注浆是常用的方法，是在各种压力下使水泥浆液或化学浆液挤压充填土的孔隙或岩层缝隙。电动注浆是在施工中以注浆管为阳极，滤水管为阴极，通过直流电的电渗作用使孔隙水由阳极流向阴极，在土中形成渗浆通道，化学浆液随之渗入孔隙而使土体硬结。土木工程施工中，用于地基加固的注浆法主要有硅化加固法、水泥硅化法和碱液加固法等。

1）硅化加固法是指利用带有孔眼的注浆管将水玻璃溶液与氯化钙溶液分别轮换注入土中，使土体固化，是一种化学加固方法。

2）水泥硅化法是将水玻璃与水泥配成两种浆液，按照一定比例用两台或一台双缸独立分开的泵将两种浆液同时注入土中，这种浆液不仅具备水泥浆的优点，而且还兼有某些化学浆液的优点。这种方法具有凝结时间短、使用范围广等特点，并可以从几秒钟到几十分钟准确控制凝结时间。

3）碱液加固法的加固原理是促使土颗粒表面活化，并在颗粒之间的接触处彼此胶结成整体，从而提高土的强度。

三、土工合成材料

土工合成材料是岩土工程应用的各种聚合材料的总称它包括各种土工织物（有纺型土工织物、编织型土工织物和无纺型土工织物等）、土工膜、土工格栅、土工垫、土工网以及各种组合的复合聚合材料等。土工合成材料具有优良的力学性能、水理特性及耐久性等：力学性能包括压缩性、抗拉强度、撕裂强度、顶破强度、刺破强度、穿透强度、摩擦系数等；水理特性包括孔隙率、开孔面积率、等效孔径、垂直渗透系数、水平渗透系数等；耐久性包括抗老化和徐变等。

土工合成材料具有质地柔软、抗拉强度高、无显著方向性、各向强度基本一致、整体连续性好；重量轻、施工方便；弹性好、耐磨、耐腐蚀、耐久和抗微生物性能好等优点，适用于加快软弱土地基的固结，提高土体强度；在公路、铁路路基中作为加强层，防止路基翻浆、下沉；用于堤岸边坡工程，可使结构坡度加大，并充分压实；此外，还可用于河道和海岸坡的防冲刷，水库渠道的防渗以及土石坝、尾矿坝与闸基础的反滤层和排水层，可取代砂石级配良好的反滤层，达到节约投资，缩短工期，保证安全使用的目的，因而在软土地基处理中得到广泛的应用。

土工合成材料主要有排水作用、隔离作用、反滤作用、加筋作用等。

素质拓展——地基处理防患未然

《素问·四气调神大论》云："是故圣人不治已病治未病，不治已乱治未乱，此之谓也。夫病已成而后药之，乱已成而后治之，譬犹渴而穿井，斗而铸锥，不亦晚乎。"

基础工程亦是如此，容不得事故的发生，必须以预防为主。预防的前提是及时了解地基土的性质与上部荷载的要求，依据上部荷载大小和地基承载能力设计地基基础，必要时采取改善地基性能的处理措施。

我们在今后的工作学习中要坚持以预防为主，努力把风险和损失降到最低，做到防治结合、依法防治、科学防治。

思 考 题

11-1 什么是软弱土？软弱土包括哪几种土？

11-2 什么是人工地基？地基处理的目的是什么？

11-3 常用的软弱土地基的处理方法有哪几种？

11-4 换填垫层法中垫层的主要作用表现在哪些方面？垫层的厚度和宽度是如何确定的？应怎样控制垫层的厚度和宽度？

11-5 强夯法的加固机理是什么？如何确定其有效加固深度？

11-6 砂石桩法的作用原理是什么？砂石桩的设计、计算主要解决什么问题？

11-7 振冲法加固地基有何特点？它适用于加固哪些土层？

11-8 什么是堆载预压法？有何特点？适用范围是什么？

11-9 水泥土搅拌桩复合地基是如何加固地基的？

11-10 土工合成材料加固地基有何优点？适用范围是什么？

习 题

某高速公路路堤建在饱和软黏土地基上，厚 8m，其下为砂层，打穿软黏土到达砂层的砂井直径为 0.3m，平面按梅花形布置，间距 $L = 2.0m$；若竖向固结系数 $C_v = 1.5 \times 10^{-3} cm^2/s$，水平固结系数 $C_h = 1.5 \times 10^{-3} cm^2/s$，求一个月时的固结度（提示：应考虑双面排水）。

学习情境 12
特殊地基的处理

学习目标与要求

1）熟悉软土的概念和特性。掌握软土地基承载力、沉降和稳定性的计算方法。

2）熟悉湿陷性黄土的分类依据和标准。掌握湿陷性黄土地基处理的原则、方法和设计措施。

3）熟悉冻土的分类、特性指标、试验及评价方法。了解冻土地区的沿途工程设计原则与处理方法。

4）了解建筑抗震设防的三个水准要求。掌握液化的机理和判别方法。熟悉砂土液化的危害和基础工程的抗震措施。

学习重点与难点

本学习情境重点是各种特殊土的特性和对基础工程的影响。难点是有关基本理论对特殊土的具体应用。

单元 1　软土地基

软土是指在滨海、湖泊、谷地、河滩上沉积的含水率高、孔隙比大、压缩性高、抗剪强度和承载力低的软塑~流塑状态的细粒土。软土常含有有机物，当天然含水率大于液限、孔隙比 e 大于等于 1.5 时称为淤泥，孔隙比 e 小于 1.5 大于 1.0 时称为淤泥质土（淤泥质黏土、淤泥质粉质黏土）。习惯上也把工程性质接近淤泥的黏性土统称为软土。部分冲填土也视为软土。

由于沉积环境的不同及成因的区别，各处软土的性质、成层情况各有特点。我国沿海地区、内陆平原以及山区沟谷等广泛分布有各种成因的软土，因此工程设计中按地质特点将其分为滨海沉积、湖泊沉积、河滩沉积、谷地沉积和沼泽沉积五个类型；又可根据土质不同分为泥炭、腐殖土、有机质土、黏性土、粉土五种类型。

一、软土的鉴别及工程性质

1. 软土的工程鉴别

《公路软土地基路堤设计与施工技术细则》（JTG/T D31-02-2013）规定，天然含水率高、天然孔隙比大、抗剪强度低、压缩性高的细粒土称为软土，包括淤泥、淤泥质土、泥炭、泥炭质土等。在静水或缓慢流水环境中沉积的含有有机质的细粒土，其天然孔隙比大于或等于 1.5 时称为淤泥,天然孔隙比小于 1.5、大于 1.0 时称为淤泥质土。泥炭中有机质含量大于 60%,大部分未完全分解,呈纤维状,孔隙比一般大于 10;或有机质含量大于 10% 且小于 60%,大部分完全分解,有臭味,呈黑泥状的细粒土和腐殖质土称为泥炭质土。软土可按表 12-1 进行鉴别。当表中部分指标无法获得时,可以孔隙比和含水率两项指标为基础,采用综合分析的方法进行鉴别。

表 12-1　软土鉴别指标

特征指标名称	含水率 (%)		孔隙比	快剪内摩擦角/(°)	十字板抗剪强度/kPa	静力触探锥尖阻力/MPa	压缩系数 $a_{0.1-0.2}$/MPa^{-1}
黏质土、有机质土	≥35	≥液限	≥1.0	宜小于 5	宜小于 35	宜小于 0.75	宜大于 0.5
粉质土	≥30		≥0.9	宜小于 8			宜大于 0.3

2. 软土的工程性质

软土无论如何划分,它们都具有如下共同特性:

1)颜色以深色为主,粒度成分以细粒为主,有机质含量高。

2)含水率高,重度小,含水率大于液限,超过 30%;软土的饱和度高达 100%,甚至更大,重度为 15~19kN/m^3。

3)孔隙比大,一般大于 1.0。

4)渗透系数小,一般小于 10^{-6}cm/s 数量级,沉降速度慢,固结时间长。

5)黏粒含量高,塑性指数大。

6)高压缩性,压缩系数大,基础沉降量大,一般压缩系数大于 0.5MPa^{-1}。

7)强度指标小,软土的快剪黏聚力小于 10kPa,内摩擦角小于 5°;固结快剪强度指标略高,黏聚力小于 15kPa,内摩擦角小于 10°。

8)软土的灵敏度高,一般为 2~10,有时更高,具有显著的流变性和触变性。

软土厚度较大的地区,由于表层经受长期大气环境的影响,含水率减小,在收缩固结作用下,表面形成"硬壳"。这一处于地下水位以上的非饱和"硬壳"层厚度通常不大,一般为 0.5~3m,有时可以考虑作为小桥涵等基础的持力层。

二、软土地基的承载力、沉降和稳定性计算

在软土地基设计计算中,由于它的工程特性,常需要解决地基强度、沉降和稳定性的计算问题,这些计算与一般地基的计算是有所区别的。现分述如下:

（一）软土地基的承载力

软土地基的承载力特征值,应同时满足强度和变形两个方面的要求。按强度要求确定软土地基承载力特征值主要有以下方法:

1. 根据极限承载力理论公式确定

由于 $\varphi = 0$,$q = \gamma_2 h$,饱和软黏土上条形基础的极限承载力 p_u 按下式计算:

$$p_u = 5.14 C_u + \gamma_2 h \tag{12-1}$$

式中　C_u——软土排水抗剪强度,可用三轴仪、十字板剪切仪测定,也可用室内无侧限抗压强度的一半计算;

　　　γ_2——基底以上土的重度(kN/m^3),地下水位以下为浮重度;

　　　h——基础埋置深度(m),受水流冲刷处,从一般冲刷线算起。

据此，考虑矩形基础的形状修正系数及水平荷载作用时的影响系数，并考虑必要的安全系数，规范提出软土地基承载力特征值 f_a 由式（7-23）计算。

2. 根据土的物理性质指标确定

软土大多是饱和的，含水率 w 基本反映了土的孔隙比的大小，当饱和度 $S_r = 1$，$e = wG/S_r = wG$（G 为土颗粒比重），$e = 1$ 时，相应含水率 w 约为 36%；e 为 1.5 时，相应含水率 w 约为 55%，所以一般情况下，地基的强度、地基承载力与其含水率密切相关。根据统计资料得出的含水率 w 与软土地基承载力特征值 f_{a0} 的关系见表 7-17。

对中小型桥梁的桥涵，软土地基承载力特征值 f_a 可用式（7-22）或式（7-23）计算。

当按式（7-22）或式（7-23）计算软土地基承载力 f_a 时，不应再按基础埋置深度及宽度进行修正，但须进行地基沉降验算，保证满足基础沉降的要求。

3. 按临塑荷载计算

软土地基承载力，考虑变形因素可按临塑荷载公式估算，以控制沉降在允许范围之内。条形基础临塑荷载 p_{cr} 计算公式为 $p_{cr} = N_q \gamma h + N_c C$，由于饱和软土 $\varphi_u = 0$、$C = C_u$ 时有 $N_q = 1$、$N_c = \pi$，则：

$$p_{cr} = \gamma_2 h + 3.14C \tag{12-2}$$

式（12-2）用于矩形基础可认为要比用于条形基础偏安全。我国有些地区根据该地区软土情况，采用略高于临塑荷载的临界荷载 $p_{1/4}$ 进行计算。

4. 用原位测试方法确定

由室内试验测定土的物理力学指标（如 C_u 等）常因土的扰动问题而使结果不准确；而一般土的承载力理论公式用于软土计算是会有偏差的，因此采用现场原位测试的方法往往能克服以上缺点。软土地基常用的原位测试方法有：根据荷载试验或旁压试验确定地基承载力；以十字板剪切试验测定软黏土不排水抗剪强度，再换算成地基承载力；按标准贯入试验或静力触探结果用经验公式计算地基承载力等。

对较重要和规模较大的工程，确定软土地基的承载力宜综合以上方法，结合软土沉积年代、成层情况、下卧层性质等因素综合考虑，并注意满足结构物对沉降和稳定的要求。

（二）软土地基的沉降计算

软土地基在外力作用下，随时间发展的沉降一般可划分为初始沉降 S_d、固结沉降 S_c 和次固结沉降 S_s 三部分，如图 12-1 所示。软土地基的总沉降量 S 为 S_d、S_c、S_s 三者之和。

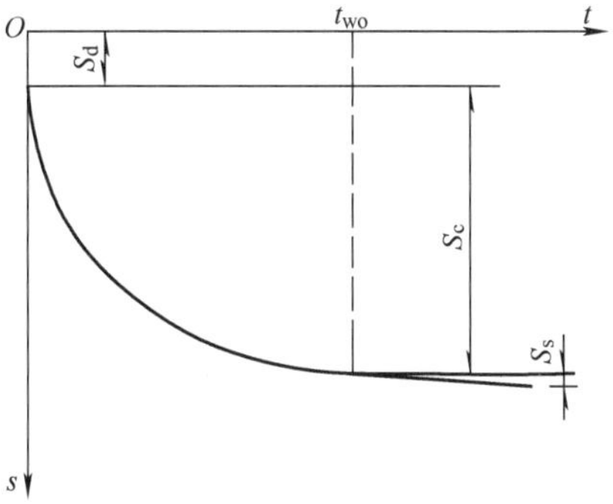

图 12-1　软土地基沉降的组成

1. 初始沉降 S_d

初始沉降包括土的两种沉降：一种是由地基土的弹性变形产生的；另一种是由于软土渗透系数低，加载后初期不能排水固结，土中产生剪切变形，此时沉降是由软土侧向剪切变形引起的。当软土较厚时，初始沉降是不宜忽略的。由弹性变形产生的初始沉降可用弹性理论公式计算：

$$S_d = \frac{pb(1 - \mu^2)}{E_d} \omega \tag{12-3}$$

式中　p——基础底面平均应力；

b——矩形基础的宽度；

μ——软土的泊松比，可取 $\mu = 0.5$；

E_d——软土的弹性模量，可通过三轴仪不排水试验求得，$E_d = (500 \sim 1000)C_u$，其中 C_u 为不排水抗剪强度；

ω——沉降影响系数，与基础形状、计算点位置有关，按照表4-1查用。

由于工程设计中地基承载力的采用会限制塑性区的发展，因而由土体初始侧向剪切位移引起的沉降在总的初始沉降中所占比重不大，目前一般忽略不计或略作估算。有时也用 $S_d = (0.2 \sim 0.3)S_c$ 进行估算。

2. 固结沉降 S_c

在荷载作用下，软土地基缓慢地排水固结，孔隙水被逐渐排出，孔隙体积逐渐减小，土体压缩产生体积变形引起的沉降，称为固结沉降。它是地基沉降的最主要部分。在实际中一般采用分层总和法计算固结沉降。

3. 次固结沉降 S_s

长期现场观测表明，在理论计算的固结过程结束后，软土地基因土骨架的蠕动继续发生长期的、缓慢的压缩，称为次固结沉降，如图12-2所示。当软土较厚，含高塑性矿物较多时，次固结沉降对沉降要求严格的结构物不宜忽略。地基次固结沉降 S_s 可按下式计算：

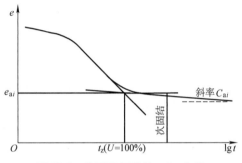

图 12-2　次固结沉降的 e-$\lg t$ 曲线

$$S_s = \sum_{i=1}^{n} \frac{C_{ai}}{1 + e_{ai}} \lg\left(\frac{t_3}{t_2}\right) h_i \qquad (12\text{-}4)$$

式中　C_{ai}——第 i 层土的次固结系数，由固结压力试验的 e-$\lg t$ 曲线的斜率求得，其取值与粒径、矿物成分有关，$C_{ai} = 0.005 \sim 0.03$；

e_{ai}——第 i 层土在固结压力下完成排水固结时的孔隙比；

t_2、t_3——完成固结（固结度为100%）时间及计算次固结沉降时间，$t_3 > t_2$。

事实上初始沉降、固结沉降、次固结沉降并不能截然分开，而是交错发生的，只是某个阶段以其中一种沉降变形为主。不同的土，三个组成部分的相对大小及时间是不同的。

《公路桥涵地基与基础设计规范》（JTG 3363—2019）中计算地基变形按分层总和法计算，并引入沉降计算经验系数，其值可参考学习情境4相关内容。

（三）软土地基的稳定性分析

软土地基上结构物承受水平推力后，由于地基土抗剪强度低，有发生基础连同部分地基土滑移失稳的可能性。修建在软土地基上的桥台、挡土墙等承受侧向推力的结构物，在保证其地基承载力、沉降满足要求的同时，应进行稳定性分析。软土地基上的构造物采用天然地基浅基础时，稳定分析参见学习情境8相关内容。

对于桩基础，假定的滑动圆弧面可发生在桩底以上，如图12-3所示；只有软土层很厚而桩长又很短的特殊情况才发生在桩底以下。由于设计中考虑承台底以上全部外力均由基桩承担，所以分析时可以不计这部分外力作用于滑动圆弧面上的分力，只考虑承台底面到滑动圆弧面以上的土柱重量，即在图12-3中对 P、M 不应计入其影响，而阴影部分土的重力应计入其影响；不属于基桩承担的滑裂体范围内的荷载仍应考虑其在滑动圆弧面的作用。

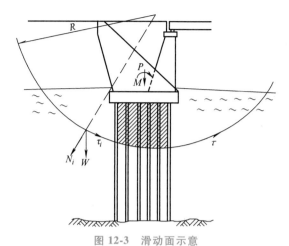

图 12-3　滑动面示意

R—滑弧半径　W—滑动土体自重及滑动外力　τ_i—由 W 产生的滑动力　N_i—W 在径向的分力

P—上部竖直荷载　M—作用在基底的力矩　τ—滑动面的抗剪强度

现行的各种条分法均需经反复迭代，计算工作量很大，可用电算法进行计算，这种分析方法实用性较强，在软土地基稳定性分析中得到了广泛使用，计算结果应结合现场地形，地貌，工程地质、水文地质情况与当地软土特性进行全面分析判断。

三、软土地基基础工程应注意的事项

在软土地区修建桥梁及道路等人工构造物必须首先进行详细的工程地质、水文地质勘察，查明该处软土的地质及工程特性，掌握全面、翔实的资料，这既是正确布置构造物、选择适当结构类型的首要条件，也是保证设计和施工能紧密结合实际情况、采用有针对性措施的必要条件。

软土地基的强度、变形和稳定性是工程中必须充分注意的问题，是造成桥梁、道路等人工构造物基础过大沉降、不均匀沉降、移位、倾斜、开裂、失稳或严重损坏等事故的主要因素。工程界对软土地基在基础工程设计技术、施工方法、地基加固等方面已积累了不少成功经验和科研成果，只要使用得当，可以保证软土地基上结构物的安全。以下着重介绍有关软土地区桥梁基础工程应注意的事项，其他人工构造物也可参考。

（一）全面掌握工程地质资料，合理布设桥涵

不同沉降类型的软土，有时其物理性质指标虽然相似，但工程性质可能相差很大，其力学性质参数宜尽可能通过现场原位测试取得。

软土地区的桥梁位置（尤其是大型桥梁）既要与路线走向协调，又要注意构造物对工程地质的要求。如果地基土属于深、厚软黏土，特别是流动性的淤泥、泥炭和高灵敏度的软土，不仅设计技术条件复杂，还会给施工、养护、运营带来许多困难，工程造价也将增加，应力求避免在这些地区施工，选择软土较薄、土层分布均匀、灵敏度小的地段可能更有利。对于小桥涵，可优先考虑地表"硬壳"层较厚、软土分布均匀处，宜采用明挖刚性扩大基础以降低造价。

在确定桥梁总长、桥台位置时，除应考虑泄洪、通航要求外，宜进一步结合桥台、引道的结构和稳定性考虑。如能利用地形、地质条件，适当布置或延长引桥，使桥台置于地质较好或软土较薄处，以引桥替代高路堤，减少桥台和填土的高度，会有利于桥台、路堤的结构

和稳定性，在经过造价、占地、养护费用、营运条件等通盘考虑后，往往在技术和经济上是合理的。

软土地基桥梁宜采用轻型结构，以减轻上部结构及墩（台）自重。由于地基容易产生较大的不均匀沉降，一般以采用静定结构或整体性较好的结构为宜，如桥梁上部可采用钢筋混凝土空心板或箱形梁；桥台采用柱式、支撑梁轻型桥台或框架等组合式桥台；桥墩宜用桩柱式、排架式、空心墩等；涵洞宜用钢筋混凝土管涵、整体基础钢筋混凝土盖板涵、箱涵等来保证涵身的刚度和整体性。

（二）软土地基桥梁基础设计措施

我国在软土地区的桥梁基础常采用刚性扩大浅基础（天然地基或人工地基）和桩基础，有时也用沉井基础。现结合软土地基的特点，介绍设计时应注意的几个问题。

1. 刚性扩大浅基础

在较稳定、均匀、有一定强度的软土上修建对沉降要求不严格的矮、小桥梁，常采用天然地基（或配合砂砾垫层）上的刚性扩大浅基础。如软土表层有较厚的"硬壳"，应尽可能考虑利用。刚性扩大浅基础常因软土的局部塑性变形而使桥墩、桥台发生不均匀沉降，由于台后填土的影响，桥台前后端沉降不均匀，由此产生的后仰是常见的工程事故，有时还同时使桥台向前滑移。因此，在设计时应注意对基础边缘（如桥台基础的前趾、后踵）进行沉降验算及抗滑移、倾覆的验算。

设计时可采用人工地基，如有针对性地布设砂砾垫层，对地基进行加载预压以减少地基的沉降和调整沉降差，或采用深层搅拌法，以水泥土搅拌桩或粉体喷射搅拌桩加固软土地基，按复合地基理论验算地基各控制点的承载力和沉降（加固范围应包括桥头路堤地基的一部分）；采取轻型桥台、埋置式桥台等结构措施，必要时改用桩基础等。对小桥（单孔跨径不超过 8m，孔数不多于 3 孔），可将相邻墩（台）的刚性扩大基础联合成整体，形成联合基础，在满足地基承载力和沉降要求的同时，可以解决桥台前倾、后仰和滑移问题，但此时为避免基础板过厚，常配置受力钢筋而改为钢筋混凝土基础。为了防止小桥基础向桥孔滑移，也可以在基础间设置钢筋混凝土（或混凝土）支撑梁。

软土地基上相邻墩（台）间距小于 5m 时，规范要求考虑邻近桥墩、桥台对软土地基引起的附加竖向压应力。基础形式的选择应进行技术、经济方案的比较。

2. 桩基础和沉井基础

对于较深的软土地基，大中型桥梁常采用桩基础，它能获得较好的技术效果，若经济上合理，应是首选方案。施工方法可以是打入（压入）桩、钻孔灌注桩等。要求基桩穿过软土深入硬土（基岩）层，以保证足够的承载力和较小的沉降。软土很厚采用长摩擦桩时，应注意桩底软土强度和沉降的验算，必要时可对桩周软土进行压浆处理或做成扩底桩。

打入桩的桩距应较一般土质适当加大，并注意安排好桩的施打顺序，避免已打入的邻桩被挤移或上抬，影响质量。钻孔灌注桩一般应先试桩取得施工经验，避免成孔时发生缩孔、塌孔事故。

软土地基桩基础设计中，应充分注意由于软土侧向移动而使基桩挠曲和受到附加水平压力的问题；以及由于软土下沉对基桩产生负摩阻力的影响。

在较厚软弱土上施工沉井，往往因下沉速度过快而发生沉井倾斜、移位等，应事先采取防备措施，如选用轻型沉井，平面形状采用圆形或长宽比较小的矩形，立面形状采用竖直式等；施工时尽量对称挖土使沉井均匀下沉，并及时纠偏。

（三）桥台及桥头路堤软土地基的稳定措施

软土地基抗剪强度低，在稍大的水平力作用下，桥台和桥头路堤容易发生地基的纵向滑动失稳，设计时应按本书前述已介绍的方法进行验算。如稳定性不够，小桥可采用支撑梁、人工地基等；中桥除将浅基改为桩基础、采用人工地基、延长引桥使填土高度降低或桥台移至稳定土层上外，常用的方法是采用减少台后土压力的措施或在台前加筑反压护道（应注意保证台前过水面积），埋置式桥台也可用于放缓坡度。反压护道的长度、高度、坡度，以及地基加固方法等都应该经计算确定，施工时注意台前、台后填土进度的配合，避免有过大的高差。桥头路堤填土（包括桥台锥坡）的横向失稳也须经过验算加以保证，需要时也应放缓坡度或加筑反压护道。

桥头路堤填土稍高时，路堤下沉使桥台后倾是软土地区桥梁工程经常发生的事故。除应对桥台基础采取前述针对性的结构措施及改用轻质材料填筑路堤外，一般常对路堤的地基采取人工加固处理。

我国软土地基加固技术发展很快，浅层加固处理的砂砾垫层，深层加固处理的各种堆载排水固结法、振冲法、水泥土搅拌桩法、旋喷桩法等已得到广泛的应用。

单元 2　湿陷性黄土地基

湿陷性黄土是黄土的一种，凡天然黄土在一定压力作用下受水浸湿后，土的结构迅速破坏，发生显著附加沉降，强度也随之降低的黄土称为湿陷性黄土。湿陷性黄土分为自重湿陷性和非自重湿陷性两种。湿陷性黄土地基的湿陷特性会对结构物带来不同程度的危害，使结构物大幅沉降、开裂、倾斜，严重影响使用安全。湿陷性黄土在我国主要分布在黄河流域，即河南西部、山西、陕西、甘肃大部分地区，其次是宁夏、青海、河北的部分地区；此外，新疆、山东、辽宁等地也有局部发现。在黄土地区修筑桥梁等结构物时，对湿陷性地基应有可靠的判定方法和全面的认识，在设计、施工中要因势利导，做好合理而经济的设计、施工方案，防止和消除地基的湿陷性。

一、黄土湿陷性的判定和地基的评价

（一）黄土湿陷性的判定

湿陷性黄土除了具备黄土的一般特征外（呈黄色或黄褐色、以粉土颗粒为主、具有肉眼可见的孔隙等），它还呈松散多孔的结构状态，孔隙比常在 1.0 以上，天然剖面上具有垂直节理，含水溶性盐（碳酸盐、硫酸盐类等）较多。垂直节理、大孔性、松散多孔结构和土粒间的加固凝聚力遇水即降低或消失，是湿陷性黄土的特征。

黄土湿陷性采用湿陷系数 δ_s 值来判定，δ_s 通过室内浸水侧限压缩试验来测定，如图 12-4 所示。把保持天然湿度和结构的黄土试样逐步加压，达到规定试验压力；土样压缩稳定后，对土样进行浸水，使含水率接近饱和，土样迅速下沉，达到稳定后得到土样的高度 h_p'，按式（12-5）计算出土的湿陷系数 δ_s。

$$\delta_s = \frac{h_p - h_p'}{h_0} \tag{12-5}$$

式中　h_p——保持天然湿度和结构的试样，加至一定压力后，下沉稳定后的高度（mm）；

　　　h_p'——加压下沉稳定后的试样，在浸水饱和作用下，附加下沉稳定后的高度（mm）；

　　　h_0——试样的原始高度（mm）。

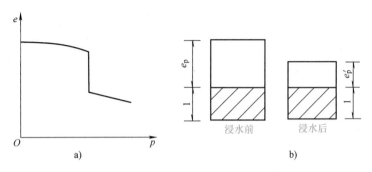

图 12-4　黄土的室内浸水侧限压缩试验曲线（图中数据为相对值）

a）压缩曲线　b）在压力作用下浸水前后的土样高度

《湿陷性黄土地区建筑标准》（GB 50025—2018）规定，在用上述室内浸水侧限压缩试验确定 δ_s 时，试验压力应自基础底面（如基底标高不确定时，自地面下 1.5m）算起，其取值在基础底面下 10m 以内，用 200kPa；10m 以下到非湿陷性黄土层顶面，用上覆土层的饱和自重压力（当大于 300kPa 时仍用 300kPa）；当基底压力大于 300kPa 时，宜按实际压力；对压缩性较高的新近堆积黄土，基底下 5m 以内的土层宜用 100~150kPa 压力，5~10m 和 10m 以下至非湿陷性黄土层顶面应分别用 200kPa 和上覆土的饱和自重压力。$\delta_s \geqslant 0.015$ 时为湿陷性黄土，$\delta_s < 0.015$ 时为非湿陷性黄土。对于湿陷性黄土，$0.015 \leqslant \delta_s \leqslant 0.03$ 时为湿陷性轻微，$0.03 < \delta_s \leqslant 0.07$ 时为湿陷性中等，$\delta_s > 0.07$ 时为湿陷性强烈。自重湿陷系数按式（12-6）计算：

$$\delta_{zs} = \frac{h_z - h_z'}{h_0} \tag{12-6}$$

式中　h_z——保持天然湿度和结构的试样，加压至该试样上覆土的饱和自重压力时，下沉稳定后的高度（mm）；

　　　h_z'——加压稳定后的试样，在浸水饱和作用下，附加下沉稳定后的高度（mm）；

　　　h_0——试样的原始高度（mm）。

（二）湿陷性黄土地基湿陷类型的划分

湿陷性黄土分为非自重湿陷性和自重湿陷性两种，应按自重湿陷量的实测值 Δ_{zs}' 或计算值 Δ_{zs} 判定，并应符合下列规定：当自重湿陷量的实测值 Δ_{zs}' 或计算值 Δ_{zs} 小于或等于 70mm 时，应定为非自重湿陷性黄土场地；当自重湿陷量的实测值 Δ_{zs}' 或计算值 Δ_{zs} 大于 70mm 时，应定为自重湿陷性黄土场地；当自重湿陷量的实测值和计算值出现矛盾时，应按自重湿陷量的实测值判定。自重湿陷性黄土地基，要求采用比非自重湿陷性黄土地基更有效的地基处理措施，以保证桥梁等结构物的安全和正常使用。《湿陷性黄土地区建筑标准》（GB 50025—2018）用自重湿陷量的计算值 Δ_{zs} 来划分地基类型，Δ_{zs} 按式（12-7）计算：

$$\Delta_{zs} = \beta_0 \sum_{i=1}^{n} \delta_{zsi} h_i \tag{12-7}$$

式中　δ_{zsi}——第 i 层土的自重湿陷系数；

β_0——因各地区土质而异的修正系数，根据我国建筑经验，对陇西地区取 1.5，陇东、陕北、晋西地区取 1.2，关中地区取 0.9，其他地区（山西、河北、河南等）取 0.5；

h_i——地基中第 i 层土的厚度（mm）；

n——计算总厚度内的土层数。

用式（12-7）计算时，应自天然地面（当填、挖方的厚度面积较大时，应自设计地面）算起，到其下非湿陷性黄土层的顶面为止，其中自重湿陷系数<0.015 的土层（属于非自重湿陷性黄土层）不累计在内。

（三）湿陷性黄土地基湿陷等级的判定

湿陷性黄土地基湿陷性的等级，即地基土受水湿润发生湿润的程度，可以用地基内各土层湿陷下沉稳定后所发生的湿陷量来衡量，湿陷量越大，对桥涵等结构的危害性越大，其设计、施工和处理措施要求也相应越高。

《湿陷性黄土地区建筑标准》（GB 50025—2018）对地基总湿陷量 Δ_s 用式（12-8）计算：

$$\Delta_s = \sum_{i=1}^{n} \alpha\beta\delta_{si}h_i \tag{12-8}$$

式中 δ_{si}——第 i 层土的湿陷系数；

h_i——第 i 层土的厚度（mm）；

α——不同深度地基土浸水概率系数，按《湿陷性黄土地区建筑标准》（GB 50025—2018）4.4.4 节取值；

β——考虑基底下地基土的受水浸湿可能性和侧向挤出等因素的修正系数，基底下 0~5m 深度内取 1.5；5~10m 深度内取 1；基底下 10m 以下至非湿陷性黄土层顶面，在自重湿陷性黄土场地，可取工程所在地区的 β_0 值，见式（12-7）。

由于我国黄土的湿陷性具有上部土层比下部土层大的特点，而且地基上部土层受水浸湿的可能性也较大，因此在用式（12-8）计算 Δ_s 时，应自基础底面（如基底标高不确定时，自地面下 1.50m）算起；在非自重湿陷性黄土场地，累计至基底下 10m（或地基压缩层）深度为止；在自重湿陷性黄土场地，累计至非湿陷性黄土层的顶面为止。其中，湿陷系数 δ_s（10m 以下为 δ_{zs}）小于 0.015 的土层不累计。地下水浸泡的那部分黄土层一般不具有湿陷性，如计算上层深度内已见地下水，则算到年平均地下水位为止。

湿陷性黄土地基的湿陷等级，综合地基总湿陷量 Δ_s 和自重湿陷量的计算值 Δ_{zs} 按表 12-2 判定。

表 12-2 湿陷性黄土地基的湿陷等级

Δ_s/mm	湿陷类型		
	非自重湿陷性地基	自重湿陷性地基	
	$\Delta_{zs} \leqslant 70mm$	$70mm < \Delta_{zs} \leqslant 350mm$	$\Delta_{zs} > 350mm$
$50 < \Delta_s \leqslant 100$	I（轻微）	I（轻微）	II（中等）
$100 < \Delta_s \leqslant 300$		II（中等）	II（中等）
$300 < \Delta_s \leqslant 700$	II（中等）	II（中等）或III（严重）	III（严重）
>700	II（中等）	III（严重）	IV（很严重）

注：当 $\Delta_s > 600mm$、$\Delta_{zs} > 300mm$ 时可判为III级，其余判为II级。

二、湿陷性黄土地基的处理措施

（一）湿陷性黄土的处理

对湿陷性黄土地基进行处理的目的主要是改善土的力学性质，减少地基因浸水而引起的湿陷变形。同时，湿陷性黄土地基经处理后，承载力有所提高。常见的处理湿陷性黄土地基的方法有灰土或素土垫层法、强夯法、挤密法、预浸水法等。

1. 灰土或素土垫层法

灰土或素土垫层法是将基底下一定深度的湿陷性土层挖除，然后用灰土或素土回填，分层夯实。这种方法施工简单，效果显著；但施工时需要保证施工质量，对回填的灰土或素土应通过室内击实试验控制最佳含水率和施工干密度，否则达不到预期的效果。该方法一般用于地下水位以上的局部或整片处理，可处理厚度在 1~3m。

2. 强夯法

强夯法是将重锤提升到一定的高度，自由下落将地基进行夯实。该方法一般用于地下水位以上，饱和度 $S_r \leqslant 60\%$ 的湿陷性黄土的局部或整片处理，可处理厚度为 3~12m。

3. 挤密法

挤密法包括振冲挤密法、土桩或灰土桩法、砂桩法、夯实水泥土桩法以及爆破法等。这种方法可以挤密黄土的松散、大孔结构，从而消除或减少地基的湿陷性，提高地基强度，一般用于地下水位以上、饱和度 $S_r \leqslant 65\%$ 的湿陷性黄土，可处理厚度为 5~15m。采用这种方法应在地基表层采取防水措施（如表层夯实）。

4. 预浸水法

预浸水法利用自重湿陷性黄土地基的自重湿陷性，在结构物修筑之前，将地基充分浸水，使其在自重作用下发生湿陷，然后再修建筑物，这样可以消除地表以下数米黄土的自重湿陷性，更深的土层需要另外处理；但这种方法用水量较大，处理时间长（3~6 个月），可能使附近地表发生开裂、下沉。

（二）结构措施

结构物的形式尽量采用简支梁等对不均匀沉降不敏感的结构；加大基础刚度，使受力均匀；对长度较大、形状复杂的结构物采用沉降缝等措施，将其分为若干独立单元。

桥梁工程中对较高的墩（台）和超静定结构，可采用刚性扩大基础、桩基础或沉井等基础形式，并将其基底设置到非湿陷性的土层中；对一般结构的大中型桥梁，重要的道路结构物（属于Ⅱ级非自重湿陷性黄土），应将基础置于非湿陷性黄土层或对全部的湿陷性黄土层进行处理或加强结构措施；如属于Ⅰ级非自重湿陷性黄土，应对全部的湿陷性黄土进行处理。

（三）施工措施

在雨季、冬季选择垫层法、强夯法和挤密法等方法处理地基时，施工期间应采取防雨和防冻措施，防止填料（土或灰土）被雨水淋湿或冻结，并应防止地面水流入已处理和未处理的基坑或基槽内。选择垫层法和挤密法处理湿陷性黄土地基时，不得使用盐渍土、膨胀土、冻土、有机质土等不良土料和粗颗粒的透水性（砂、石）材料作填料。

地基处理前，除应做好场地平整、道路畅通和接通水、电外，还应清除场地内影响地基处理施工的地上和地下管线及其他障碍物。在地基处理施工过程中，应对地基处理的施工质量进行监理；地基处理施工结束后，应按有关标准进行工程质量检验和验收。

采用垫层法、强夯法和挤密法等方法处理的地基的承载力特征值，应在现场通过试验测定。试验点的数量，应根据建筑物类别和地基处理面积确定，但单独建筑物或在同一土层参加统计的试验点不宜少于 3 点。

单元 3　冻土地区基础工程

季节性冻土
地基

凡是温度等于或低于 0℃，含有冰且土颗粒呈胶结状态的土称为冻土。这种冻结状态保持二年或二年以上的土，称为多年冻土。土层冬季冻结，夏季全部融化，冻结延续时间一般不超过一个季节的是季节性冻土。季节性冻土的最大冻结深度，称为季节性冻土的最大冻结深度或冻结上限。

季节性冻土在我国分布很广，东北、华北、西北地区是季节性冻土层厚度 0.5m 以上的主要分布地区。多年冻土分布在严寒地区，这些地区冰冻期长达 7 个月，基本上集中在两大区域：纬度较高的内蒙古和黑龙江、大（小）兴安岭一带；海拔较高的青藏高原和甘肃、新疆的高山区，其厚度从不足一米到几十米不等。

冻土地区建筑物产生冻害的影响因素很复杂，但主要可以归结为温度、土质、水和压力四个要素。温度和压力的变化是外因，土质和水是内因。其中，水是一个很重要的因素，水冻结成冰，强度剧增，冰消融成水，承载力几乎为零，同时还伴随着复杂的物理化学变化。这些特点会使多年冻土和季节性冻土对结构物带来不同的危害，因而对冻土区的地基和基础进行设计和施工有特殊的要求。

一、季节性冻土区地基与基础

（一）季节性冻土按冻胀性的分类

季节性冻土地区结构物的破坏多是由地基土冻胀引起的。水结成冰，体积膨胀约 9%，加上水分的迁移，使冻土的膨胀量更大。由于冻土的侧面和底面都有约束，所以多表现为向上的隆胀。

《公路桥涵地基与基础设计规范》（JTG 3363—2019）将季节性冻土分为不冻胀、弱冻胀、冻胀、强冻胀、特强冻胀，见表 12-3。

表 12-3　公路桥涵地基土的冻胀性分类

土的名称	冻前含水率 $w(\%)$	冻前地下水位距设计冻深的最小距离 z/m	平均冻胀率 $\eta(\%)$	冻胀等级	冻胀类别
碎（卵）石、砾砂、粗砂、中砂（粒径小于 0.075mm 的颗粒含量不大于 15%）、细砂（粒径小于 0.075mm 的颗粒含量不大于 10%）	不考虑	不考虑	$\eta \leqslant 1$	I	不冻胀

（续）

土的名称	冻前含水率 $w(\%)$	冻前地下水位距设计冻深的最小距离 z/m	平均冻胀率 $\eta(\%)$	冻胀等级	冻胀类别
碎石土、砾砂、粗砂、中砂（粒径小于0.075mm 的颗粒含量大于15%）、细砂（粒径小于0.075mm的颗粒含量大于10%）	$w \leq 12$	$z>1.0$	$\eta \leq 1$	I	不冻胀
		$z \leq 1.0$	$1<\eta \leq 3.5$	II	弱冻胀
	$12<w \leq 18$	$z>1.0$			
		$z \leq 1.0$	$3.5<\eta \leq 6$	III	冻胀
	$w>18$	$z>0.5$			
		$z \leq 0.5$	$6<\eta \leq 12$	IV	强冻胀
细砂、粉砂	$w \leq 14$	$z>1.0$	$\eta \leq 1$	I	不冻胀
		$z \leq 1.0$	$1<\eta \leq 3.5$	II	弱冻胀
	$14<w \leq 19$	$z>1.0$			
		$z \leq 1.0$	$3.5<\eta \leq 6$	III	冻胀
	$19<w \leq 23$	$z>1.0$			
		$z \leq 1.0$	$6<\eta \leq 12$	IV	强冻胀
	$w>23$	不考虑	$\eta>12$	V	特强冻胀
粉土	$w \leq 19$	$z>1.5$	$\eta \leq 1$	I	不冻胀
		$z \leq 1.5$	$1<\eta \leq 3.5$	II	弱冻胀
	$19<w \leq 22$	$z>1.5$			
		$z \leq 1.5$	$3.5<\eta \leq 6$	III	冻胀
	$22<w \leq 26$	$z>1.5$			
		$z \leq 1.5$	$6<\eta \leq 12$	IV	强冻胀
	$26<w \leq 30$	$z>1.5$			
		$z \leq 1.5$	$\eta>12$	V	特强冻胀
	$w>30$	不考虑			
黏性土	$w \leq w_p+2$	$z>2.0$	$\eta \leq 1$	I	不冻胀
		$z \leq 2.0$	$1.0<\eta \leq 3.5$	II	弱冻胀
	$w_p+2<w \leq w_p+5$	$z>2.0$			
		$z \leq 2.0$	$3.5<\eta \leq 6$	III	冻胀
	$w_p+5<w \leq w_p+9$	$z>2.0$			
		$z \leq 2.0$	$6<\eta \leq 12$	IV	强冻胀
	$w_p+9<w \leq w_p+15$	$z>2.0$			

注：1. w_p 是指塑限含水率（%）；w 是指在冻土层内冻前含水率的平均值。

2. 本分类不包括盐渍化冻土。

3. 塑性指数大于22时，冻胀性降低一级。

4. 粒径小于0.005mm 的颗粒含量大于60%时，为不冻胀土。

5. 碎石类土当充填物大于全部质量的40%时，其冻胀性按充填物土的类别判断。

（二）防冻胀措施

考虑地基土冻胀影响，桥涵基础最小埋置深度 h 的确定见学习情境8浅基础设计内容。

基础位于冻胀和强冻胀地基土时，由于切向冻胀力的作用，常引起建筑物的隆起，或使脆弱截面处被拉断，在东北、西北、内蒙古等地区均发生过这种现象，目前多从减少冻胀力和改善周围土的冻胀性来防治冻胀。为克服冻胀破坏，一是加深基础埋置深度，二是加大上部自重。但对于小桥涵结构来说，一般应恰当确定基础埋深，并验算切向冻胀力和基础薄弱截面处的抗拉强度。要减小或消除切向冻胀力，可采用下列措施：

1）采用粗砂、砾（卵）石等非冻胀性材料换填基础周围的冻胀土，换填范围为 0.5～1.0m；换填深度要求：冻胀、强冻胀地基换填 75% 的设计冻深，特强冻胀换填 90% 的设计冻深。

2）将墩（台）身和基础侧面在冻深范围内做成平整、顺畅的表面。

3）在冻土层范围内的墩（台）基础侧面上涂敷沥青、工业矿脂或油渣。

4）基础可做成正梯形的斜面基础，斜面坡度（竖：横）宜等于或大于 1：7。

（三）季节性冻土地基墩（台）基础抗冻拔验算

季节性冻土地基墩（台）和基础（含条形基础）的抗冻拔稳定性按式（12-9）计算：

$$F_k + G_k + Q_{sk} \geq k T_k \tag{12-9}$$

$$Q_{sk} = q_{sk} A_s \tag{12-10}$$

$$T_k = z_d \tau_{sk} u \tag{12-11}$$

式中 F_k——作用在基础上的结构自重（kN）；

G_k——基础自重及襟边上的土重（kN）；

Q_{sk}——基础周边融化层的摩阻力标准值（kN）；

A_s——融化层中基础的侧面面积（m²）；

q_{sk}——基础侧面与融化层的摩阻力标准值（kPa），无实测资料时，对黏性土可取 20～30kPa，对砂土及碎石土可取 30～40kPa；

k——冻胀力修正系数，砌筑或架设上部结构之前，k 取 1.1；砌筑或架设上部结构之后，对外静定结构 k 取 1.2，对外超静定结构 k 取 1.3；

T_k——对基础的切向冻胀力标准值（kN）；

z_d——设计深度（m），按式（8-9）计算，当埋置深度 h 小于 z_d 时，z_d 采用 h；

τ_{sk}——季节性冻土切向冻胀力标准值（kPa），按表 12-4 选用；

u——在季节性冻土层中，基础和墩身的平均周长（m）。

表 12-4　季节性冻土切向冻胀力标准值 τ_{sk}　　　　（单位：kPa）

冻胀类别	不冻胀	弱冻胀	冻胀	强冻胀	特强冻胀
墩（台）、柱、桩基础	0～15	15～80	80～120	120～160	160～180
条形基础	0～10	10～40	40～60	60～80	80～90

注：1. 条形基础是指基础长宽比等于或大于 10 的基础。
　　2. 对表面光滑的预制桩，τ_{sk} 乘以 0.8。

（四）季节性冻土地基中的桩基础设计原则

1）桩端进入冻深线以下的深度应满足抗拔稳定性验算要求，且不得小于 4 倍桩径及 1 倍扩大端直径，最小深度应大于 1.5m。

2）为减小和消除冻胀对建筑物桩基础的作用，宜采用钻（挖）孔灌注桩。

3）确定基桩竖向极限承载力时，除不计入冻胀深度范围内桩侧阻力外，还应考虑地基土的冻胀作用,验算桩基础的抗拔稳定性和桩身受拉承载力。

4)为消除桩基础受冻胀作用的危害,可在冻胀深度范围内,沿桩周及承台做隔冻、隔胀处理。

二、多年冻土区地基与基础

(一)多年冻土的分类

公路桥涵地基的多年冻土可根据土的类型、含水率、平均融沉系数等分为不融沉、弱融沉、融沉、强融沉和融陷五类,见表 12-5。

表 12-5　多年冻土分类

土的名称	含水率 $w(\%)$	平均融沉系数 δ_0	融沉等级	融沉类别	冻土类别
碎(卵)石、砾砂、粗砂、中砂(粒径小于 0.075mm 的颗粒含量 ≤15%)	$w<10$	$\delta_0 \leqslant 1$	I	不融沉	少冰冻土
	$w \geqslant 10$	$1<\delta_0 \leqslant 3$	II	弱融沉	多冰冻土
碎(卵)石、砾砂、粗砂、中砂(粒径小于 0.075mm 的颗粒含量 ≤15%)	$w<12$	$\delta_0 \leqslant 1$	I	不融沉	少冰冻土
	$12 \leqslant w<15$	$1<\delta_0 \leqslant 3$	II	弱融沉	多冰冻土
	$15 \leqslant w<25$	$3<\delta_0 \leqslant 10$	III	融沉	富冰冻土
	$w \geqslant 25$	$10<\delta_0 \leqslant 25$	IV	强融沉	饱冰冻土
粉砂、细砂	$w<14$	$\delta_0 \leqslant 1$	I	不融沉	少冰冻土
	$14 \leqslant w<18$	$1<\delta_0 \leqslant 3$	II	弱融沉	多冰冻土
	$18 \leqslant w<28$	$3<\delta_0 \leqslant 10$	III	融沉	富冰冻土
	$w \geqslant 28$	$10<\delta_0 \leqslant 25$	IV	强融沉	饱冰冻土
粉土	$w<17$	$\delta_0 \leqslant 1$	I	不融沉	少冰冻土
	$17 \leqslant w<21$	$1<\delta_0 \leqslant 3$	II	弱融沉	多冰冻土
	$21 \leqslant w<32$	$3<\delta_0 \leqslant 10$	III	融沉	富冰冻土
	$w \geqslant 32$	$10<\delta_0 \leqslant 25$	IV	强融沉	饱冰冻土
黏性土	$w<w_p$	$\delta_0 \leqslant 1$	I	不融沉	少冰冻土
	$w_p \leqslant w<w_p+4$	$1<\delta_0 \leqslant 3$	II	弱融沉	多冰冻土
	$w_p+4 \leqslant w<w_p+15$	$3<\delta_0 \leqslant 10$	III	融沉	富冰冻土
	$w_p+15 \leqslant w<w_p+35$	$10<\delta_0 \leqslant 25$	IV	强融沉	饱冰冻土
含土冰层	$w \geqslant w_p+35$	$\delta_0 >25$	V	融陷	含土冰层

注: 1. 总含水率包含冰和未冻水。
　　 2. 盐渍化冻土、冻结泥炭化土、腐殖土、高塑黏土不在表列。

(二)多年冻土地区的地基设计原则

1. 保持冻结原则

保持冻结原则是指保持基础底部多年冻土在营运过程中处于冻结状态,该原则宜用于多年冻土相对稳定的地区,因其厚度较大,地温较低,易于保持冻结状态。此时,地基承载力特征值可按多年冻土考虑。

2. 允许融化的原则

允许基底的多年冻土在施工营运过程中融化,有以下分类:

1）自然融化，用于冻土厚度不大、地温较高、多年冻土不够稳定地区的不融沉区或弱融沉区和融沉区的边缘地带，但地基总沉降量不得超过允许值。

2）人工融化，砌筑基础前采用人工融化方式融化冻土或挖出换填，用于厚度较薄或多年冻土不稳定地区的融沉区、强融沉区。

保持冻结原则和允许融化的原则的选择应与冻土地基基础的设计相适应，根据我国多年冻土的特点，对于常年流水的较大河流沿岸，由于洪水的渗透和冲刷，地基大都不稳定，一般不易保持冻结状态。

（三）多年冻土地基承载力特征值的确定

《冻土地区建筑地基基础设计规范》（JGJ 118—2011）规定，冻土地基的承载力特征值应结合当地的建筑经验按下列规定确定：

1）设计等级为甲级、乙级的建筑物，应进行载荷试验或其他原位试验，并应结合冻土的物理性质综合确定。

2）设计等级为丙级的建筑物，可按土与冻土的物理力学性质和地温状态按表 12-6 取值，或根据邻近建筑的经验确定。

表 12-6　冻土地基承载力特征值

土的名称	不同温度（℃）时的承载力特征值/kPa					
	-0.5	-1.0	-1.5	-2.0	-2.5	-3.0
碎砾石类土	800	1000	1200	1400	1600	1800
砾砂、粗砂	650	800	950	1100	1250	1400
中砂、细砂、粉砂	500	650	800	950	1100	1250
黏土、粉质黏土、粉土	400	500	600	700	800	900

注：1. 冻土极限承载力按表中数值乘以 2 取值。
　　2. 表中数值适用于表 12-5 中的 Ⅰ、Ⅱ、Ⅲ类的冻土类型。
　　3. 冻土含水率属于表 12-5 中的 Ⅳ 类冻土类型时，黏性土承载力特征值乘以 0.6～0.8（含水率接近Ⅲ类时取 0.8，接近Ⅴ类时取 0.6，中间取中值）；碎石冻土和砂冻土承载力特征值应乘以 0.4～0.6（含水率接近Ⅲ类时取 0.6，接近Ⅴ类时取 0.4，中间取中值）。
　　4. 当含水率小于或等于未冻土含水率时，应按不冻土取值。
　　5. 表中温度为使用期间基础底面下的最高地温。
　　6. 本表不适用于盐渍化冻土及冻结泥炭化土。

（四）多年冻土地区基础抗拔验算

《公路桥涵地基与基础设计规范》（JTG 3363—2019）规定，多年冻土地基的墩（台）和基础（含条形基础）的抗冻拔稳定性验算（图 12-5）按式（12-12）计算：

$$F_k + G_k + Q_{sk} + Q_{pk} \geq kT_k \quad (12\text{-}12)$$

$$Q_{pk} = q_{pk}A_p \quad (12\text{-}13)$$

式中　Q_{pk}——基础周边与多年冻土的冻结力标准值（kN）；

　　　　A_p——在多年冻土内的基础侧面面积（m²）；

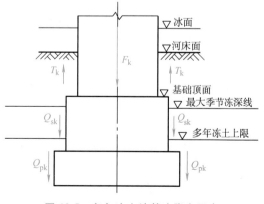

图 12-5　多年冻土地基冻胀力示意

q_{pk}——多年冻土与基础侧面的冻结力标准值（kPa），可按表12-7选用。

如图12-5所示，季节性冻土层与多年冻土层之间可分为衔接的和不衔接的。当季节性冻土层下面为多年冻土层顶面时，为季节性冻土层与多年冻土层衔接（$Q_{sk}=0$）；当季节性冻土层下面有融化层或融化层与多年冻土层交错相间时，为季节性冻土层与多年冻土层不衔接［Q_{sk} 按式（12-10）计算］。

表12-7　多年冻土与基础侧面的冻结力标准值 q_{pk}　　　　（单位：kPa）

土类及融沉等级		温度/℃						
		-0.2	-0.5	-1.0	-1.5	-2.0	-2.5	-3.0
粉土、黏性土	Ⅲ	35	50	85	115	145	170	200
	Ⅱ	30	40	60	80	100	120	140
	Ⅰ、Ⅳ	20	30	40	60	70	85	100
	Ⅴ	15	20	30	40	50	55	65
砂土	Ⅲ	40	60	100	130	165	200	230
	Ⅱ	30	50	80	100	130	155	180
	Ⅰ、Ⅳ	25	35	50	70	85	100	115
	Ⅴ	10	20	30	35	40	50	60
砾石土（粒径小于0.075mm的颗粒含量小于或等于10%）	Ⅲ	40	55	80	100	130	155	180
	Ⅱ	30	40	60	80	100	120	135
	Ⅰ、Ⅳ	25	35	50	60	70	85	95
	Ⅴ	15	20	30	40	45	55	65
砾石土（粒径小于0.075mm的颗粒含量大于10%）	Ⅲ	35	55	85	115	150	170	200
	Ⅱ	30	40	70	90	115	140	160
	Ⅰ、Ⅳ	25	35	50	70	85	95	115
	Ⅴ	15	20	30	35	45	55	60

注：1. 多年冻土融沉等级见表12-5。

2. 对于预制混凝土、木质、金属的冻结力标准值，表列数值分别乘以1.0、0.9和0.66的系数。

3. 多年冻土与沉桩的冻结力标准值按融沉等级Ⅳ类取值。

（五）多年冻土的融沉计算

采用允许融化的原则设计时，除满足融土地基承载力特征值要求外，还应满足结构物对沉降的要求。冻土地基的沉降量 s 计算式为

$$s = \sum_{i=1}^{n} \delta_i h_i + \sum_{i=1}^{n} a_i \sigma_{ci} h_i + \sum_{i=1}^{n} a_i \sigma_{pi} h_i \tag{12-14}$$

式中　δ_i——第 i 层土的融沉系数；

h_i——第 i 层冻土的厚度；

a_i——第 i 层冻土的压缩系数；

σ_{ci}——第 i 层土中点处的自重应力（kPa）；

σ_{pi}——第 i 层土中点处结构物恒荷载的附加应力（kPa）。

基底融化压缩层的计算厚度可参照基底持力层厚度及融化层厚度确定。

（六）防融沉措施

1）对采用允许融化的原则的基底土，可换填碎石、卵石、砾石或粗砂，换填深度应达到季节融化深度。

2）采用保持冻结原则的基础宜在冬季施工，采用允许融化的原则的基础宜在夏季施工。

3）对融沉、强融沉土，宜用轻型桥台，可适当增大基底面积、减少压应力或结合具体情况加大基础埋置深度。

4）采用保持冻结原则施工时，应保护地面上的覆盖植被，或以保湿性能好的材料铺盖地表，以减少热量渗入。施工和养护中，应保证结构物周围排水畅通，防止地表水灌入基坑内。

三、冻土地区的桩（柱）基础

（一）冻土地区桩基础的要求

1）季节冻土地区的桩基础除应符合《建筑地基基础设计规范》（GB 50007—2011）和《建筑桩基技术规范》（JGJ 94—2008）的有关规定外，尚应进行桩基础冻胀稳定性与桩身抗拔承载力验算。

2）多年冻土地区采用的钻孔打入桩、钻孔插入桩、钻孔灌注桩应分别符合下列规定：

① 钻孔打入桩宜用于不含大块碎石的塑性冻土地区。施工时，成孔直径应比钢筋混凝土预制桩直径或边长小 50mm，钻孔深度应比桩的入土深度大 300mm。

② 钻孔插入桩宜用于桩长范围内平均温度低于 -0.5℃的坚硬冻土地区。施工时，成孔直径应大于桩径 100mm，最大不宜超过桩径 150mm。将预制桩插入钻孔内后，应以水泥砂浆或其他填料充填。当桩周充填的水泥砂浆全部回冻后，方可施加荷载。

③ 钻孔灌注桩用于大片连续的多年冻土及岛状融区的多年冻土地区时，成孔后应用负温早强混凝土灌注，混凝土灌注温度宜为 5~10℃。

3）冻土地区桩基础的构造应符合下列规定：

① 桩基础的混凝土强度等级不应低于 C30。

② 最小桩距宜为 3 倍桩径；钻孔插入桩和钻孔打入桩的桩端下应设置 300mm 厚的砂层。

③ 当钻孔灌注桩桩端持力层含冰率较大时，应在冻土与混凝土之间设置厚度为 300~500mm 的砂砾石垫层。

（二）冻土地区基桩承载力的确定

单桩的竖向承载力应通过现场静载试验确定，在同一条件下的试桩数量不应少于 2 根；对于地基基础设计等级为甲级的建筑物，试桩数量不应少于 3 根；在地质条件相同的地区，可根据已有试验资料结合具体情况确定。采取保持冻结原则进行初步设计时，多年冻土地基的基桩轴向承载力可按式（12-15）计算：

$$R_a = q_{fpa}A_p + U_p \left[\sum_{i=1}^{n} f_{cia}l_i + \sum_{j=1}^{m} q_{sja}l_j \right] \tag{12-15}$$

式中　R_a——单桩竖向承载力特征值（kN）；

q_{fpa}——桩端多年冻土层的端阻力特征值（kPa），无实测资料时按表 12-8 取用；

f_{cia}——第 i 层多年冻土桩周冻结强度特征值（kPa），无实测资料时按《冻土地区建筑地基基础设计规范》（JGJ 118—2011）附录 A 取用；

q_{sja}——第 j 层桩周土侧阻力的特征值（kPa），应按《建筑桩基技术规范》（JGJ 94—2008）的规定取值；冻结-融化层为强冻胀土或特强冻胀土，在融化时对桩基础产生负摩阻力，应按《建筑桩基技术规范》（JGJ 94—2008）的规定取值，若不能取值时可取 10kPa，以负值代入；

l_i、l_j——按土层划分的各段桩长（m）；

A_p——桩底端横截面面积（m^2）；

U_p——桩身周边长度（m）；

n——多年冻土层分层数；

m——融化土层分层数。

表 12-8　桩端多年冻土层的端阻力特征值

土含冰率	土的名称	桩沉入深度/m	不同土温(℃)时的承载力特征值/kPa							
			-0.3	-0.5	-1.0	-1.5	-2.0	-2.5	-3.0	-3.5
<0.2	碎石土	任意	2500	3000	3500	4000	4300	4500	4800	5300
	粗砂和中砂	任意	1500	1800	2100	2400	2500	2700	2800	3100
	细砂和粉砂	3～5	850	1300	1400	1500	1700	1900	1900	2000
		10	1000	1550	1650	1750	2000	2100	2200	2300
		≥15	1100	1700	1800	1900	2200	2300	2400	2500
	粉土	3～5	750	850	1100	1200	1300	1400	1500	1700
		10	850	950	1250	1350	1450	1600	1700	1900
		≥15	950	1050	1400	1500	1600	1800	1900	2100
	粉质黏土及黏土	3～5	650	750	850	950	1100	1200	1300	1400
		10	800	850	950	1100	1250	1350	1450	1600
		≥15	900	950	1100	1250	1400	1500	1600	1800
0.2～0.4	上述各类土	3～5	400	500	600	750	850	950	1000	1100
		10	450	550	700	800	900	1000	1050	1150
		≥15	550	600	750	850	950	1050	1100	1300

（三）桩（柱）基础抗冻拔稳定性验算

《公路桥涵地基与基础设计规范》（JTG 3363—2019）规定，桩（柱）基础抗冻拔稳定性可按式（12-16）验算：

$$F_k + G_k + Q_{fk} \geq kT_k \qquad (12-16)$$

$$Q_{fk} = 0.4u \sum q_{ik} l_i \qquad (12-17)$$

式中　F_k——作用在桩（柱）顶上的竖向结构自重（kN）；

G_k——桩（柱）自重（kN），对于水位以下且桩（柱）底为透水土时取浮重度；

Q_{fk}——桩（柱）在冻结线以下各土层的摩阻力标准值之和（kN）；

u——桩的周长（m）；

q_{ik}——冻结线以下各土层的摩阻力标准值（kPa），可按《公路桥涵地基与基础设计规范》（JTG 3363—2019）中表 6.3.3-1 或表 6.3.5-1 取值；

l_i——冻结线以下各土层的厚度（m）。

单元 4　地震液化与基础抗震设计

我国地处环太平洋地震带和地中海-南亚地震带之间，是个地震频发的国家，综合分析已发生的地震对桥梁、道路结构的危害，其中很多是由于地基与基础遭到破坏引起的。因此，对地基与基础的震害应有足够的重视，实践证明，正确进行抗震设计并采取有效的抗震措施，就能减轻或避免地震导致的损失。

地基土体的
液化

一、地震液化机理与判别

（一）地震作用下地基土的液化机理

地震中覆盖土层内孔隙水压急剧上升，一时难以消散，导致土体抗剪强度大幅度降低。液化多发生在饱和粉细砂中，常伴有喷水、冒砂以及构筑物沉陷、倾倒等现象。国内外大地震中的砂土液化情况相当普遍，是造成震害的主要原因之一。

饱和松散砂土地基在地震作用下，颗粒发生相对位移，有增密趋势，而细砂、粉砂的透水性很小，导致孔隙水压力暂时显著增大；当孔隙水压力上升到土的总法向压应力时，有效应力下降为零，抗剪强度完全丧失，处于没有抵抗外荷载能力的悬浮状态，此时就会发生砂土的液化。

根据砂土液化机理和液化现象分析，影响砂土地震液化的主要因素为：土的性质、地震前土的应力状态、振动的特征等。

（二）砂土液化可能性的判别

地基土液化的判别方法比较多，但都还不完善，因为影响砂土液化的因素较多且较复杂。现有方法大致可归纳为经验对比、现场试验和室内试验三类，一般采用现场试验方法判定，因为它能综合反映各种有关的影响因素。《公路桥梁抗震设计规范》（JTG/T 2231-01—2020）规定，在抗震不利、危险地段布设线路、桥梁和隧道时，宜对地基采取适当的抗震加固措施。地基为软土、液化土、新近填土或严重不均匀土时，应考虑地基不均匀沉降、地基失效或其他不利影响对公路工程构筑物可能造成的破坏，并应采取相应措施。抗震设防烈度Ⅶ度以上地区，存在饱和砂土或粉土（不含黄土）的地基，应进行液化判别；存在液化土层的地基，应根据公路工程构筑物的重要性和地基液化等级，采取相应措施。

根据国内调查资料和国内外现场试验资料，对地基土液化的可能性先按现场条件，运用经验对比方法进行初步判定，再通过现场标准贯入试验进行进一步判定。存在饱和砂土或粉土（不含黄土）的地基，下列条件均不符合时，可初步判别为可能液化或应考虑液化影响：

1）土层地质年代为第四纪晚更新世（Q_3）及其以前时，Ⅶ度、Ⅷ度地区可判别为不液化土层。

2）粉土的黏粒（粒径小于 0.005 的颗粒）含量，Ⅶ度、Ⅷ度、Ⅸ度时分别不小于 10%、13%、16%时，可判为不液化土。

3）天然地基的桥梁，当上覆非液化土层厚度和地下水位深度符合下列条件之一时，可不考虑液化影响：

$$d_u > d_0 + d_b - 2 \tag{12-18}$$

$$d_w > d_0 + d_b - 3 \tag{12-19}$$

$$d_u + d_w > 1.5 d_0 + 2 d_b - 4.5 \tag{12-20}$$

式中 d_w ——地下水位深度（m），按设计基准期内年平均最高水位采用，也可按近期的年最高水位采用；

d_u ——上覆非液化土层厚度（m），计算时宜将淤泥和淤泥质土层扣除；

d_b ——基础埋置深度（m），不超过 2m 时应采用 2m；

d_0 ——液化土特征深度（m），可按表 12-9 采用。

表 12-9 液化土特征深度   （单位：m）

饱和土类别	Ⅶ度	Ⅷ度	Ⅸ度
粉土	6	7	8
砂土	7	8	9

当初步判别认为需进一步进行液化判别时，应采用标准贯入试验判别法判别地面下 15m 范围内土的液化；采用桩基础或基础埋深大于 5m 的基础时，还应进行地面下 15～20m 范围内土的液化判别。当饱和土标准贯入击数 N（未经钻杆长度修正）小于液化判别标准贯入击数临界值 N_{cr} 时，应判为液化土。当有成熟经验时，也可采用其他判别方法。

1）在地面以下 15m 深度范围内，液化判别标准贯入击数临界值可按式（12-21）计算：

$$N_{cr} = N_0 \left[0.9 + 0.1(d_s - d_w) \right] \sqrt{\frac{3}{\rho_c}} \qquad (d_s \leq 15) \tag{12-21}$$

2）在地面以下 15～20m 范围内，液化判别标准贯入击数临界值可按式（12-22）计算：

$$N_{cr} = N_0 \left[2.4 + 0.1 d_s \right] \sqrt{\frac{3}{\rho_c}} \qquad (15 \leq d_s \leq 20) \tag{12-22}$$

式中 N_{cr} ——液化判别标准贯入击数临界值；

N_0 ——液化判别标准贯入击数基准值，取值见表 12-10；

ρ_c ——土中砂粒含量百分率，当 ρ_c 小于 3 时取 3。

表 12-10 液化判别标准贯入击数基准值

区划图上的特征周期/s	Ⅶ度	Ⅷ度	Ⅸ度
0.35	6（8）	10（13）	16
0.40、0.45	8（10）	12（15）	18

注：1. 特征周期根据场地位置在《中国地震动参数区划图》（GB 18306—2015）上查取。

2. 括号中数值用于设计基本地震动峰值加速度为 0.15g 和 0.30g 的地区。

存在液化土层的地基，应探明各液化土层的深度和厚度，按式（12-23）计算每个钻孔的液化指数，并按表 12-11 综合划分地基的液化等级：

$$I_{lE} = \sum_{i=1}^{n} \left(1 - \frac{N_i}{N_{cri}} \right) d_i W_i \tag{12-23}$$

式中　I_{IE}——液化指数；

　　　　n——在判别深度范围内钻孔的标准贯入试验点总数；

　　　　N_i——第 i 点标准贯入锤击数的实测值，当实测值大于临界值时应取临界值的数值；

　　　　N_{cri}——第 i 点标准贯入锤击数的临界值；

　　　　d_i——第 i 点所代表的土层厚度（m），可采用与该标准贯入试验点相邻的上、下两标准贯入试验点深度差的一半，但上界不高于地下水位深度，下界不深于液化深度；

　　　　W_i——第 i 土层单位土层厚度的层位影响权函数值（m^{-1}），若判别深度为 15m，当该层中点深度小于或等于 5m 时应取 10，等于 15m 时取 0，5~15m 按线性内插法取值；若判别深度为 20m，当该层中点深度不大于 5m 时取 10，等于 20m 时取 0，5~20m 时按线性内插法取值。

表 12-11　液化等级判别

液化等级	轻　微	中　等	严　重
判别深度为 15m 时的液化指数	$0<I_{IE}\le 5$	$5<I_{IE}\le 15$	$I_{IE}>15$
判别深度为 20m 时的液化指数	$0<I_{IE}\le 6$	$6<I_{IE}\le 18$	$I_{IE}>18$

二、基础工程抗震设计

（一）基础工程抗震设计的基本要求

我国抗震设防的目标一般表述为"小震不坏、中震可修、大震不倒"。《公路桥梁抗震设计规范》（JTG/T 2231-01—2020）考虑到公路桥梁的重要性和其在抗震救灾中的作用，本着确保重点和节约投资的原则，根据桥梁的重要性和修复的难易程度，将桥梁抗震设防类别分为 A、B、C、D 四类。关于抗震设防标准引入了两阶段设计的概念：第一阶段的抗震设计，对重现期为 475 年的地震作用下的抗震设计，采用弹性抗震设计方法；第二阶段的抗震设计，对重现期为 2000 年的地震作用下的抗震设计，采用延性抗震设计方法。通过第一阶段的抗震设计，可达到基本的抗震设防水准；通过第二阶段的抗震设计，保证结构具有足够的延性，确保结构的延性能力大于延性需求。进行结构抗震验算时，应根据基础类型、土质条件，对地基承载力进行修正。

（二）工程场地类别划分

工程场地类别应根据场地土的剪切波速和场地覆盖土层厚度，按表 12-12 进行划分。

表 12-12　工程场地类别划分

平均剪切波速/（m/s）	场 地 类 别				
	I_0	I_1	II	III	IV
$v_s>800$	0	—	—	—	—
$800\ge v_s>500$	—	0	—	—	—
$500\ge v_s>250$	—	<5	≥5	—	—
$250\ge v_s>140$	—	<3	≥3，≤50	>50	—
$v_s\le 140$	—	<3	≥5，≤15	>15，≤80	>80

（三）天然地基抗震承载力

进行地基抗震验算时，应采用地震作用效应与永久作用效应组合。天然地基抗震承载力可按式（12-24）计算：

$$f_{aE} = K f_a \qquad\qquad (12\text{-}24)$$

式中　f_{aE}——调整后的地基抗震承载力特征值；

　　　　K——地基抗震承载力特征值调整系数，按表 12-13 采用；

　　　　f_a——深度、宽度修正后的地基承载力特征值，按学习情境 7 的规定取值。

表 12-13　地基抗震承载力特征值调整系数 K

岩土名称及性状	K
岩石，密实的碎石土，密实的砾砂、粗砂、中砂，$f_{a0} \geqslant 300kPa$ 的黏性土和粉土	1.5
中密、稍密的碎石土，中密和稍密的砾砂、粗砂、中砂，密实和中密的细砂、粉砂，$150kPa \leqslant f_{a0} < 300kPa$ 的黏性土和粉土，坚硬黄土	1.3
稍密的细砂、粉砂，$100kPa \leqslant f_{a0} < 150kPa$ 的黏性土和粉土，可塑黄土	1.1
淤泥、淤泥质土、松散的砂、杂填土、新近堆积黄土及流塑黄土	1.0

注：1. f_{a0} 是由载荷试验等方法得到的地基承载力特征值（kPa）。

　　2. 液化土层及以上土层的地基承载力不应按上述规定提高。

　　3. 在计算液化土层以下的地基承载力时，应计入液化土层及以上土层重力。

三、基础工程的抗震措施

（一）抗液化措施

未经处理的液化土层不宜作为天然地基持力层。地基的抗液化措施应满足表 12-14 的要求。

表 12-14　地基抗液化措施

构筑物	地震液化等级		
	轻　微	中　等	严　重
1. 高速公路、一级公路、二级公路上高度大于 5m 的挡土墙 2. 各级公路上的隧道工程 3. B 类桥梁	应部分消除液化沉陷，或对基础和上部结构采取减轻液化沉陷影响的措施	宜全部消除液化沉陷；也可部分消除液化沉陷，并对基础和上部结构采取减轻液化沉陷影响的措施	应全部消除液化沉陷
1. 高速公路、一级公路、二级公路上高度小于或等于 5m 的挡土墙 2. 三级公路上的挡土墙 3. 四级公路上高度大于 5m 的挡土墙 4. 高速公路和一级公路路基 5. C 类桥梁	宜对基础和上部结构采取减轻液化沉陷影响的措施；结构物自身抵抗液化沉陷影响能力较强时，也可不采取措施	应对基础和上部结构采取减轻液化沉陷影响的措施；结构物对液化沉陷敏感时，应采取更高要求的措施	宜全部消除液化沉陷；也可部分消除液化沉陷，且对基础和上部结构采取减轻液化沉陷影响的措施
1. 四级公路上高度小于或等于 5m 的挡土墙 2. 二级公路路基 3. D 类桥梁	可不采取措施	可不采取措施	宜对基础和上部结构采取减轻液化沉陷影响的措施，也可采取其他经济合理的措施

注：A 类桥梁的地基抗液化措施应进行专门研究，但不应低于 B 类的相应要求。

（二）全部消除地基液化沉陷的措施

全部消除地基液化沉陷的措施应符合下列要求：

1）采用桩基础时，应对液化土层的桩周摩阻力进行折减。桩尖持力层为碎石土、砾、粗砂、中砂，坚硬黏性土和密实粉土时，桩尖持力层厚度不应小于 1 倍桩径或 0.5m；为其他非岩石土时，桩尖持力层厚度不宜小于 3 倍桩径或 1.5m。

2）深基础的基础底面应埋入液化深度以下的稳定土层中，埋入深度不应小于 1.0m。

3）采用振冲、振动加密、挤密碎石桩、砂桩、强夯等加密方式对液化土层进行加固处理时，处理深度应达到液化深度下界，经处理的复合地基的标准贯入锤击数不应小于标准贯入锤击数临界值。

4）采用换土法时，应用非液化土替换全部液化土层的土。

5）采用加密法或换土法处理时，基础边缘以外的处理宽度应超过基础底面以下处理深度的 1/2，且不小于基础宽度的 1/5。

（三）部分消除地基液化沉陷的措施

部分消除地基液化沉陷的措施应符合下列要求：

1）处理后地基的液化指数不应大于 5。

2）加固后复合地基的标准贯入锤击数，不应小于标准贯入锤击数临界值。

3）基础边缘以外的处理宽度，应符合"全部消除地基液化沉陷的措施"中第 5）条的规定。

（四）减轻液化影响的措施

减轻液化对基础和上部结构影响，可采取下列措施：

1）选择合适的基础深度。

2）调整基底面积，减小基础偏心。

3）加强基础整体性和刚度。

4）减轻荷载，增强上部结构的整体刚度和对称性，避免采用对不均匀沉陷敏感的结构形式等。

（五）对地震时不稳定的河岸地段的处理措施

液化等级为中等和严重的古河道，现代的河滨、海滨，当存在液化侧向扩展或流滑可能时，在距常水位线 100m 以内修建的抗震重点构筑物及 A 类、B 类桥梁，应进行抗滑动验算，必要时应采取防止土体滑动的措施。

素质拓展——创造高原冻土铁路养护奇迹

2011 年，高钱胜成为中铁十二局集团铁路养护工程有限公司的一名新员工。接受入职培训后，满怀对铁道兵精神、青藏铁路精神、中铁十二局实干精神的追求，奔赴青藏高原，开始了高原铁路的养护生涯。作为青年技术员，他每天一早就带着干粮，扛着沉甸甸的仪器，配合测量工作。面对艰苦环境，他从未退却，而是当作一种人生乐趣。

"在多年冻土上修建铁路，最担心温差对冻土的破坏，以至路基融沉和冻胀。"高钱胜说。作为世界性难题，治理多年冻土段的融沉尚无成熟经验，只能依靠自主创新。高钱胜在这个"一天见四季，一里不同天"的极限环境里，与随行团队以"缺氧不缺精神，艰苦不怕吃苦，海拔高境界更高"的坚强意志，精心守护着横亘高原的这条团结线、幸福线、生命线。

2020~2022 年间，高钱胜结合车间及线路实际情况，全面使用轨检车波形分析精准指导维修作业、使用问题库清单模式确保设备的全面管理、全面推广精准测量指导维修作业、落实路基及附属设备的4年全面检修计划。通过多次实践,形成了"动态与静态检测结合分析、线路设备精准维修、道岔设备精细维修、大修与维修结合开展"等系列检修新思路,在施工生产中全面推广应用,成功解决了冻土路基变化导致线路设备质量无法有效提高的难题,有效保障了青藏铁路行车安全。

青藏铁路的建成让我们倍感自豪,但维护的重要性并不亚于建设过程,我们不仅要学习我国工程技术人员不怕困难、大无畏的奉献精神,也要努力学习知识,提高自己的专业技能,靠科技进步来解决实际问题,让铁道兵精神、青藏铁路精神、中铁十二局实干精神永远闪烁在青藏高原。

思 考 题

12-1 什么是软土地基?软土地基有什么特点?一般软土地基上的桥梁基础在设计与施工中应注意哪些问题?

12-2 软土地区地基处理常采用哪些措施?应注意哪些事项?

12-3 什么是黄土的湿陷性?如何评价黄土的湿陷性?

12-4 湿陷性黄土地基应注意哪些问题?常采用哪些工程措施?

12-5 冻土有哪些特征?如何进行分类?基础位于冻胀地基时常采用哪些工程措施?

12-6 基础工程抗震设计包括哪些内容?抗震设计有何意义?抗震设计的原则是什么?

习 题

12-1 在淤泥质粉质黏土地基上修建小桥,采用刚性扩大基础,软土不排水抗剪强度指标为 $C_u = 20kPa$,$\varphi = 0°$,$\gamma = 18kN/m^3$,$e = 1.1$,$I_L = 1$,$\omega = 40\%$,基础平面尺寸为 2m×8m,埋深2m(在地下水位以上),请用各种方法试算地基的承载力特征值(在竖向荷载作用下),并最后确定其承载力特征值。

12-2 某地基土层为第四纪土,地下水和土层分布情况见表12-15,该地区地震烈度为Ⅷ度,标准贯入锤击数基准值 $N_0 = 10$,计算液化指数并判别液化等级。

表 12-15 习题 12-2 资料

土名及层底埋深	水位埋深/m	试验深度/m	黏粒含量 $\rho(\%)$	实测值 N/击	临界值 N_{cr}/击	液化判定	液化指数	液化等级
粉砂 1.0m		0.85	3	7				
粉土 3.5m		1.85	3	8				
		2.85	9.0	6				
粉土 6.5m		3.85	17.5	4				
		4.85	18.0	4				
		5.85	18.0	3				
粉土 8.5m	1.0	6.85	13.0	7				
		7.85	14.0	10				
粗质黏土 10.6m		8.85	14.5	8				
		9.85	17.5	6				
		10.85	17.5	8				
		11.85	17.5	11				
粉土 20m		12.85	19.0	10				
		13.85	12.5	14				
		14.85	12.5	16				

参 考 文 献

[1] 盛海洋，胡雪梅. 土力学与地基基础[M]. 武汉：武汉大学出版社，2017.
[2] 李广信. 漫话土力学[M]. 北京：人民交通出版社，2019.
[3] 务新超，魏明. 土力学与基础工程[M]. 2 版. 北京：机械工业出版社，2016.
[4] 沈扬. 土力学原理十记[M]. 2 版. 北京：中国建筑工业出版社，2021.
[5] 赵晖，刘辉. 基础工程[M]. 2 版. 北京：人民交通出版社，2015.
[6] 金桃，张美珍. 公路工程检测技术[M]. 5 版. 北京：人民交通出版社，2015.
[7] 吴佳晔. 土木工程检测与测试[M]. 北京：高等教育出版社，2015.
[8] 龙建旭. 土木工程结构检测与测试[M]. 北京：人民交通出版社，2017.